普通高等教育“十一五”国家级规划教材

飞机原理与构造

（第2版）

主编　杨华保

编者　杨华保　李育斌　韩　庆

袁昌盛　廉小纯

西北工业大学出版社

【内容简介】 本书以飞机为核心，主要介绍其基本飞行原理、结构分析基础以及动力装置、设备和系统的基本原理等。在基本飞行原理中，介绍了飞机低速和高速空气动力特性、飞行性能及操稳特性分析；结构分析基础部分，在阐明飞机结构分析概念的基础上，对机翼、机身、起落架和操纵系统的典型结构进行了分析，并介绍了飞机疲劳设计与损伤容限设计的基本概念；在飞机动力装置、设备和系统基本原理部分，介绍了动力装置、机载设备、主要系统的组成和基本工作原理；最后还安排了飞机总体设计概述的内容。

本书为高等航空院校飞行器制造工程等专业的教材，也可供从事飞机和其他航空飞行器设计及研究的人员参考。

图书在版编目（CIP）数据

飞机原理与构造/杨华保主编．—2版．西安：西北工业大学出版社，2011．7(2025．1重印)
ISBN 978-7-5612-3121-0

Ⅰ．①飞…　Ⅱ．①杨…　Ⅲ．①飞机—高等学校—教材　Ⅳ．①V2

中国版本图书馆CIP数据核字(2011)第142583号

出版发行：西北工业大学出版社
通信地址：西安市友谊西路127号　　邮编：710072
电　　话：(029)88493844　88491757
网　　址：www.nwpup.com
印 刷 者：西安五星印刷有限公司
开　　本：787 mm×1 092 mm　1/16
印　　张：19.75
字　　数：481千字
版　　次：2011年7月第2版　　2025年1月第8次印刷
定　　价：69.00元

前　　言

本书是为航空高等院校飞行器制造工程等专业编写的教材。

本书以飞机为核心，主要介绍其基本飞行原理、结构分析基础以及动力装置、设备和系统的基本原理等。在飞机的基本飞行原理中，通过对飞机低速空气动力特性和高速空气动力特性的初步分析，阐明了飞机飞行的升阻特性，并在此基础上，介绍了飞机的飞行性能以及稳定、操纵性分析方法。飞机结构分析基础部分，在介绍飞机结构分析概念及方法的基础上，对机翼、机身、起落架和操纵系统的典型结构进行了初步分析，并介绍了飞机疲劳设计与损伤容限设计的基本概念。在飞机动力装置、设备和系统基本原理部分，介绍了飞机动力装置、机载设备、主要系统的组成和基本工作原理。最后还安排了飞机总体设计概述的内容。这样安排的目的是想通过这些内容的学习，让学生对飞机这一复杂的工程系统及其设计过程有一个基本而全面的了解，以便在今后从事的与飞机设计相关的工作中，大胆创新，灵活处理各种问题。

本书是在《飞机原理与构造》2002 年第 1 版的基础上，经过几年的教学实践，做了大量的补充修订，力求做到理论严谨、系统全面、通俗易懂、贴近工程实际。

在编写过程中，参考了大量的文献资料，限于篇幅，不能一一列举，对这些文献资料的作者，在此表示衷心的感谢。同时，使用过本书的学生和读者，对本书的编写体系和内容等，提出了许多好的建议，在此谨致谢意。

本书的出版，得到了西北工业大学教务处、西北工业大学航空学院和西北工业大学出版社的大力支持，在此表示感谢。

全书共分为 17 章，其中第 2 章和第 3 章由李育斌编写，第 13 章和第 14 章由韩庆编写，第 15 章和第 16 章由袁昌盛编写，第 12 章部分内容由廉小纯编写，其余内容由杨华保编写。本书由杨华保任主编。

本书所涉及航空科学技术领域甚为广泛，限于编者的水平，难免有不当之处，敬请读者不吝指正，以便改进提高。

编　者

2010 年 12 月

目　　录

第1章 绪 论

1.1 飞行器的基本概念

1.1.1 飞行器(flight vehicle)

在大气层内或大气层外空间(太空)飞行的器械统称为飞行器。飞行器可分为3类:航空器、航天器、火箭和导弹。

在大气层内飞行的飞行器称为航空器,如气球、飞艇、飞机等(见图1.1~图1.4)。它们靠空气的静浮力或空气相对运动产生的空气动力升空飞行。

(a) (b)

图1.1 轻于空气的航空器——气球和飞艇

(a)气球; (b)飞艇

图1.2 滑翔机

图1.3 飞机

(a) (b)

图 1.4　直升机和旋翼机

(a)直升机；（b)旋翼机

在太空飞行的飞行器称为航天器(见图 1.5)，如人造地球卫星、载人飞船、空间探测器、航天飞机等。它们在运载火箭的推动下获得必要的速度进入太空，然后在引力作用下完成与天体类似的轨道运动。装在航天器上的发动机可提供轨道修正或改变姿态所需的动力。

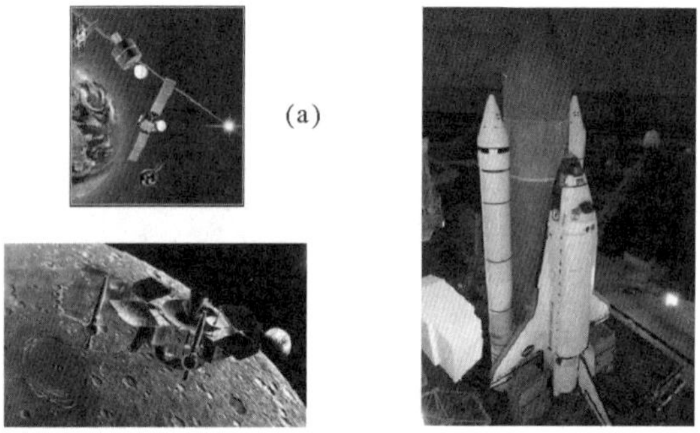

(a)

(b) (c)

图 1.5　航天器

(a)人造卫星；（b)空间探测器；（c)航天飞机

火箭是以火箭发动机为动力的飞行器(火箭发动机也常简称为火箭)，可以在大气层内，也可以在大气层外飞行。它不靠空气静浮力，也不靠空气动力，而是靠火箭发动机的推力升空飞行。导弹有主要在大气层外飞行的弹道导弹和装有翼面在大气层内飞行的地空导弹、巡航导弹等。有翼导弹在飞行原理上，甚至在结构上与飞机颇为相似。导弹是装有战斗部的可控制的火箭。通常火箭和导弹都只能使用一次，人们往往把它们归为一类(见图 1.6)。

(a) (b) (c)

图 1.6　火箭和导弹

(a)火箭；（b),(c)导弹

1.1.2 航空器(aircraft)

能在大气层内进行可控飞行的各种飞行器统称为航空器(见图1.1～图1.4)。任何航空器都必须产生一个大于自身重力的向上的力,才能升入空中。根据产生向上力的基本原理的不同,航空器可划分为两大类:轻于空气的航空器和重于空气的航空器。前者靠空气静浮力升空,又称浮空器;后者靠空气动力克服自身重力升空。

轻于空气的航空器的主体是一个气囊,其中充以密度较空气小得多的气体(氢或氦),利用大气的浮力使航空器升空。气球和飞艇都是轻于空气的航空器,二者的主要区别是前者没有动力装置,升空后只能随风飘动,或者被系留在某一固定位置上,不能进行控制;后者装有发动机、空气螺旋桨、安定面和操纵面,可以控制飞行方向和路线。

重于空气的航空器的升力是由其自身与空气相对运动产生的。固定翼航空器主要由固定的机翼产生升力。旋翼航空器主要由旋转的旋翼产生升力。

飞机是最主要的、应用范围最广的航空器。它的特点是装有提供拉力或推力的动力装置,产生升力的固定机翼,控制飞行姿态的操纵面。20世纪80年代初出现的航天飞机,虽然也有机翼并具有与飞机类似的外形,但它是靠火箭推动在发射架上垂直发射而飞出大气层,然后在近地轨道上运行的。航天飞机返回时主要靠无动力滑翔着陆,这是它与飞机的主要不同之处。

滑翔机与飞机的根本区别是,它升高以后不用动力而靠自身重力在飞行方向的分力向前滑翔。虽然有些滑翔机装有小型发动机(称为动力滑翔机),但主要是在滑翔飞行前用来获得初始高度。

旋翼航空器由旋转的旋翼产生空气动力。旋翼机的旋翼没有动力驱动,当它在动力装置提供的拉力或推力作用下前进时,迎面气流吹动旋翼,像风车似地旋转,从而产生升力。有的旋翼机还装有固定小翼面,由它提供一部分升力。直升机的旋翼是由发动机驱动的,升力和水平运动所需的拉力都由旋翼产生。

航空器的应用非常广泛。在军事上,它可用于航空侦察、轰炸、反潜、空战,运输兵员、武器和作战物资;在民用上,可完成货运、客运、农业、渔业、林业、气象、探矿、空中测量、空中摄影等方面的任务。此外,航空器还是进行科学研究的一种重要工具。在人造地球卫星、载人飞船等航天器出现之前,有关高空气象、大气物理、地球物理、地质学、地理学等方面的许多研究工作,都借助于航空器。即使在航天器出现之后,由于航空器的价格较低,使用方便,仍是在高空进行科学研究的重要工具。

飞机诞生100多年来,性能有了显著提高,已研制出最大飞行速度超过3倍声速、飞行高度达30 km的军用飞机;活动半径可超过4 000 km、载弹量超过20 t的超声速轰炸机;以及载客500～800人、能进行洲际飞行的旅客机。直升机的历史虽然只有50多年,但也已发展成为比较完备的、有特殊功能(垂直起降,空中悬停)的航空器。

1.1.3 飞机(airplane)

由动力装置产生前进推力,由固定机翼产生升力,在大气层中飞行的重于空气的航空器称为飞机(见图1.3)。无动力装置的滑翔机、以旋翼作为主要升力面的直升机以及在大气层外飞行的航天飞机都不属于飞机的范围。

飞机按用途可分为军用飞机和民用机两大类。军用飞机是按各种军事用途设计的飞机,主要包括歼击机(战斗机)、截击机、歼击轰炸机、强击机(攻击机)、轰炸机、反潜机、侦察机、预警机、电子干扰飞机、军用运输机、空中加油机、舰载飞机等。民用机则泛指一切非军事用途的飞机,包括旅客机、货机、公务机、农业机、运动机、救护机、试验研究机等。其中旅客机、货机和客货两用飞机又统称为民用运输机。现代运输机具有快速、舒适、安全可靠的优点,并且不受复杂地形的影响,能在两地之间完成最短距离的航行。

1.1.4 直升机(helicopter)

以动力驱动的旋翼作为主要升力来源,能垂直起落的重于空气的航空器称为直升机(见图1.4)。它既区别于以旋翼作为主要升力来源但不能垂直起落的旋翼机,又区别于不是以旋翼作为主要升力来源的垂直起落飞机。直升机属于旋翼航空器,装有一副或几副类似于大直径螺旋桨的旋翼。旋翼安装在机体上方近于铅垂的旋翼轴上,由动力装置驱动,能在静止空气和相对气流中产生向上的升力。旋翼受自动倾斜器操纵又可产生向前、向后、向左或向右的水平分力。因此,直升机既能垂直上升下降、空中悬停,又能向前后左右任一方向飞行。直升机可以在狭小场地上垂直起飞和降落而无需跑道。在超载情况下,有机轮的直升机也可以滑跑起飞。当发动机在空中停车时,直升机还可以利用旋翼自转下滑,安全着陆。

1.2 飞机的主要组成部分及功用

飞机的主要组成部件有机翼、尾翼、机身、起落架、飞机操纵系统、飞机动力装置和机载设备等,如图1.7所示。

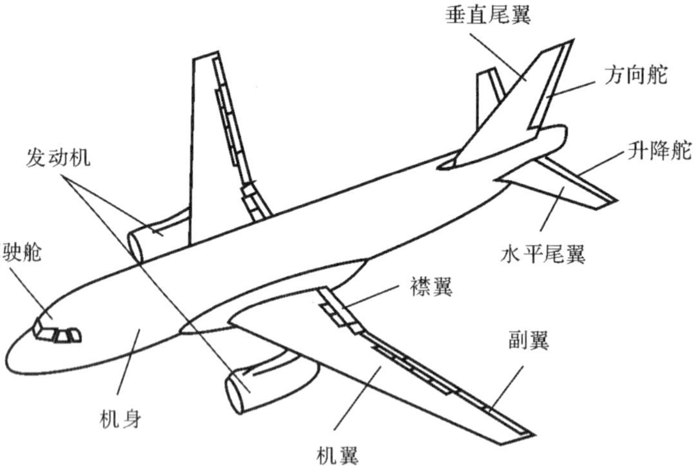

图1.7 飞机的主要组成部分

1. 机翼

机翼是飞机产生升力的部分。通常在机翼上有用于横向操纵的副翼和扰流片,机翼前后缘部分还设有各种型式的襟翼和缝翼,用于起飞和着陆阶段增加升力或改变机翼升力的分布。

2. 尾翼

尾翼通常在飞机尾部，起稳定和操纵作用，常分为水平尾翼和垂直尾翼两部分。个别飞机的尾翼设计成V形，兼起水平尾翼和垂直尾翼的作用，称为V形尾翼。一般水平尾翼由水平安定面和升降舵组成，垂直尾翼由垂直安定面和方向舵组成。在超声速飞机上，为了提高飞机纵向操纵效率，常将水平尾翼做成一个整体（不分水平安定面和升降舵），可以操纵偏转，称为全动平尾。有的飞机上（主要是变后掠翼飞机），还将全动水平尾翼设计成可以差动偏转的型式，即平尾的左右两半翼面不仅可以同向偏转，且可反向偏转，此时可起横向操纵作用，这种型式称为差动平尾。带方向舵的垂直尾翼已能满足超声速飞行时的航向操纵要求，所以较少采用全动垂直尾翼。在有些飞机上，将水平尾翼移到机翼的前面，称为前翼或鸭翼。

3. 机身

机身处于飞机的中央，主要用于容纳人员、货物或其他载重和设备，别的部件也多与机身相连。但是机身并不是飞机不可缺少的部件，早期飞机仅有一个连接各部件的构架，这样的机身在初级滑翔机和超轻型飞机上还可见到。后来为了减少阻力，发展成为流线外形的机身，并用以容纳货物、人员和设备等体积较大的载重物。如果飞机足够大，能将人员、货物、燃油等全部装在机翼内部，则可以取消机身，成为飞翼式飞机，简称飞翼。

4. 起落架

起落架是飞机起飞、着陆滑跑和在地面（或水面）停放、滑行中支持飞机的装置，一般由承力支柱、减震器、带刹车的机轮（或滑橇、浮筒）和收放机构组成。在低速飞机上，采用不可收放的固定式起落架以减轻重量。在支柱和机轮上有时装整流罩以减小阻力。对于陆地上或舰上起落的飞机用机轮，在冰上或雪地起落的飞机用滑橇代替机轮，浮筒式水上飞机则代之以浮筒。

5. 操纵系统

操纵系统用于操纵和控制飞机。早期的人工操纵系统包括中央操纵机构（驾驶杆/盘、脚蹬）、传动机构（拉杆、摇臂或钢索、滑轮等）、助力系统（液压的和电动的）等。现代飞机已经广泛采用自动飞行操纵系统，其组成包括中央操纵机构、自动驾驶仪、电传操纵系统等。

6. 动力装置

动力装置包括产生推力的发动机和保证发动机正常工作所需的附件和系统，其中包括发动机的启动、操纵、固定、燃油、滑油、散热、防火、灭火、进气和排气等装置或系统。

7. 机载设备

机载设备包括飞行仪表、通信、导航、环境控制、生命保障、能源供给等设备，以及与飞机用途有关的一些机载设备，如战斗机的武器和火控系统，旅客机的客舱生活服务设施等。

1.3　飞机的研制过程

飞机是一个复杂的工程系统，具有研制周期长、费用高等特点。一种新飞机的投入使用，必然要经历一定的过程。1995年，原国防科工委等发布了《常规武器装备研制程序》，规定了新飞机研制的5个阶段：论证阶段、方案阶段、工程研制阶段、设计定型阶段、生产定型阶段（见图1.8）。

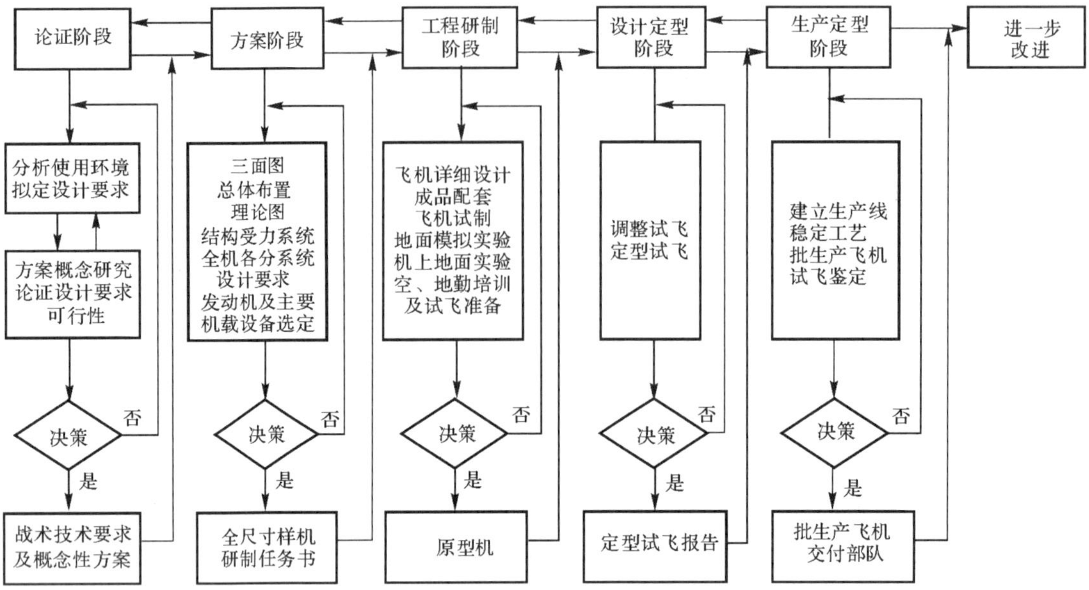

图 1.8　飞机的研制过程

1.3.1　论证阶段

论证阶段主要是研究新飞机设计的可行性，包括技术可行性和经济可行性。

论证阶段的主要工作内容包括：拟定新飞机的战术技术要求，新飞机的总体技术方案以及研制经费、保障条件和对研制周期的预测等，最后形成《X 型飞机研制总要求》(或《X 型飞机战术技术要求》)。

新飞机的战术技术要求是由使用部门根据国家的战略方针和未来面临的作战环境，经过分析后对新飞机提出的任务、使命和主要技术特征。工业部门则根据已有的技术储备以及对新技术可行性的预测，拟定出满足使用方需求的新飞机的可能的技术方案。经过对新飞机概念性方案的反复修改和对使用部门提出的初步的战术技术要求，从技术可行性、研制经费、研制周期以及风险度等方面反复磋商后，才能形成正式的《X 型飞机研制总要求》。

在这一阶段，为了验证技术方案的可行性，必要时还要对所用的关键新技术进行试验验证(如气动布局方案的风洞实验)，以使方案的可行性论证有坚实的技术基础。

1.3.2　方案阶段

方案阶段主要是根据批准的《X 型飞机研制总要求》(或《X 型飞机战术技术要求》)设计出可行的飞机总体技术方案。

方案阶段的主要工作内容有：确定飞机布局形式、总体设计参数，选定动力装置、各主要系统方案及其主要设备，确定机体主要结构材料和工艺分离面等；形成飞机的总体布置图、三面图、结构受力系统图，进行重心定位、性能和操稳特性分析、结构强度和刚度分析，提出对各分系统的技术要求；最终要制造出全尺寸的样机或绘制电子样机，进行人机接口、主要设备和通路布置的协调检查以及使用维护检查；样机在经过使用部门，特别是经空、地勤人员审查通过后，可以冻结新飞机的总体技术方案，开始转入工程研制。

在方案阶段，必须做方案验证性的风洞试验、结构和系统原理试验，使所有验证计算都建立在可靠的技术基础上。在确定总体技术方案的同时，也要对技术方案在经济和进度上做进一步分析和确定。

1.3.3　工程研制阶段

工程研制阶段就是根据方案阶段确定的飞机总体技术方案，进行飞机的详细设计、试制、地面试验、试飞准备等。

在工程研制阶段，设计人员进行部件和零构件详细设计；工艺人员制定飞机制造工艺总方案，并对详细设计的零、部件图纸进行工艺性审查；各分系统要陆续提交设计部门进行分系统的验证，对液压、燃油、飞控、空调、电源、航空电子等分系统做全系统的地面模拟试验；在详细设计过程中，可能还会对总体技术方案的细节做一些修改和调整，应根据设计更改后的方案，做全机模型的风洞校核试验，为试飞提供准确的气动力数据，然后做有飞行员参加的地面模拟器的飞行模拟试验；飞机部件及整机要做静力试验，以验证飞机的强度，起落架还要做落震等试验。

飞机总装完成后在试飞前，要做全机地面共振试验，以确定飞机的颤振特性；还要做各系统及其综合的机上地面试验以及全机电磁兼容性等机上地面试验，为放飞前做最后的验证。

飞机在工程研制阶段，即应拟定考核其能否满足原定战术技术要求的试飞大纲，并且应尽早培训空、地勤人员；最好在方案设计阶段就让他们参与进来，以熟悉新飞机的设计思想和特性，便于正确使用和处理新飞机在试飞中可能出现的问题；同时，还应在该飞机的地面飞行模拟台进行重要飞行状态的飞行模拟试验，提前发现飞行品质问题和熟悉飞机的操纵性、稳定性和使用特点。

在放飞前，还应进行充分的地面滑行试验，以进一步验证在动态过程中机上各系统的工作情况，同时进一步对试飞测试系统进行检验。

工程研制阶段的最终成果是试制出供地面和飞行试验用的原型机4～10架，并制定试飞大纲和准备好空、地勤人员使用原型机所需的技术文件，具有进行试飞所必需的外场保障设备。

1.3.4　设计定型阶段

新飞机首飞成功后即应按试飞大纲要求，进行定型试飞。

在开始定型试飞前，应由研制单位负责，进行调整试飞（工厂试飞），以排除新飞机的一些初始性的重大故障。调整试飞大致要飞到原设计飞行范围的80%左右，再开始正式的国家鉴定试飞，以检查新飞机能否达到设计要求。参与鉴定试飞用的原型机可按不同分工完成各自的试飞任务，以完成定型试飞大纲规定的所有任务。

在作调整试飞过程中，新飞机肯定会出现各种故障，必要时应对飞机作局部的修改。

在定型试飞过程中还会有故障，当然比调整试飞中出现的要少得多，而且更改大多是机内系统，涉及飞机外形的改动极少。

定型试飞通常需要上千个起落。试飞科目全部完成后，由试飞鉴定部门和试飞员写出正式报告，上报国家航空产品定型委员会，经批准后方可进入小批量生产。

一般情况下，到了设计定型阶段，飞机作大的更改是不允许的。

1.3.5 生产定型阶段

经过设计定型后，新飞机可能还会有一定的更改，特别是工艺性的改进。改进后的飞机即可进入小批量生产。

首批生产的飞机也应经鉴定试飞，主要检查工艺质量，通过后即可进入成批生产。

批生产的飞机，在大量使用中还会出现新的问题，积累到一定程度，可再作一次改进。改进飞机的设计属于另一循环。

当今作战飞机往往有 20～30 年/4 000～6 000 飞行小时的寿命，运输机有 20～30 年/40 000～60 000 飞行小时的寿命。在其整个寿命期内，机上设备和发动机的更换是必然的，这往往称为寿命中期改进。

以上介绍的是军用飞机的一般研制过程。至于民用飞机的研制，大体上也要经历这样的过程。

第 2 章　低速空气动力学基础

2.1　大气的基本性质

2.1.1　大气飞行环境

飞行器在大气层内飞行时所处的环境条件，称为大气飞行环境。

包围地球的空气层(即大气)是航空器的唯一飞行活动环境，也是导弹和航天器的重要飞行环境。大气层无明显的上限，它的各种特性在铅垂方向上的差异非常明显，例如空气密度和压强随高度增加而很快减小。在 10 km 高度，空气密度只相当于海平面的 1/3，压强约为海平面的 1/4；在 100 km 高度，空气密度只有海平面的 0.000 04%(百万分之零点四)，压强只有海平面的 0.000 03%(百万分之零点三)。

以大气中温度随高度的分布为主要依据，可将大气层划分为对流层、平流层、中间层、热层和散逸层(外大气层)等 5 个层次。航空器的大气飞行环境是对流层和平流层。大气层对飞行有很大影响，恶劣的天气条件会危及飞行安全，大气属性(温度、压力、湿度、风向、风速等)对飞机飞行性能和飞行航迹也会产生不同程度的影响。

1. *对流层*

对流层是地球大气中最低的一层。对流层中气温随高度增加而降低，空气的对流运动极为明显，空气温度和湿度的水平分布也很不均匀。对流层的厚度随纬度和季节变化，一般低纬度地区平均为 16～18 km，中纬度地区平均为 10～12 km，高纬度地区平均为 8～9 km。就季节而言，中国绝大部分地区一般都是夏季对流层厚，冬季对流层薄。对流层集中了全部大气约 3/4 的质量和几乎全部的水汽，是天气变化最复杂的层次，也是对飞行影响最重要的层次。飞行中所遇到的各种重要天气现象几乎都出现在这一层中，如雷暴、浓雾、低云幕、雨、雪、大气湍流、风切变等。在对流层内，按气流和天气现象分布的特点，又可分为下层、中层和上层 3 个层次。

(1)对流层下层。对流层下层又称摩擦层。它的范围自地面到 1～2 km 高度，但在各地的实际高度又与地表性质、季节等因素有关。一般说来，其高度在粗糙地表上高于平整地表上，夏季高于冬季(北半球)，白天高于夜间。在下层中，气流受地面摩擦作用很大，风速通常随高度增加而增大。在复杂的地形和恶劣大气条件下，常存在剧烈的气流扰动，威胁着飞行安全。突发的下冲气流和强烈的低空风切变常会引起飞机失事。另外，充沛的水汽和尘埃往往导致浓雾和其他恶化能见度的现象，对飞机的起飞和着陆构成严重的障碍。为了确保飞行安全，每个机场都规定有各类飞机的起降气象条件。另外，对流层下层中气温的日变化极为明显，昼夜温差可达 10～40℃。

(2)对流层中层。它的底界即摩擦层顶，上界高度约为 6 km，这一层受地表的影响远小于摩擦层。大气中云和降水现象大都发生在这一层内。这一层的上部，气压通常只及地面的一半，在这里飞行时需要增压和供氧。一般轻型运输机、直升机等常在这一层中飞行。

(3)对流层上层。它的范围从 6 km 高度伸展到对流层的顶部。这一层的气温常年都在 0℃以下，水汽含量很少，各种云都由冰晶或过冷却水滴组成。在中纬度和副热带地区，这一层中常有风速等于或大于 30 m/s 的强风带，即所谓的高空急流。飞机在急流附近飞行时，往往会遇到强烈颠簸，使乘员不适，甚至破坏飞机结构和威胁飞行安全。

此外，在对流层和平流层之间，还有一个厚度为数百米到 1～2 km 的过渡层，称为对流层顶。对流层顶对垂直气流有很大的阻挡作用。上升的水汽、尘粒等多聚集其下，那里的能见度往往较差。

2. 平流层

平流层位于对流层顶之上，顶界伸展到 50～55 km。在平流层内，随着高度的增加气温最初保持不变或微有上升；到 25～30 km 以上，气温升高较快；到了平流层顶，气温升至 270～290 K。平流层的这种气温分布特征同它受地面影响小和存在大量臭氧(臭氧能直接吸收太阳辐射)有关。这一层过去常被称为同温层，实际上指的是平流层的下部。在平流层中，空气的垂直运动远比对流层弱，水汽和尘粒含量也较少，因而气流比较平缓，能见度较佳。对于飞行来说，平流层中气流平稳、空气阻力小是有利的一面，但因空气稀薄，飞行器的稳定性和操纵性恶化，这又是不利的一面。高性能的现代歼击机和侦察机都能在平流层中飞行。随着飞机飞行上限的日益增高和火箭、导弹的发展，对平流层的研究日趋重要。

3. 中间层

中间层从平流层顶 50～55 km 伸展到 80 km 高度。这一层的特点是：气温随高度增加而下降，空气有相当强烈的垂直运动。在这一层的顶部，气温可低至 160～190 K。

4. 热层

热层的范围是从中间层顶伸展到约 800 km 高度。这一层的空气密度很小，声波也难以传播。热层的一个特征是气温随高度增加而上升，另一个重要特征是空气处于高度电离状态。热层又在电离层范围内。在电离层中各高度上空气电离的程度是不均匀的，存在着电离强度相对较强的几个层次。有时，在极区常可见到光彩夺目的极光。电离层的变化会影响飞行器的无线电通信。

5. 散逸层

散逸层又称逃逸层、外大气层，是地球大气的最外层，位于热层之上。那里的空气极其稀薄，同时又远离地面，受地球的引力作用较小，因而大气分子不断地向星际空间逃逸。航天器脱离这一层后便进入太空飞行。

2.1.2 大气的物理性质与国际标准大气

1. 大气的物理性质

大气的物理性质包括黏性和压缩性。

大气的黏性，是大气自身相互黏滞或牵扯的特性。从本质上讲，黏性是流体内相邻两层间的内摩擦。大气的黏性很小，不易觉察。把手浸入水中，抽出时就会有水珠黏附在手上，这表明水有黏性；把手浸入甘油或蜂蜜中间，附着的就更多，这表明它们的黏性比水大得多。

表征大气黏性的物理量是大气的动力黏度，也称为黏性系数，用 μ 表示(见表 2.1)。流体力学计算时，常用运动黏度 $\nu(\nu=\mu/\rho)$。

大气的黏性主要是由于气体分子作不规则运动的结果，因而大气的黏性和温度有关。温度高，大气分子的不规则运动加剧，大气的黏性大，动力黏度 μ 或运动黏度 ν 的数值大，反之就小。

大气的黏性对飞机飞行的影响主要表现在摩擦阻力上。

大气的压缩性，是指在压力（压强）的作用下或温度改变的情况下，大气的密度和体积随之改变的一种特性。

不同状态的物质，其压缩性不同。液体物质几乎可以看成是不可压缩的，而气体则不然，当压强发生变化时，其体积或密度很容易发生变化，故大气应看做可压缩的介质。

当大气流过飞行器表面时，压强会发生变化，密度也会随之改变。但是，当气流的速度低时（即低速，一般指气流速度小于 0.3 倍声速），大气压强的变化一般不大，大气密度的变化很小，大气的压缩性对于飞行器的飞行影响很小。所以在低速时，可以认为大气是不可压缩的，即可以认为密度是一个不变的数值，这样就使问题简单多了。但在高速时，就必须考虑大气的压缩性。由于压缩性的影响，使得大气以低速和高速流过飞行器表面时，其运动参数会有很大的差别，甚至还会发生质的变化。

2. 大气的状态参数和状态方程

大气的状态参数是指大气的密度 ρ、温度 T 和压强 p 等 3 个参数。

大气的密度 ρ 是指大气所占据的空间内，单位体积中的质量，单位是 kg/m^3。

大气的温度 T 是指大气的受热程度，热力学单位是 K，1K＝1℃。以 K 为单位的绝对温度 T 和以 ℃ 为单位的摄氏温度 t 之间的关系为 $T=t+273.15$。

大气的压强 p 是指作用在单位面积上且方向垂直于此面积（沿内法线方向）的力，空气动力学中俗称为压力。其单位为 N/m^2 或 Pa。

对于一定量的气体，它的压强 p、密度 ρ 和温度 T 等 3 个参数就可以决定它的状态。它们之间的关系，可以用气体的状态方程表示，即

$$p=\rho RT$$

式中　p—— 压强，Pa；

ρ—— 密度，kg/m^3；

R—— 气体常数，空气为 287.052 87 J/(kg · K)；

T—— 温度，K。

3. 国际标准大气

由大气飞行环境可知，大气的密度、温度、压强等项参数随着地理位置、离地面的高度和季节等的变化而变化，因而使飞机上的空气动力和飞行性能随之变化。因此，同一架飞机在不同的地点飞行，所显示的飞行性能是不一样的。就是同一架飞机在同一地点飞行，只要季节或时间不同，所得的飞行性能也会不同；至于不同的飞机，所得的结果就更不同了。这就为比较飞机的飞行性能带来困难。为了适应飞行器设计、试验和分析的需要，由国际权威性机构或组织颁布了一种“模式大气”，它依据实测资料，用简化方式近似地表示大气温度、压力和密度等参数的平均值，这就是国际标准大气。

比较通用的国际标准大气的主要内容包括：

(1) 基本假设。大气是静止的，空气是干燥洁净的理想气体，在规定温度随高度的变化规

律和海平面的温度、压力和密度初始值后，通过对大气静力方程和气体状态方程的积分，获得压力和密度的数据。

(2) 海平面大气物理属性等主要参数：海平面温度 $t_0=15℃$；海平面绝对温度 $T_0=288.15$ K；海平面空气密度 $\rho_0=1.225$ kg/m^3；海平面空气压力 $p_0=101\ 325$ Pa；海平面声速 $a_0=340.294$ m/s；标准重力加速度 $g_0=9.806\ 65$ m/s^2；干燥空气的气体常数 $R=2\ 87.052\ 78$ J/(kg·K)。

(3) 大气温度随高度变化的计算公式。

(4) 大气压力随高度变化的计算公式。

(5) 空气密度随高度变化的计算公式。

此外，还有黏性系数、分子碰撞频率、分子量等。根据这些公式计算出来的数据排列成表即为国际标准大气。

国际标准大气的主要数据见表 2.1。

表 2.1　国际标准大气简表

高度 H / m	温度 T / K	压力 p / Pa	密度 ρ / kg/m^3	声速 a / m/s	动力黏度 μ / 10^5 Pa·s
0	288.150	101 325	1.225 0	340.29	1.789 4
1 000	281.651	89 876	1.111 7	336.43	1.757 9
2 000	275.154	79 501	1.006 6	332.53	1.726 0
3 000	268.659	70 121	0.909 25	328.58	1.693 8
4 000	262.166	61 660	0.819 35	324.59	1.661 2
5 000	255.676	54 048	0.736 43	320.55	1.628 2
6 000	249.187	47 217	0.660 11	316.45	1.594 9
7 000	242.700	41 105	0.590 02	312.31	1.561 2
8 000	236.215	35 651	0.525 79	308.11	1.527 1
9 000	229.733	30 800	0.467 06	303.85	1.492 6
10 000	223.252	26 499	0.413 51	299.53	1.457 7
11 000	216.774	22 699	0.364 80	295.15	1.422 3
12 000	216.650	19 399	0.311 94	295.07	1.421 6
13 000	216.650	16 579	0.266 60	295.07	1.421 6
14 000	216.650	14 170	0.227 86	295.07	1.421 6
15 000	216.650	12 111	0.194 76	295.07	1.421 6
16 000	216.650	10 352	0.166 47	295.07	1.421 6
17 000	216.650	8 849.7	0.142 30	295.07	1.421 6
18 000	216.650	7 565.2	0.121 65	295.07	1.421 6
19 000	216.650	6 467.4	0.104 00	295.07	1.421 6
20 000	216.650	5 529.3	0.088 910	295.07	1.421 6

续表

高度 H m	温度 T K	压力 p Pa	密度 ρ kg/m^3	声速 a m/s	动力黏度 μ 10^5 Pa·s
21 000	217.581	4 728.9	0.075 715	295.70	1.426 7
22 000	218.574	4 047.5	0.064 510	296.38	1.432 2
23 000	219.567	3 466.8	0.055 006	297.05	1.437 6
24 000	220.560	2 971.7	0.046 938	297.72	1.443 0
25 000	221.552	2 549.2	0.040 084	298.39	1.448 4
26 000	222.544	2 188.3	0.034 257	299.06	1.453 8
27 000	223.536	1 879.9	0.029 298	299.72	1.459 2
28 000	224.527	1 616.1	0.025 076	300.39	1.464 6
29 000	225.518	1 390.4	0.021 478	301.05	1.469 9
30 000	226.509	1 197.0	0.018 410	301.71	1.475 3

2.2　流场的基本概念

2.2.1　流场的概念

1. 大气的连续性假设

大气是由分子构成的，在标准状态下(即在气体温度 15℃、一个大气压的海平面上)，每 1 mm^3 的空间里含有 2.7×10^{16} 个分子。大气分子的平均自由行程很小，大约为 6×10^{-6} cm。当飞行器在这种大气介质中运动时，由于飞行器的外形尺寸远远大于大气分子的平均自由程，故在研究飞行器和大气之间的相对运动时，大气分子之间的距离完全可以忽略不计，即把空气看成是连续的介质。这就是空气动力学研究中常说的连续性假设。

随着高度的增加，大气的密度越来越小，大气分子的自由行程越来越大。当大气分子的平均自由程与飞行器的尺度相当或大于飞行器的尺度时，大气就不能被看成是连续介质了。

2. 流场

我们把流体所占据的空间称为流场。

用以表征流体特性的物理量如速度、温度、压强、密度等，称为流体的运动参数。因此，流场又是分布上述运动参数的场。

3. 定常流动与非定常流动

根据运动参数随时间的变化，我们可以将流动分为定常流动与非定常流动。

流场中任一固定点的任一个流动参数(如速度、压强、密度等)随时间而变化的流动称为非定常流动。流场中任一固定点的所有流动参数都不随时间而变化的流动称为定常流动。

有些非定常流动可以通过适当选择参考坐标系而变为定常流动，因而不能看成是真正的非定常流动。以飞机在静止空气中等速平飞的情况为例，在固连于地面的参考坐标系中，空气的流动是非定常流动；在固连于飞机的参考坐标系中，空气的流动是定常的。只有在飞机速度随时间变化的情况下，对飞机的绕流才是真正的非定常流动。

严格来讲，定常运动是不存在的。例如对于飞机而言，即使飞行速度和高度保持不变，但随着燃油的消耗，飞机质量在不断减小，因而迎角（飞机的姿态参数之一）也要变化。但是，如果飞机运动参数随时间变化十分缓慢，则至少在一段时间内可近似认为运动参数不变，这就是通常所说的“准定常运动”。

4. 迹线

迹线是流体质点的运动轨迹。在流场中对某一质点做标记，将其在不同时刻所在的位置连成线就是该流体质点的迹线。

迹线是流场中实际存在的线。喷气式飞机喷出的白烟，在天空中画出的线就是迹线。迹线具有持续性，随时间的增长，迹线不断延伸。在定常流动中通过某一固定点的迹线只有一条，但在非定常流场中，通过同一点的迹线可以有多条，不同时刻经过该点的流体质点可以走不同的轨迹。

5. 流线

流线是流场中某一瞬时的一条空间曲线，在该线上各点的流体质点所具有的速度方向与曲线在该点的切线方向重合（见图 2.1(a)）。

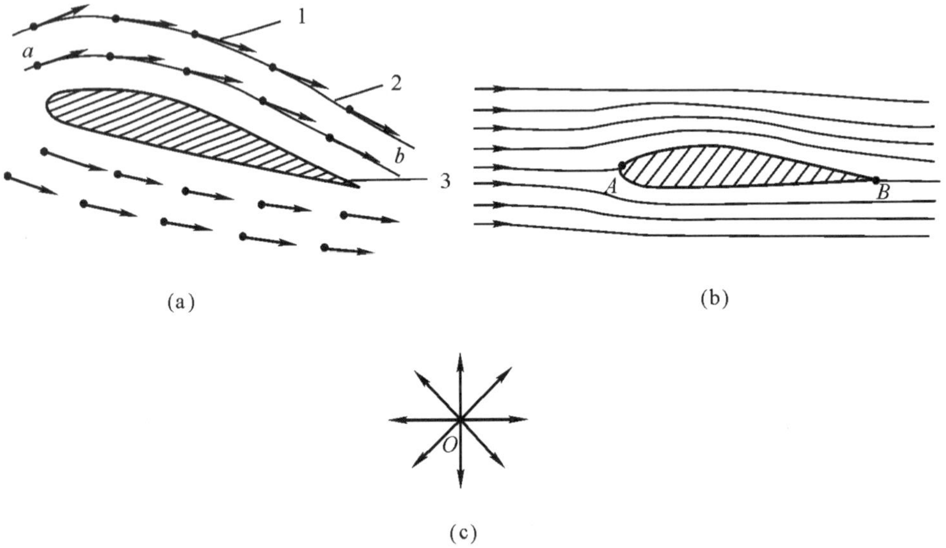

图 2.1　流线与流线谱

1— 流速　2— 流线　3— 翼剖面

流线具有以下特征：

(1) 非定常流动时，由于流场中速度随时间改变，经过同一点的流线的空间方位和形状是随时间改变的。

(2) 定常流动时，由于流场中各点流速不随时间改变，所以同一点的流线始终保持不变，且流线与迹线（流场中流体质点在一段时间内运动的轨迹线）重合。

(3) 流线不能相交也不能折转。因为空间每一点只能有一个速度方向，所以不能有两条流线同时通过同一点。

但有 3 种情况例外：在速度为零的点上，如图 2.1(b) 中的点 A，通常称点 A 为驻点；在速度为无限大的点上，如图 2.1(c) 中的点 O，通常称它为奇点；流线相切，如图 2.1(b) 中的点 B，上、下两股速度不等的流体在点 B 相切。

(4) 流场中的每一点都有流线通过。由这些流线构成流场的总体称为流线谱，简称流谱(见图 2.1(b))。

6. 流管和流束

在流场中任画一封闭曲线，在该曲线上每一点做流线，由这许多流线所围成的管状曲面称为流管，如图 2.2 所示。

由于流管表面是由流线所围成，而流线不能相交，因此流体不能穿出或穿入流管表面。这样，流管就好像刚体管壁一样把流体运动局限在流管之内或流管之外。在稳定流时流管好像真实管子一样。

充满在流管内的流体，称为流束。

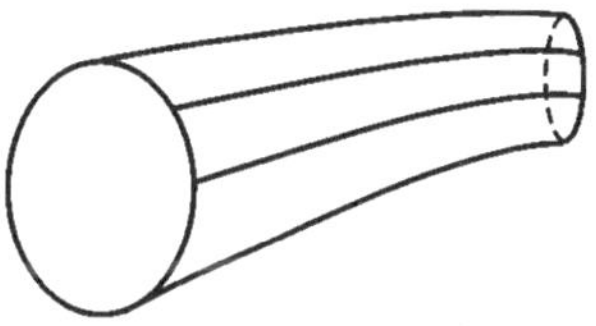

图 2.2　流管

2.2.2　运动的转换

当飞机在原来静止的空气中作等速直线飞行时，将引起物体周围空气的运动，同时空气将给飞机以作用力。研究这种空气运动的规律和作用力是空气动力学所面临的任务之一。这里有两种坐标系可以使用：一种是采用静止坐标系 —— 坐标系固连于地球上，直接将牛顿定律用于空气对物体的相互作用；另一种是采用动坐标系 —— 坐标系固连于等速飞行的飞机上，也就是在飞机上看空气的运动及其对物体的作用力。而用这两种坐标系求得物体所受的力是完全相同的。这就是运动的转换原理，它是根据加利略的相对运动原理而建立的。

相对运动原理，即如果在一个运动物体系上附加上一个任意的等速直线运动，则此附加的等速直线运动并不破坏原来运动的物体系中各物体之间的相对运动，也不改变各物体所受的力。

利用运动的转换原理，使问题的研究大为简化。设物体以速度 v 在静止空气中运动(见图 2.3)，根据相对原理，可以给物体系(物体与周围空气) 加上一个与速度 v 大小相等、方向相反的速度。这样得到的运动，与物体静止不动，无穷远处气流以速度 v 流向物体的情况，空气作用在物体上的力是完全相同的，这就是运动的转换原理。也就是说，空气作用在物体上的力，并不决定于空气或物体的绝对速度，而决定于二者之间的相对运动。

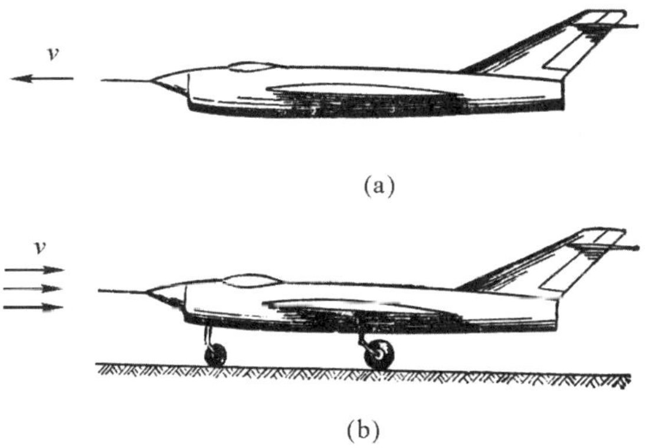

图 2.3　相对运动的转换 —— 可逆性原理

(a) 空气静止，飞机运动；(b) 飞机静止，空气运动

2.3 低速流动的基本规律

低速流动时，对于空气而言，可以近似认为是不可压缩的，即密度保持不变。本节主要研究低速流动时，流体的压强、密度、速度以及流管面积之间相互变化的关系。

2.3.1 连续性定理

为了说明该原理，先从一些生活经验谈起。我们在河岸上可以看到，在河道宽而深的地方，河水流得比较慢；而在河道窄而浅的地方，却流得比较快。夏天乘凉时，我们总喜欢坐在两座房屋之间的过道中，因为那里常有“穿堂风”。在山区可以看到山谷中的风经常比平原开阔的地方来得大。这些现象都是流体连续性定理在自然界中的表现。下面我们来推导连续性定理。

质量守恒定律是自然界基本的定律之一，它说明物质既不会消失，也不会凭空增加。如果把这个定律应用在流体的流动上，就可以得出这样的结论：当流体低速、稳定、连续不断地流动时，流管里的任一部分，流体都不能中断或积聚，在同一时间内，流进任何一个截面的流体质量和从另一个截面流出的流体质量应当相等。

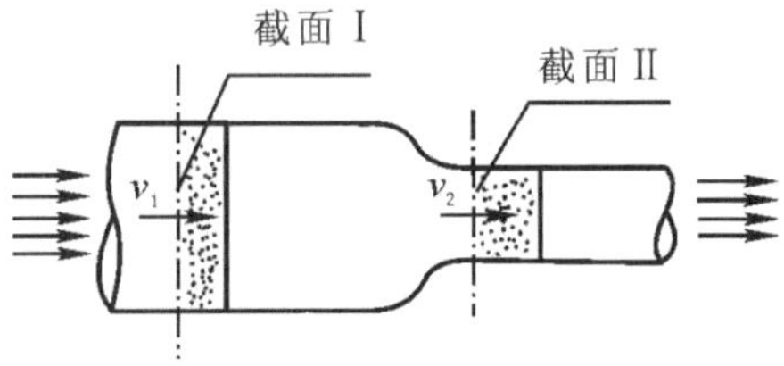

图 2.4　流体连续原理 —— 质量守恒

如图 2.4 所示，设截面 Ⅰ 的面积为 A_1，气流速度为 v_1，空气密度为 ρ_1，则单位时间内流进该截面的气体质量为

$$m_1 = \rho_1 v_1 A_1$$

同理，设截面 Ⅱ 的面积为 A_2，气流速度为 v_2，空气密度为 ρ_2，则单位时间内流出该截面的气体质量为

$$m_2 = \rho_2 v_2 A_2$$

根据质量守恒定律，$m_1 = m_2$，即

$$\rho_1 v_1 A_1 = \rho_2 v_2 A_2$$

由于截面 Ⅰ 和截面 Ⅱ 是任意选取的，所以可以认为，单位时间内流过任何截面的气体质量都是相等的，故得

$$\rho v A = 常数 \tag{2.1}$$

式中　v—— 流管截面上的气流速度，m/s；

　　A—— 所取截面的面积，m^2。

如果在流动过程中，气体密度不变，即 $\rho_1 = \rho_2 = \rho$，则方程式(2.1) 可简化为

$$vA = 常数 \tag{2.2}$$

方程式(2.1) 或方程式(2.2) 称为连续方程。进一步可写成

$$\frac{v_1}{v_2}=\frac{A_2}{A_1} \tag{2.3}$$

它说明了气流流动速度和流管截面积之间的关系。由此看出，当低速定常流动时，气流速度的大小与流管的截面积成反比，这就是连续性定理。也可以粗略地说，截面积小的地方流速快，而截面积大的地方则流速慢。

流体流动速度的快慢，可用流管中流线的疏密程度来表示，如图 2.5 所示。流线密的地方，表示流管细，流体流速快，反之就慢。

需要指出的是，连续性定理只适应于低速（流速 $v<0.3a$，a 为声速）的范围，即认为密度不变，不适于亚声速，更不适合于超声速。

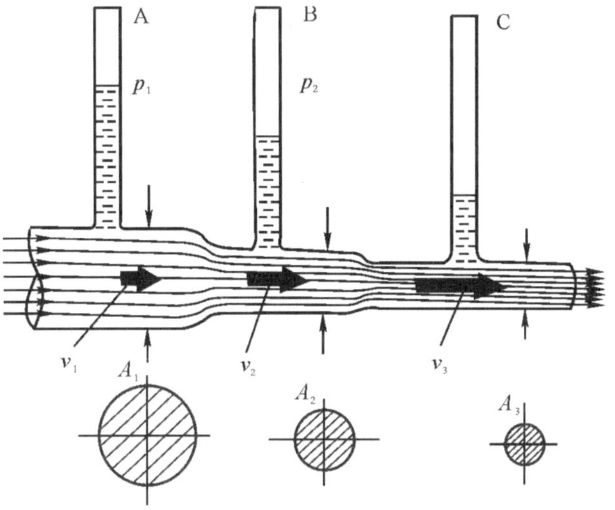

图 2.5　容器和管道中的流体的流动

2.3.2　伯努利定理

在日常生活中，我们会观察到一些在流体的速度发生变化时，压力也跟着变化的情况。例如，在两张纸片中间吹气，两张纸不是分开，而是相互靠近；两条船在水中并行，也会互相靠拢；当台风吹过房屋时，往往会把屋顶掀掉；等等。

能量守恒定律是自然界另一个基本定律。它告诉我们，能量不会自行消灭，也不会凭空产生，而只能从一种形式转化为另一种形式。伯努利定理便是能量守恒定律在空气动力学中的具体应用。

伯努利定理的具体推导过程比较复杂，涉及的物理概念也较多，在此不作推导，只给出伯努利定理的结论（见图 2.5），即

$$p_1+\frac{1}{2}\rho v_1^2=p_2+\frac{1}{2}\rho v_2^2=p_0 \tag{2.4}$$

式中　p_1——Ⅰ 截面的静压；

p_2——Ⅱ 截面的静压；

$\frac{1}{2}\rho v^2$——动压（也称速压）；

p_0—— 总压。

所谓静压,即是气流流动时作用于管壁的压强。动压为气体流动时由流速产生的附加压强,或者说是单位体积流体所携带的动能,它并不作用于管壁上。总压是速度等于零时的静压。

从式(2.4)可知,在低速定常流动时,流场中的任一点,气体的静压与动压之和为一常量,且等于其总压,这就是伯努利定理。也可以粗略地说,低速定常流动时,流速小的地方压强大,而流速大的地方压强小。

同连续性定理一样,伯努利定理的应用也是有条件的,它只适应于低速,即认为密度不变,不适应于高速;并且要求流场中的气体不与外界发生能量交换。

连续性定理和伯努利定理是气体动力学中两个最基本的定理,它们说明了流管截面积、气流速度和压力这三者之间的关系。综合这两个定理,我们可以得出如下结论:低速定常流动的气体,流过的截面积大的地方,速度小,压强大;而截面积小的地方,流速大,压强小。这一结论是解释机翼上空气动力产生的根据。

再次强调的是,在这里得出的连续性定理和伯努利定理只适用于低速,即气流不可压缩(即密度不变化)的流动情况,不能推广到高速。

2.4 翼型及其气动特性

当飞机在空中飞行时,作用在飞机上的空气动力主要是由机翼产生;而机翼上的空气动力的大小和方向,在很大程度上又决定于机翼的剖面形状(即翼型)、平面形状和前视形状。因此,在介绍作用在飞机上的空气动力之前,首先介绍机翼的剖面形状即翼型的几何特性和气动特性。

2.4.1 翼型的几何参数

飞机机翼、尾翼,导弹翼面,直升机旋翼叶片和螺旋桨叶片上平行于飞行器对称面或垂直于前缘的剖面形状,称为翼型,又称为翼剖面,如图 2.6 所示。

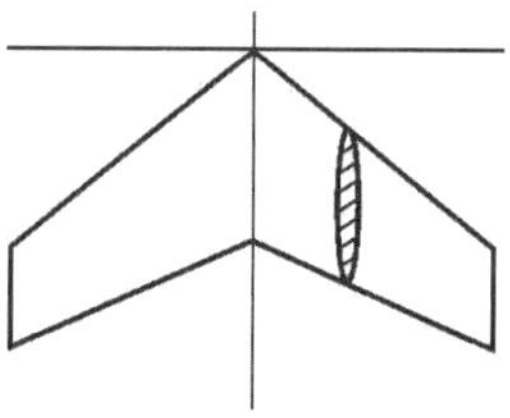

图 2.6　机翼上的翼剖面(翼型)

翼型具有各种不同的形状,如图 2.7 所示。图 2.7(a)是平板剖面,它的空气动力特性不好。后来人们在飞行实践的过程中,发现把翼剖面做成像鸟翼那样的弯拱形状 —— 薄的单凸翼剖面(见图 2.7(b)),对升力特性有改进。随着飞机的发展,人们认识到加大剖面的厚度,也会改善升力特性,因而就有了凹凸形翼剖面(见图 2.7(c))。这种翼剖面的升力特性虽然较好,但阻力特性却不好,只适用于速度很低的飞机上。另外,因为后部很薄而且弯曲,在构造方面不利,因而目前已很少应用。至于平凸形翼剖面(见图 2.7(d)),在构造上和加工上比较方便,同时空气动力特性也不错,所以目前在某些低速飞机上还有应用。不对称的双凸形翼剖面(见图 2.7(e))的升力和阻力特性都较好,在构造方面也有利,所以广泛应用在活塞发动机的飞机上。图 2.7(f)中是S形翼剖面,这种翼剖面的中线呈S形,它的特点是尾部稍稍向上翘,使得压力中心不会前后移动。对称的双凸形翼剖面(见图 2.7(g)),通常用于各种飞机的尾翼面上。图 2.7(h)是所谓"层流翼剖面",它的特点是压强分布的最低压强点(即最大负压强)位于翼剖面靠后的部分,可减低阻力。这种翼剖面常用于速度较高的飞机上。菱形(见图 2.7(i))和双弧形(见图 2.7(j))翼剖面常用在超声速飞机上,它们的特点是前端很尖，相对厚度很小，也就是很薄，超声速飞行时阻力很小，比较有利，然而它在低速时的升力和阻力特性不好，使飞机的起落性能变坏。

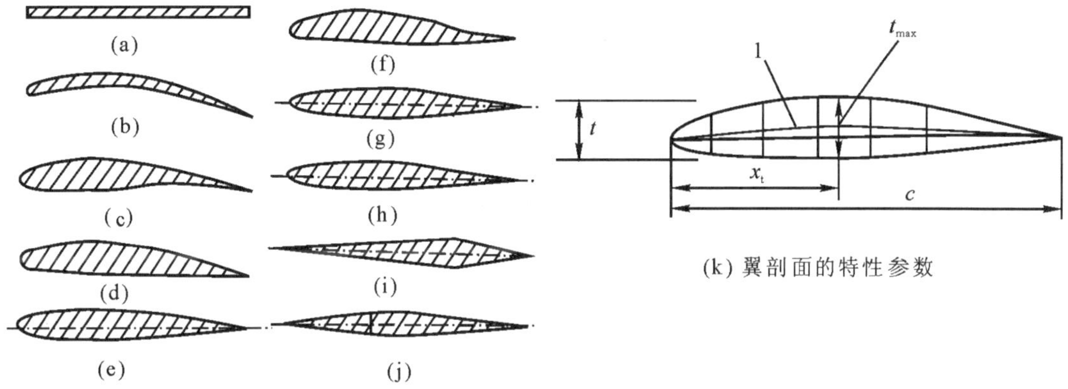

图 2.7　不同的翼型和翼型的几何参数

1— 中线　c— 翼弦长度　t_{max}— 翼剖面最大厚度

确定翼型的主要几何参数有弦长、相对厚度、最大厚度位置和相对弯度(见图 2.7(k))。

(1) 弦长。连接翼型前缘(翼型最前面的点)和后缘(翼型最后面的点)的直线段称为翼弦(也称为弦线)，其长度称为弦长，用 c 表示。

(2) 相对厚度。翼型的厚度是垂直于翼弦的翼型上、下表面之间的直线段长度。翼型最大厚度 t_{max} 与弦长 c 之比，称为翼型的相对厚度 t/c 或 $\bar{t}$，并常用百分数表示，即

$$\bar{t} = t/c = \frac{t_{max}}{c} \times 100\%$$

低速飞机机翼的相对厚度为 12% ～ 18%，亚声速飞机机翼的相对厚度为 10% ～ 15%，超声速飞机机翼的相对厚度为 3% ～ 5%。

(3) 最大厚度位置。翼型最大厚度离开前缘的距离 x_t 称为最大厚度位置，通常也用弦长的百分数表示，即

$$\bar{x}_t = \frac{x_t}{c} \times 100\%$$

现代飞机翼型的最大厚度位置为 30% ～ 50%。

(4) 相对弯度。翼型弯度是指翼型中线的弯度，而翼型中线是各翼型厚度中点的连线。翼型中线与翼弦之间的垂直距离，称为翼型的弯度 f。最大弯度与弦长的比值，称为相对弯度 $\bar{f}$，通常用百分数表示，即

$$\bar{f} = \frac{f_{max}}{c} \times 100\%$$

翼型的相对弯度说明翼型上、下表面外凸程度的差别。相对弯度越大，翼型上、下表面弯曲程度相差也越大；如果 $\bar{f} = 0$，则中线和翼弦重合，翼型将是对称的。现代飞机翼型的相对弯度为 0% ～ 2%。

2.4.2　翼型的升力和阻力

1. 迎角的概念

相对气流方向与翼弦之间的夹角，称为迎角(见图 2.8)，用 α 表示。

根据气流指向不同，迎角可分为正迎角、负迎角和零迎角。当气流指向下翼面时，迎角为正；当气流指向上翼面时，迎角为负；当气流方向与翼弦重合时，迎角为零。

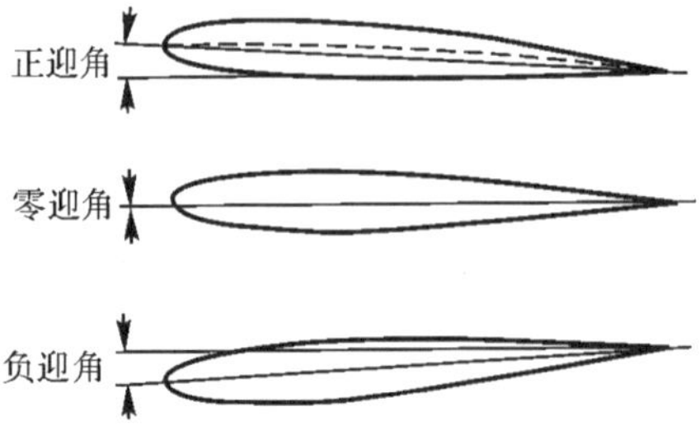

图 2.8　翼型的迎角

2. 升力和阻力的产生

根据我们已经讨论过的运动的转换原理，可以认为在空中飞行的飞机是不动的，而空气以同样的速度流过飞机。如图 2.9 所示，当气流流过翼型时，由于翼型的上表面凸些，这里的流线变密，流管变细；相反，翼型的下表面平坦些，这里的流线变化不大（与远前方流线相比）。根据连续性定理和伯努利定理可知，在翼型的上表面，因流管变细，即流管截面积减小，气流速度增大，故压强减小；而翼型的下表面，因流管变化不大，故压强基本不变。这样，翼型上、下表面产生了压强差，形成了总空气动力 R，R 的方向向后向上。根据它们实际所起的作用，可把 R 分成两个分力：一个与气流速度 v 垂直，起支托飞机重量的作用，就是升力 L；另一个与流速 v 平行，起阻碍飞机前进的作用，就是阻力 D。此时，产生的阻力除了摩擦阻力外，还有一部分是由于翼型前、后压强不等引起的，称之为压差阻力。总空气动力 R 与翼弦的交点叫做压力中心（见图 2.9），好像整个空气动力都集中在这一点上。

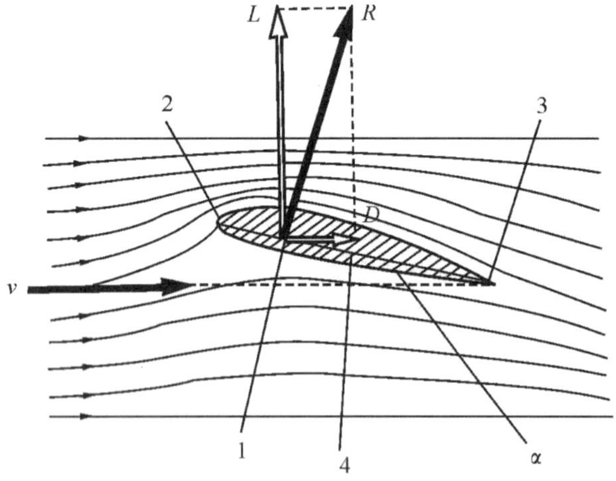

图 2.9　小迎角 α 下翼剖面上的空气动力

1— 压力中心　2— 前缘　3— 后缘　4— 翼弦

根据翼型上、下表面各处的压强，可以绘制出翼型的压强分布图（压力分布图），如图 2.10(a) 所示。图中，自表面向外指的箭头代表吸力；指向表面的箭头代表压力。箭头都与表面垂直，其长短表示负压（与吸力对应）或正压（与压力对应）的大小。由图可看出，上表面的吸力占升力的大部分。靠近前缘处稀薄度最大，即这里的吸力最大。

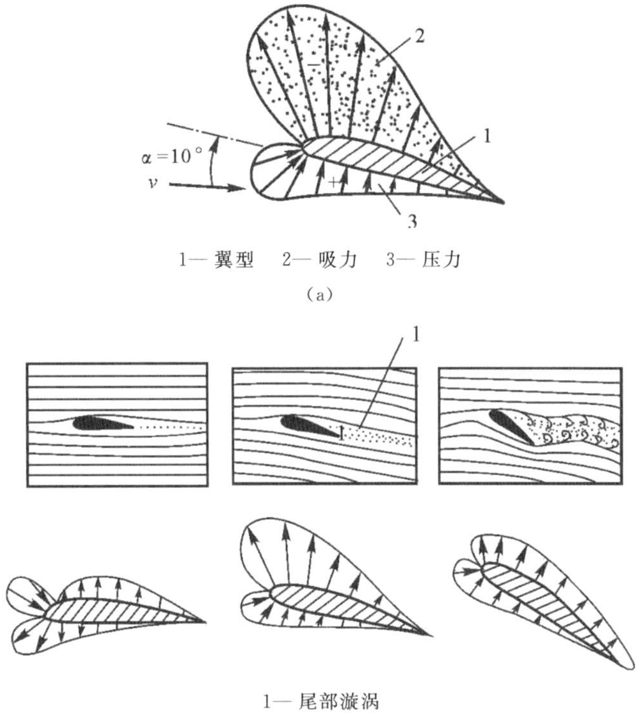

图 2.10　翼型的压强分布图(压力分布图)

(a) 翼型上的压力分布；(b) 不同迎角下翼型压力分布的变化

由图 2.10(b) 可见，机翼的压强分布与迎角有关。当迎角为零时，上、下表面虽然都受到吸力，但总的空气动力合力 R 并不等于零。随着迎角的增加，上表面吸力逐渐变大，下表面由吸力变为压力，于是空气动力合力 R 迅速上升，与此同时，翼型上表面后缘的涡流区也逐渐扩大。在一定迎角范围内，R 是随着迎角 α 的增加而上升的。但当 α 大到某一程度时，再增加迎角，升力不但不增加反而迅速下降，这种现象叫做失速。失速对应的迎角就叫做临界迎角 (α_{cr}) 或失速迎角(见图 2.11)。

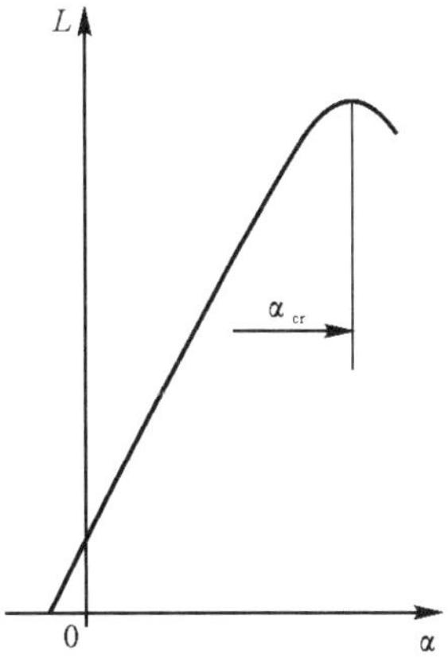

图 2.11　翼型的 $L-\alpha$ 曲线

R 随 α 的变化而变化，它在垂直于迎面气流方向上的分力 L—— 升力，也随 α 的变化而变化。为了研究问题方便，我们采用无因次的升力系数 C_l 来表示升力与迎角的关系，即

$$C_l = \frac{L}{\frac{1}{2}\rho v^2 c}$$

升力系数 C_l 随迎角变化的曲线称为升力曲线(见图 2.12)。在一定飞行速度下，在迎角较小的范围内，升力系数 C_l 随迎角 α 呈线性变化；随着迎角的继续增加，升力曲线逐渐变弯，到临界迎角时，升力系数达到最大值 $C_{l\max}$；之后再增大迎角，升力系数反而减小。

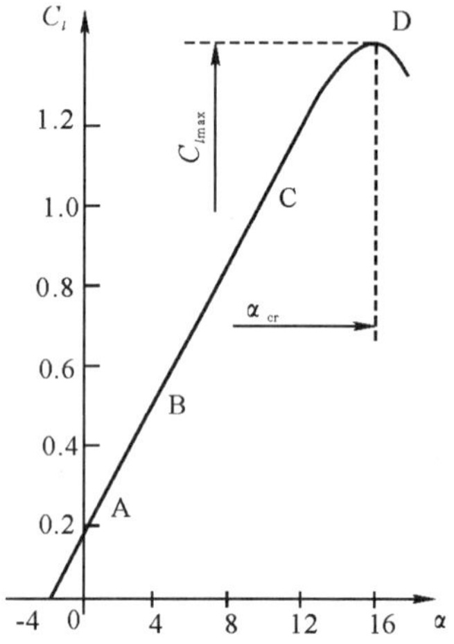

图 2.12　翼型的 $C_l-\alpha$ 曲线

3. 压差阻力

压差阻力的产生是由于运动着的物体前后所形成的压强差。最明显的例子莫过于图 2.13(a) 所示的垂直地竖立在气流中的平板了。气流流到平板的前面，受到阻拦，速度降低，压强增加，形成高压区(用“+”表示)；气流流过平板后，压强降低，形成低压区(用“—”表示)，并形成许多漩涡，这就是气流分离。由于板的前面压强大大增加，后面压强减小，前后形成了很大的压强差，因此产生很大的阻力，这种阻力称为压差阻力。

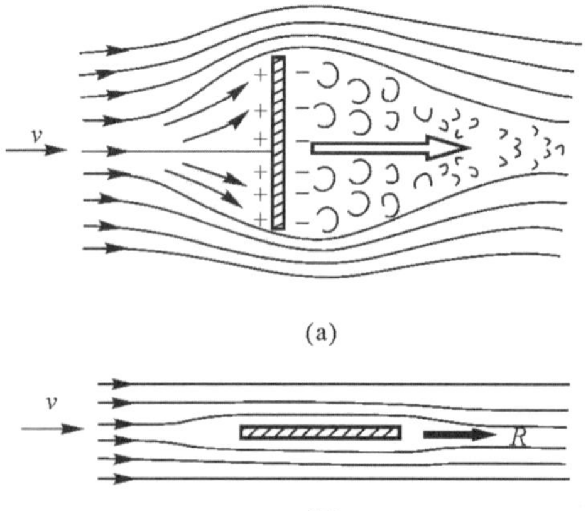

图 2.13　压差阻力

(a) 平板与相对气流方向垂直；（b) 平板与相对气流方向平行

压差阻力的大小同物体的迎风面积、形状以及在气流中的位置有关。

所谓迎风面积，就是物体垂直于迎面气流的剖面积，其中最大值就是最大迎风面积，如图 2.14 所示。物体的最大迎风面积越大，压差阻力也越大。

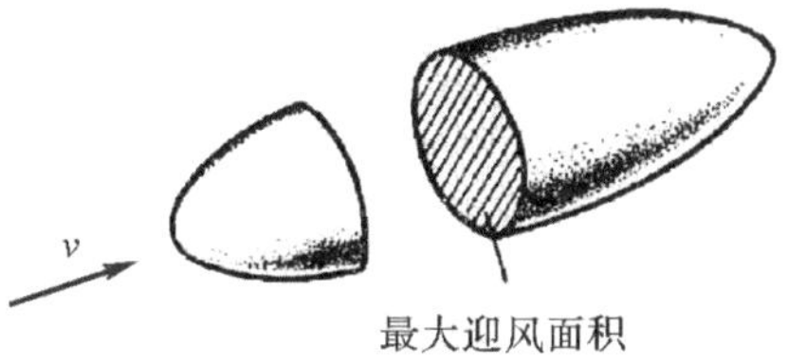

图 2.14　最大迎风面积

物体的形状对压差阻力也有很大的影响。把一块圆形的平板垂直放在气流中，其前后会形成很大的压差阻力，平板后面会产生大量的漩涡，造成气流分离。如果在圆形平板前面加上一个近似于圆锥体的旋成体，如图 2.15(a) 所示，其迎风面积并没有改变，但形状变了。平板前面的高压区被旋成体填充，气流可以平滑地流过，压强不会急剧升高。虽然此时平板后面仍有气流分离和低压区的存在，但前面的压强却大为减小，因而压差阻力会大大降低。

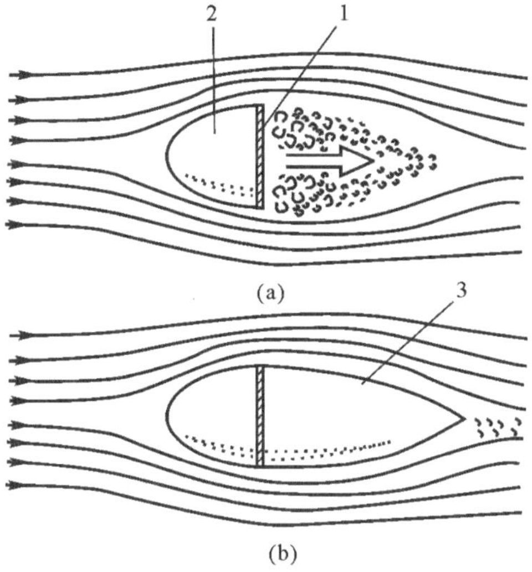

图 2.15　物体形状对压差阻力的影响

1— 圆形平板剖面　2— 前部近圆锥体　3— 后部近圆锥体

如果在平板后面再加上一个细长的近似于圆锥体的旋成体，如图 2.15(b) 所示，把充满漩涡的低压区也填满，使得物体后面只出现很少的漩涡，其阻力将会进一步降低。

像这种前端圆钝，后面尖细，像水滴或雨滴似的物体，称为流线形物体，简称流线体。在迎风面积相同的条件下，其压差阻力最小。

物体在气流中的位置也影响压差阻力的大小。一块平板垂直地放在气流中，压差阻力很大；如果平行地放在气流中，压差阻力就很小，如图 2.13 所示。同一个流线体，平行于气流放置和垂直于气流放置，其压差阻力相差也会很大。

物体上的摩擦阻力和压差阻力合起来叫做迎面阻力。一个物体，究竟哪一种阻力(摩擦阻力或压差阻力) 占主要部分，这要取决于物体的形状和位置。如果是流线体，那么它的迎面阻力中主要部分是摩擦阻力；如果形状远离流线体的式样，那么压差阻力占主要部分，摩擦阻力则居次要位置，而且总的迎面阻力也较大。翼型的摩擦阻力和压差阻力合起来叫做翼型阻力。

物体的形状和迎面阻力的关系可从图 2.16 看出来。图中的 8 种物体，虽然形状和尺寸各不相同，但是如果他们在空气中以同一速度运动，并且位置如图所示，那么各种物体的迎面阻力是基本相同的。

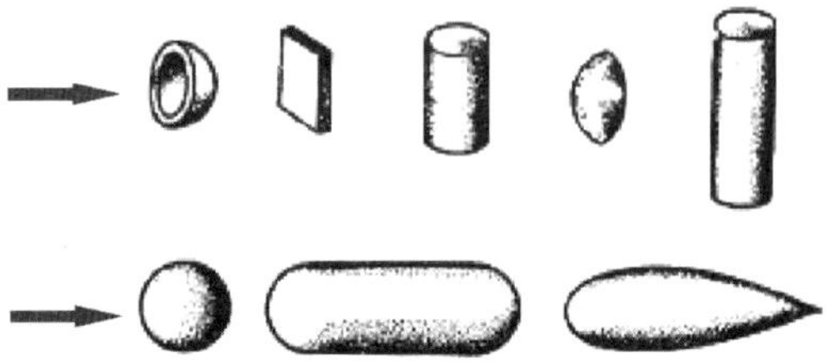

图 2.16　不同形状和尺寸的物体具有相同的阻力

4. 附面层与摩擦阻力

由于空气是有黏性的，所以当它流过翼型（无限翼展机翼）时，就会有一层很薄的气流被“黏”在翼型表面上。这个流速受到阻滞的空气流动层就叫做附面层。通常取流速达到 $0.99v_\infty$ 处为附面层边界，由翼型表面到该处的距离被认为是附面层的厚度。根据作用和反作用定理，受阻滞的空气必然会给翼型表面一个与飞行方向相反的作用力，这就是摩擦阻力。

附面层中气流的流动情况是不同的（见图 2.17）。一般翼型大约在最大厚度以前，附面层的气流不相混淆而成层地流动，而且底层的速度梯度较小，这部分叫做层流附面层。在这之后，气流的流动转变成杂乱无章，并且出现了旋涡和横向流动，而且贴近翼面的速度梯度也较大，这部分叫做紊流附面层。层流转变为紊流的那一点称为转捩点。在紊流之后，附面层脱离了翼面而形成大量的旋涡，这就是尾迹。一般地，层流附面层的摩擦阻力系数要比紊流附面层的摩擦阻力系数小很多。

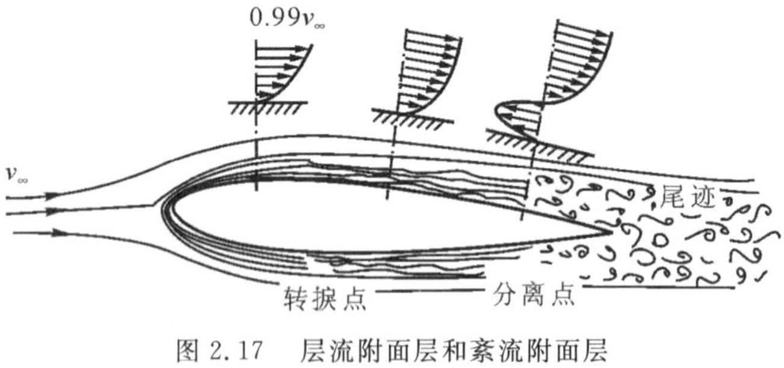

图 2.17　层流附面层和紊流附面层

总地说来，摩擦阻力的大小取决于空气的黏性、翼型的表面光滑程度、层流段和紊流段的长度（或面积）等。

由于层流段的摩擦阻力要比紊流段小，因此为了减小摩擦阻力，就希望尽量延长层流段。选用最大厚度位置靠后的层流翼型，就有可能使转捩点位置后移。但是转捩点的位置不是固定不变的，随着气流速度、原始紊流度、翼型制造误差及表面粗糙度的增加，都将使转捩点前移而导致摩擦阻力的增加。

2.4.3　翼型的力矩特性及焦点

当气流流过翼型时，可以把作用在翼型上的空气动力 R 分解为垂直翼弦的法向力 L_1 和平行于翼弦的切向力 D_1（见图 2.18）。我们规定使翼型抬头的力矩为正，则空气动力对 F 点的力矩可写为

$$M_{yP} = -L_1(x_P - x_F) \approx -L(x_P - x_F)$$

改用力矩系数的形式表示为

$$C_m = \frac{M_{yP}}{\frac{1}{2}\rho v^2 c^2} = -\frac{L}{\frac{1}{2}\rho v^2 c}\left(\frac{x_P - x_F}{c}\right) = -C_l(\bar{x}_P - \bar{x}_F)$$

式中，$\bar{x}_P$ 和 $\bar{x}_F$ 分别是压力中心和任意点 F 到翼型前缘距离与弦长比的百分数（见图 2.18）。

α 不但影响 R 的大小，同时还改变其作用点（压力中心）。为此，变换不同的迎角做实验，求出各个迎角下对应的升力系数 C_l 和力矩系数 C_m，画出 C_m 与 C_l 曲线，如图 2.19 所示。由该图可见，当 C_l 不太大时，曲线近似呈直线，不同的 F 可得到不同的斜率。因此，总能找到一点，其 C_m 几乎不随 C_l 而变化，这样的点在空气动力学中称为焦点（或空气动力中心）。

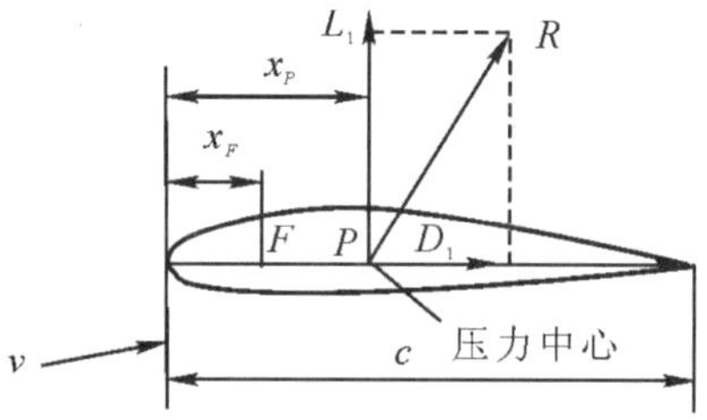

图 2.18　气动合力及力矩

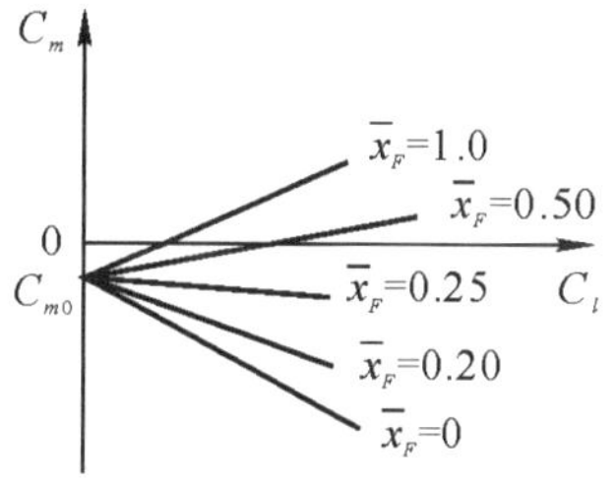

图 2.19　C_m -C_l 曲线

由于升力增加时，升力对焦点的力矩不变，因此，焦点实质上是迎角增加时升力增量的作用点。

低速时，焦点一般在 25% 机翼弦长附近（见图 2.19）。焦点距前缘的相对位置用 $\bar{x}_F(=x_F/c)$ 表示，绕该点的力矩系数用 C_{m0} 表示。对于已选定的翼型，它们都是定值（见图 2.19），即

$$C_{m0} = -C_l(\bar{x}_P - \bar{x}_F)$$

$$\bar{x}_P = \bar{x}_F - C_{m0}/C_l$$

可见，压力中心并非焦点，它随 C_l 的增大而前移，并逐渐接近焦点。

2.4.4　翼型的气动特性参数

翼型的基本气动特性由它的翼型表面压力系数、升力系数、阻力系数、力矩系数、升阻比、空气动力中心和压力中心等参数来说明。其中的升力系数、力矩系数已在上面讨论。

设翼型具有单位宽度，其表面压强为 p，升力为 L，阻力为 D，力矩为 M_y。翼型的气动特性参数定义如下：

翼型表面压力系数

$$C_p = \frac{p - p_\infty}{\frac{1}{2}\rho v^2}$$

升力系数

$$C_l = \frac{L}{\frac{1}{2}\rho v^2 c}$$

阻力系数

$$C_d = \frac{D}{\frac{1}{2}\rho v^2 c}$$

力矩系数

$$C_m = \frac{M_y}{\frac{1}{2}\rho v^2 c^2}$$

升阻比

$$L/D = \frac{L}{D} = \frac{C_l}{C_d}$$

升力垂直于气流速度，阻力与气流速度平行，力矩参考点通常取距前缘1/4弦长的点，一般翼型的焦点位于该点或该点附近。

此外，还有一些气动参数，如阻力发散马赫数、抖振边界等，可参考其他的专业资料，本书不做介绍。

2.5　机翼及其气动特性

前面分析了翼型的气动特性，而翼型的气动特性和各剖面形状相同的无限展长机翼的气动特性是一样的，即无限展长机翼绕流流场为平行平面场，垂直于翼展方向各剖面的流场完全一样。然而，真实飞机的机翼都是有限展长的，沿展向各剖面的流动是不一样的。本节应用已有翼型气动特性的知识，来分析有限翼展机翼的气动特性。

2.5.1　机翼的几何特性

1. 机翼的平面形状参数

基本机翼在机翼基本平面上的投影形状称为机翼的平面形状。基本机翼是指包括穿越机身部分但不包含边条等辅助部件的机翼，其穿越机身部分通常由左右机翼的前缘和后缘的延长线构成，也可以由左右外露机翼根弦的前缘点连线和后缘点的连线构成。机翼基本平面是指垂直于飞机参考面且包含中心弦线（位于飞机参考面上的局部弦线）的平面。所谓飞机参考面就是机体的左右对称面，飞机的主要部件对于此面是左右对称布置的。

按照俯视平面形状的不同，机翼可分为平直翼、后掠/前掠翼和三角翼等3种基本类型，如图2.20所示。

表示机翼平面形状的主要参数有机翼面积、翼展、展弦比、梯形比和后掠角等。

(1) 机翼面积。基本机翼在机翼基本平面上投影面积，称为机翼面积，用S表示。

(2) 翼展。在机翼之外刚好与机翼轮廓线接触，且平行于机翼对称面（通常是飞机参考面）的两个平面之间的距离称为机翼的展长，简称翼展，用b表示。

(3) 展弦比。机翼翼展的平方与机翼面积之比，或者机翼翼展与机翼平均几何弦长（机翼

面积 S 除以翼展 b）之比，称为机翼的展弦比 A，即

$$A = \frac{b^2}{S}$$

（4）梯形比。机翼翼尖弦长与中心弦长之比，称为机翼的梯形比，又称尖削比，用 λ 表示。

（5）后掠角。描述翼面特征线与参考轴线相对位置的夹角称为后掠角。机翼上有代表性的等百分比弦点连线同垂直于机翼对称面的直弦之间的夹角称为机翼的后掠角，用 Λ 表示。通常 Λ_0 表示前缘后掠角，$\Lambda_{0.25}$ 表示 1/4 弦线后掠角，$\Lambda_{0.5}$ 表示中弦线后掠角，$\Lambda_{1.0}$ 表示后缘后掠角。后掠角表示机翼各剖面在纵向的相对位置，也即表示机翼向后倾斜的程度。后掠角为负表示翼面有前掠角。

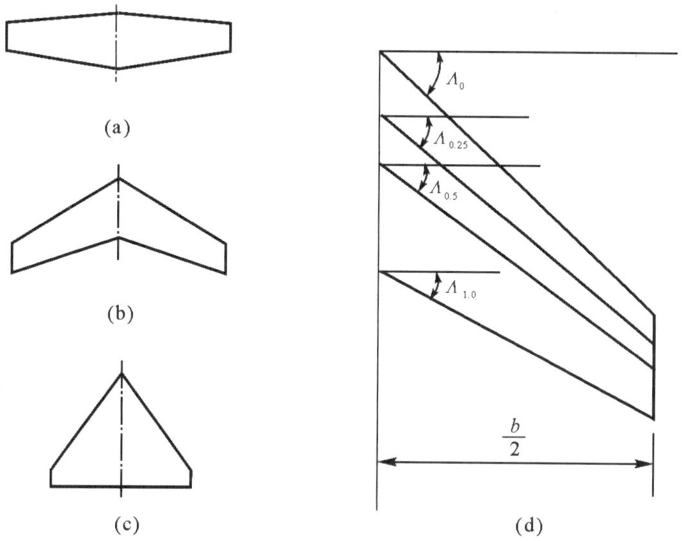

图 2.20　机翼的平面形状

（a）平直翼；（b）后掠翼；（c）三角翼；（d）平面形状参数

如果不特别指明，后掠角通常指 1/4 弦线后掠角。

平直翼的 1/4 弦线后掠角大约在 20° 以下，多用于亚声速飞机和部分超声速飞机上；后掠翼 1/4 弦线后掠角大多在 25° 以上，用于高亚声速和超声速飞机上；三角翼前缘后掠角约在 60° 左右，后缘基本无后掠，多用于超声速飞机，尤以无尾式飞机采用较多。

2. 机翼的安装

（1）上反角。翼面基准（如翼弦平面）与垂直于飞机对称平面的平面之间的夹角，称为机翼的上反角 Γ（见图 2.21）。通常规定上反为正，下反为负。机翼上反角一般不大，通常不超过 10°。

（2）安装角。机翼根弦处的翼型弦线和飞机轴线的夹角叫安装角（见图 2.22），机翼安装角一般为 0° ～ 4°。

以上所述机翼的各几何参数，对机翼的气动特性影响较大，特别是机翼面积、展弦比、梯形比、后掠角等参数对机翼的空气动力特性有重大的影响。如何合理地选择这些参数，以保证获得良好的空气动力特性，乃是飞机设计中的一项重要任务。

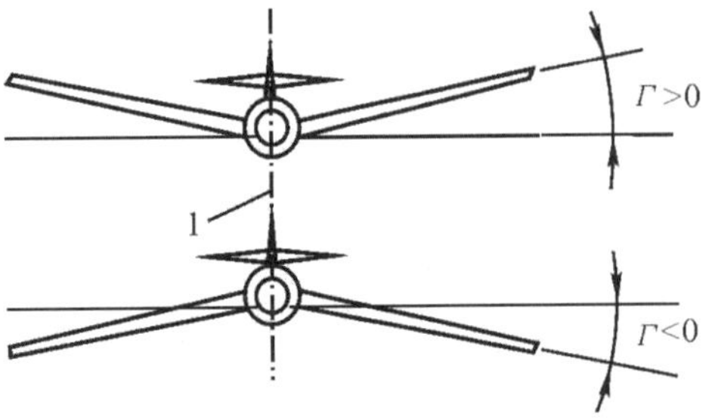

图 2.21　上反角

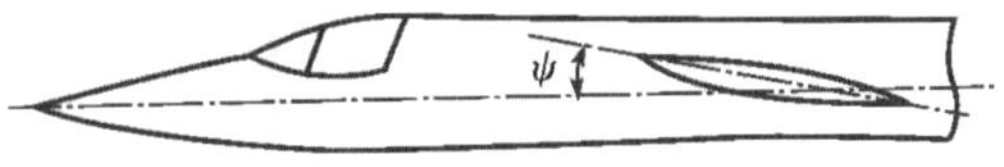

图 2.22　机翼安装角的定义

2.5.2　机翼的气动特性

在研究机翼的升力和阻力时，我们把机翼看成是无限长的而取其中的一个剖面 —— 翼型，来看其升力、阻力的产生。但实际飞机机翼的翼展是有限的，绕有限翼展和无限翼展的气流作用效果是有差别的。

1. 升力系数曲线的斜率 $\partial C_L/\partial\alpha$（或 $C_{L\alpha}$）

机翼的升力系数定义为

$$C_L = \frac{L}{\frac{1}{2}\rho V^2 S}$$

在产生正升力的情况下，下翼面的压力总要比上翼面的大，所以有限翼展机翼下表面的高压气流会绕过翼尖而流向上翼面低压区，形成绕翼尖的漩涡，如图 2.23 所示。这种流动的直接后果是缓和了上、下翼面的压强差。因此，在同样的迎角下，有限机翼的升力系数就比无限翼展机翼的升力系数小。展弦比越小，横向流动所波及的相对范围就越大，升力系数曲线的斜率（以后简称升力线斜率）$\partial C_L/\partial\alpha$（或 $C_{L\alpha}$）自然就越小，如图 2.24 所示。

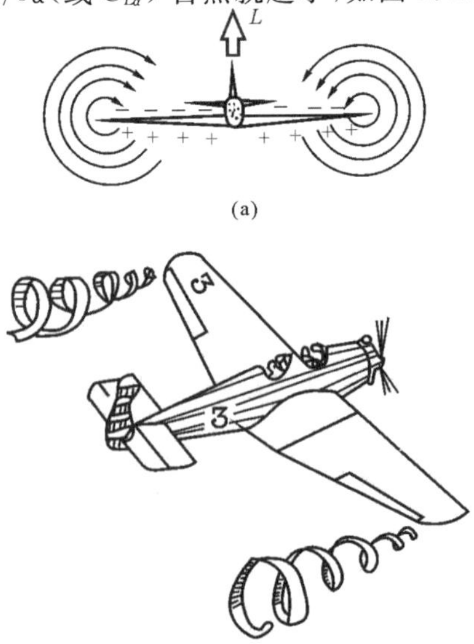

(b)

图 2.23　翼尖气流的展向流动及漩涡

(a) 翼尖气流的展向流动；(b) 翼尖气流展向流动引起的漩涡

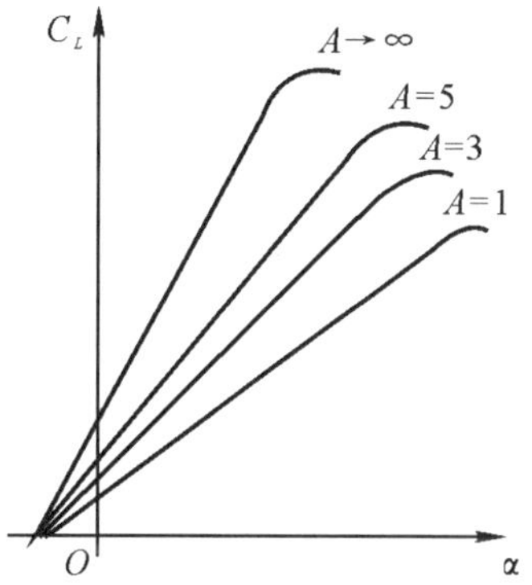

图2.24　不同展弦比机翼的升力系数

2. 升力沿翼展的分布

由于下表面的高压气流会绕过机翼翼尖而流向上翼面低压区，使翼尖部分上、下表面的压强趋于平衡，因此该处的升力趋于零。靠近翼尖附近的其他剖面显然也要受到不同程度的影响，离翼尖越远，影响越小。这样就出现了各剖面的升力沿翼展分布不均匀的情况，如图2.25所示。梯形比愈小，靠近翼根剖面的升力愈大。这是因为在机翼总升力 L 等于常数的情况下，减小梯形比意味着增大翼根附近剖面的弦长而减小翼尖附近剖面的弦长，所以翼根附近剖面的升力势必增加。

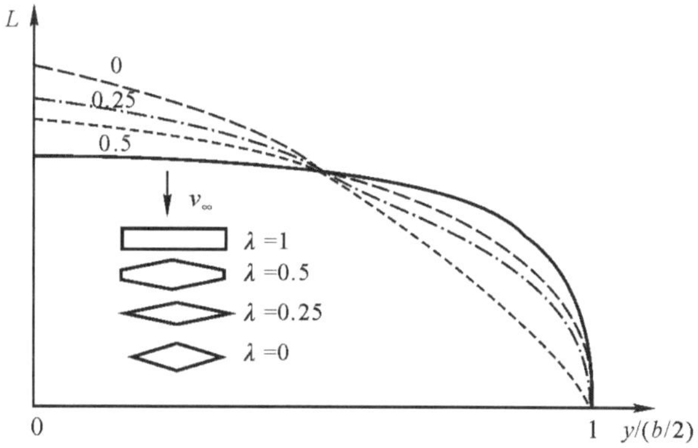

图2.25　梯形比对展向升力分布的影响

3. 机翼的下洗流和诱导阻力

对于有限翼展机翼而言，由于上、下翼面的压力差，使得下翼面存在着流向翼尖的展向流动，而上翼面存在着流向翼根的展向流动，因而当上、下翼面气流在机翼后缘流过而混合时，这一上、下相反的展向流动将形成漩涡，从机翼后缘拖出。这种后缘漩涡与翼尖漩涡组成了机翼后面的尾涡面。这个尾涡面在机翼附近诱导出一个向下的速度，称为下洗速度，其数值不大。下洗速度与来流速度合成而使合速度方向改变。

如图2.26所示，当气流以速度 v_∞、迎角 α 流向机翼时，尾涡的影响使得在该剖面处的气流附加了一个下洗速度 w。这样，该切面处气流的有效速度(合速度)为 $v_e=v_\infty+w$，迎角则变为 α_e，$\alpha_e=\alpha-\varepsilon$。$\varepsilon$ 为合速度与来流速度的夹角，称为下洗角。下洗速度和下洗角使有效迎角减小。机翼上的升力因与有效速度方向垂直，即与不考虑尾涡引起下洗的情况相比，升力方向向后倾斜了一个下洗角 ε，故而在来流方向上产生一个分力 D_i，这就是诱导阻力。

诱导阻力的大小与机翼的平面形状、翼型、展弦比有关，特别是同升力有关。

在同样 C_L 的情况下，与椭圆形机翼相比，其他平面形状机翼的诱导阻力系数要大一些，即椭圆形机翼的诱导阻力系数最小。

一般说来，机翼展弦比增加，诱导阻力减小。

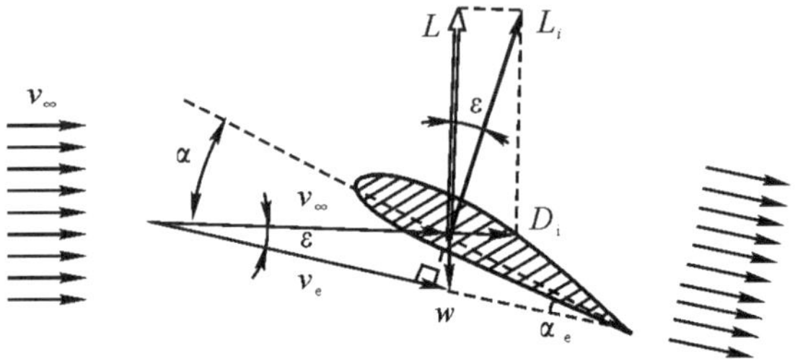

图 2.26 下洗速度与诱导阻力

4.有限翼展的阻力系数

与升力系数一样，定义机翼的阻力系数为

$$C_D=\frac{D}{\frac{1}{2}\rho v^2 S}$$

低速机翼的阻力系数为

$$C_D=C_{Df}+C_{Dp}+C_{Di}$$

式中，摩擦阻力系数 C_{Df} 与雷诺数（$Re=\rho vl/\mu$，v 为流速，μ 为动力黏度，l 为物体特性长度）的大小和附面层的流态有很大关系。在小迎角时，摩擦阻力占据主导地位。压差阻力系数 C_{Dp} 在大迎角，尤其是在附面层有较严重的分离后，才迅速地增加；而在小迎角时主要受机翼相对厚度的影响，基本上是一个常数。只有诱导阻力系数 C_{Di} 是与 C_L^2 成比例。因此 $C_D-\alpha$ 曲线接近一条抛物线，如图 2.27 所示。

5.机翼的极曲线

把机翼的升力系数和阻力系数随迎角变化的关系，综合地用一条曲线画出来，即 $C_L=f(C_D)$ 曲线，称之为机翼极曲线，如图 2.28 所示。极曲线的纵坐标表示升力系数，横坐标表示阻力系数，极曲线上每一点对应一个迎角。从极曲线图上可看出 C_L 和 C_D 的对应值及所对应的迎角 α；从图中亦可找出零升力迎角 α_0、临界迎角 α_{cr}、最大升力系数 $C_{L\max}$ 和最小阻力系数 $C_{D\min}$ 等参数。

在分析机翼气动性能时还会用到升阻比的概念。升阻比 L/D 表示同一个迎角下机翼的升力与阻力之比，即

$$L/D=\frac{L}{D}=C_L/C_D$$

升阻比越大，机翼在产生相同升力的情况下阻力越小，或者阻力相同的情况下产生的升力越大，表明机翼的气动效率越高。由坐标原点做极曲线的切线，则切点处对应的升阻比即为机翼的最大升阻比 $(L/D)_{\max}$。在最大升阻比状态下，机翼的气动效率最高。

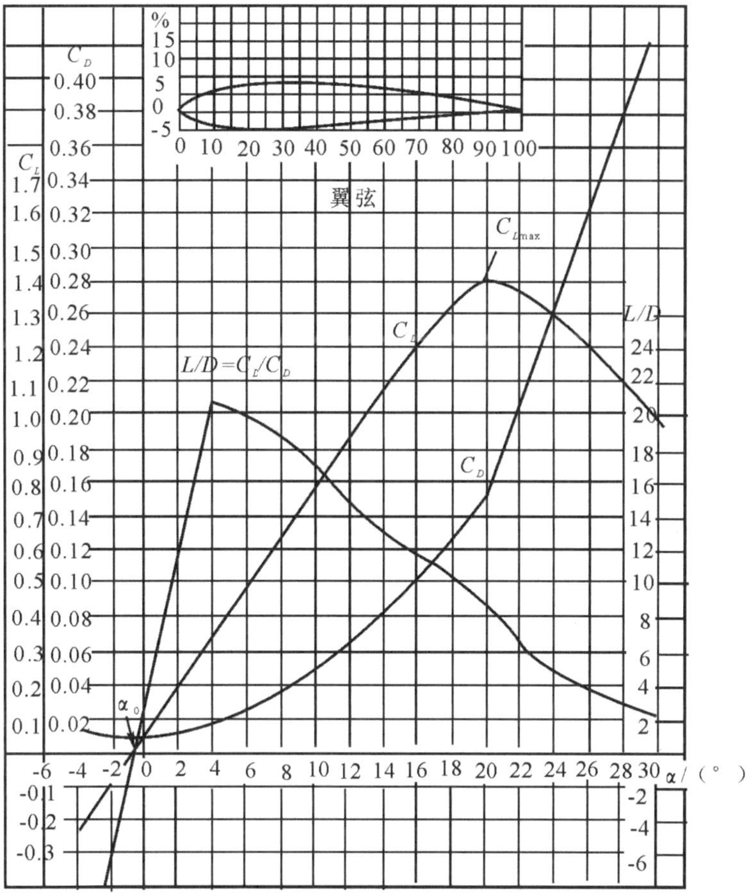

图 2.27　某种机翼翼型风洞实验所得的 3 种曲线

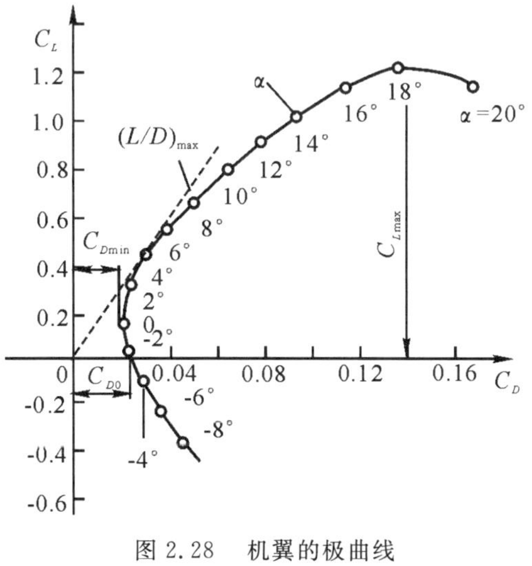

图 2.28　机翼的极曲线

2.5.3 机翼的增升装置

对于一架飞机而言,巡航性能是其主要的设计点,但起飞着陆性能(详见第 4 章)也很重要。一般地,要求飞机在起飞着陆时尽可能降低飞机的飞行速度,以缩短滑跑距离。这就要求飞机在低速时具有高的最大升力系数,因此必须在原有机翼上采取各种措施,提高飞机的最大升力系数。一般采取的措施是加装增升装置。

1. 增升装置的种类

增升装置通常根据它们所处机翼上的位置分为前缘增升装置和后缘增升装置。

后缘增升装置有简单襟翼、开裂襟翼、单缝襟翼、富勒襟翼、双缝襟翼、三缝襟翼等,如图 2.29 所示;前缘增升装置有前缘襟翼、机翼前缘下垂、前缘缝翼、克鲁格襟翼等,如图 2.30 所示。

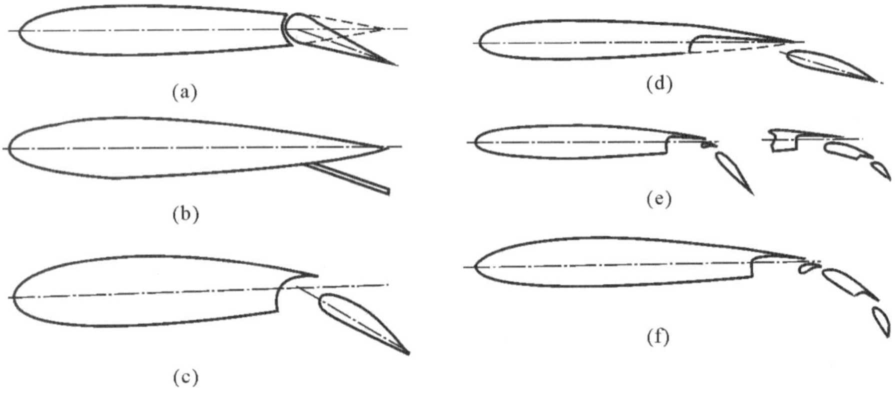

图 2.29 后缘增升装置

(a) 简单襟翼; (b) 开裂襟翼; (c) 单缝襟翼; (d) 富勒襟翼; (e) 双缝襟翼; (f) 三缝襟翼

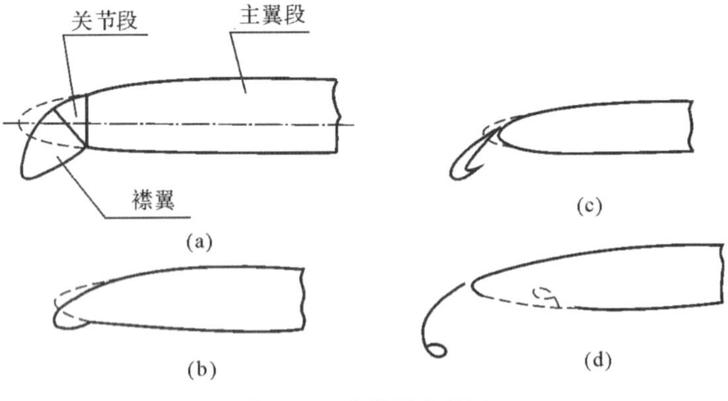

图 2.30 前缘增升装置

(a) 前缘襟翼; (b) 机翼前缘下垂; (c) 前缘缝翼; (d) 克鲁格襟翼

2. 增升装置的增升机理

增升装置的增升机理主要有以下 3 方面。

(1) 增加机翼的弯度效应。增加机翼的弯度,也即增加了机翼的环量,从而增加了机翼的升力。但增加弯度会产生较大的低头力矩,增加平尾或升降舵的配平负担。

(2) 增加机翼的有效面积。大多数增升装置是以增加机翼的基本弦长的方式运动的。在与剖面形状没有改变时相同的名义面积下，其有效机翼的面积增加了。这种情况，名义面积不变，相当于增加零迎角升力系数，因而提高了最大升力系数。

(3) 改善缝道的流动品质。通过改善翼段之间缝道的流动品质，改善翼面上的边界层状态，来增强翼面边界层承受逆压梯度的能力，延迟分离，提高失速迎角，增大最大升力系数。

3. 增升装置的气动特性

增升装置一般会增加机翼的最大升力系数，但也会使机翼的阻力增加，失速迎角减小。从图 2.31 和图 2.32 给出的几种后缘增升装置的升力特性曲线和极曲线中，可以看出不同形式襟翼的增升效果。

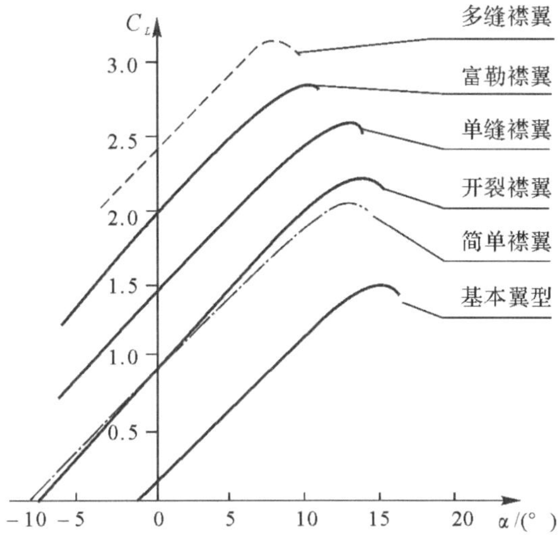

图 2.31　不同形式襟翼的升力曲线

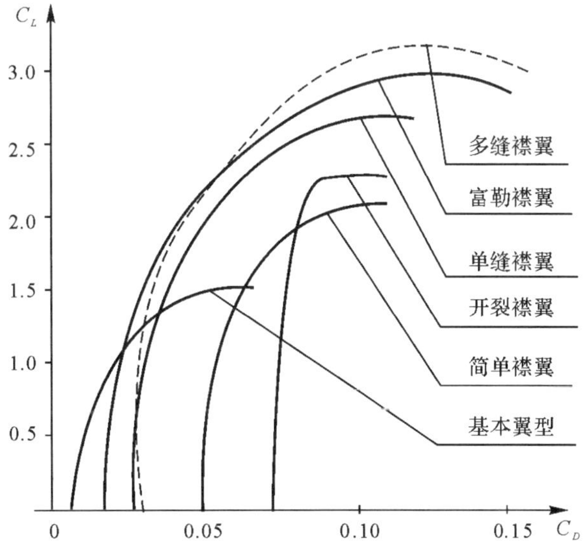

图 2.32　不同形式襟翼的极曲线

第3章　高速空气动力学基础

第2章分析了低速气流的流动特点，当气流的速度由低速增加到高速时，气流的特性会发生很大的变化，激波的产生，就是其中最突出的现象之一。本章主要分析高速气流的特性，说明高速飞机在气动性能及外形上与低速飞机的区别。

3.1　高速气流的特性

所谓气流特性，就是指流动中的空气，其压力、密度、温度以及流管粗细同气流速度之间相互变化的关系。在气流速度由低速转变为高速，或者由低于声速转变为超过声速的过程中，空气的压力、密度、温度等会发生显著的变化，气流特性就出现了一些不同于低速情况的质的差别。例如，这时会产生使压力突然升高的激波；流管收缩不是使气流加速，反而使气流减速等现象。

3.1.1　空气的压缩性与飞行速度的关系

上一章我们讲过空气的压缩性。例如，用力压皮球，就可以把皮球压瘪；将皮球烤热，会使它膨胀。一定量的空气，其体积改变了，密度也自然发生了变化。

由于空气流过机翼各处，其速度和压力会发生改变，因而会引起空气密度的变化。表3.1列出了在标准大气条件下，不同飞行速度时，机翼前缘驻点（在这一点，气流的速度等于零，见图2.1(b)）空气密度增加的百分比。表3.1中空气密度增加的百分比 $\Delta\rho/\rho$ 表示空气密度变化的程度，其中 $\Delta\rho$ 是空气密度的变化量，ρ 是空气原来的密度。从表3.1中可以明显地看出，随着速度的增加，空气密度的变化程度增大，这种变化就体现了空气的压缩性。因此，空气的压缩性与飞行速度有密切的关系，飞行速度越快，空气的压缩就越大。

表3.1　空气密度随飞行速度变化的关系

飞行速度 /$(\mathrm{km \cdot h^{-1}})$	200	400	600	800	1 000	1 200
空气密度增加的百分比($\Delta\rho/\rho$)	1.3%	5.3%	12.2%	22.3%	45.8%	56.6%

空气的这种压缩性在高速飞行时会引起一系列问题：弱扰动的传播，高速气流中压力和流速随流管截面积的变化，激波等。我们将在下面详细解释。

3.1.2　弱扰动的传播、声速及马赫数

1. 扰动的概念与声速

在流场中，任一点的流动参数与自由流（即远前方来流）中对应流动参数之差，称为扰动。如流场中某点的密度、压强、速度分别为 ρ, p, v，而远前方来流的密度、压强、速度分别为 $\rho_\infty, p_\infty, v_\infty$，因此流场上该点的流动参数可表示为

$$\rho=\rho_\infty+\Delta\rho,\quad p=p_\infty+\Delta p,\quad v=v_\infty+\Delta v$$

式中 $\Delta\rho$，Δp，Δv 分别称为该点对流场的扰动密度、扰动压强和扰动速度。当 $\Delta\rho$，Δp，Δv 值很小，即 $\Delta\rho\to0$，$\Delta p\to0$，$\Delta v\to0$ 时，这种扰动称为弱扰动；反之，称为强扰动。如飞机在空中飞行时，它对周围的空气产生作用，使空气的密度、压强、速度等气流参数发生变化，也就是说飞机对空气产生了扰动。空气是可压缩的弹性介质，一处受到扰动，这个扰动便通过空气一层一层相互作用，向四面八方传播。这个过程和我们耳朵能听到敲锣打鼓的声音是一样的。锣鼓的振动传给空气，空气又一层一层相互作用，把它传给我们的耳膜，因此我们听到了锣鼓声。锣鼓的振动，对空气来说是一种扰动，因为这种振动引起空气压强变化很微弱，所以是一种弱扰动。我们知道在空气中传播这种扰动，即声音，需要一定的时间，就是说，有一定的传播速度，这个速度就是声速。

理论上可以推知，声速的大小为

$$a=\sqrt{\frac{\mathrm{d}p}{\mathrm{d}\rho}}$$

该式表明，声速 a 取决于 $\mathrm{d}p/\mathrm{d}\rho$，即单位密度改变所需的压力改变。此压力越小，声速 a 越小，说明气体越容易压缩，即压缩性较大；反之，声速 a 越大，气体不容易压缩，即压缩性较小。因此，声速 a 可以作为压缩性的指标。进一步可以推出，在绝热过程中，空气中的声速为

$$a=20\sqrt{T}$$

标准大气中的声速见表 2.1。

2. 马赫数 Ma

流场中任一点处流速或飞行速度与当地声速之比，定义为马赫数 Ma，即

$$Ma=\frac{v}{a}$$

式中　v—— 流速或飞行速度；

　　　a—— 当地声速。

$Ma<1$，称为亚声速；$Ma>1$，称为超声速；$Ma<0.3$，一般称为低速。有时更详细地划分，把 Ma 数在 1 附近的，称为跨声速；Ma 小于 1 但接近于 1 的(譬如 Ma 数在 0.7 ～ 0.9 范围内)，称为高亚声速。

Ma 数的大小不仅可以说明飞机周围扰动的传播情况，而且还可以作为空气密度变化程度或者压缩性大小的衡量标志。Ma 数越大，则表示空气密度的变化以及压缩性的影响也越大；反之，飞行 Ma 数小，则密度变化和压缩性的影响也小。

在低速飞行中，一架飞机的速度、高度可以不同，但是，只要迎角相同，机翼压力分布和飞机的气动特性(如升力系数、阻力系数等) 都是一样的。但在高速飞行中，除了迎角相同，还要飞行 Ma 数相同。否则，机翼表面各点扰动传播情况就不相同，空气密度变化的情况也不相同，因而机翼上面的压力分布以及空气动力特性也就会发生变化。可见，Ma 数是研究高速飞行时的一个极重要的概念。

3. 扰动的传播和马赫锥

扰动以声速向四面八方传播。根据扰动源运动的速度，分 4 种情况讨论扰动的传播。

(1) 扰动源静止($v=0$)。如图 3.1 所示，扰动源点 O 引起的扰动，1 s 后，波面达到半径为 a 的球面；2 s 后，波面达到半径为 $2a$ 的球面。依此类推，经过时间越久，扰动传得越远。

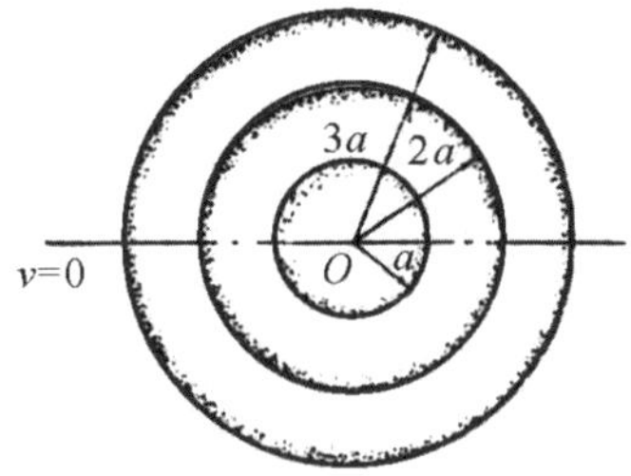

图 3.1　弱扰动在扰动源速度为零($v=0$)情况下的传播

(2) 扰动源以亚声速($v<a$)运动。图 3.2 表示扰动源以亚声速运动时,扰动的传播。为研究方便,我们取 $v=0.5a$。扰动源 O 1 s前在 O_1 的位置上,它在 O_1 处引起的扰动,1 s后,传到半径为 a 的球面,而扰动源自己却向前移动了一个 $0.5a$ 的距离,到达 O 处;同样,2 s前,扰动源在 O_2 的位置,它在 O_2 处引起的扰动,2 s后,传到半径为 $2a$ 的球面,而它本身已向前移动了 a 的距离,到达现在所在的位置点 O;依此类推。可见,只要运动速度小于声速,扰动总是可以传到扰动源的前面去的。

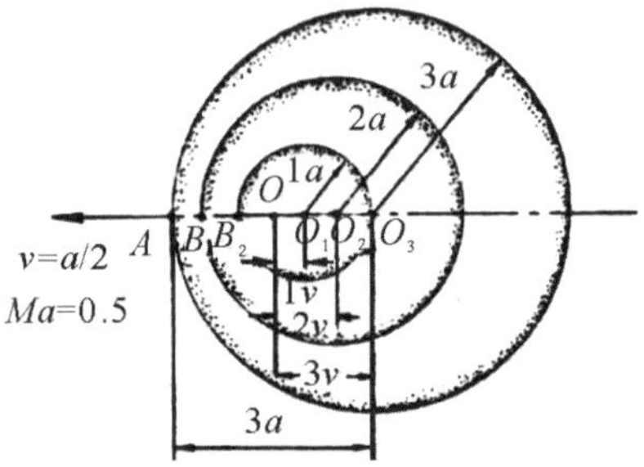

图 3.2　弱扰动在扰动源速度小于声速($v<a$)情况下的传播

(3) 扰动源以等声速($v=a$)运动。图 3.3 表示扰动源以等声速运动时,扰动的传播。由该图可以看出,扰动向前传播的速度正好和扰动源的运动速度一样,各个受扰动球面都在点 O 相切。由此可见,只要运动速度和声速相等,扰动就无法传到扰动源的前面去,也就是说,扰动源引起的扰动不可能使点 O 前面的空气压力、密度发生任何变化,而只能影响后面的空气。

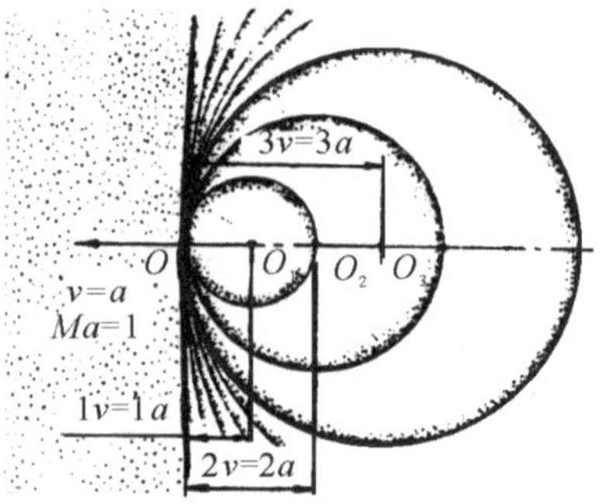

图 3.3 弱扰动在扰动源速度等于声速($v=a$)情况下的传播

(4) 扰动源以超声速($v > a$) 运动。如果扰动源的速度大于声速，为简单起见，取 $v = 2a$，扰动传播的情况如图 3.4 所示。扰动虽然以球面的形式传播，但其传播的范围，仅仅局限在以点 O 为顶点的圆锥内，所有的受扰动球面均相切于该圆锥。这个圆锥，通常称为马赫锥或扰动锥。扰动源以超声速运动时，它只能影响马赫锥内的空气，使其压力、密度有所变化。

马赫锥半锥顶角(见图 3.4)

$$\mu = \arcsin \frac{a}{v} = \arcsin \frac{1}{Ma}$$

称为马赫角。Ma 值越大，μ 值越小，马赫锥越尖。

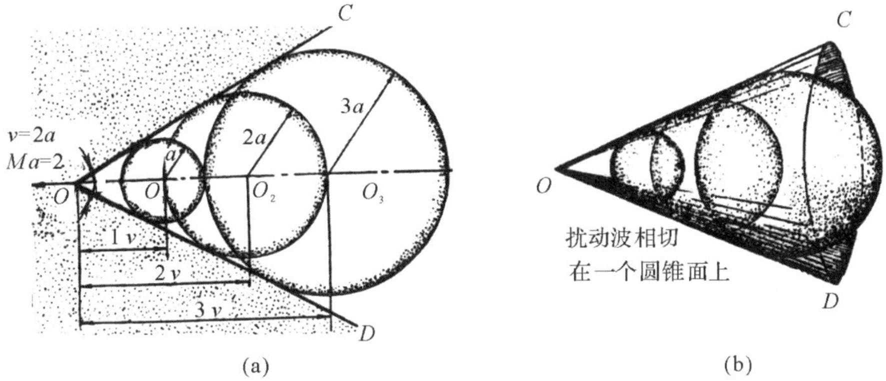

图 3.4　弱扰动在扰源速度大于声速($v > a$) 情况下的传播

飞机上和气流接触的每一个点，都是一个扰动源。通过上面的分析，可以得出这样的结论：如果飞机的飞行速度小于声速，它所引起的扰动可以传到飞机的前面去；如果飞行速度等于或大于声速，则扰动就不能传到飞机的前面去，而只能在飞机后面的一定范围内传播。飞行速度比声速大得越多，这个范围就越狭小。低速飞机，它还没有飞到，我们就早已听到了它的轰鸣声，而超声速飞机，以超声速飞行时，飞过我们头顶很远，才听到它的啸叫声，道理就在这里。

3.1.3　压力、密度、温度、速度随流管截面积变化的规律

根据能量守恒原理，气流流速与压力的关系，即流速增加，压力降低，流速减小，压力增高。这个结论无论在高速或低速情况下都是适用的。但在高速飞行时，随着气流流速的加快，空气的压缩与膨胀的变化越来越显著。流速改变时，不仅引起压力的变化，而且密度和温度也有明显变化，这对飞行器上的空气动力必然有不同的影响。因此，要了解飞行器上的空气动力在高速飞行中的变化规律，还须了解高速气流中空气的密度、温度与流速之间的关系。

流速加快，压力降低，必然引起体积膨胀，从而使密度减小；反之，在流速减慢、压力升高的同时，空气受压缩，体积缩小，因此，密度必然增大。

空气体积的膨胀，还会使温度降低。当打开冷气瓶的开关，高压气体从喷口喷出来时，开关和导管的温度都显著下降，甚至使导管表面结霜。这并不是冷气瓶装着很“冷”的气体的缘故(冷气瓶装的就是常温的压缩空气)，而是高压空气从喷口喷出时体积膨胀引起降温所致。同样，当空气受压缩时，温度会升高。譬如，用打气筒打气，气筒壁会发烫。这并非皮碗与筒壁

摩擦的结果，而主要是筒内空气被压缩，导致温度升高。

归纳起来，高速气流的规律就是：流速加快，则压力、密度、温度都一起降低；流速减慢，则压力、密度、温度都一起升高。

那么，在高速气流中，气流速度（Ma 数）与流管截面之间的关系究竟怎样呢？

考虑空气的压缩性，从气流流动的最基本规律（连续方程和能量方程）出发，可以推导出公式

$$\frac{\mathrm{d}A}{A} = (Ma^2 - 1)\frac{\mathrm{d}v}{v} \tag{3.1}$$

式中　A—— 流管原来的截面积；

$\mathrm{d}A$—— 流管截面积的变化量；

$\mathrm{d}A/A$—— 流管截面积的变化程度；

v—— 流管截面变化前空气原来的流速；

$\mathrm{d}v$—— 流速的变化量；

$\mathrm{d}v/v$—— 流速的变化程度。

式（3.1）表明了气体流速与流管截面积之间的关系。现在分别讨论亚声速和超声速两种情况。

1．亚声速气流，即 $Ma < 1$ 的情况

此时在式（3.1）中，$(Ma^2 - 1) < 0$，这说明 $\mathrm{d}A/A$ 与 $\mathrm{d}v/v$ 的符号是相反的。而 A 和 v 总是正的，所以 $\mathrm{d}A$ 与 $\mathrm{d}v$ 的符号相反。也就是说，当 $\mathrm{d}A > 0$ 时，$\mathrm{d}v < 0$。即：流管截面积扩大时，气流减速；反之，当 $\mathrm{d}A < 0$ 时，$\mathrm{d}v > 0$，即流管截面积缩小时，气流加速。可见，当气流亚声速流动时，流速与流管截面积之间的关系是：流管缩小，流速增大；流管扩大，流速减小。低速气流的连续性定理即是这种情况在低速时的体现。

2．超声速气流，即 $Ma > 1$ 的情况

此时在式（3.1）中，$(Ma^2 - 1) > 0$，所以 $\mathrm{d}A/A$ 与 $\mathrm{d}v/v$ 符号相同。这说明，在超声速气流中，流速与流管截面积一同增加或减小。即：流管扩大，流速也增大；流管缩小，流速也减小。这和低速、亚声速的情况正好相反。

高速气流中压力、密度、温度、速度随流管截面积变化的规律可归纳为表 3.2。

表 3.2　p, ρ, T, v 与 A 相互变化关系

流管形状	低速气流（不可压缩）	亚声速气流（$Ma < 1$）	超声速气流（$Ma > 1$）
收缩的流管	流速增大：压力减小、密度不变、温度不变	流速增大：压力减小、密度减小、温度降低	流速减小：压力增大、密度增大、温度升高
扩张的流管	流速减小：压力增大、密度不变、温度不变	流速减小：压力增大、密度增大、温度升高	流速增大：压力减小、密度减小、温度降低

3.1.4　超声速气流的产生

要驱动气体在管道中流动起来并得到期望的流动参数，需要具备两个条件。首先，要有一

个压力差。图 3.5 中,左边为气流入口,右边为气流出口,要使气体沿管道由左向右开始流动,必须使进口的压力大于出口的压力,即进口与出口必须有一个压力差,在此压力差的推动下,气体才能在管道中流动,保持这个压力差,气体才能在管道中作定常流动。其次,要有适当的管道形状,即要有适当的横截面积的变化,才能得到期望的流动速度。如果没有合适的管道形状,就是再大的压力差,也不可能得到所希望的流动参数。

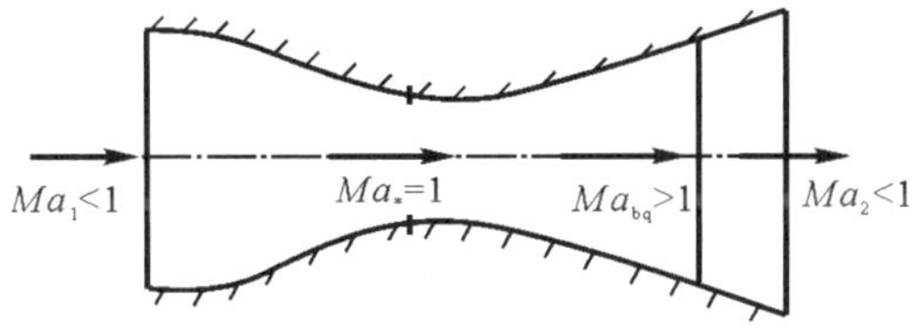

图 3.5　超声速气流的产生

根据上述气流速度随流管截面积变化的规律,要产生超声速气流,除了压力差以外,必须选择恰当的管道形状,即先收缩后扩张的的形状,如图 3.5 所示。这种形状的管道称为拉瓦尔喷管或超声速喷管。此喷管中截面积最小处称为喉道。当压力差驱动亚声速或低速气流自左向右在拉瓦尔喷管中流动时,亚声速或低速气流先在收缩的管道中加速,到喉道处产生 $Ma=1$ 的声速气流;紧接着再用扩张的管道使声速气流继续加速变成超声速气流。通过选择不同的出口截面积与喉道截面积的比值,就可以在出口截面处得到不同速度的超声速气流。

3.1.5　超声速飞行时的“热障”

当飞机以超声速飞行时,除了气流的特性发生很大的变化外,高速气流还会使飞机表面温度升高,这种现象称为气动加热。若飞机在 13 km 的高度飞行(外界空气温度－56℃),当其速度为 $Ma=2.0$ 时,飞机头部和机翼的前缘温度可达 100℃;当 $Ma=2.5$ 时,温度可达 200℃;当 $Ma=3.0$ 时,温度可达 310℃。

人所能较长时间忍受的温度限制是 40℃,航空仪表和机载电子设备所能承受的极限温度是 150～200℃,飞机的主要结构材料铝合金的极限工作温度为 180～200℃。由此看来,当飞机的速度超过 $Ma=2.5$ 时,就出现了“热障”问题。此时飞机的主要结构材料铝合金已经不能再使用,机载电子设备、燃油、液压等各个分系统都产生了冷却和防热问题。由于“热”的问题的出现,传统的设计规范和标准都需要重新定义或做重大修改。在 20 世纪 60 年代,美国和苏联先后研制出两种实用的高空高速飞机 SR—71 和米格—25,它们均可以以 $Ma=3.0$ 的速度进行巡航飞行。SR—71 的主要结构材料是钛合金,米格—25 的主要结构材料是不锈钢。但是自那以后,没有出现第三种 $Ma=3.0$ 的作战飞机。人们在提出新战斗飞机的设计要求时,仍然避开“热障”,把飞机的最大速度限制在 $Ma=2.5$ 以下。虽然通过使用钛合金和不锈钢做主要结构材料,通过使用隔热和加强冷却来保护飞机内部部件、机载设备和人员,研制出了 $Ma=3.0$ 的突破“热障”的飞机(SR—71),但是由于这种飞机效费比太低而没有被广泛采用。现在人们仍然在积极讨论 Ma 在 5.0 以上的高超声速洲际客机的可行性问题,也许在不久的将来会有效费比更高的解决飞机“热障”的办法出现。

3.2 激波与膨胀波

3.2.1 激波的形成

前面谈到，在超声速飞行时，扰动不能传到飞机的前面去。因此，向飞机头部和机翼前缘迎面而来的空气，就不像在亚声速飞行那样，在飞机来到之前，早已逐渐地感受到飞机的扰动，而是事先丝毫没有受到飞机扰动的影响。飞机突然来到跟前，空气就来不及让开，因而突然地遭到强烈的压缩，其压力、密度和温度都突然升高，相对于飞机的流速则突然降低。这个压力、密度、温度和流速从无变化到突然发生变化的分界面就叫做激波，如图 3.6 所示。

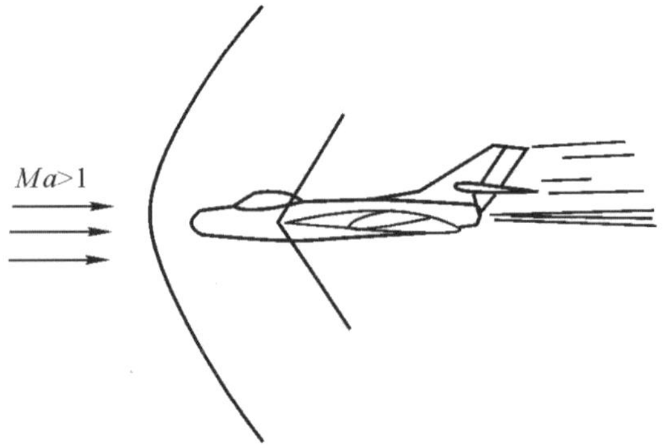

(a)

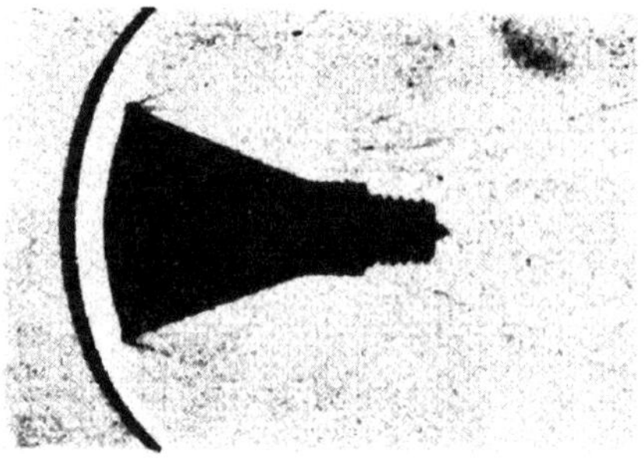

(b)

图 3.6 激波

(a) 激波形成原理； (b) 激波照片($Ma = 3$)

3.2.2 激波的类型

飞机在空中以超声速飞行时，相当于气流以超声速流过飞机，因此在机身和机翼前部气流受到阻滞，即不断受到压缩而形成激波。飞机外形与飞行马赫数不同，激波形状也是不同的(见图 3.7)。

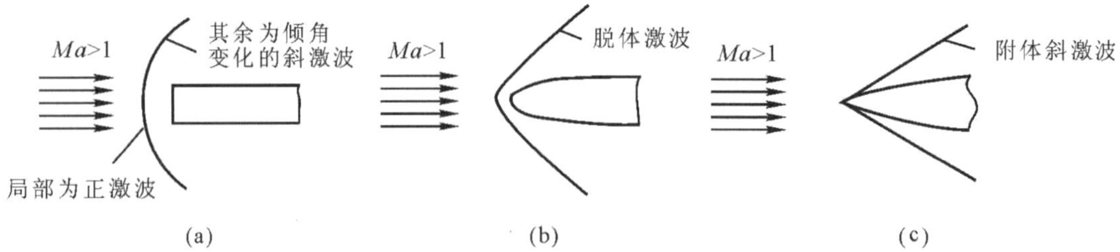

图 3.7 脱体激波与附体激波

图 3.7(a)，(b) 中的激波称为脱体激波，图 3.7(c) 中的激波称为附体激波。

激波面与运动方向垂直的部分称为正激波(见图 3.7(a)，(b) 中激波的局部，只是小部分)；与运动方向不垂直的部分称为斜激波。

激波可以是平面的(见图 3.7(c))，也可以是曲面(见图 3.7(a)，(b)) 或锥形的。

波面与气流方向垂直的激波称为正激波。气流通过正激波，压力、密度、温度都突然升高，流速由超声速降为亚声速，气流方向不变。

波面与气流方向不垂直的倾斜激波称为斜激波。空气流过斜激波，压力、密度、温度也都突然升高，但在同一超声速来流 Ma 数下，它们的变化不像通过正激波那样强烈。波后的流速可能降为亚声速，也可能仍为超声速。斜激波向后倾斜程度，通常用斜激波与气流方向之间的夹角 β 来表示，β 称为激波角，如图 3.8(a) 所示。图中，δ 角为气流转折角。显然，物体表面的转折角 δ 越大，对气流的阻滞作用越强。于是，斜激波的激波角 β 也就越大，空气通过激波后的压力、温度、密度变化也就越多。表面转折角大到一定程度，转折处会产生正激波。

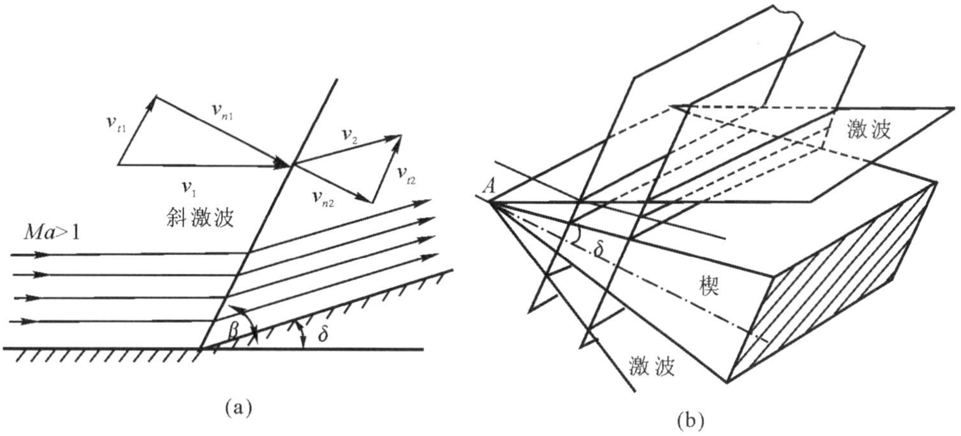

图 3.8　斜激波

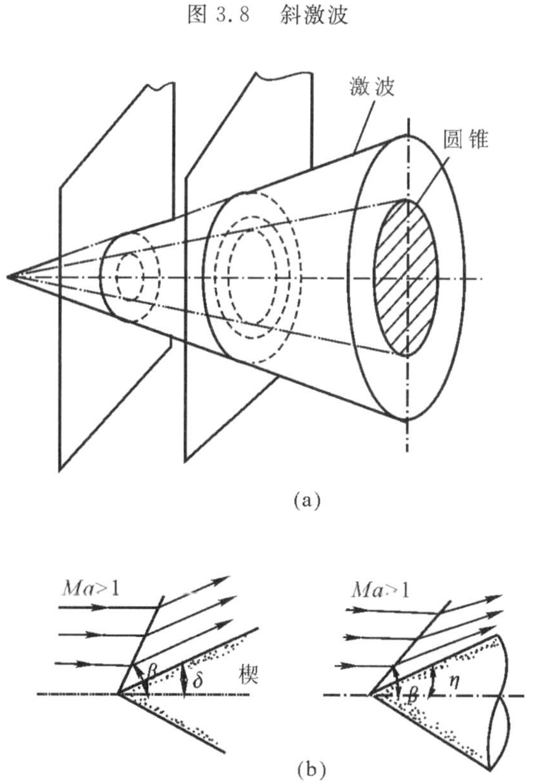

图 3.9　圆锥激波

前面所讨论的是超声速气流流过楔形体(即尖劈)的情形,如图 3.8(b) 所示。如果超声速气流流过圆锥,则从圆锥的顶点处开始产生一道圆锥激波,如图 3.9(a) 所示。由于流过锥体时气流是对称于中心轴线,从圆锥头部沿整个锥面向四面八方均匀散开的,沿着锥面往下游流去,锥体横截面积越来越大,在相同流量下,流线离锥面的距离会越来越小,即流线越来越向锥面靠拢。而二元楔形体,气流只能在上下两个方向转折,同一个 Ma 数,δ 相同时,气流流过锥体扰动扩散范围是三元的,因此气流受压缩的程度比楔形弱,即圆锥激波比平面激波弱,这是圆锥激波一个特点。圆锥激波的另一个特点是气流流过圆锥激波后,气流方向并不立刻与锥面平行,而是不断改变其速度大小和方向,就是说圆锥激波后的流线是弯曲的,而平面激波后的流线立刻与楔形体表面平行,保持一直线,如图 3.9(b) 所示。

3.2.3 膨胀波

超声速气流流过凹角的流动将产生斜激波,(见图 3.8(a)),这种流动与绕楔形体的流动(见图 3.8(b)) 相类似。可以看到,凹角的顶点 A 对气流产生一个扰动,扰动的边界波为激波。波后气流受到 A 处转折角 δ 的影响,气流受到压缩。如果转折角 δ 无限小,则扰动的边界波将退化为马赫波,是一种弱压缩波(见图 3.10(a))。马赫波的倾角为马赫角 $\mu_1 = \arcsin(1/Ma_1)$。如果物面有两个连续的微小转折,则将产生两道马赫波。由于压缩波后气流速度与马赫数降低,所以后一道马赫波的马赫角 μ_2 将大于前一道波的马赫角,如图 3.10(b) 所示。因此,这两道波必然会在气流中某处相交,形成压缩强度较大的波。如果转折点很多,如图 3.10 中的 $A,B,C\cdots$,则最后形成的压缩强度必然很大,这就是激波。如果这些转折点又无限接近,结果形成一个有限大的转折角,则激波将在这个转折角的顶点开始,如图 3.10 所示。这再一次说明了激波是无数弱扰动波(压缩) 的叠加。超声速气流遇到压缩扰动时,就会产生激波。

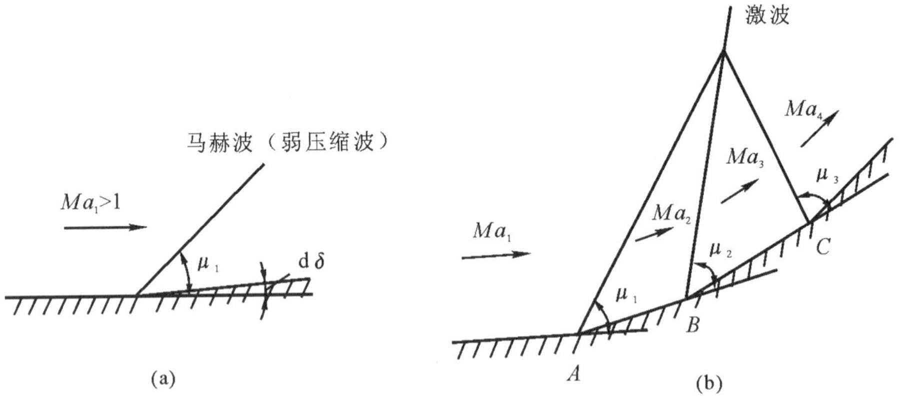

图 3.10　弱扰动波的叠加形成激波

与上述情况相反,超声速气流绕凸角流动时,气流将产生膨胀。如果转折角很小,则扰动传播界面也将是一道马赫波,如图 3.11(a) 所示。图中用虚线表示膨胀的马赫波,用实线表示压缩的马赫波。由于气流膨胀后,p,ρ,T 降低,速度 v 增大,因此波后马赫数增大,即 $Ma_2 > Ma_1$。如果壁面有几个转折,则后一道马赫波的马赫角将小于前一道波的马赫角,即 $\mu_1 > \mu_2 > \mu_3 > \cdots$,如图 3.11(b) 所示。如果这些转折点无限接近,形成了一个有限大的转折角,则这些膨胀的马赫波将形成一个扇形膨胀区域，如图 3.11(c) 所示。气流通过扇形区时，连续不断地进行膨胀，气流方向不断偏转，最后与转折点后的物面平行。

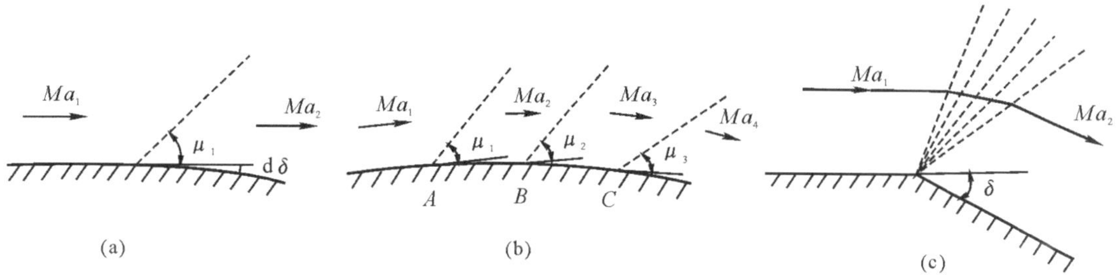

图 3.11　膨胀波

综上所述，由于空气的可压缩性，在超声速时，气流因阻滞而产生激波，因膨胀而产生膨胀波。或者说，激波是超声速气流减速时通常产生的现象；膨胀波是超声速气流加速时所必然产生的现象。激波使波前、波后参数发生突跃式变化，气流穿过激波时受到突然的压缩，压强、密度和温度升高，而速度和马赫数下降；而膨胀波波前、波后参数发生的是连续变化。此外，两者还有一个区别，即激波虽然厚度很小(10^{-5} cm 量级)，但气流经过激波时，在激波内部气体粘性引起的内摩擦却很强烈，气流的部分机械能会因消耗于摩擦而变成热能而使自身温度急剧升高，而膨胀波没有上述损失。

3.3　翼型空气动力特性

3.3.1　翼型上局部激波的形成和发展

1. 绕翼型流动的速度范围

当气流绕过翼型时，由于上翼面突起而流管收缩，局部流速加快而大于远前方的来流速度(v_∞)，局部流速的加快必然引起局部温度降低，因而声速 $a(a=20\sqrt{T})$ 下降。当 v_∞ 增加时，翼型上各点的 v 也在改变。当翼型上最大速度 v_{max} 点增加到等于当地声速 a 时，远前方来流速度 v_∞ 就叫做此翼型的临界速度(或称下临界速度)，以 $v_{临}$ 表示。此时远前方的 $Ma_\infty = v_\infty / a_\infty$，叫做临界马赫数(或称下临界马赫数，$a_\infty$ 为远前方气流的声速)，以 Ma_{cr} 表示。

当 $v_\infty < v_{临}$ 时，整个翼型上每点的流速都小于相应点的声速，因而整个翼型处于亚声速流动状态。

当 v_∞ 继续增加，翼型上的 v_{min} 点的流速等于该点的当地声速时，则整个翼型上每点的速度均大于各对应点的当地声速，此时翼型处于超声速流动状态。对应于 $v_{min}=a$ 的 v_∞ 叫做上临界速度，以 $v_{上临}$ 表示，此时远前方的 $Ma_\infty = v_\infty / a_\infty$，叫做上临界马赫数，以 $Ma_{上临}$ 表示。

当 Ma_∞ 大于 Ma_{cr} 而小于 $Ma_{上临}$ 时，翼型上有部分超声速流动区、部分亚声速流动区，此时翼型是处于跨声速流动状态。

研究表明，翼型 $v_{临}$ 和 $v_{上临}$ 的大小和翼型的相对厚度、翼型的相对弯度及迎角 α 有关。

2. 局部激波的形成

飞行 Ma 数超过临界 Ma 数以后，在翼型上表面等声速点后面，由于翼型表面的连续外凸，流管扩张，空气膨胀加速，出现局部超声速区。在超声速区内，压力不断降低，比来流 p_∞ 小得多，但翼型后边的压力却接近于 p_∞。这种压力差必然从翼型表面的后部以压力波形式逆气流向前传播。当压力波往前传到某一位置（见图 3.12 中的 S 面）时，压力增量虽未减小到趋近于零，压力波传播速度却已降低到与该处的局部超声速气流速度相等，于是压力波就稳定在这一个位置上。在 S 面处，压力增量有一定数值，前、后气流参数具有一定数值的突然变化，所以，S 面成为局部超声速气流参数突然变化的分界面，形成局部激波。

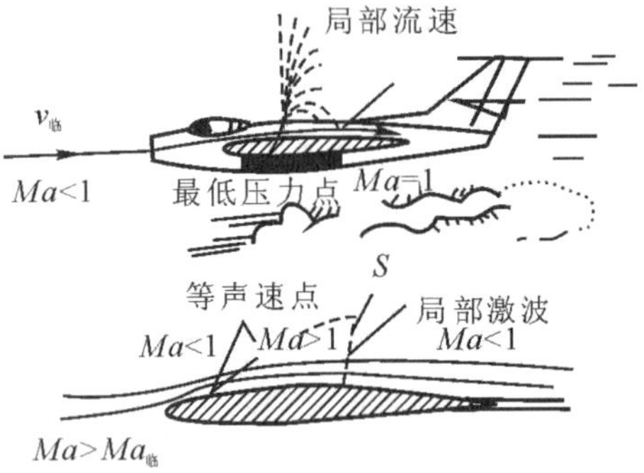

图 3.12　局部激波

3. 局部激波的发展

设翼型以正迎角在空气中运动，它的上表面的局部流速比下表面快些，所以首先达到和超过局部声速，从而出现局部超声速区和局部激波。随着 Ma_∞ 的不断增大，翼型下表面的局部流速也会超过局部声速而出现局部超声速区和局部激波。当 Ma_∞ 超过 1 以后，翼型的前缘还会出现头部激波，此时翼型上、下表面的局部激波将移到后缘，形成尾部激波。

为了便于了解机翼局部激波发展的一般规律，取一个接近对称的薄翼型，保持 2° 的迎角进行实验，观察在 Ma_∞ 由小变大的过程中，翼型局部激波的发展趋势（图 3.13 所示是根据实验结果绘出的图形）。

(1) 当 $Ma_\infty < Ma_{cr}$ 时，翼型上、下表面的气流全为亚声速；而到 $Ma_\infty = Ma_{cr}$ 时，翼型上表面最低压力点的流速等于当地声速，如图 3.13(a) 所示。

(2) 在 $Ma_\infty > Ma_{cr}$ 以后，在翼型上表面等声速点的后面，流管变粗，空气膨胀加速，因而出现局部超声速区。在此超声速区内，压力不断降低，但翼型后边的压力接近 p_∞。此时，超声速气流要提高压力，必然出现压力突增的分界面，这就是局部激波。气流通过激波变为亚声速气流，如图 3.13(b) 所示。

(3) 当 $Ma_\infty = 0.81$ 时，等声速点前移，同时激波后移，于是局部超声速区扩大。与此同时，下表面最低压力点的局部流速也接近声速，如图 3.13(c) 所示。

(4) 在 $Ma_\infty > 0.81$ 以后，下翼面也出现了局部超声速区和局部激波。当 $Ma_\infty = 0.85 \sim 0.89$ 时，上、下翼面激波强度增大，位置后移，局部超声速区扩大得更快一些。当 $Ma_\infty = 0.89$ 时，下表面的局部激波已移到后缘，而上表面的局部激波仍继续后移，局部超声速区继续扩大。当 Ma 接近于 1 时，上翼面局部激波也移至后缘。这时，上、下翼面几乎全部为超声速气流了，如图 3.13(d)，(e) 所示。

(5) 当 $Ma_\infty = 1.40$ 时，翼型上、下表面的局部激波均处于后缘，超声速气流内的速度更大，局部激波后倾，前缘出现了脱体激波，如图 3.13(f) 所示。

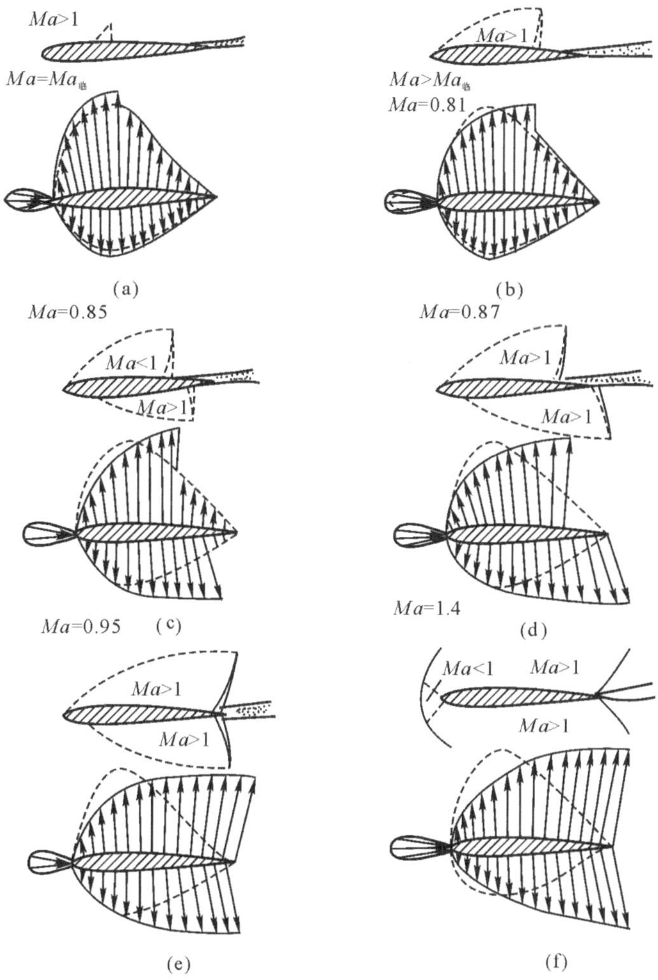

图 3.13　用向量法表示压力分布的局部激波的发展

3.3.2　高速气流中翼型的空气动力

1. 升力特性

以上述实验结果为例，来说明升力系数随 Ma_{∞} 变化的一般趋势，如图 3.14 所示。

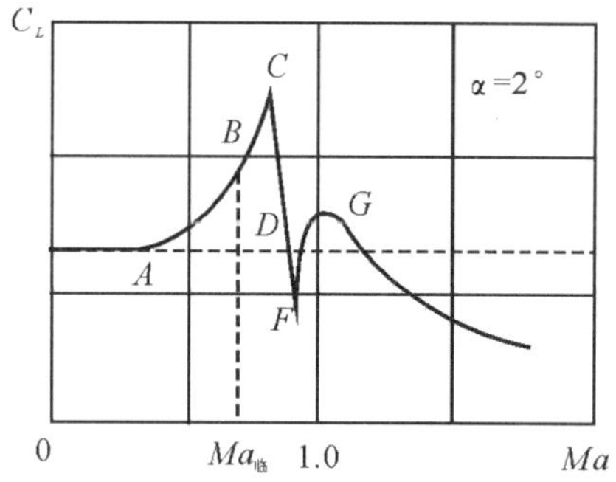

图 3.14　C_L -Ma 图

图中曲线表明，在飞行 Ma 数逐渐增大的过程中，在亚声速阶段，升力系数先是基本不变，随后有些提高；在跨声速阶段，升力系数变化剧烈，有时升高，有时降低；在超声速阶段，升力系数则不断下降。其原因分述如下：

(1) 亚声速阶段。当 $Ma < 0.3$ 时，流过翼型表面气流属于不可压缩性气流。只要迎角保持不变，其流线谱不随飞行 Ma 数而改变，作用在翼型上、下表面的压力系数不随飞行速度而变化，所以升力系数保持不变。随着飞行 Ma 数逐渐增大，以至接近临界 Ma 数时，空气压缩性的影响越来越显著。在高速负压区流管 a 应当变细（与远前方比较）时，因它的密度减小体积膨胀，所以就不及不可压流管 a' 变得那么细。反之，在低速高压段流管截面 b 应当变粗时，它又因密度增加而不及不可压流管 b' 粗，如图 3.15 所示。可压缩流的流线弯曲程度比不可压时大，从产生扰动影响这个观点来看，这好比是在不可压缩流动中出现了一个厚度（当 $C_L = 0$ 时）或弯度（当 $C_L > 0$ 时）较大的翼型。由理论计算可知

$$C_{L可压} = \frac{C_{L不可压}}{\sqrt{1 - Ma_\infty^2}} \tag{3.2}$$

因此，这就是在考虑了空气的压缩性后，速度又在 Ma_{cr} 之前的升力系数不断上升的原因，如图 3.14 中 $A-B$ 段所示。

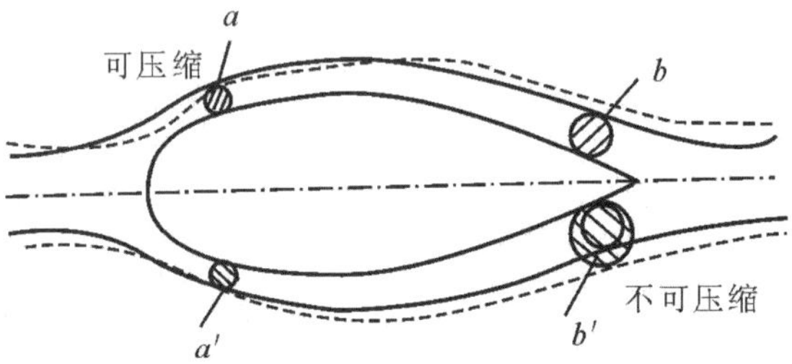

图 3.15　高亚声速流动时压缩性影响

(2) 跨声速阶段。在跨声速阶段，随着 Ma 数增大，升力系数先增大，随后减小，接着又增大。其所以如此变化，根本原因在于机翼上、下表面出现了局部超声速区和局部激波。另外，机翼上、下表面局部超声速气流出现的先后和扩张的快慢不一样，所以上、下表面压力降低参差不齐，这就造成了跨声速阶段升力系数的剧烈变化。

1) 在 $Ma_\infty > Ma_{cr}$ 以后，上翼面出现了超声速区，致使吸力增大。虽然局部超声速区激波后的压力提高一些，但由于波前吸力的增加大于波后吸力的损失，所以 C_L 随 Ma 数的增加而增加，直到 C 点，即图 3.14 中的 $B-C$ 段。

2) 在 $Ma_\infty > Ma_C$ 以后，上翼面的局部激波强度变强，波后吸力损失加大。与此同时，下翼面也出现超声速区，并扩张得比上翼面迅速，产生向下的附加吸力。这样，机翼上、下翼面的压力差减小，导致升力系数下降，即图 3.14 中的 $C-F$ 段。

3) 在 $Ma_\infty > Ma_F$ 以后，下翼面局部激波移至后缘，而上翼面局部激波则继续缓慢后移，超声速区继续扩大，因而上翼面吸力继续加大，于是上、下翼面的压力差不断提高，升力系数重新增大，如图 3.14 中的 $F-G$ 段。

另外，在跨声速飞行阶段的压力中心忽前忽后的变化，使飞机的平衡、稳定和操纵很容易出问题，稍微不慎，就会失事。

(3) 超声速阶段。所谓超声速阶段，是指 $Ma > Ma_{上临}$ 以后的 Ma 数范围，整个翼型附近

全部为超声速气流。在这一速度下采用的翼型大部分为对称薄翼型，而且使用迎角很小，所以在计算时可以把它看做是一个平板，然后再对它进行厚度修正。为了说明超声速翼型的空气动力特性，下面以平板为例进行讨论。

1) 超声速气流流过平板时的流线谱与压力分布如图 3.16 所示，当超声速气流以迎角 α 流过薄平板时，气流在前缘分为上、下两支。在上表面，气流向外转折，气流膨胀加速，经膨胀后，则以不变的速度沿平板表面流去；在下表面，气流向内转折，产生斜激波，气流通过斜激波后，则保持较小的速度，沿平板表面流去。在平板后缘，情况正好相反，上表面产生斜激波使气流减速，下表面则使气流膨胀增速。之后，上、下表面气流汇合并沿原来的方向流去。

上表面的流速大于未受扰动的气流速度，故其压力减小；而下表面的流速小于未受扰动的气流速度，故其压力增大。因在平板上各点的流速值均保持不变，故表面上的压力值沿平板也不变化(见图 3.16)。由此可见，平板上的总气动力 R 作用于平板弦线的中点上，其方向基本上与平板垂直(见图 3.17)。平板的压力中心在弦线的中央，即

$$x_{压}=0.5c$$

$$\bar{x}_{压}=0.5$$

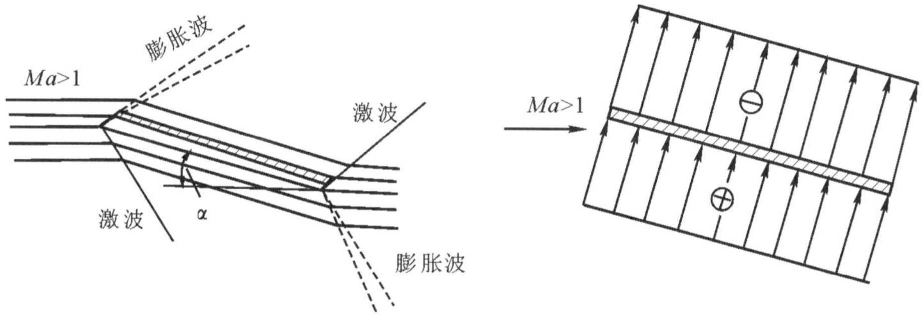

图 3.16　超声速流线谱及压力分布

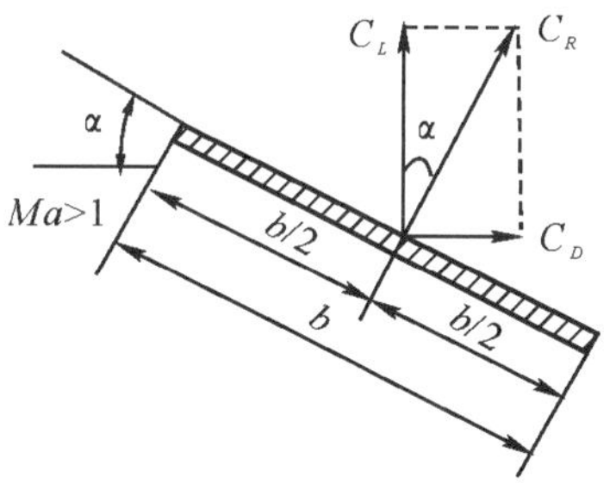

图 3.17　气流流过平板上的空气动力

2) 平板上空气动力的简单计算高速飞行时，α 很小，可以把超声速气流流过平板情况当做小角转折来处理，即上表面的气流是小角向外转折，而下表面的气流是小角向内转折。理论上可推得

$$C_L=\frac{4\alpha}{\sqrt{Ma_{\infty}^2-1}} \tag{3.3}$$

根据这个关系式，在 $Ma > Ma_{上临}$ 后，随着 Ma 数的增加，C_L 值下降(见图 3.14)。

2. 阻力特性

飞行 Ma 数超过 Ma_{cr} 以后，机翼的阻力急剧增大。这是因为在机翼上、下表面出现了局部超声速区和局部激波，而在飞行速度超过声速以后，机翼前缘又产生了头部激波。机翼这种由于出现激波而额外产生的阻力，叫做波阻。与波阻对应的阻力系数叫做波阻系数。

(1) 波阻。现通过气流以超过临界 Ma 数的速度流过一个迎角为零的对称翼型的情况来说明波阻的产生。此时翼型上的压力分布如图 3.18 所示。上翼面上表示了翼型附近局部超声速区以及激波，下翼面上表示了压力分布。在前驻点处压力最大，然后随着流速增大，压力降低。在 A 处速度达到声速值，激波在 B 处出现，该处压力突增，速度突降至亚声速。压力分布如图中 $DKBGH$ 折线所示。如果是理想情况，则没有激波，即没有动能损失，进行连续减速，压力分布如图中 $DKG'H'$ 曲线所示。从图可见激波出现，翼型后半部的压力比无激波时低，因而产生了附加的压差阻力。

上面说的是波阻的一部分，如果局部激波与附面层之间的干扰引起了附面层分离，就会使气流的能量受到损失，它也使得机翼前后压力差增大形成附加阻力。通常所谓波阻是指激波本身和激波分离而引起的压差阻力之和。

超声速气流流过机翼表面时，附面层气流按其速度大小可分为两层，最贴近机翼表面的亚声速底层和稍靠外的超声速外层。在这两层分界线上，空气以声速流动(见图 3.19)。因为在亚声速气流中不会有激波存在，所以局部激波只能达到附面层的超声速外层。当激波前后压力差很大时，激波后的压力增高使得附面层底层的气流倒流，形成在激波处的气流分离。这就是激波与附面层之间干扰而引起的附面层分离。顺便指出，这一分离现象不仅使得阻力系数急剧增加，而且还使得升力系数 C_L 下降。这种现象称为激波失速。

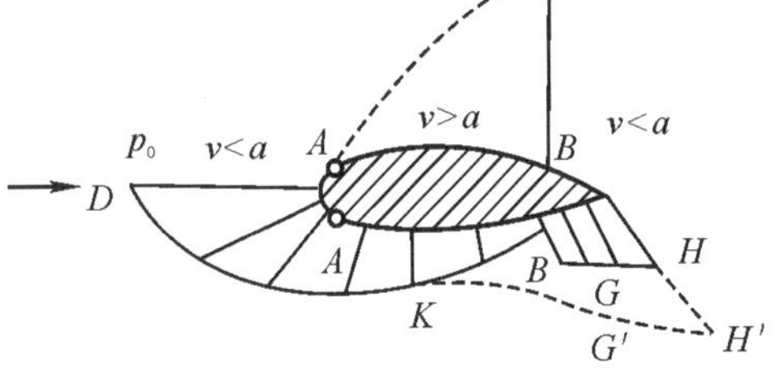

图 3.18 激波对翼型压力差的影响

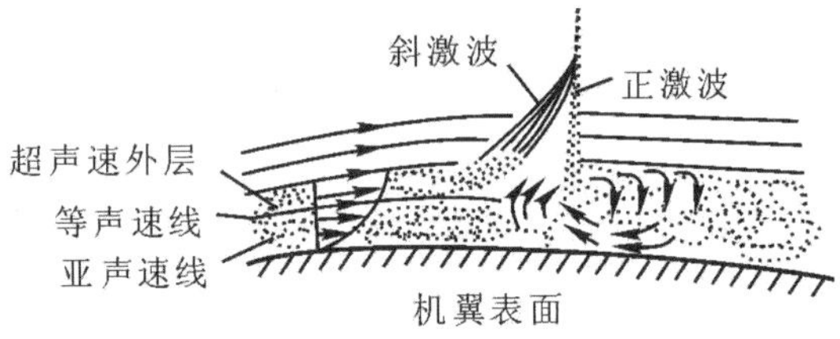

图 3.19 附面层激波的互相干扰(层流附面层)

可见在 $Ma > Ma_{cr}$ 以后，机翼的阻力除了型阻(摩擦阻力与压差阻力的统称) 以外，还要加上波阻，即

$$D = D_{型} + D_{波} \tag{3.4}$$

对应的阻力系数为

$$C_D = C_{D型} + C_{D波} \tag{3.5}$$

式中 $C_{D波} = \dfrac{D_{波}}{\frac{1}{2}\rho v_\infty^2 S}$ —— 波阻系数；

$D_{波}$ —— 波阻。

(2) 阻力系数随飞行 Ma 数的变化。根据上述讨论，若将机翼固定在 $\alpha = 2°$ 迎角下，随飞行 Ma 数增加，它的阻力系数 C_D 的大致变化趋势如图 3.20 所示。现分段说明如下：

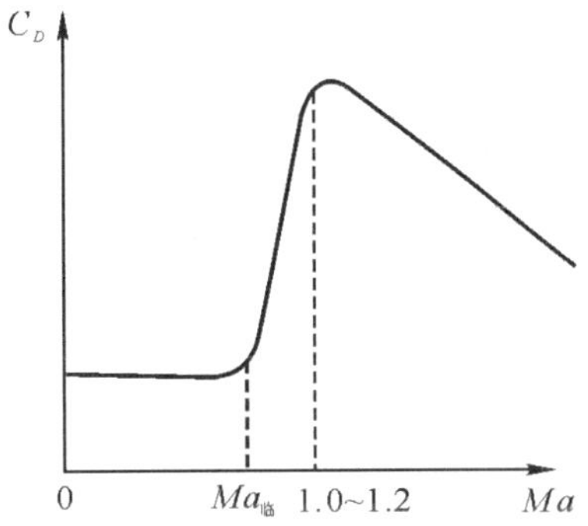

图 3.20　C_D-Ma 曲线

1) 亚声速阶段。阻力系数基本上不随 Ma 数而变化，在快接近 Ma_{cr} 时才稍有增加。其原因是空气压缩性的影响，会引起翼型压力分布的改变，使后缘反压梯度增加，引起附面层增厚，导致型阻中的黏性压差阻力有一定增加。在计算中常引入系数 η_M 对不可压情况下的型阻系数进行修正，即

$$C_{D型} = \eta_M C_{D型不} \tag{3.6}$$

修正系数 η_M 与相对厚度 $\bar{t}$，Ma 数等有关，可由专用曲线中查得。

2) 跨声速阶段。超过临界 Ma 数以后，机翼上出现局部超声速区以及局部激波。由于波阻的出现，阻力系数随着飞行 Ma 数的增大而增加，Ma 数增至 1 附近，阻力系数达到最大。

3) 超声速阶段。Ma 数再增大，阻力系数开始随 Ma 数逐步增大而下降。理论研究证明，超声速阶段翼型的波阻系数随 Ma 数变化的关系，可以用下式进行计算：

$$C_{x波} = \frac{4}{\sqrt{Ma_\infty^2 - 1}}\alpha^2 + \frac{k}{\sqrt{Ma_\infty^2 - 1}}\bar{t}^2 + \frac{4k}{\sqrt{Ma_\infty^2 - 1}}\bar{f}^2 \tag{3.7}$$

式中，等号右边第一项与迎角有关(即与升力有关)，称为升力波阻；第二项和第三项分别与厚度和弯度有关，即使在升力等于零时，这部分阻力依然存在，称为零升波阻，用 $C_{x0波}$ 表示。零升波阻系数为

$$C_{x0波} = \frac{1}{\sqrt{Ma_\infty^2 - 1}}(k\bar{t}^2 + 4k\bar{f}^2) \tag{3.8}$$

式中　$\bar{t}$，$\bar{f}$—— 翼型的相对厚度和相对弯度；

　　k—— 与翼型形状有关的系数，如菱形 $k=4$，双弧形 $k=5.33$，其他翼型可查表取得。

将式(3.8) 及式(3.3) 代入式(3.7)，可得

$$C_{D波} = C_{D0波} + \frac{\sqrt{Ma_\infty^2 - 1}}{4}C_L^2 \tag{3.9}$$

由式(3.7) 可知，$Ma > 1$ 以后，随 Ma 数增大，波阻系数下降。

3. 力矩特性

前一章已经说明，翼型绕 P 点的力矩，用力矩系数 m_{z0} 表达，即

$$m_{zP} = m_{z0} - C_L(\bar{x}_{焦} - \bar{x}_{压})$$

如果采用对称薄翼，焦点和压力中心的位置是重合的。理论上可以证明，低速时，翼型焦点的位置约在 25%b 处；在超声速阶段，焦点在 50%b 处；在跨声速阶段，由于上、下翼面局部激波的发展，使焦点随 Ma 数的变化而变化(见图 3.21)。翼剖面不同，变化规律也不一致，只能借助于实验方法来确定。

对翼型前缘点的力矩系数(抬头为正)

$$m_z = -C_L \bar{x}_{压} \tag{3.10}$$

应用式(3.3),超声速飞行时此力矩系数可写为

$$m_z = -\frac{4\alpha}{\sqrt{Ma_\infty^2 - 1}} \times \frac{1}{2} = -\frac{2\alpha}{\sqrt{Ma_\infty^2 - 1}} \tag{3.11}$$

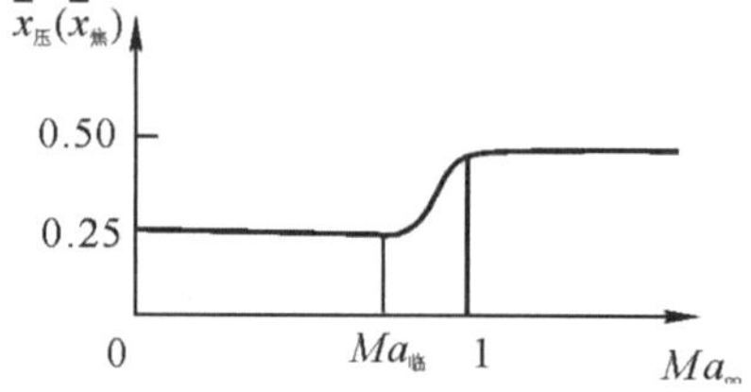

图 3.21 $\bar{x}_{压}(\bar{x}_{焦})$ - Ma 曲线

3.4 后掠机翼

为了改善机翼在跨声速和超声速飞行时的气动特性和飞行性能,除了在机翼剖面形状上采取适当措施外,在机翼的平面形状方面广泛采用了后掠机翼。本节主要介绍后掠机翼的气动特性。

3.4.1 绕后掠机翼的流动和展向载荷分布特点

设后掠机翼翼展是无限长的情况,如图 3.22 所示。当空气流过此机翼时,可以将 v_∞ 分解为两个分速,一个是垂直于前缘的法向流动分速 $v_n = v_\infty \cos\Lambda$,一个是平行于前缘的展向流动分速 $v_t = v_\infty \sin\Lambda$。如果此无限翼展的机翼由同一翼型所组成,若不考虑气流黏性,则展向流动对于翼面上的压力分布无影响,而垂直于前缘的法向气流则好像是流过一个平直机翼一样。也就是说,此无限翼展机翼的气动特性仅取决于法向流动,而与展向流动无关。

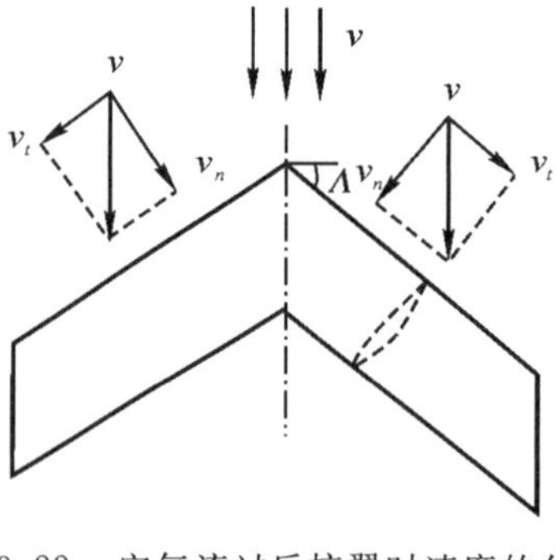

图 3.22 空气流过后掠翼时速度的分解

当气流流过此机翼时,由于展向分速不变而法向分速不断改变,使得流线会产生倾斜,如图 3.23 所示。空气从远前方流近前缘,法向分速受到阻滞而越来越慢(如图 3.23 中的 $v_{nA} < v_n$),展向分速保持不变($v_{tA} = v_t$)。这样,越靠近前缘,不仅速度越来越慢,而且气流方向越来越向左偏斜。经前缘后,空气流向最小压力点(见图 3.23 所示点 C) 的途中,法向分速又逐渐

增加($v_{nC} > v_{nB}$),而展向分速不变($v_{tC} = v_{tB}$),所以局部流速渐渐增加且方向转向右边。以后,又因法向分速减小,气流又转回原来方向。

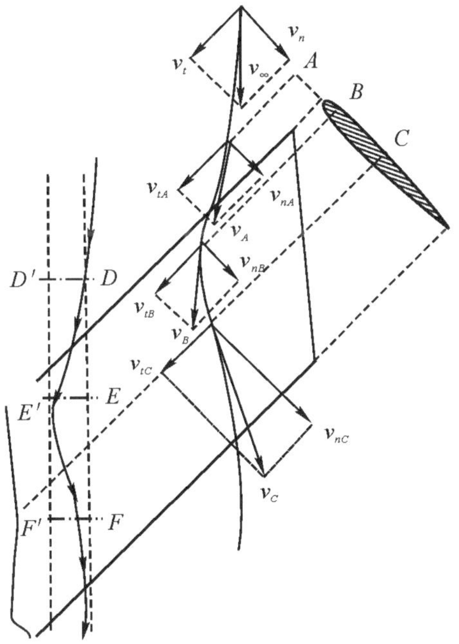

图 3.23　空气流过后掠翼时的流线

对于有限翼展的后掠翼,由于翼根和翼尖的影响,它与无限翼展后掠翼情况有一定的差别,但在后掠翼的中间部分与无限翼展后掠翼是十分接近的。

后掠翼由于翼根和翼尖的存在,将引起所谓翼根效应和翼尖效应。图 3.24 表示出了等弦长后掠翼的流线谱。在根部上表面前段,流线偏离对称面,流管扩张变粗;而在后段流线向内偏斜,流管收缩变细。在亚声速条件下,前段变粗,于是流速减慢,压力升高;后段变细,流速加快,压力降低(即吸力增大)。流管的最小截面位置后移,故最小压力点后移(相对于后掠翼中段),如图 3.25 所示。这种效应称为翼根效应。

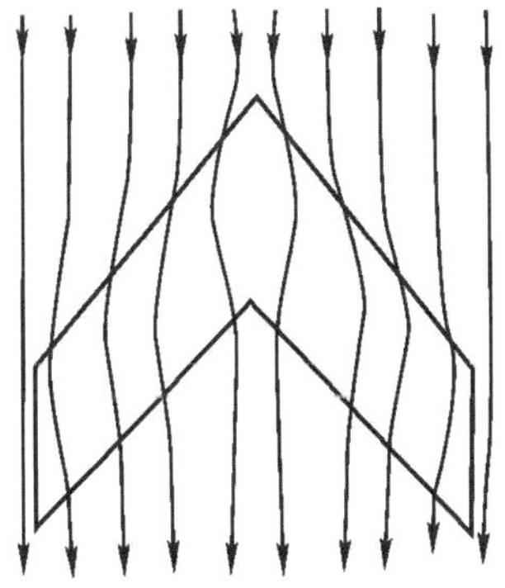

图 3.24　等弦长后掠翼的流线谱

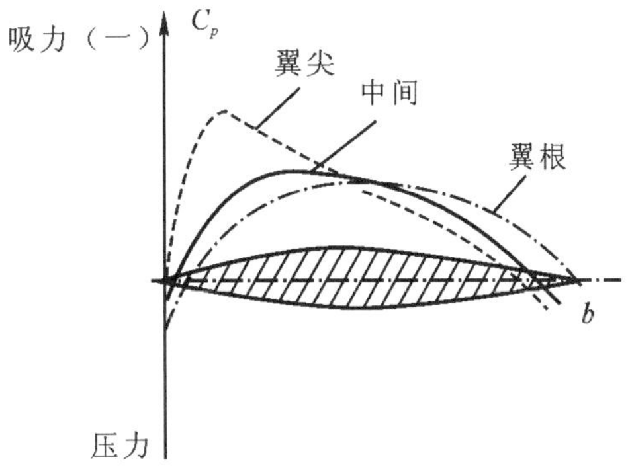

图 3.25　后掠翼沿弦向压力分布 $C_p = \dfrac{p - p_\infty}{\frac{1}{2}\rho v_\infty^2}$

至于翼尖部分，情况正好相反，翼尖外侧气流是径直向后流动的。而翼尖部分的前段流线向外偏斜，故流管收缩变细，流速加快，压力降低(即吸力增加)；而在后段，因流线向内偏斜，故流管扩张变粗，流速减慢，压力升高。因流管最小截面位置前移(相对于后掠翼的中段来讲)，虽然在翼尖部分下翼面压力大于上翼面，造成向上翻的气流，增加了一些上翼面的压力，但是由于流线偏斜的影响是主要的，如图 3.25 所示，最低压力点还是前移。这种现象称为翼尖效应。

翼根效应和翼尖效应引起沿翼弦的压力分布发生变化，且在上表面前段的变化较大，但上表面前段对升力的贡献较大，故中间效应使剖面的升力系数 C_L 分布如图 3.26 所示。

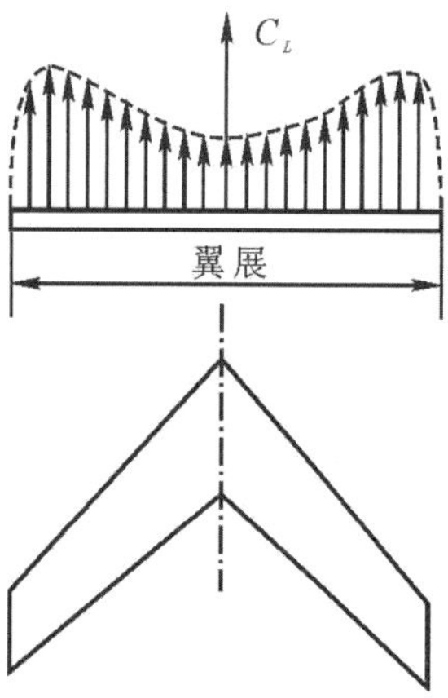

图 3.26　后掠翼各剖面升力系数沿翼展方向的分布

综上所述，后掠翼的绕流有两个特点。首先，后掠翼部分地起到无限翼展后掠翼的作用，它的气动特性取决于法向分速，而法向分速是小于来流速度的；其次，由于后掠翼存在翼根效应和翼尖效应，因此影响了后掠翼的压力分布。

3.4.2　后掠翼的气动特性

后掠翼的气动特性主要取决于法向流动，而法向流动速度是小于来流速度 v_∞ 的。所以当来流马赫数不断增加，达到平直翼的临界马赫数时，在后掠翼上还不致出现局部法向分速等于声速的点。只有当 Ma_∞ 再继续增大时，才会出现局部法向分速等于声速的情况，亦即后掠翼的临界马赫数总比具有同样翼型和展弦比的平直翼的临界马赫数要高。显然，后掠角越大，法向分速越小，则临界马赫数越高。

图 3.27 表示了各种后掠角的机翼的零升阻力系数 C_{D0} 随来流马赫数 Ma_∞ 的变化曲线。由图可见，与平直翼相比，后掠翼所对应的临界马赫数较高；而且在跨声速范围内，在同一来流马赫数 Ma_∞ 下，后掠角越大，阻力系数值越小，后掠翼的阻力系数随 Ma_∞ 的变化较和缓。

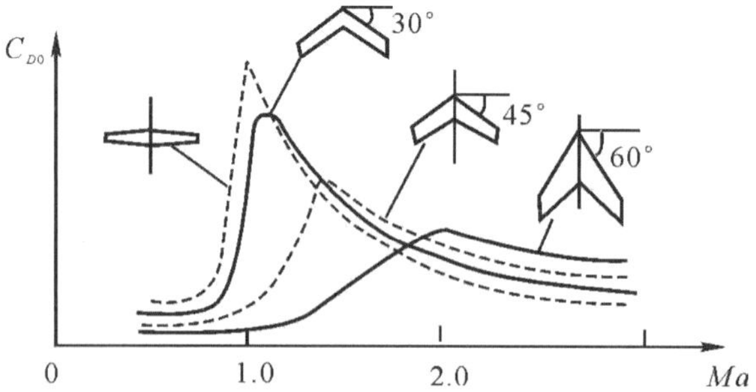

图 3.27　后掠角对 $C_{D0}-Ma$ 影响

对于升力系数，因为它是由法向分速的作用而产生的，因此可写为

$$L=C_{Ln}\ \frac{1}{2}\rho_\infty v_n^2 S=C_{Ln}\ \frac{1}{2}\rho_\infty v_\infty^2 S\cos^2\Lambda$$

而垂直前缘方向测量的迎角和沿对称面度量的迎角之间又存在如下关系(见图 3.28)：

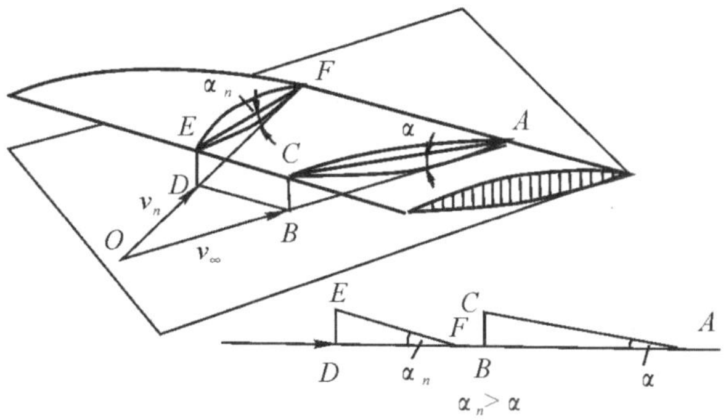

图 3.28　后掠翼的临界迎角小于平直翼

$$\alpha_n \approx \frac{ED}{DF} = \frac{CB}{AB\cos\Lambda} = \frac{\alpha}{\cos\Lambda}$$

因此

$$C_L = \frac{L}{\frac{1}{2}\rho_\infty v_\infty^2 S} = C_{Ln}\cos^2\Lambda$$

$$C_L^\alpha = \frac{\mathrm{d}C_L}{\mathrm{d}\alpha} = \frac{\mathrm{d}C_{Ln}}{\mathrm{d}\alpha}\cos^2\Lambda = \frac{\mathrm{d}C_{Ln}}{\mathrm{d}\alpha_n}\frac{\mathrm{d}\alpha_n}{\mathrm{d}\alpha}\cos^2\Lambda$$

所以

$$C_L^\alpha = (C_L^\alpha)_n\cos\Lambda$$

其中，$(C_L^\alpha)_n$ 表示法向流场中机翼的升力线斜率。可见，无限翼展后掠翼的升力线斜率较无限翼展平直翼的升力系数斜率要小 $\cos\Lambda$ 倍，同样迎角下的升力系数值亦小。后掠角越大，上述情况越显著。对于有限翼展后掠翼来说，亦部分地反映了上述的效果，如图 3.29 所示。

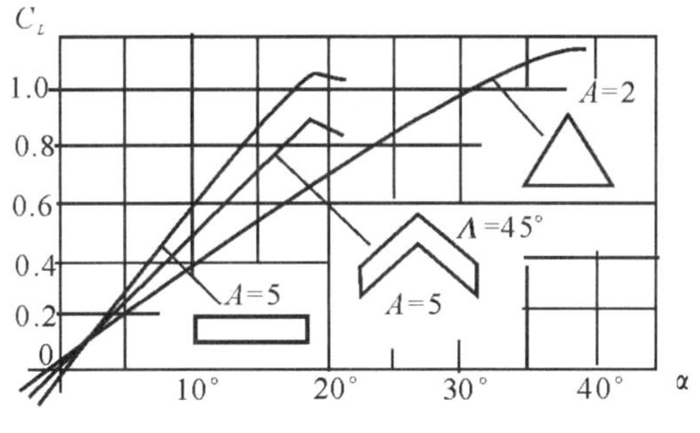

图 3.29　相同翼剖面形状（均为对称型）不同翼平面的升力系数与迎角的关系

后掠机翼虽然在空气动力特性方面有上述一些优点，但也存在一定缺点。例如在大迎角下飞行时，容易在翼尖处引起气流分离。其原因主要有两个方面。一方面，在机翼上表面，因翼根效应，翼根部分平均吸力较小；因翼尖效应，翼尖部分吸力较大，如图 3.26 所示。于是，沿翼展方向，从翼根到翼尖存在压力差，这个压力差促使附面层内气流向翼尖方向流动。翼尖附面层逐渐增厚，使后缘容易分离。另一方面，由于翼尖效应，在翼尖部分上表面前段，吸力增加，造成弦向反压梯度的增大，增强了附面层内气流向前的倒流作用。由于上述两个原因，当迎角增加到一定程度时，后掠翼翼尖部分就会首先产生气流分离，称为翼尖失速。

后掠翼的翼尖处于较后的位置（见图 3.30），翼尖失速，局部升力减小，使得飞机附加一个抬头力矩，这将给飞机的纵向平衡带来影响。此外，副翼往往是置于机翼外侧后缘的，因此翼尖过早失速，还将影响副翼在大迎角飞行时的效能。

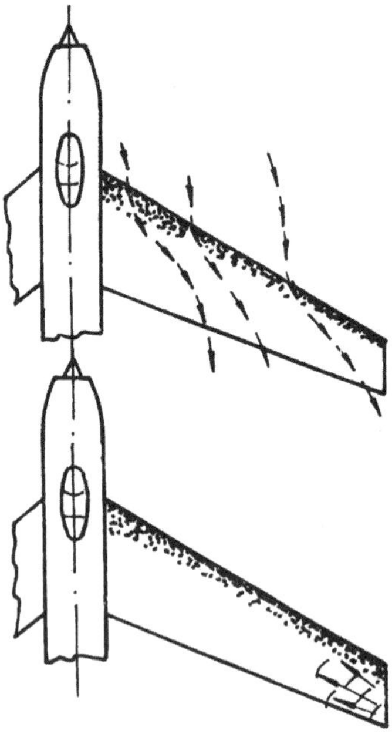

(a)

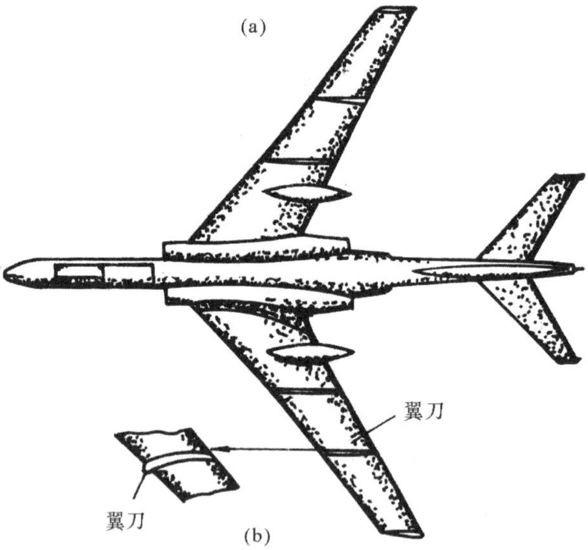

(b)

图 3.30　翼尖失速及翼刀

(a) 翼尖失速的扩展；(b) 后掠翼上的翼刀

为了延缓后掠机翼的翼尖失速，通常采取下列措施。

(1) 使机翼沿展向具有一定的几何扭转，减小翼尖部分的迎角，推迟翼尖的气流分离。

(2) 在翼尖部分选用临界迎角比较大的翼型。

(3) 在机翼上翼面装置翼刀、机翼前缘锯齿，以防止附面层气流的横向流动。

(4) 在机翼翼尖部分，设置前缘缝翼。

后掠翼的许多优点在高速飞行时才能体现出来,而其缺点主要是针对低速飞行的。

3.5　高速飞机的外形特点

所谓高速飞机,通常是指高亚声速飞机和超声速飞机。在高亚声速飞机上,由于飞行速度可能超过 Ma_{cr},所以可能产生局部激波。在超声速飞机上,则肯定要产生激波。这两类飞机的设计重点,是要解决由于飞行速度的提高而带来的激波,以及由激波而导致的阻力增大问题。解决的办法,除了要有推力大的喷气发动机外,同时还要求飞机的外形能适应高速飞行的要求。

3.5.1　高亚声速飞机

高亚声速飞机的气动外形设计主要着重提高 Ma_{cr},以推迟飞机上局部激波的出现,从而达到提高飞行速度和飞行效率的目的,也就是使飞机的飞行速度更接近声速,而又不至于在机翼上过早地出现局部激波和产生波阻。

达到这一目的措施主要有两条:一是减小机翼剖面的厚度,一是采用适度的机翼后掠角。

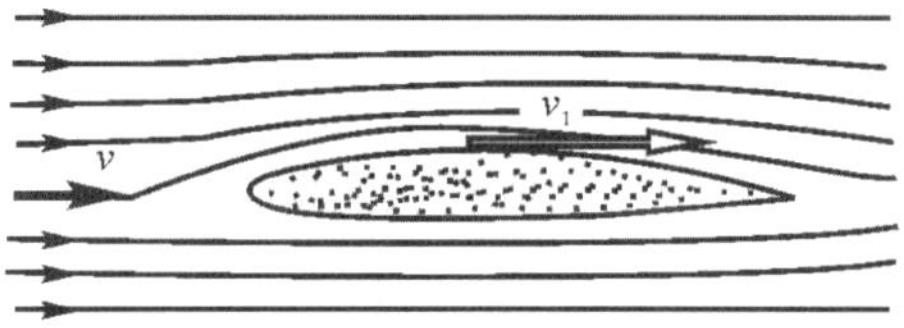

(a)

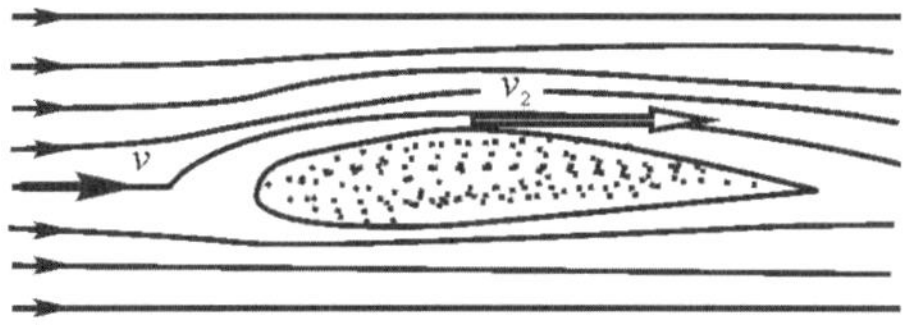

(b)

图 3.31　相对厚度不同的翼剖面上的气流速度不同

(*a*) 薄翼剖面；(*b*) 厚翼剖面

如图 3.31 所示,在翼剖面前方来流速度 v 不变的情况下,相对厚度小的薄翼剖面上的最大速度 v_1 比相对厚度大的厚翼剖面上的最大速度 v_2 要小,这也就等于来流速度 v(即飞机的飞行速度) 可以提得更高,在薄翼上才出现局部超声速区和产生局部激波。因此,减小机翼的相对厚度可以提高临界马赫数。现代高亚声速运输机都采用相对厚度比较小的、最大厚度靠近中部的、比较扁平的翼剖面,这种翼剖面的 Ma_{cr} 比较高。此外,近来空气动力学家还研制出了进一步推迟局部激波出现的超临界翼型,这是一种上表面曲率较小、局部速度变化比较小的翼型,在同样相对厚度情况下,比常规翼型的 Ma_{cr} 要高。

机翼采用后掠角可以提高飞机 Ma_{cr} 的原因,如图 3.32 所示。当平直机翼飞机以速度 v 向前飞行时,v 垂直于机翼前缘,v 的全值对于在翼型上、下表面产生压强差(即升力) 都是有效的;而当机翼带有前缘后掠角 Λ 的飞机以与平直机翼飞机相同的速度 v 向前飞行时,v 与机翼前缘不是垂直的,而是偏斜的(夹角 Λ)。因此,可以把速度 v 分解成垂直于机翼前缘方向的分

量 v_1 和沿机翼前缘方向的分量 v_2。此时，只有 v 的分量 v_1 对于在翼型上、下表面产生的压强差（升力）是有效的，也就是只有 v_1 对于在机翼上产生的超声速区和激波起作用。因为 v_1 小于 v，所以，飞机的飞行速度 v 可以提得比平直机翼飞机更高才会在机翼上出现局部超声波区和局部激波，也就是提高了飞机的 Ma_{cr}。实际结果表明，若采用 15° 后掠角，可使 Ma_{cr} 提高 2%；采用 45° 后掠角，可使 Ma_{cr} 提高 20%；采用 60° 后掠角，可使 Ma_{cr} 提高 41%。

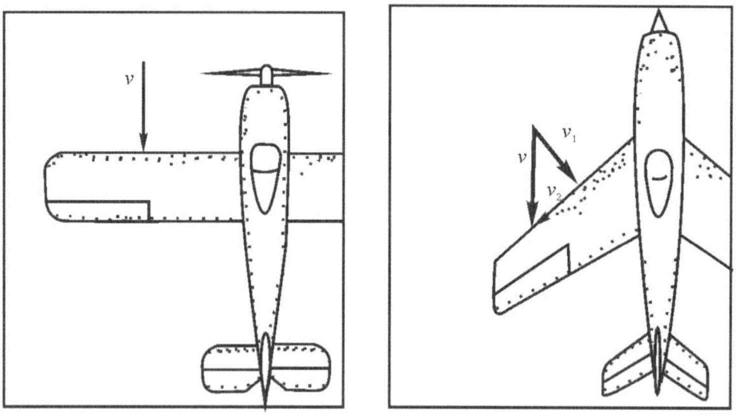

(a)　　　　(b)

图 3.32　流过平直机翼和后掠机翼的气流速度

(a) 平直机翼；（b) 后掠机翼

3.5.2　超声速飞机

超声速飞机上肯定要出现激波，所以，它的问题主要不是推迟激波的出现，而是如何减弱激波的影响和如何克服激波阻力。

克服激波阻力的主要手段是提高发动机在高速飞行时的推力。人们在 20 世纪 50 年代初期成功地研制出喷气式超声速战斗机以代替亚声速的螺旋桨式战斗机，并在而后逐步提高超声速飞行速度，研制出大型超声速轰炸机和民用客机。这除了飞机气动外形不断改进之外，主要靠推力不断提高的新型喷气发动机。现代超声速战斗机装用的涡轮喷气或涡轮风扇发动机，单台推力已提高到 155 kN(15 800 kgf) 以上，而且其本身重量较轻，推重比可达 10，其推力随飞行速度增加而增加。有了这样的发动机，即使波阻增加，也可以用推力予以克服。

在飞机外形方面，减弱激波的影响主要靠选择翼型剖面和机翼平面形状以及加大机身的长细比等措施。

在翼型上要采用前缘尖削、相对厚度更小更薄的翼剖面，这类翼剖面在超声速飞行时产生波阻较小的斜激波。一般而言，波阻与相对厚度的平方成正比关系，相对厚度减少 2 倍，则波阻可减少 4 倍。现代超高速战斗机的翼型相对厚度一般在 4% 左右，图 3.33 是几种常见的超声速机翼剖面。

在机翼平面形状方面，超声速飞机常用的有大后掠角梯形翼、三角翼、小展弦比直机翼等，如图 3.34 所示。由前述可知，后掠角能减弱激波（见图 3.35）。三角翼也是大后掠角机翼，除具有大后掠机翼的优点之外，它还具有机翼根弦长的特点，在同样相对厚度情况下，可增加机翼的结构高度，从而可以减少结构质量。

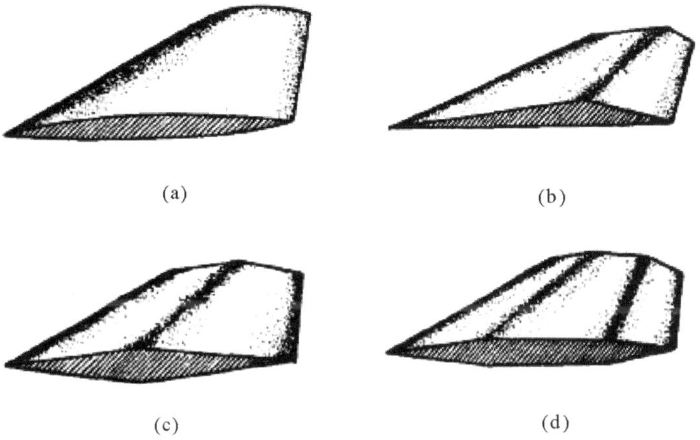

图 3.33　几种超声速翼型

(a) 双弧形；(b) 菱形；(c) 楔性；(d) 双菱形

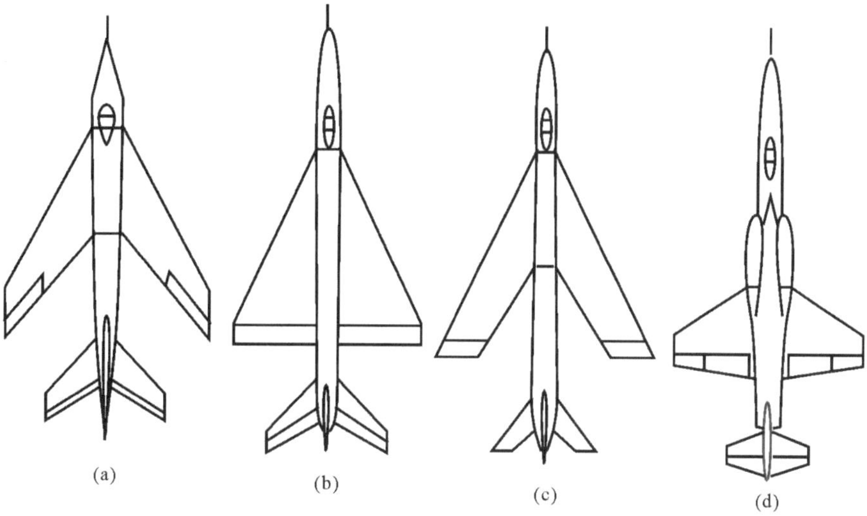

图 3.34　几种超声速机翼平面形状

(a) 大后掠翼；(b) 三角翼；(c) 后缘切角三角翼；(d) 小展弦比直机翼

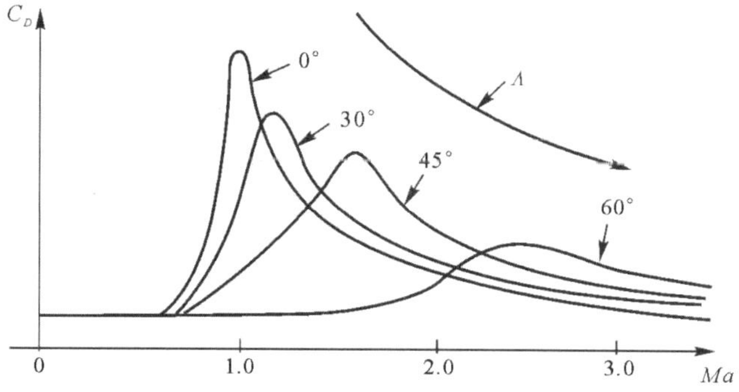

图 3.35　阻力系数与后掠角 Λ 的关系

对于低速飞机来说，为了减小诱导阻力，常常要使机翼有比较大的展弦比；但对于超声速飞机来说，为了减小波阻，反而要机翼具有比较小的展弦比。因为激波是沿翼展在机翼前后缘产生的，翼展缩短之后，激波阻力自然也随之减小(见图 3.36)。目前，超声速飞机的小展弦比机翼，其展弦比一般在 2.5 以下。

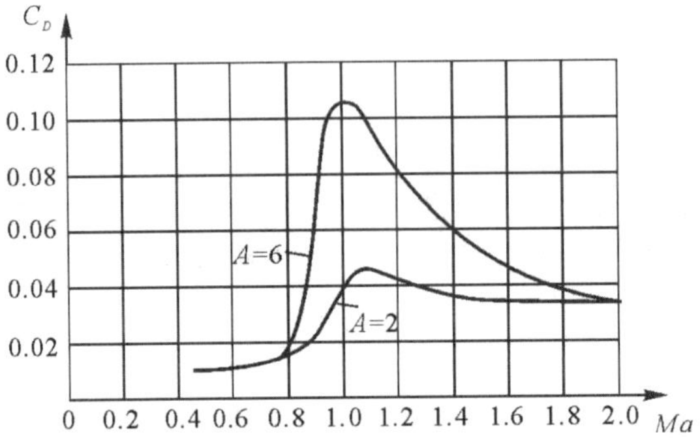

图 3.36　阻力系数与展弦比的关系

机翼采用的后掠角越大，对超声速飞行越有利。但是，飞机采用大后掠角，使机翼展弦比和翼展都变得很小，在作亚声速飞行时，气动性能就变得很不利。这主要是由于垂直于机翼前缘的、对产生升力有效的分速度过小而使飞机升力不足，因而飞机的最小平飞速度降不下来，使起飞和着陆滑跑距离很长，起降性能变坏。再就是，现代战斗机的近距格斗空战多是在中空亚声速范围内进行的，由于要做各种机动动作而需要大的升力及小的诱导阻力，大后掠小展弦比机翼则不能满足此要求，特别是其诱导阻力过大。现代战斗机多采用中等后掠角(35° ～ 40°) 和中等展弦比(3 ～ 4) 机翼，并加装前缘缝翼或襟翼，就是兼顾超声速和亚声速飞行而折中的结果。在同样的迎角下，机翼的展弦比与机翼的升力成正比，但与减少波阻的要求成反比。

为了解决超声速飞行要求大后掠角、亚声速飞行要求小后掠角的矛盾，部分战术攻击机和战略轰炸机采用了变后掠角机翼(见图 3.37)。变后掠角机翼兼顾了高速和低速性能，但质量较大，同时结构也较复杂。

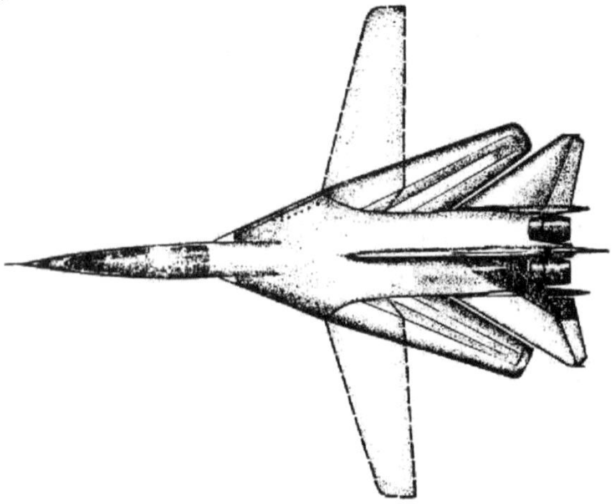

图 3.37　变后掠角机翼的超声速飞机

飞机在作超声速飞行时，激波的产生会使机翼的升力下降。基于同样的原因，激波也使升降舵偏转时的效率变得很低。为了保证在超声速时的俯仰操纵，超声速飞机通采用全动水平尾翼(简称为全动平尾)，个别飞机甚至于采用全动垂直尾翼(SR—71)，以提高飞机的俯仰和方向操纵的效率。

机身头部的形状与波阻的大小密切有关。在超声速飞行时，机头越钝，对空气压缩的程度就越大，会产生强的正激波，因而波阻也较大；反之，头部越尖，则产生较弱的斜激波，波阻相对地就较小(见图3.38)。超声速飞机的机头很细很尖，就是这个缘故。

高速飞机的机身长细比较大，与采用相对厚度小的机翼类似，其作用是提高机身的临界 *Ma* 数和减小波阻。

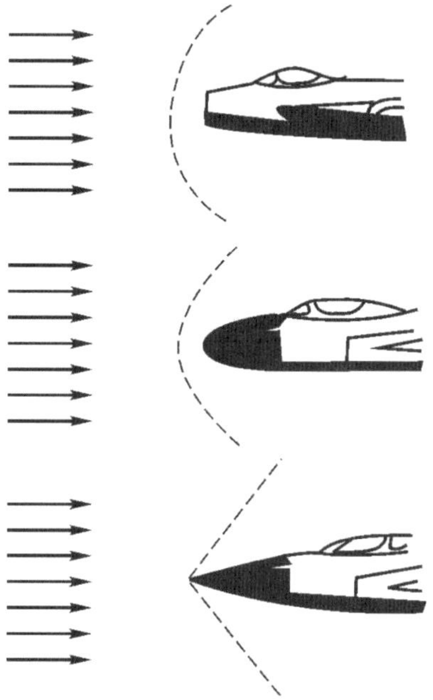

图3.38　机头形状对激波的影响

第4章　飞机的飞行性能

4.1　飞行性能分析的原始数据和基本定义

飞机的飞行性能主要是由动力装置特性和飞机的空气动力特性所决定;而动力装置特性和飞机的空气动力特性又与大气状况有很大关系。因此,了解大气的物理特性、动力装置特性和飞机的空气动力特性是飞行性能计算的基础。另外,飞机的飞行性能还与飞机的质量有关,而飞机的质量则因飞机的装载不同和燃油的消耗而变化。所有这些,都是进行飞行性能计算所必需的基本原始数据。

讨论飞机的飞行性能时,将飞机看做一个质点,分析其受力情况。

4.1.1　国际标准大气

飞机上的空气动力及发动机所能提供的推力都与大气特性有关,因此计算飞行性能时必须利用国际标准大气。国际标准大气的数据见表2.1,大气的基本性质见第2章2.1节。

4.1.2　飞行速度

制定国际标准大气时假定大气是静止的,而实际上大气是运动的。通常,大气的垂直运动显著地小于水平运动,所以一般把风理解为空气的水平运动,并认为风速的大小和方向在一定时间内是不变的,即是常值风。

空气相对于飞机质心的运动速度定义为真实空速,简称真速或空速,用 v 表示。而飞机质心相对于空气的速度,称为飞行速度,它与真实空速大小相等、方向相反。飞机质心相对于地面的运动速度称为对地速度,简称地速,用 $\boldsymbol{v}_g$ 表示。

显然,有风时真速和地速的关系为

$$\boldsymbol{v}_g = \boldsymbol{v} + \boldsymbol{v}_w$$

式中,$\boldsymbol{v}_w$ 表示风速,如图4.1所示。只有在平静大气中,即无风时($\boldsymbol{v}_w = 0$),空速才等于地速。

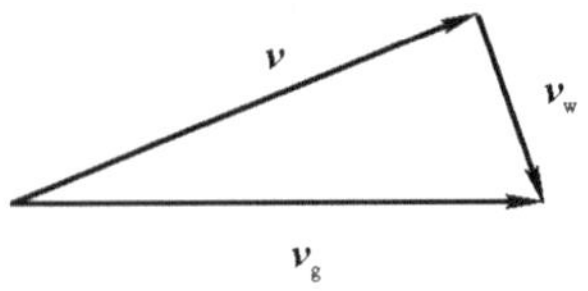

图4.1　真速、地速和风速的关系

4.1.3　动力装置的特性

现代高速飞机主要采用两种类型的发动机——涡轮喷气式和涡轮风扇式发动机。现代飞机的动力装置除了包括发动机以外，还包括进气装置和排气装置。动力装置的特性主要与飞机所采用的发动机类型有关。

评定发动机的主要指标有推力 T、耗油率 C 和推重比 T/W。

推力是衡量发动机效率的主要指标。耗油率是衡量发动机经济性的重要指标，它表示单位时间（一般以小时计）内产生单位推力（1 N）的燃油消耗量，单位是 kg/(N · h)。推重比是指发动机的推力与其自身重量之比，是评定发动机性能的又一重要指标。

一般希望发动机的推力大、推重比高而耗油率低。

推力和耗油率随飞行 Ma 数、高度和发动机工作状态（即油门位置）的变化规律，统称为发动机特性。其又可分为速度特性、高度特性和节流特性。下面以涡轮喷气发动机为例，简述发动机特性。

1. 速度特性

在飞行高度、发动机工作状态和调节规律一定的条件下，推力和耗油率随飞行 Ma 数的变化关系，称为发动机的速度特性。

涡轮喷气发动机的主要工作状态有地面慢车、飞行慢车、巡航状态、额定状态及最大状态。加力涡轮喷气发动机还有最小加力、部分加力及全加力状态。图 4.2 给出 $H=$ 11 km、调节规律为“最大状态”（实线）和“全加力状态”（虚线）时，加力涡轮喷气发动机的典型速度特性。

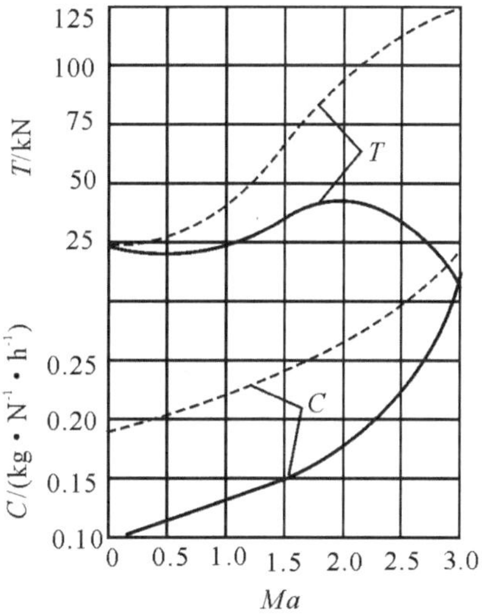

图 4.2　加力涡轮喷气发动机的速度特性（H = 11 km）

发动机在“最大状态”时，随着速度的增加，推力开始稍有下降（Ma =0.3 ~ 0.5 前），而后开始增加，在超声速某一 Ma 数时（图中为 Ma =2.0）达到最大值，之后又急剧下降。高度一定时，耗油率随 Ma 数增加而增加。

发动机接通加力后，推力增加，耗油率也增加，经济性变差。但在很大的 Ma 数时，当不加力状态的发动机推力很快下降时，加力时的发动机推力仍继续增加，其耗油率比不加力时的耗油率高不了多少。

2. 高度特性

发动机的高度特性，是指飞行 Ma 数和发动机工作状态一定时，推力和耗油率随飞行高度的变化规律。

图 4.3 给出了“最大状态”时的推力和耗油率随高度变化的典型曲线。图中纵坐标均为各量与其在 $H=0$ 时的相应值之比。可以看出，随高度的增加，推力下降很快；耗油率在高度小于 11 km 以下随高度增加下降较快，超过 11 km 后耗油率下降很少。发动机在其他工作状态的高度特性，与图 4.3 的趋势相似。

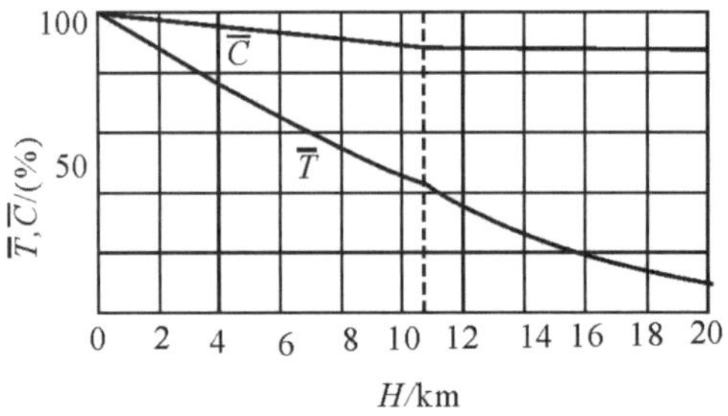

图 4.3　发动机的高度特性

以上分别介绍了发动机的速度特性和高度特性，这只是为了分析的方便。实际上对于发动机而言，各特性不是孤立的，而是密不可分具有内在联系的。因此，常将发动机的速度特性曲线和高度特性曲线绘制在同一张曲线图上，称为速度－高度特性。图 4.4 表示全加力状态下的速度高度特性。

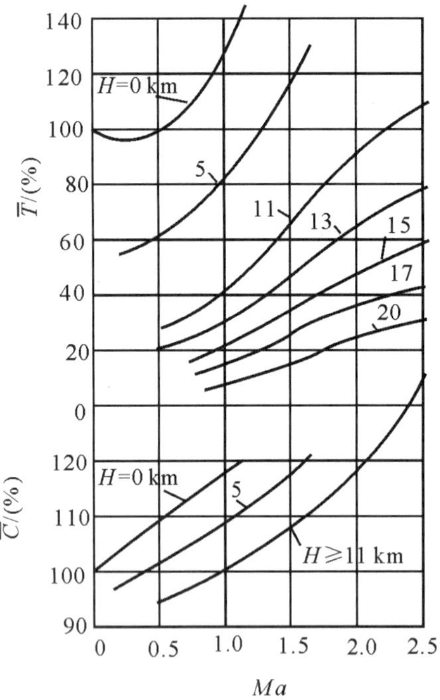

图 4.4　发动机的高度-速度特性

3. 节流特性

发动机的节流特性，是指当高度、速度不变，调节规律一定时，推力和耗油率随发动机工作状态(即油门位置)的变化规律。

节流特性可以表示成随转速 n 的变化形式，也可以表示成常用的耗油率随推力的变化形式(见图 4.5)。图中还给出了发动机的主要工作状态:全加力、最小加力、最大、额定、巡航及慢车等状态。该图中转速用最大转速 $n_{\max}$ 的百分数表示,即 $\bar{n}=n/n_{\max}$。

由图 4.5 可以看出,加力状态的耗油率很高。如果考虑到加力时推力也很大,则小时耗油量(即每飞行 1 h 的燃油消耗量)和千米耗油量(即每飞行 1 km 的燃油消耗量)会很大,一般是巡航状态的 3 ~ 4 倍。当工作状态转换到部分加力状态时,由于供油减少,耗油率下降很快。当从最小加力状态转换到最大状态时,推力和耗油率都有突降。当油门收到最大状态位置以下时,耗油率继续减小,并在巡航状态时达到最小值。当从巡航状态继续减到慢车状态时,由于推力急剧下降,致使耗油率剧增。

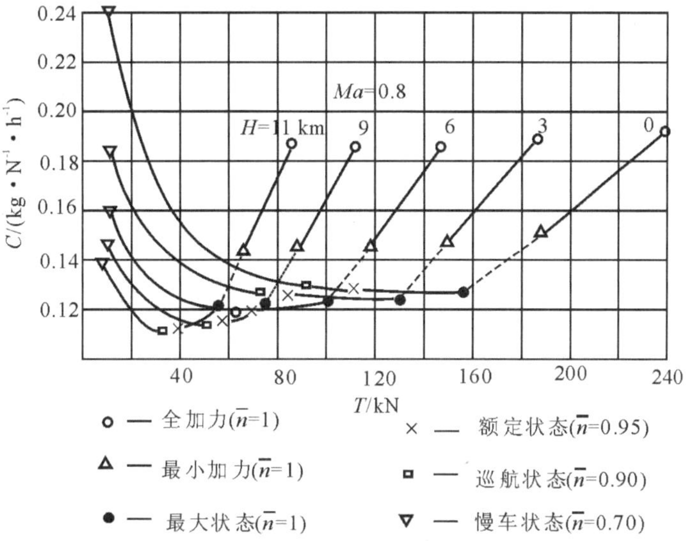

图 4.5　发动机的节流特性

4. 发动机推力和耗油率的修正

前面介绍的是发动机的单台特性,又称台架特性。当发动机安装到飞机上后,动力装置的工作特性与单台特性有所不同,其主要原因是受进气、排气装置及飞机外形的影响。所以在飞行性能计算时,须要对台架特性的推力进行推力损失的修正,换算成动力装置的可用推力(见图 4.6)。同样,对耗油率也须进行修正。修正时须考虑进气装置和排气装置的形式以及飞行状态等因素,得出修正系数。

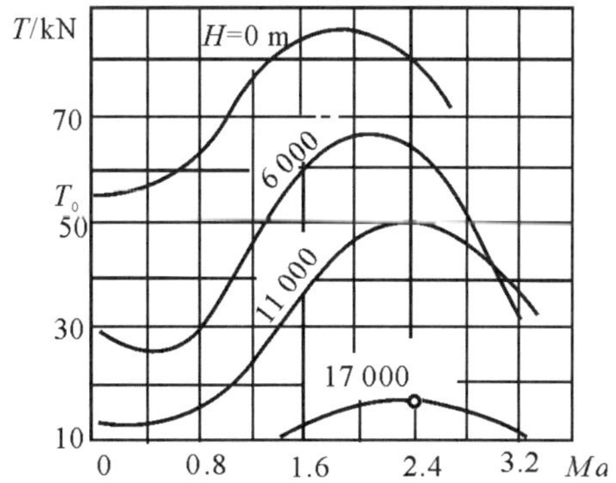

图 4.6　某发动机在不同高度的可用推力曲线

4.1.4 飞机的升阻特性

飞机的基本性能在很大程度上取决于飞机的气动特性。决定飞机飞行性能最重要的气动特性有飞机的最大升阻比$(L/D)_{max}$、升力系数C_L随迎角α变化的关系、最大升力系数$C_{L\max}$等。这些方面在前两章已讨论过，这里作一归纳。

1. 升力特性

一般来说，飞机的升力主要是由机翼产生的，平尾及机身等的升力很小，因此在计算时可以认为飞机的升力系数就等于机翼的升力系数，而机翼的升力线斜率也就是飞机的升力线斜率。

2. 阻力特性

在性能计算中，常把阻力分成两个部分：一部分是与升力无关的阻力（摩擦阻力、压差阻力、干扰阻力、激波阻力），称为零升阻力，也叫废阻力，用D_0表示；另一部分是伴随升力产生的阻力，称为诱导阻力（也称升致阻力），用D_i表示。总阻力可写为

$$D = D_0 + D_i$$

表示成阻力系数形式为

$$C_D = C_{D0} + C_{Di} = C_{D0} + KC_L^2$$

式中 C_{D0}—— 零升阻力系数；

C_{Di}—— 诱导阻力系数，$C_{Di} = KC_L^2$；

K—— 诱阻因子。

图 4.7 给出了某飞机的C_{D0}及K与Ma数的关系曲线。由此，可将阻力表示成

$$D = C_{D0}qS + C_{Di}qS = C_{D0}qS + KC_L^2qS$$

该式在飞行性能计算中常用。

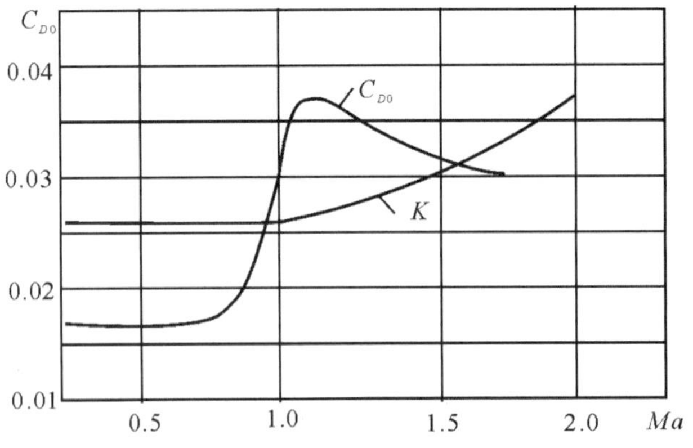

图 4.7 某飞机的C_{D0}及K与Ma数的关系

升阻比L/D是衡量气动效率的重要指标，即

$$L/D = C_L/C_D$$

L/D主要取决于飞行Ma数和迎角。在极曲线上，可以作图求出$(L/D)_{max}$。实际上，当零升阻力系数C_{D0}与诱导阻力系数C_{Di}相等时，L/D达到最大值$(L/D)_{max}$，此时可以求出

$$(L/D)_{max} = \frac{1}{2\sqrt{KC_{D0}}}$$

最大升阻比$(L/D)_{max}$是评价飞机气动特性和飞行性能优劣的重要指标之一。飞机的航程、航时、升限等性能都与$(L/D)_{max}$密切相关。

4.1.5　飞机重量

飞机的飞行重量等于飞机质量 m 和地球引力加速度 g 的乘积，用 W 表示。飞机的重量在飞行中随着燃油的消耗等因素在不断变化，但为了简化飞行性能计算，常把飞机重量当做某一个已知的量。对不同的性能，将选用不同的重量。

飞机重量可分为许多种，详细可参阅第 17 章 7.1 节中“飞机重量的分类”部分。

一般说来，分析起飞性能时，使用起飞重量 W_{TO}；计算着陆性能时，使用着陆重量 W_L；其他性能指标的分析一般使用正常飞行重量(通常指起飞重量和着陆重量的平均值)。

4.2　机体坐标轴系

研究飞机的飞行性能、稳定与操纵原理的时候，为了描述飞机的空间位置、速度、加速度、力和力矩等向量，需采用相应的坐标系。常用的坐标系有地面坐标轴系、机体坐标轴系、气流坐标轴系、航迹坐标轴系、半机体坐标轴系、稳定坐标轴系等。这些坐标系都是三维正交右手系。

为研究问题的方便，在讨论飞机的飞行性能和操稳特性时，我们选用机体坐标轴系作为参考坐标系。

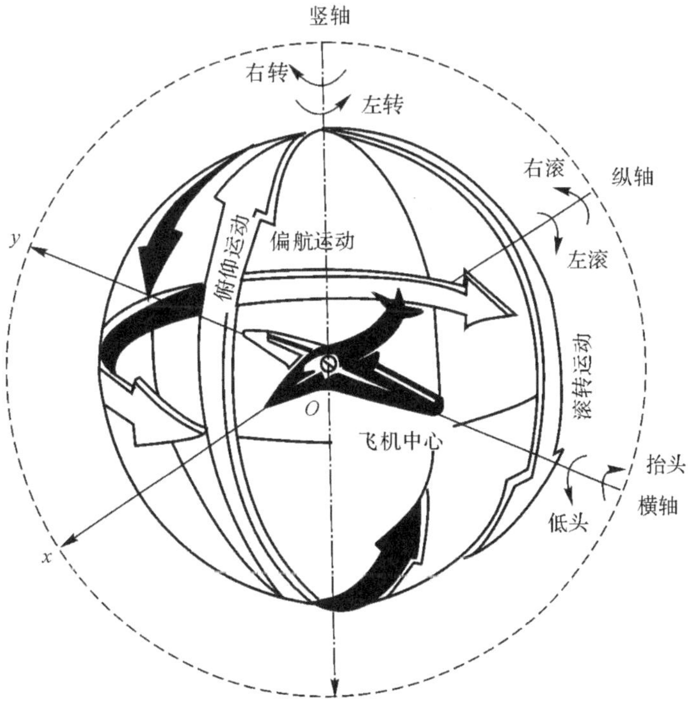

图 4.8　机体坐标轴系

机体坐标轴系$(Oxyz)$是固定在飞机上的坐标轴系，其原点 O 位于飞机的质心上，纵轴 x

位于飞机参考面(对称面)内指向前方且平行于机身轴线(或翼根弦线),横轴 y 垂直于飞机参考面指向右方,竖轴 z 在飞机参考面内垂直于纵轴指向下方,如图 4.8 所示。

飞机绕机体横轴 Oy 的转动(称为俯仰)以及沿纵轴 Ox 和竖轴 Oz 的移动,是发生在飞机对称面内的运动,通常称为纵向运动;飞机绕机体纵轴 Ox 的转动(称为滚转)和沿横轴 Oy 的移动,是发生在飞机横截面内的运动,称为横向运动;飞机绕竖轴 oz 的转动(称为偏航)称为航向运动。

4.3 飞机的基本飞行性能

飞机在铅垂面内的定常直线飞行,是常见的运动形式之一。定常直线飞行的性能是飞机设计师最为关心的。定常运动是指飞机的运动参数不随时间改变的运动。严格来讲,定常运动是不存在的,因为即使飞行速度和高度保持不变,但随着燃油的消耗,飞机重量也在不断地减小,所以迎角也要变化。可是,如果飞机运动参数随时间变化十分缓慢,则至少在一段时间内可近似认为运动参数不变,这就是通常所说的“准定常运动”。飞机的基本飞行性能就是飞机在定常运动和准定常运动时的运动特性。

飞机作定常直线运动(简称定直运动)时,作用在飞机上的外力有升力 L、阻力 D、推力 T 和重力 W,这些力是平衡的(见图 4.9)。

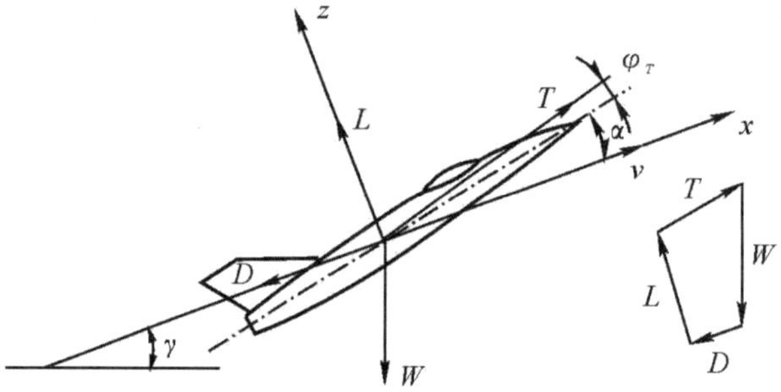

图 4.9 定常飞行作用在飞机上的外力

飞机定直运动的轨迹不外有 3 种情况:定直爬升($\gamma > 0$,γ 为航迹角)、定直平飞($\gamma = 0$)和定直下滑($\gamma < 0$)。这 3 种典型定直运动的飞行性能分别称为爬升(或上升)性能、平飞性能和下滑性能。在某些简化假设下,这些性能可以解析求解。但由于发动机特性及飞机气动特性一般难以写成简洁的解析表达式,因而工程上往往采用图解分析法,其中最常用的是简单推力法。

4.3.1 飞机的平飞需用推力

保持飞机定直平飞的条件是:动力装置提供的推力等于飞机的迎面阻力,飞机的升力等于飞机的重量。这其中假设发动机安装角 φ_T 及迎角 α 都很小。

飞机定直平飞时,$\gamma = 0$,则有

$$T = D = C_D \frac{1}{2}\rho v^2 S$$

$$W = L = C_L \frac{1}{2}\rho v^2 S$$

这就是飞机定直平飞的条件。由此条件可以看出，在一定的迎角，一定的飞行高度上，欲使 $L=W$ 条件满足，飞机必须具备一定的飞行速度；飞机在这一飞行状态下所遇到的阻力 D 须由动力装置的可用推力来平衡。

飞机在一定高度和速度下进行定直平飞所需的动力装置推力，称为平飞需用推力，用 $T_{平需}$ 表示。由于

$$T_{平需}=D=C_D\frac{1}{2}\rho v^2 S \tag{4.1}$$

$$L/D=\frac{L}{D}=\frac{W}{P_{平需}}$$

其中 L/D 为升阻比，则有

$$T_{平需}=\frac{W}{L/D}$$

计算飞机的基本飞行性能时，一般取飞机的起飞重量和着陆重量的平均值作为计算重量，即 $W=(W_{TO}+W_L)/2$。

实际使用中需要计算给定高度上不同速度的平飞需用推力曲线，其步骤如下：

(1) 根据飞行高度 H、马赫数 Ma，由国际标准大气查出空气密度 ρ、声速 a，并计算出飞行速度 v。

(2) 由飞机重量 W 计算出升力系数 C_L，由极曲线查出阻力系数 C_D 及升阻比 L/D。

(3) 根据式(4.1)计算出平飞需用推力 $T_{平需}$。变换不同的 Ma 数重复上述计算，即可得到平飞需用推力曲线，如图 4.10 所示。该图同时标出了平飞需用推力的组成：零升阻力 D_0 和诱导阻力 D_i(虚线)。不同高度上的平飞需用推力曲线如图 4.11 所示。

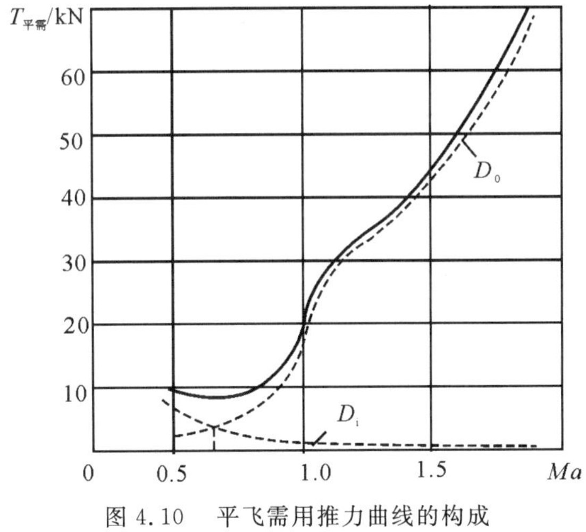

图 4.10　平飞需用推力曲线的构成

平飞需用推力曲线实际上就是平飞阻力曲线。飞机的总阻力由零升阻力 D_0 和诱导阻力 D_i 两部分组成，其中零升阻力基本上与 v^2(或 Ma^2) 成正比增加，而诱导阻力基本上与 v^2(或 Ma^2) 成反比减小。当 $D_0=D_i$ 时，$T_{平需}$ 为最小值，此时升阻比最大，即 $T_{平需\,min}$ 与 $(L/D)_{max}$ 对应。升阻比最大的状态称为有利状态，对应的飞行速度和迎角称为有利速度和有利迎角。

低速飞行时，诱导阻力在总阻力(即平飞需用推力)中占主导地位；高速飞行时，零升阻力占主导地位(中低空)。

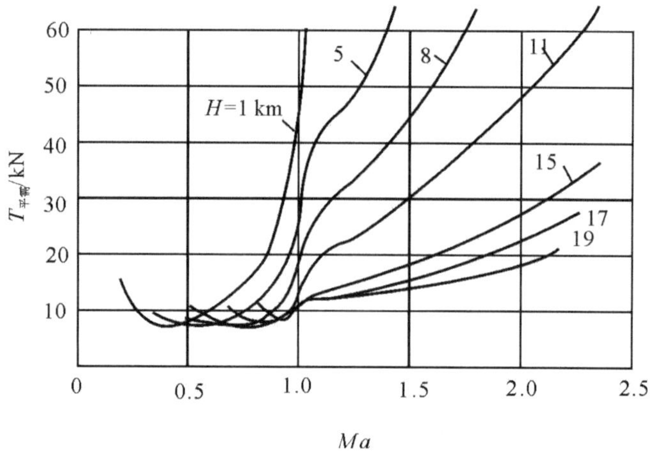

图 4.11　不同高度上超声速飞机的平飞需用推力曲线

把不同高度上的平飞需用推力曲线和相应坐标上的动力装置可用推力曲线用同一坐标绘制在一张图上，即可得到推力曲线图，如图 4.12 所示。通过比较平飞需用推力 $T_{平需}$ 与可用推力 T（或 $T_{可用}$）的方法，可以确定飞机的基本飞行性能，这种方法称为简单推力法。

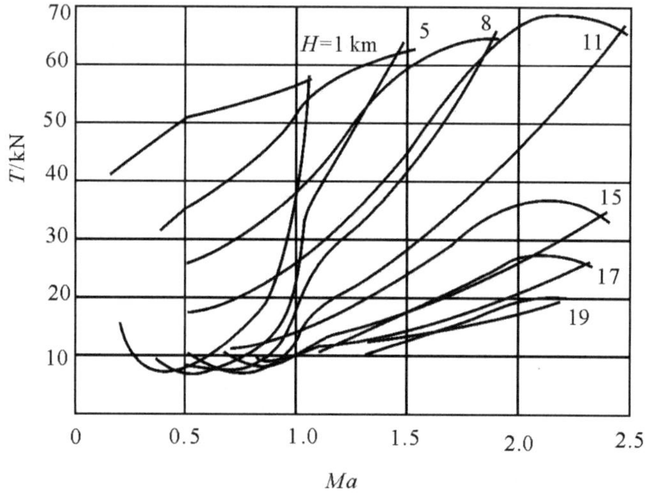

图 4.12　超声速飞机的推力曲线图

下面，我们用简单推力法来确定飞机的基本飞行性能。

4.3.2　飞机的定直平飞性能

飞机定直平飞性能主要有两个指标：最大平飞速度 v_{max}（或 Ma_{max}）和最小平飞速度 v_{min}（或 Ma_{min}）。

1. 最大平飞速度 v_{max}（或 Ma_{max}）

最大平飞速度是指飞机在一定高度上能作定直平飞的最大速度。显然，最大平飞速度（或最大 Ma 数）可由推力曲线图上同一高度的可用推力曲线与平飞需用推力曲线的右交点确定。由于此时的 $T_{平需}=T$，$L=W$，用公式表示为

$$v_{max} = \sqrt{\frac{2T}{C_D \rho S}}$$

从推力曲线图上可找出各飞行高度上的最大平飞速度 v_{max} 或 Ma_{max}，绘制出最大平飞速度线，如图 4.13 所示。

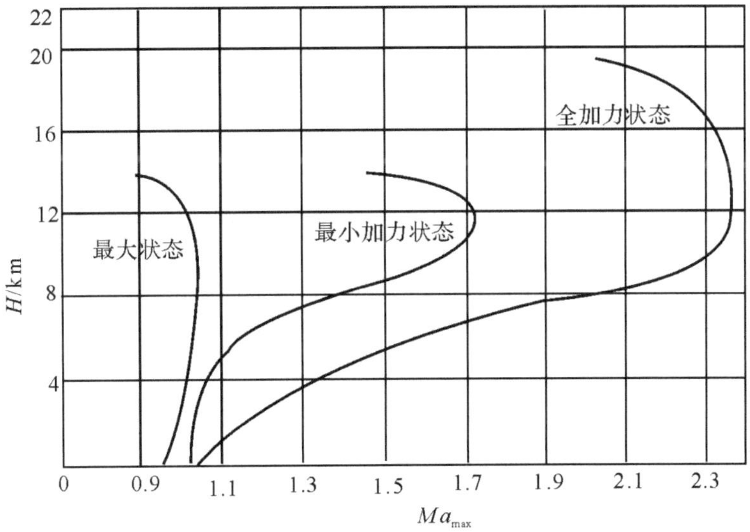

图 4.13　超声速飞机的最大平飞速度线

2. 最小平飞速度 v_{min}（或 Ma_{min}）

最小平飞速度是指在一定高度上，飞机能作定直平飞的最小速度。原则上讲，当 $C_L = C_{Lmax}$ 时，飞机可获得最小平飞速度。但为了保证安全，常取允许 / 安全升力系数作为计算 v_{min} 的依据，即

$$C_L = (0.7 \sim 0.9) C_{Lmax}$$

由定直平飞条件 $L = W$，可得

$$v_{min} = \sqrt{\frac{2W}{\rho S C_{L安全}}}$$

也可以在 $C_{L安全} \sim Ma$ 曲线上用做图的方法求出 v_{min}。

随着飞行高度的增加，ρ 将减小，故最小平飞速度也随之增加。

4.3.3　飞机定直上升性能

表征飞机定直上升性能的指标主要有上升率（爬升率）w、最大上升率 w_{max}、上升航迹角 γ、最大上升航迹角 γ_{max}、静升限 H_{max} 等。

1. 定直上升航迹角 γ 的确定

由图 4.9，可以列出定直上升的方程为

$$T = D + W\sin\gamma = T_{平需} + W\sin\gamma$$
$$L = W\cos\theta \approx W$$

所以

$$\sin\gamma = \frac{T - D}{W} = \frac{\Delta T}{W} \tag{4.2}$$

其中，$\Delta T = T - D$，为剩余推力，即可用推力克服掉飞机阻力后剩余的部分。上升性能的分析和确定，主要是要从推力曲线图上查出剩余推力 ΔT 以及 ΔT 随 H 及 v 的变化。

由式(4.2)可得航迹角 γ 为

$$\gamma = \arcsin \frac{\Delta T}{W}$$

最大航迹角 γ_{max} 为

$$\gamma_{max} = \arcsin \frac{\Delta T_{max}}{W}$$

飞机以 γ_{max} 上升时航迹最陡，剩余推力最大，此时的航迹速度称为最陡上升速度，用 $v_{陡升}$ 来表示。一般 ΔT_{max} 出现在 $T_{平需\,min}$ 附近，故 $v_{陡升}$ 与对应阻力最小的有利速度 $v_{有利}$ 接近。

2. 定直上升率 w 的确定

飞机的上升率 w 是指飞行速度 v 的铅垂分量，并规定向上为正，如图 4.14 所示。

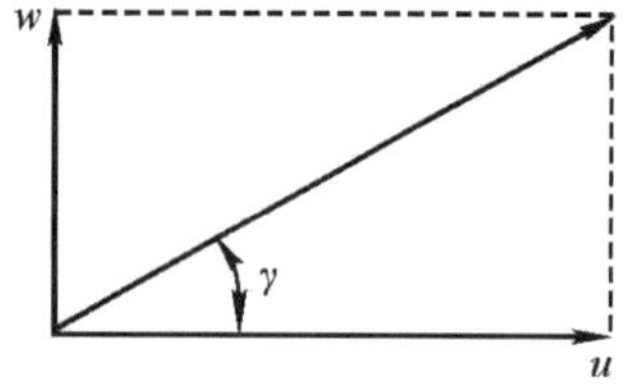

图 4.14　上升率 w 及水平分速度 u

显然，$w = v\sin\gamma$，w 实际上表示单位时间内飞机上升的几何高度，故又称为几何上升率。将式(4.2)代入上式，可得上升率为

$$w = \frac{\Delta T v}{W}$$

最大上升率 w_{max} 为

$$w_{max} = \frac{(\Delta T v)_{max}}{W}$$

飞机以 w_{max} 上升到一定高度，上升时间可望最短，即上升得最快。与 w_{max} 对应的速度称为快升速度，用 $v_{快升}$ 表示。一般来讲，快升速度大于陡升速度，即 $v_{快升} > v_{陡升}$，如图 4.15 所示。

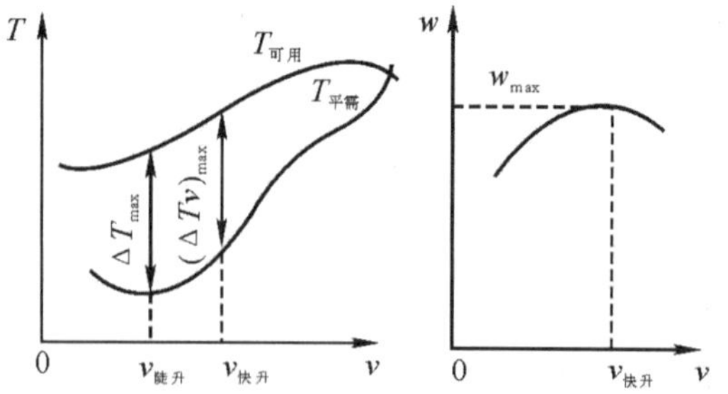

图 4.15　最大爬升角、最快上升率与剩余推力、相应速度的关系

不同高度上的上升率曲线如图 4.16 所示。

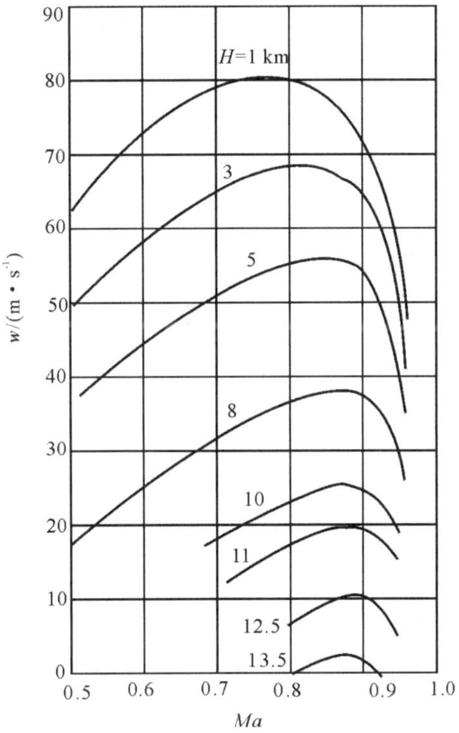

图 4.16　上升率曲线

3. 飞机静升限 H_{max} 的确定

飞机静升限是指飞机能作定直平飞的最大高度。

飞机上升时，随着飞行高度的增加，推力曲线图上的可用推力曲线逐渐向下移动；而平飞需用推力曲线逐渐向右移动并越来越平缓。当上升到某一极限高度时，可用推力曲线与平飞需用推力曲线恰好相切于某一点，此时飞机仅能以切点处对应的唯一速度作定直平飞，不论大于或小于这一速度，由于 $T < T_{平需}$，飞机都不能再作定直平飞（见图 4.17）。这个极限高度就是静升限 H_{max}。图 4.17 中的 $H_{max} = 19.5$ km。

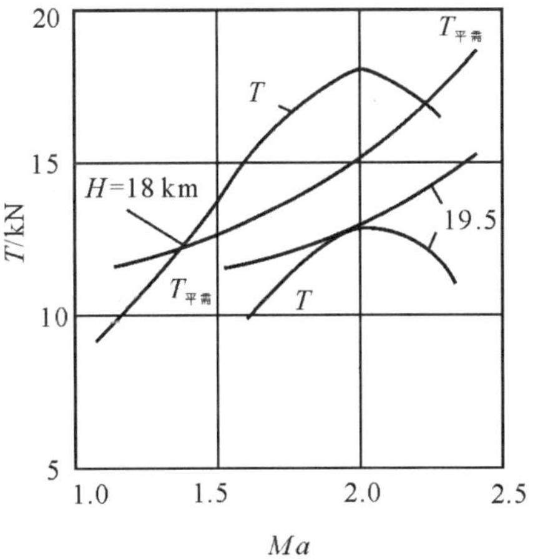

图 4.17　升限附近的推力曲线

在静升限高度(H_{max})，飞机仅能作定直平飞，$\Delta T=0$，因而 $w_{max}=0$，所以，实际中常用最大上升率曲线与纵轴 H 的交点来确定静升限(见图 4.18)，而不用可用推力曲线与平飞需用推力曲线的切点来确定。同时还应看到，H_{max} 也只有理论上的意义。这是因为随着 H 的增加，w 在下降，所以爬升到 H_{max} 所需时间将趋于无限大；另外，由于在 H_{max} 高度上 $\Delta T=0$，飞机稍受干扰或操纵不慎，就有可能降低高度。所以 H_{max} 又称为理论静升限。

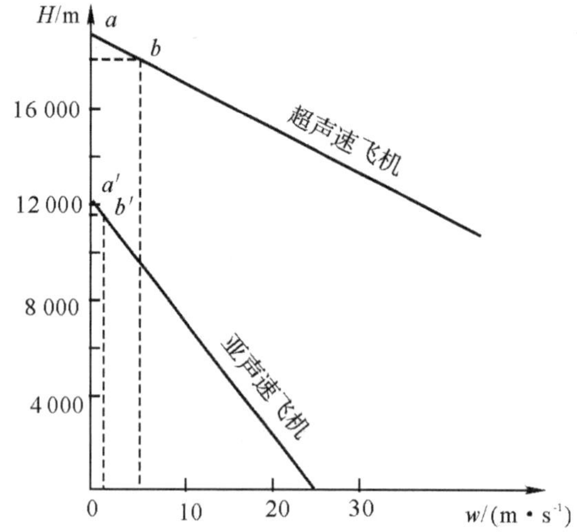

图 4.18 飞机的理论和实用升限

由于上述原因，实际使用中飞机不得不在稍低于理论静升限的高度上飞行，以便使飞机具有一定的推力储备和良好的操纵性。高机动性飞机规定与 $w_{max}=5$ m/s 相对应、低亚声速飞机规定与 $w_{max}=0.5$ m/s 相对应的可实际使用的最大高度，称为实用升限，以 $H_{max实}$ 表示。实用升限可从图 4.18 的 $w_{max}-H$ 曲线上确定。

发动机工作状态(全加力、小加力、最大) 不同，飞机的静升限也不相同。

4. 飞机的定直下滑性能

飞机无动力定直下滑时，忽略发动机的推力，图 4.9 中的航迹角 γ 为负值，常称为下滑角。则定直下滑的方程为

$$D=W\sin\gamma$$

$$L=W\cos\gamma$$

下滑角 γ 为

$$\gamma=\arctan\frac{D}{L}=\arctan\frac{C_D}{C_L}=\arctan\frac{1}{L/D}$$

当飞机以最大升阻比$(L/D)_{max}$ 状态下滑时，下滑角最小，下滑所经过的水平距离最大。

4.3.4 飞机定常飞行的高度-速度范围

基本飞行性能(定直平飞性能、定直上升和下滑性能) 计算出来后，可以在 $H-v$ 平面上勾画出定常飞行的高度-速度范围，即飞行包线。图 4.19 表示一架超声速飞机的飞行包线。

飞机的速度范围是指定直平飞的最大速度和最小速度之间的飞行范围，飞机的高度范围是指从海平面到飞机能保持定直平飞的最大高度之间的飞行范围。飞机的飞行包线是由最小

平飞速度通过升限和最大平飞速度相连接构成的。在飞行包线内，飞机可以作定直平飞及加减速等各种机动飞行。

飞行包线除受 $T \geqslant D, L \geqslant W$ 限制外，还受以下限制。

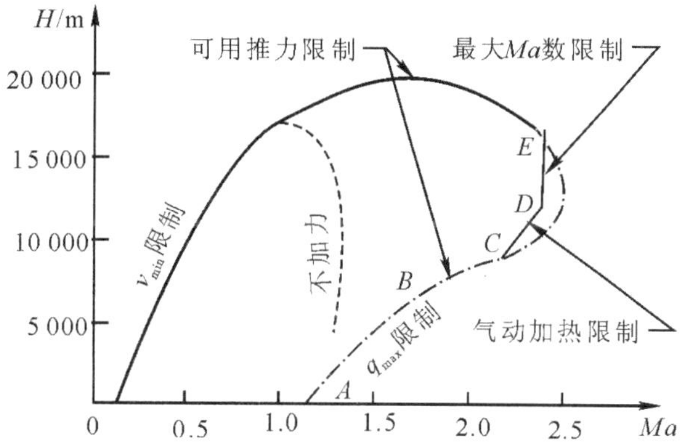

图 4.19　超声速飞机的飞行范围图

1. 结构强度 / 最大速压限制

为了保证飞机结构不致因过大的气动载荷而破坏，就必须限制它的最大动压（最大速压）$q_{\max}$，而 $q_{\max} = \frac{1}{2}\rho v_{\max}^2$，故

$$Ma = \frac{v_{\max}}{a} = \frac{1}{a}\sqrt{\frac{2q_{\max}}{\rho}}$$

由于高度增大时，空气密度 ρ 下降，Ma 增大，所以 $q_{\max}$ 限制只对低空有影响。

2. 气动加热的限制

Ma 数越大，飞机表面由于超声速激波的气动加热温升越高。对铝合金结构的飞机而言，$Ma \geqslant 2$ 时就必须考虑气动加热的影响。同上一样，气动加热的限制也随高度增加而放宽。

3. 操纵性和稳定性限制（最大 Ma 数限制）

飞机由于气动布局的原因，当飞行 Ma 数大到一定程度时，会出现操纵性、稳定性严重恶化的现象（如航向稳定性不足），所以也要对最大 Ma 数加以限制。

由于以上限制，飞机的最大速度就比它可能达到的要小。

4.4　飞机的续航性能

4.4.1　基本概念

飞机的续航性能是飞机性能的重要指标，其直接影响到飞机的活动范围、持久作战能力以及经济性等指标。

1. 航程 R 和航时 E

飞机续航性能的主要指标有两个：航程和航时。

航程 R 是指飞机在平静大气中沿预定方向耗尽其可用燃油所飞过的水平距离，以 km 计。

航时 E 是指飞机耗尽其可用燃油所能持续飞行的时间，以 h 计。

飞机沿预定航线飞行，包括上升、巡航飞行和下滑 3 个阶段，如图 4.20 所示。与各段对应的水平距离分别以 $R_{上}$，$R_{巡}$，$R_{下}$ 表示，三者之和就是完成此航线飞行的航程，即

$$R = R_{上} + R_{巡} + R_{下}$$

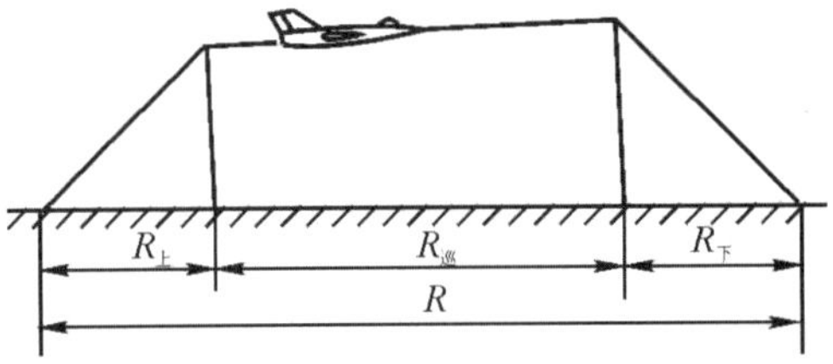

图 4.20　飞机的航程

对航时而言，不一定要沿某一航线飞行，一般也包括上述 3 段，航时就是这 3 段的飞行时间和。本节以沿预定航线飞行为例讨论航时。

某喷气式飞机在 $H=11$ km 高度上飞行的最佳续航性能见表 4.1。其中所列总航时中包括着陆小航线飞行时间约 4 min。

表 4.1　某喷气式飞机续航性能表

飞行阶段 / 项目	上升段	巡航飞行段	下滑段	合计
航程 R/km	110	1190	100	1400
航时 T	8.6 min	1 h 17 min	8.0 min	1 h 34 min

由表 4.1 可知，在预定航向的飞行中，巡航飞行段的航程和航时占总量的主要部分，故在研究飞机的续航性能时，重点放在巡航段上。

2. 可用燃油量

飞机上所装燃油并不能全部用于续航飞行。其中一部分用于地面试车和滑行（W_{f_1}）；一部分用于着陆前在机场上空进行的着陆小航线飞行（W_{f_2}）；还有一部分是受油箱结构影响用不尽的死油（W_{f_3}）；此外，为飞行安全还要留总油量5%～10%的备份油（W_{f_4}）。于是，飞机可用燃油为总油量减去这些油量之和。巡航段燃油还应扣除上升段耗油（W_{f_5}）和下滑段耗油（W_{f_6}）。

某超声速歼击机总燃油量为 2 080 kg，而其 $W_{f_1}=60$ kg，$W_{f_2}=80$ kg，$W_{f_3}=30$ kg，$W_{f_4}=145$ kg，$W_{f_5}=360$ kg，$W_{f_6}=75$ kg，故巡航段可用燃油仅为 1 330 kg。

3. 小时耗油量和公里耗油量

动力装置的耗油率 C 已在前面介绍过，下面再引入两个耗油特性指标。

(1) 小时耗油量 q_h。飞机飞行 1 h 动力装置所消耗的燃油量，称为小时耗油量，用 q_h 表示，单位为 kg/h，即

$$q_h = CT \tag{4.3}$$

式中，T 为发动机总推力，即发动机台数乘以单台推力。

(2) 千米耗油量 q_{km}。飞机相对于地面飞行 1 km 动力装置所消耗的燃油量，称为千米耗

油量，以 q_{km} 表示，单位为 kg/km，即

$$q_{\mathrm{km}}=\frac{q_{\mathrm{h}}}{v}=\frac{CT}{v} \tag{4.4}$$

式中，v 为飞机对地速度，单位为 km/h。

对旅客机，衡量经济性的指标之一是座千米油耗，即每一个座位每飞行 1 km 动力装置的耗油量，单位是 kg/(座・km)。

4.4.2　巡航段航程和航时的计算

与前面已经指出一样，巡航飞行状态不可能是严格意义上的定常运动。在巡航飞行中，随着燃油的消耗，飞机重量不断减轻，为了保持定直平飞，即使飞行速度和高度不变，飞行迎角也将相应地减小。但是，由于飞机重量 W 变化缓慢，对于研究短时间内的运动，等速平飞运动方程仍然适用，即 $T=T_{平需}$，$L=W$。又考虑到 $T_{平需}=W/(L/D)$，所以式(4.3)和式(4.4)又可表示为

$$q_{\mathrm{h}}=CT_{平需}=\frac{CW}{L/D}$$

$$q_{\mathrm{km}}=\frac{q_h}{v}=\frac{CW}{(L/D)v}$$

飞机在 $\mathrm{d}t$ 时间内消耗的燃油量为 $q_{\mathrm{h}}\mathrm{d}t$，同时飞机重量减轻 $\mathrm{d}W$，显然 $\mathrm{d}W=-q_{\mathrm{h}}\mathrm{d}t$。将式(4.3)代入该式，整理可得

$$\mathrm{d}t=-\frac{\mathrm{d}W}{q_{\mathrm{h}}}=-\frac{L/D}{CW}\mathrm{d}W$$

若巡航开始时飞机重量为 W_0，终了时重量为 W_1，则可得巡航段航时 E 为

$$E_{巡航}=-\int_{W_0}^{W_1}\frac{L/D}{CW}\mathrm{d}W=\int_{W_1}^{W_0}\frac{L/D}{CW}\mathrm{d}W$$

$\mathrm{d}t$ 时间内，飞机飞过的水平距离应为

$$\mathrm{d}R=v\mathrm{d}t=-v\frac{\mathrm{d}W}{q_{\mathrm{h}}}=-\frac{\mathrm{d}W}{q_{\mathrm{km}}}$$

在同样飞行重量变化范围内积分上式，可得到巡航段航程的一般计算公式：

$$R_{巡航}=-\int_{W_0}^{W_1}\frac{\mathrm{d}W}{q_{\mathrm{km}}}=\int_{W_1}^{W_0}\frac{\mathrm{d}W}{q_{\mathrm{km}}}=\int_{W_1}^{W_0}\frac{(L/D)v}{C}\frac{\mathrm{d}W}{W} \tag{4.5}$$

由此可知，在一定的 W_0 和 W_1 下，巡航状态(体现为升阻比 L/D)不同，相应的航程和航时是不同的。为了获得最远航程或最久航时，必须使 $(L/D)v/C$ 或 $(L/D)/C$ 在每一瞬时都保持最大值。也就是说，飞机在飞行过程中必须正确合理选择飞行状态(体现为升阻比 L/D)和发动机工作状态(体现为耗油率 C)，才能实现最佳巡航。

上升段和下滑段航程和航时的计算较为复杂，在此不予讨论。

4.5　飞机的机动飞行性能

前两节讨论了飞机定常或准定常飞行性能的计算，本节将讨论飞机的运动参数随时间变化的非定常运动，主要是机动飞行性能。

4.5.1 飞机的机动性与过载

1. 飞机的机动性

飞机的机动性，是指飞机改变飞行速度、高度及飞行方向的能力。飞行速度、高度和方向改变得越快，飞机的机动性就越好。

在夺取空中格斗优势时，飞机的机动性起着相当重要的作用，所以机动性是飞机的重要战术性能指标之一。

一般常用过载来评定飞机的机动性。

2. 过载

飞机所受除重力之外的外力之和(矢量和)与飞机重量之比，称为过载，又称为载荷因数，用 $\boldsymbol{n}$ 表示。

过载 $\boldsymbol{n}$ 为一向量，其方向与除重力之外的外力的合力方向一致，其大小代表该合力与飞机重量之比，即飞机重量的倍数。

过载向量 $\boldsymbol{n}$ 沿着机体坐标轴系 3 个坐标轴的分量分别称为纵向过载 n_x(过载向量沿纵轴的分量)、横向过载 n_y(过载向量沿横轴的分量)和法向过载 n_z(过载向量沿竖轴的分量)。

一般说来，除了极个别的情况，纵向过载和横向过载都较小，而且飞机在这两个方向上的尺寸大，强度和刚度好。所以除了特殊情况，纵向过载和横向过载可以不考虑。

法向过载为除重力以外的外力之和在竖轴上的分量(近似认为就是升力 L)与飞机重量之比，所以通常法向过载大，而且作用在飞机结构尺寸以及强度和刚度最小的方向(机翼的厚度相对于翼展和弦长来说是很小的)，所以重点要关注法向过载。

法向过载习惯上简称为过载，并以向上为正，记为 n。

飞机在铅垂平面内的典型机动动作有平飞加速和减速、跃升、俯冲和筋斗(见图 4.21)，在水平面内的典型机动动作有盘旋(见图 4.22)。下面分别讨论。

4.5.2 平飞加速和减速性能

平飞加 / 减速性能反映飞机改变速度的能力。平飞时增加或减小一定速度所需的时间越短，则平飞加 / 减速性能越好。设 a 为飞机的平飞加(减)速度，则 $a = \mathrm{d}v/\mathrm{d}t$。在图 4.9 中，令 $\gamma = 0$，$\mathrm{d}\gamma/\mathrm{d}t = 0$，则平飞加 / 减速时

$$L = W$$

$$\frac{W}{g}a = T - D$$

由此可得

$$a = \frac{\mathrm{d}v}{\mathrm{d}t} = \frac{T - D}{W}g = \frac{\Delta T}{W}g \tag{4.6}$$

所以 ΔT 越大，W 越小，飞机的加速度越大。

由式(4.6)可以看出，要使飞机平飞加速，驾驶应尽量加大油门，使 $\Delta T = T - D > 0$，同时操纵驾驶杆，使 $L = W$ 随时得到满足；反之，欲使飞机平飞减速，驾驶员应尽量收小油门，同时打开减速板以增加阻力，使 $\Delta T < 0$，同时保持 $L = W$。

由式(4.6)可得

$$dt = \frac{W}{(T-D)g}dv \tag{4.7}$$

所以,从速度 v_1 改变到速度 v_2 的飞行时间为

$$t = \int_{v_1}^{v_2} \frac{W}{(T-D)g}dv \tag{4.8}$$

又因为

$$dL = v dt = \frac{Wv}{(T-D)g}dv \tag{4.9}$$

所以从速度 v_1 改变至速度 v_2 的飞行距离为

$$L = \int_{v_1}^{v_2} \frac{Wv}{(T-D)g}dv \tag{4.10}$$

4.5.3　跃升性能和动升限

跃升,是将飞机的动能转变成势能,迅速取得高度优势的一种机动飞行。跃升性能的好坏,由跃升增加的高度 ΔH(见图 4.21) 及所需时间来衡量。下面我们用能量法近似估算跃升所增加的高度,并引出动升限的概念。

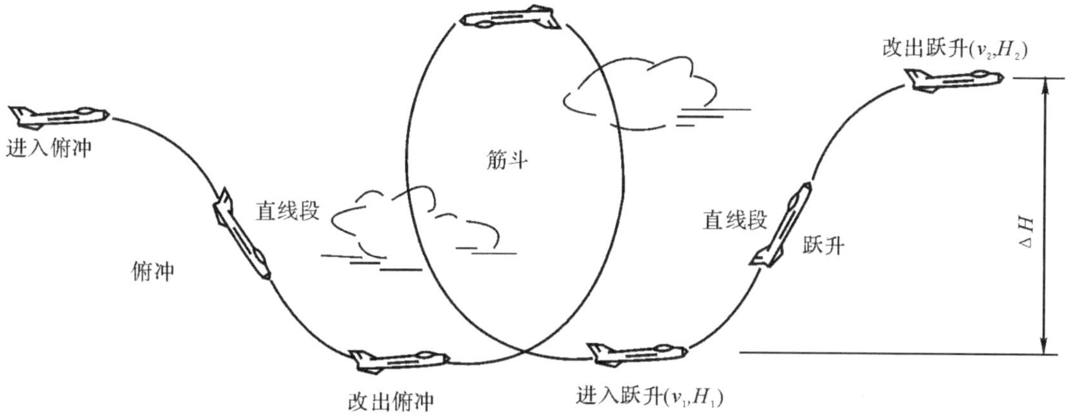

图 4.21　俯冲、筋斗和跃升

设飞机在 H_1 高度上以速度 v_1 平飞,驾驶员拉杆后,飞机进入跃升,然后推杆改出,到另一高度 H_2 以速度 v_2 平飞。假定在跃升过程中 $T \approx D$,即 $\Delta T = T - D \approx 0$,亦即 ΔT 在跃升过程中做的功为零。升力 L 始终与航迹垂直,也不做功。因此,跃升过程中只有重力做功。如果进入跃升及改出跃升的飞机的动能与势能之和(总能量) 分别为 E_1 和 E_2,则

$$E_1 = WH_1 + \frac{1}{2}\frac{W}{g}v_1^2 = (H_1 + \frac{v_1^2}{2g})W$$

$$E_2 = WH_2 + \frac{1}{2}\frac{W}{g}v_2^2 = (H_2 + \frac{v_2^2}{2g})W$$

根据能量守恒,有 $E_1 = E_2$。所以

$$\Delta H = H_1 - H_2 = \frac{1}{2g}(v_1^2 - v_2^2)$$

由此式可知,进入跃升速度 v_1 越大,改出跃升高度上的速度 v_2 越小,则跃升的高度增量 ΔH 越大。但 v_1 受 H_1 高度上的最大平飞速度 $v_{1\max}$ 的限制,v_2 受 H_2 高度上的最小平飞速度

$v_{2\min}$ 的限制。因此，飞机从 H_1 高度开始跃升所能达到的最大高度 H_2 为

$$H_{2\max}=H_1+\frac{v_{1\max}^2}{2g}-\frac{v_{2\min}^2}{2g}=\frac{E_1}{W}-\frac{v_{2\min}^2}{2g}$$

由于 $v_{2\min}$ 取决于 H_2 高度上的 ρ 及 $C_{L允许}$，而 $C_{L允许}$ 又与 $v_{2\min}$ 有关，因此计算 $H_{2\max}$ 须用迭代法。

在理论升限 $H_{\max}$ 高度上，$T-D=0$，所以有 $w=0$，$a=0$，飞机只能保持定直平飞。但对于超声速飞机而言，在 $H_{\max}$ 处 $v>>v_{\min}$，因此可以通过跃升增加高度。通过跃升可达到的最大高度称为动升限 $H_{\max动}$。在动升限处，$\Delta T=T-D<0$，飞机不能保持定直平飞，但可获得高度优势。

一般在静升限处通过跃升所能达到的高度小于其动升限，这主要是因为静升限处速度较小。所以，为了获得动升限，飞机进入跃升的高度一般比 $H_{\max}$ 低，以便利用较大的平飞速度。例如，某歼击机实用升限为 19 500 m，在 $H_1=13\ 500$ m 高度上以 $Ma=2.05$ 进行跃升，可以达到 23 000 m 的高度。

4.5.4 俯冲性能

俯冲是飞机用势能换取动能，迅速降低高度并增加速度的非定常运动。

俯冲按航迹可分为 3 段：进入俯冲段、直线俯冲段和改出俯冲段（见图 4.21）。

可以证明，直线俯冲段并不是可以一直加速，而有一俯冲极限速度 $v_{极限}$，即

$$v_{极限}=\sqrt{\frac{2(T-W\sin\gamma)}{C_D\rho S}}$$

式中，γ 为直线俯冲航迹与地面夹角，$\gamma<0$（参见图 4.9）。

飞机在改出俯冲时，高度损失（即改出俯冲过程所需高度）ΔH 为

$$\Delta H=\frac{v_1^2}{2g}\left[\left(\frac{n-\cos\gamma_1}{n-1}\right)^2-1\right]$$

式中　v_1,γ_1—— 改出俯冲开始时的速度及航迹倾角（结束时航迹倾角 $\gamma_2=0$）；

n—— 改出俯冲的过载（假设为常值）。

例如，某飞机自垂直俯冲中改出，$v_1=338$ m/s，当 $n=6$ 时，$\Delta H=2\ 565$ m；当 $n=8$ 时，$\Delta H=1\ 784$ m。可见，改出俯冲时的高度损失是比较大的。

4.5.5 筋斗

筋斗是飞机在铅垂平面内作 360° 曲线运动的一种机动飞行（见图 4.21）。筋斗由跃升、倒飞、改出俯冲等若干基本动作组成，是衡量飞机机动性的重要指标。完成一个筋斗所需时间越短，飞机的机动性越好。

4.5.6 盘旋

盘旋是飞机在水平面内连续改变飞行方向而高度不变的一种曲线运动（见图 4.22）。盘旋中，如果飞机的飞行速度、迎角、倾角、侧滑角均保持不变，则称为定常盘旋。不带侧滑的定常盘旋称为正常盘旋（关于侧滑的概念见 5.1.3 节）。

正常盘旋的盘旋半径和盘旋一周的时间是衡量飞机方向机动能力的主要指标。盘旋半径

越小，盘旋一周的时间越短，飞机的方向机动性越好。

由图 4.22，可写出正常盘旋应满足的方程为

$$T = D \tag{4.11}$$

$$L\cos\varphi = W \tag{4.12}$$

$$\frac{W}{g}\frac{v^2}{R} = L\sin\varphi \tag{4.13}$$

式中　φ—— 盘旋角；

v—— 盘旋速率；

R—— 盘旋半径。

式(4.11)保证 v 不变，式(4.12)保证盘旋高度不变。至于升力的水平分量 $L\sin\varphi$，就是使飞机产生水平曲线运动的向心力。由此可得

$$n = \frac{L}{W} = \frac{1}{\cos\varphi}$$

$$R = \frac{W}{g}\frac{v^2}{L\sin\varphi} = \frac{1}{g}\frac{v^2}{\sqrt{n^2-1}} = \frac{v^2}{g\tan\varphi}$$

$$t = \frac{2\pi R}{v} = \frac{2\pi v}{g\sqrt{n^2-1}}$$

式中，t 为盘旋一周所需时间。

显然，盘旋过载 n 越大，R 和 t 越小，盘旋性能越好。但盘旋过载 n_z 受结构强度和人的生理条件限制，所以不能太大，也即 φ 不能太大。目前，飞机的最大盘旋角 $\varphi_{\max} = 75° \sim 87°$。此外，$v$ 也不能太大，但也不能太小。如某机在 5 km 高度上作正常盘旋，当 $Ma = 0.7$ 时，$R = 1\ 480$ m，但当 $Ma = 1.4$ 时，$R = 17\ 000$ m。

除了以上介绍的平面机动外，飞机还有空间机动性，如战斗转弯、横滚、战斗半滚(又称半筋斗翻转)、半滚倒转等，这里不再详细介绍。

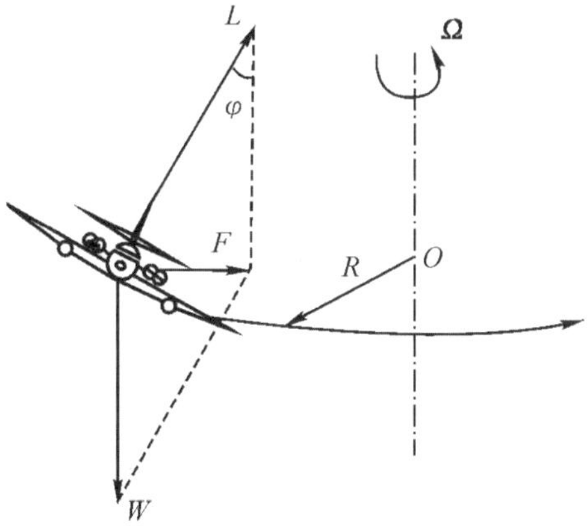

图 4.22　盘旋飞行时作用在飞机上的力

4.6　飞机的起飞和着陆性能

飞机的起飞和着陆是实现一次完整的飞行必不可少的两个环节。起飞着陆性能的好坏有

时甚至影响到飞机能否执行及顺利完成正常飞行任务。

飞机的起飞和着陆性能指标可以概括为两部分：一是起飞／着陆距离；二是起飞离地／着陆接地速度。后者除影响起飞／着陆距离外，还牵涉到起降的安全问题。过大的机场面积无论是从经济观点或战备观点考虑都是不适宜的；而飞行的安全问题，则在任何场合都是必须给予高度重视的。

从飞机性能的发展情况来看，它的速度、高度性能，机动性及续航能力都有了很大的改进，但飞机的起飞和着陆性能却反而恶化，主要原因就是相对缩小了机翼面积而引起的。

4.6.1 飞机的起飞性能

1. 飞机的起飞过程

现代喷气式飞机的起飞过程包括地面加速滑跑阶段和加速上升到安全高度阶段，如图 4.23 所示。

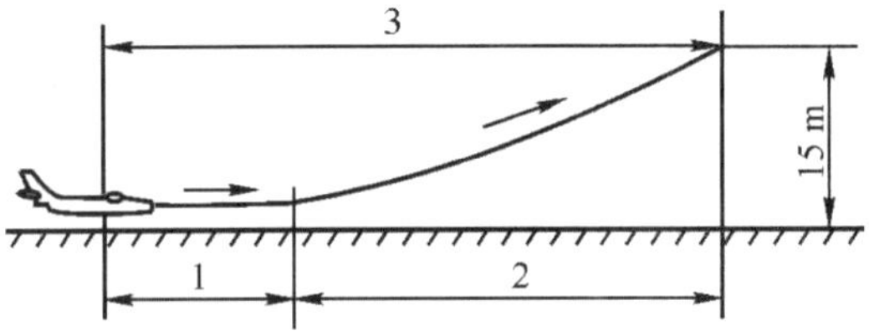

图 4.23 喷气飞机的起飞过程

1— 起飞滑跑 2— 加速和爬升 3— 起飞距离

起飞时飞机停在起飞线上，驾驶员踩住刹车加大油门到起飞状态后，松开刹车让飞机加速滑跑。当加速到相应的抬前轮速度 v_R 时，驾驶员向后拉驾驶杆抬起前轮，以主轮着地的两点滑跑姿态继续加速前进，最后到升力等于重量时飞机就能离开地面。此时所对应的速度称为离地速度，用 v_{LOF} 表示。由于喷气式飞机的剩余推力 ΔT 较大，在离地后可以立即转入加速上升阶段。为了减小阻力，离地不久就可收起起落架。当飞机上升到安全高度(对歼击／强击类飞机为 15 m，对轰炸／运输类飞机为 10.5 m) 后，加速上升阶段就告结束。

2. 飞机的起飞性能计算

(1) 起飞滑跑的距离和时间。在地面加速滑跑过程中，飞机先是三点滑跑，至(0.6 ～ 0.75)v_{LOF} 时抬起前轮，改成两点滑跑，一直到离地为止。通常计算时都假定整个滑跑过程是用两点滑跑进行的，此时飞机上所受的力如图 4.24 所示。

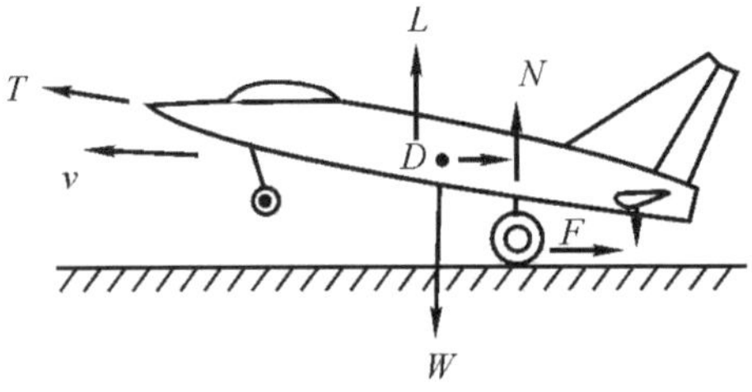

图 4.24 飞机两点滑跑姿态

起飞滑跑时作用在飞机上的力除推力 T、重力 W、升力 L 和阻力 D 外，还有地面垂直反力 N 及机轮和地面之间的摩擦力 $F(=\mu N)$。

在计算时,假设发动机推力 T 与地面平行,按此可写出飞机的运动方程

$$\frac{W}{g}\frac{\mathrm{d}v}{\mathrm{d}t}=T-D-F$$

$$L+N=W$$

将 $F=\mu N$ 代入,整理后可得

$$\frac{W}{g}\frac{\mathrm{d}v}{\mathrm{d}t}=T-C_D\frac{1}{2}\rho v^2 S-\mu\left(W-C_L\frac{1}{2}\rho v^2 S\right)$$

由此可得地面加速滑跑(起飞滑跑)段的时间为

$$t_1=\int_0^{v_{\mathrm{LOF}}}\frac{W}{g}\frac{\mathrm{d}v}{T-\mu W-\frac{1}{2}\rho v^2 S(C_D-\mu C_L)}$$

又由于 $\mathrm{d}L=v\mathrm{d}t$,可得起飞滑跑距离为

$$L_1=\int_0^{v_{\mathrm{LOF}}}\frac{W}{g}\frac{v\mathrm{d}v}{T-\mu W-\frac{1}{2}\rho v^2 S(C_D-\mu C_L)}$$

计算上式一般用数值积分。也可近似地认为 $T=0.9T_0$,T_0 为发动机地面静推力;地面滚动摩擦因数 μ 由表 4.2 取平均值;同时认为$(C_D-\mu C_L)$值较小,那么

$$L_1\approx\frac{W}{2g}\frac{v_{\mathrm{LOF}}^2}{T-\mu W}$$

飞机的离地速度由离地时的升力与重力平衡条件可得

$$v_{\mathrm{LOF}}=\sqrt{\frac{2W}{\rho S C_{L\mathrm{TO}}}}$$

$C_{L\mathrm{TO}}$ 为离地时升力系数,其主要受着地角 / 护尾迎角(见图 17.18)的限制。起飞时由于希望阻力尽可能小,一般襟翼放下的角度较小,所以 $C_{L\mathrm{TO}}$ 较小。

表 4.2　地面摩擦因数 μ 的平均值

表面状况	滚动摩擦因数	完全刹车时摩擦因数
干水泥跑道	0.03	0.5
湿水泥跑道	0.05	0.3
干硬土草地	0.07	0.4
湿草地	0.11	0.2
冰草地	0.02	0.08

(2) 加速上升段的距离和时间。飞机离地后按某一倾斜航迹(航迹角为 γ)作加速上升运动,其运动方程为

$$\frac{W}{g}\frac{\mathrm{d}v}{\mathrm{d}t}=T-D-W\sin\gamma$$

$$L=W\cos\gamma \tag{4.14}$$

由此可求出加速上升段的时间和距离为

$$t_2=\int_{v_{\mathrm{LOF}}}^{v_2}\frac{W}{g}\frac{\mathrm{d}v}{T-D-W\sin\gamma}$$

$$L_2 \approx \int_{v_{\mathrm{LOF}}}^{v_2} \frac{W}{g} \frac{v\,\mathrm{d}v}{T-D-W\sin\gamma}$$

式中，v_2 为上升到安全高度时的飞行速度，一般可取 v_2 为 $=1.3v_{\mathrm{LOF}}$。式(4.14)是因为 γ 一般不大，所以用航迹距离近似代替水平距离。

总的起飞时间和起飞距离为

$$t_{\mathrm{TO}} = t_1 + t_2$$

$$L_{\mathrm{TO}} = L_1 + L_2$$

4.6.2 飞机的着陆性能

飞机从安全高度处下滑并过渡到地面滑跑，直至完全停止的整个减速运动过程，称为着陆（或降落）。

1.飞机的着陆过程

飞机从安全高度下滑时，发动机处于慢车工作状态，襟翼偏到最大偏度，起落架放下，飞机接近于等速直线下滑。当离地不高时，驾驶员应将飞机拉平，然后保持在离地 1 m 左右进行平飞减速。随着飞行速度的减小，驾驶员应不断拉杆使迎角增大，并让飞机缓慢地降低高度。在离地很近时（约 0.2 m），飞机已接近护尾迎角状态，迎角不能再继续增加，随着飞行速度的继续降低，升力不足以平衡飞机重量，于是飞机就飘落以主轮接地，此时对应的速度就叫做着陆接地速度 v_{T}。

飞机接地后，驾驶员继续保持两点滑跑姿态，以充分利用空气阻力使飞机减速。当减至一定速度时，驾驶员推杆使前轮着地进行三点滑跑，并且使用机轮刹车等使飞机继续减速。到飞机完全停止时，着陆阶段就告结束。所以飞机的着陆过程通常由下滑、拉平、平飞减速、飘落和地面减速滑跑 5 个阶段组成（见图 4.25）。

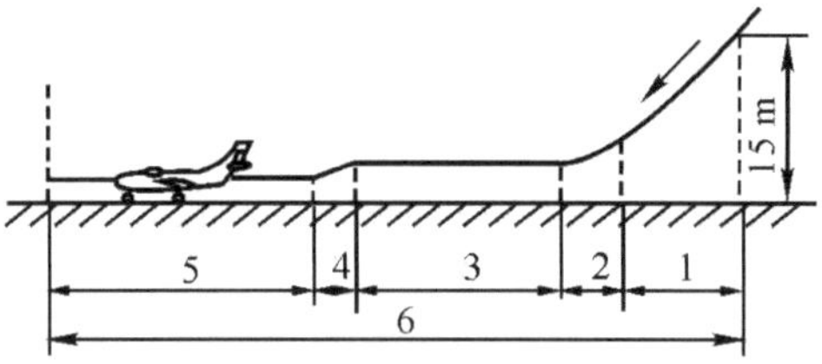

图 4.25　飞机的着陆

1— 下滑　2— 拉平　3— 平飞减速　4— 飘落　5— 着陆滑跑　6— 着陆距离

2.飞机的着陆性能计算

(1) 下滑距离 L_1 的计算。下滑时，发动机推力接近于零，飞机又近似为等速直线运动，由图 4.26 可得方程

$$D = W\sin\gamma$$

$$L = W\cos\gamma = \frac{1}{2}\rho v^2 C_L S$$

下滑速度近似等于在 15 m 安全高度时的速度，即进场速度 v_{app}。

$$v_{\mathrm{app}} = \sqrt{\frac{2W\cos\gamma}{\rho S C_{L\mathrm{app}}}}$$

由于

$$\tan\gamma=\frac{D}{L}=\frac{C_D}{C_L}=\frac{1}{L/D}=\frac{15}{L'_1}$$

近似计算时，可取

$$L_1\approx L'_1=15(L/D)$$

用上式算得的结果实际上是把下滑段距离算长了。经验表明，L'_1 大体上相当于 L_1 及 L_2 之和，故拉平段 L_2 就不必再算。

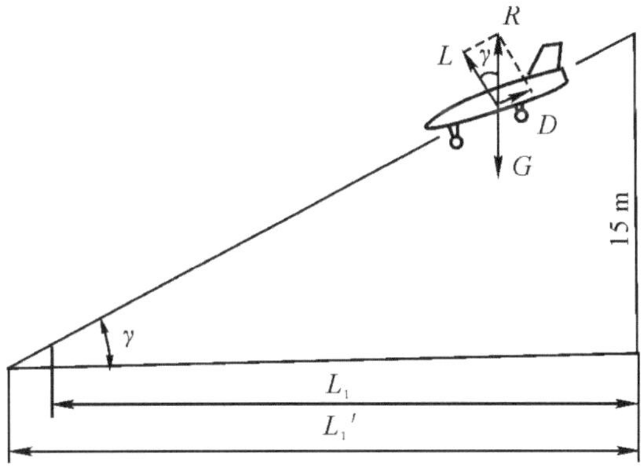

图 4.26　飞机下滑时的受力

下滑段时间（包括拉平段）

$$t_1=\frac{L_1}{v_{\text{app}}}$$

下滑升力系数 $C_{L\text{app}}=(0.6\sim0.7)C_{L\max}$，以保证合适的航迹角 γ。

(2) 平飞减速段距离 L_3 的计算。平飞减速段飞机的受力情况如图 4.27 所示，其运动方程为

$$L\approx W$$

$$\frac{W}{g}\frac{\mathrm{d}v}{\mathrm{d}t}=-D$$

整理后可得

$$\frac{1}{g}\frac{\mathrm{d}v}{\mathrm{d}t}=-\frac{D}{L}=-\frac{1}{L/D}$$

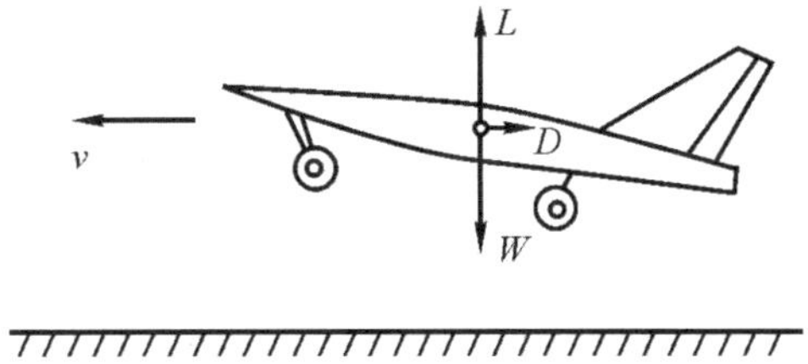

图 4.27　飞机平飞减速时的受力

由此可得平飞减速段的时间和距离为

$$t_3=-\frac{1}{g}\int_{v_{\text{app}}}^{v_{\text{T}}}(L/D)\mathrm{d}v$$

$$L_3=-\frac{1}{g}\int_{v_{\text{app}}}^{v_{\text{T}}}(L/D)v\mathrm{d}v$$

式中　v_{app}—— 下滑速度，近似认为是拉平时的速度；

v_T—— 接地速度，近似认为是飘落段开始时的速度。

在近似计算中，可取$(L/D) \approx (L/D)_{max}$，于是

$$t_3 \approx \frac{(L/D)_{max}}{g}(v_{app} - v_T)$$

$$L_3 \approx \frac{(L/D)_{max}}{2g}(v_{app}^2 - v_T^2)$$

其中接地速度

$$v_T \approx 0.95\sqrt{\frac{2W}{\rho S C_{LL}}}$$

式中，C_{LL} 为着陆接地时的升力系数。

实际计算出的 t_3 和 L_3 是偏大的，它们近似等于平飞减速段与飘落段距离之和，所以 T_4 和 L_4 不必再算。

3. 着陆滑跑段距离 L_5 的计算。

地面减速着陆滑跑过程中，先用两点无刹车自由滑跑，然后改用三点滑跑并使用刹车。

通常认为两点无刹车自由滑跑时间为 3 s，故该段距离为

$$L_{51} = 3v_T$$

三点滑跑且使用刹车时，其总的摩擦力为 F，则有运动方程

$$\frac{W}{g}\frac{\mathrm{d}v}{\mathrm{d}t} = -(D + F)$$

$$N = W - L$$

由此可得地面刹车减速滑跑段的时间和距离为

$$t_{52} = \frac{W}{g}\int_0^{v_T}\frac{dv}{D + F}$$

$$L_{52} = \frac{W}{g}\int_0^{v_T}\frac{v\mathrm{d}v}{D + F}$$

整个地面滑跑段的时间和距离为

$$t_5 = 3 + t_{52}$$

$$L_5 = L_{51} + L_{52}$$

在近似计算中，若认为整个滑跑过程为三点滑跑的等减速运动，则地面减速着陆滑跑段时间和距离为

$$L_5 = \frac{v_T^2}{2a_a}$$

$$t_5 = \frac{v_T}{a_a}$$

式中，a_a 为平均减速度，可以近似求得其值为

$$a_a = \frac{1}{2}g\left(\frac{1}{(L/D)_L} + \mu\right)$$

式中，$(L/D)_L$ 为接地时飞机的升阻比，从而可求得

$$L_5 = \frac{v_T^2}{g\left(\frac{1}{(L/D)_L} + \mu\right)}$$

$$t_5 = \frac{2v_{\mathrm{T}}}{g\left(\frac{1}{(L/D)_{\mathrm{L}}} + \mu\right)}$$

整个着陆距离和时间为

$$L_{\mathrm{L}} = L_1 + L_2 + L_3 + L_4 + L_5 \approx L_1 + L_3 + L_5$$

$$t_{\mathrm{L}} = t_1 + t_2 + t_3 + t_4 + t_5 \approx t_1 + t_3 + t_5$$

4.6.3　缩短起飞着陆距离的措施

通过以上分析,我们可以采用各种方法缩短飞机的起飞和着陆滑跑距离。但是飞机设计的经验表明,只有那些不影响飞机主要飞行性能的方法和措施,才是在实践中可以采用的。

在现代飞机上经常采用的措施有以下几种(可参见 10.6 节)。

1. 增升装置

在机翼上装置各种型式的襟翼,在起飞着陆时放下以增加升力,使起飞离地升力系数 $C_{L\mathrm{TO}}$ 和着陆接地升力系数 C_{LL} 增大以改善起降性能,是最常用的设计措施。

2. 增大推重比

增大发动机的推力,使起飞的加速度增大,飞机可以很快地增速到离地速度,缩短起飞滑跑距离。现代喷气发动机上常用装置加力燃烧室在起飞时增大推力,使起飞滑跑距离缩短(在歼击机上常用)。

3. 增阻装置及刹车

飞机在着陆滑跑时增加阻力可用阻力伞或减速伞。飞机着陆接地后放出阻力伞,利用伞的空气阻力使飞机减速。着陆滑跑初期,滑跑速度较大,伞的阻力也大。速度降低后,伞的阻力减小。速度减小后应把伞抛掉。阻力伞是增阻装置的一种形式,其他还有阻力板等。

着陆滑跑时可以使用机轮刹车增大摩擦力。

用增阻装置和刹车使 $D + F$ 值大大增加,因而使着陆滑跑距离缩短。

第 5 章　飞机的平衡、稳定和操纵

在前面一章里，我们讨论了飞机的基本飞行性能。但是，作为全面衡量一架飞机战术 / 使用性能的优劣来说，单有好的飞行性能还是不够的。如果飞机的平衡特性、稳定特性和操纵特性不好，也就是说在飞行中，飞机总是偏离预定的航向；或者稍受外界扰动，飞机的平衡即遭破坏而又不能自动恢复，需要飞行员经常花费很大的精力予以纠正；在改变飞行状态的时候，飞行员操纵起来非常吃力，而且飞机反应迟钝，那么像这样的飞机就不能算是一架战术 / 使用性能良好的飞机。驾驶这样的飞机，驾驶员会被搞得精疲力尽，而且不能保证飞行安全和很好地完成预定任务。因此，对于一架战术 / 使用性能优良的飞机来说，不仅要求它性能优越，而且要求具备良好的平衡性、稳定性和操纵性。

本章主要介绍有关飞机平衡、稳定和操纵的基本概念，并在此基础上，简要介绍飞行品质的概念。

5.1　飞机的平衡

飞机在飞行时，所有作用于飞机的外力与外力矩之和都等于零的状态，称为飞机的平衡状态。等速直线运动是飞机的一种平衡状态。

飞机的平衡问题，归结为纵向平衡、横向平衡和航向平衡的问题。本节分别讨论飞机保持这 3 个方向的平衡应当满足什么条件，以及保持平衡的方法。

5.1.1　飞机的纵向平衡及其保持方法

飞机在纵向平面内作等速直线飞行，并且不绕横轴转动的运动状态，称为纵向平衡。

飞机在纵向运动时，作用于飞机上的力主要有机翼升力 $L_{翼}$，水平尾翼升力 $L_{尾}$，机身升力 $L_{身}$，空气阻力 D 和发动机推力 T 以及飞机重力 W，如图 5.1 所示。这些力的大小和方向各不相同，因此对飞机重心的力矩亦不相同，有的力产生使飞机抬头的上仰力矩，有的力则产生使飞机低头的下俯力矩。为了使飞机不绕横轴转动，飞机的上仰力矩必须等于下俯力矩，即

$$L_{翼}a + Db + L_{身}d + Tc = L_{尾}e$$

同时，要使飞机保持等速水平直线飞行，作用于飞机上的各力也必须保持平衡，故

$$L_{翼} + L_{身} + L_{尾} = W$$

$$T = D$$

机身和平尾产生的升力，一般情况下比机翼小得多，常可以忽略。

飞机在飞行中，其平衡状态不是一成不变的，经常会因为各种因素的影响而遭到破坏。例如燃油消耗、收放起落架、收放襟翼、发动机推力改变或投掷炸弹等，都会使飞机的平衡状态发

生变化。

当飞机的平衡状态遭到破坏时，则上述的平衡条件便不能满足，也就是说飞机的上仰力矩不再等于下俯力矩，其差值便构成附加的不平衡力矩。因此，要使飞机保持纵向平衡状态，就必须克服这个不平衡力矩，克服的方法是操纵升降舵。

例如，由于某种原因，飞机产生了附加的不平衡上仰力矩，使平衡状态破坏，此时驾驶员应当向前推杆，使升降舵向下偏转，于是在水平尾翼上产生向上的附加升力(见图 5.1)，该力对飞机重心形成下俯力矩。当其大小刚好和不平衡上仰力矩相等时，飞机便重新回到纵向平衡状态，继续飞行。

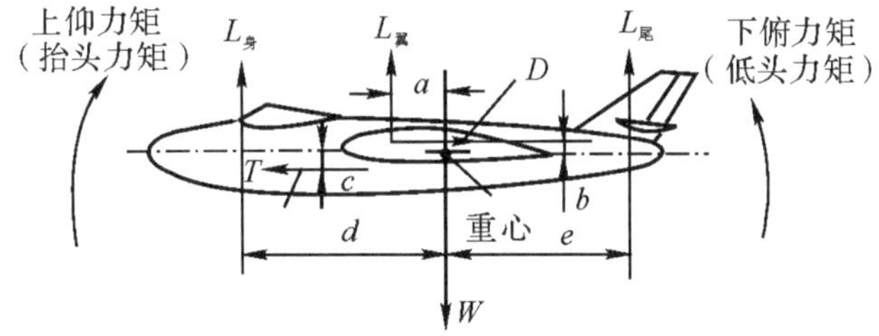

图 5.1　飞机的纵向力矩

同样道理，飞机由于某种原因产生了不平衡的下俯力矩，驾驶员就应当用向后拉杆使升降舵向上偏转的办法来加以克服。

由此可知，升降舵的一个重要作用，就是当飞机的纵向平衡状态遭到破坏而出现附加的不平衡俯仰力矩时，可以借助于它的偏转来产生俯仰操纵力矩，以保持飞机原有的纵向平衡状态。

5.1.2　飞机的横向平衡及其保持方法

飞机作等速直线飞行，并且不绕纵轴滚转的这样一种飞行状态，称为横向平衡。

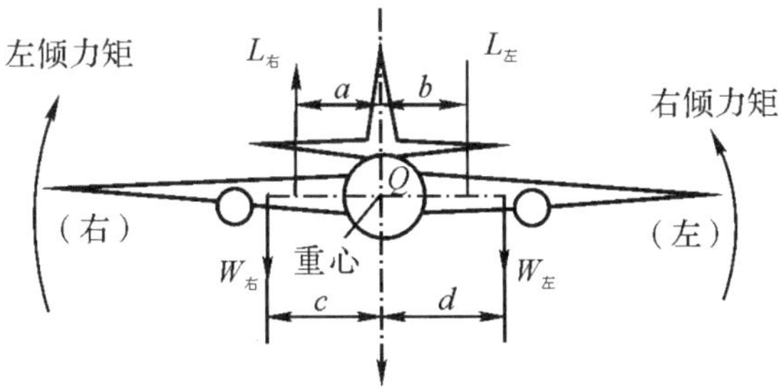

图 5.2　飞机的横向力矩

从图 5.2 可知，当飞机作等速直线飞行时，使飞机绕纵轴滚转的力矩主要是由两边机翼上的升力及其重力所产生。为了使飞机不绕纵轴转动，保持横向平衡，使飞机右倾的力矩总和应当等于使飞机左倾的力矩总和，即

$$L_{右}a + W_{左}d = L_{左}b + W_{右}c$$

式中　$L_{右}$，$L_{左}$—— 右机翼和左机翼的升力；

$W_{右}$，$W_{左}$—— 右机翼和左机翼上的载重；

a，b，c，d—— 这些力到飞机重心的垂直距离。

显然，当两边机翼的重量、几何参数和气动特性完全对称时，则

$$L_{右}=L_{左},\quad W_{右}=W_{左},\quad a=b,\quad c=d$$

左倾力矩总和等于右倾力矩总和，飞机将处于横向平衡状态。

如同纵向情况一样，飞机的横向平衡状态也会由于两边机翼安装角不同，或副翼不在中立位置，或机翼两边的装载不同，或侧滑飞行等而遭到破坏。对于装有螺旋桨的飞机来说，当螺旋桨旋转时，还会产生与旋转方向相反的滚转力矩。例如，当螺旋桨向右转动时，飞机机体可能会出现向左倾斜的现象，如图 5.3 所示，这也会使飞机的横向平衡遭到破坏。

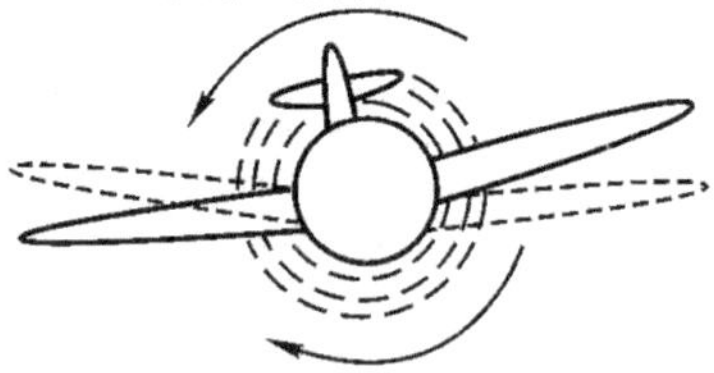

图 5.3　螺旋桨的反作用力矩

由此可见，飞机的横向平衡经常会因为各种原因而遭到破坏，为了保持飞机的横向平衡状态，驾驶员可以操纵副翼，使飞机产生横向平衡力矩，来克服不平衡的滚转力矩。

当飞机出现向右滚转的不平衡力矩时，驾驶员应当向左压杆，这时右副翼向下偏转，左副翼向上偏转，右机翼升力增大，左机翼升力减小，形成使飞机向左滚转的平衡力矩，抵消不平衡的右滚力矩，从而恢复横向平衡状态。同样，当飞机向左倾斜时，则可用向右压杆的办法来克服。所以副翼的一个重要作用，就是可以借助于它的偏转，保持飞机的横向平衡状态。

5.1.3　飞机的航向平衡及其保持方法

飞机作等速直线飞行，并且不绕立轴转动的这样一种飞行状态，称为航向平衡。

由图 5.4 可知，当飞机作等速直线飞行时，使飞机绕立轴转动的偏航力矩主要由两边机翼的阻力和发动机的推力（多发动机飞机）所造成。为了使飞机保持航向平衡，就必须使飞机左转的航向力矩总和等于使飞机右转的航向力矩总和，即

$$D_{左}c+T_{右}b=D_{右}d+T_{左}a$$

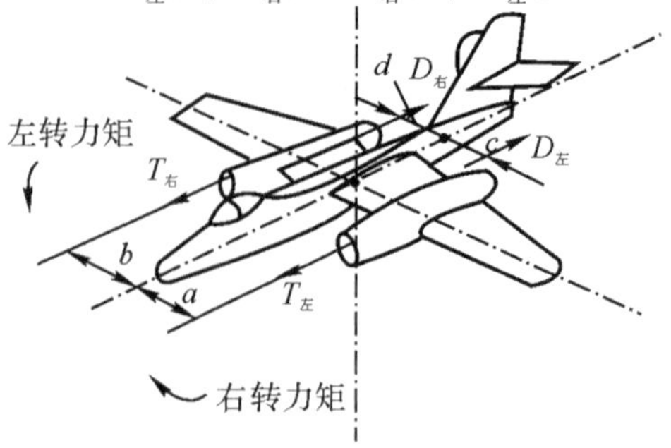

图 5.4　飞机的航向力矩

如同纵向和横向一样，飞机的航向平衡，经常会由于两边机翼重量、气动特性以及发动机工作状态的不对称或侧滑飞行等而遭破坏。特别是当一边机翼上的发动机停止工作时，引起的不平衡情况尤为严重。例如，若右翼的发动机停车，即 $T_{右}=0$，则发动机的推力将形成使飞机向右偏转的不平衡力矩，在此力矩作用下，飞机向停车发动机一侧偏转。为了保持原来航向平衡状态，驾驶员应当用左脚蹬舵，使方向舵向左偏转，此时在垂直尾翼上产生向右的侧向力 $Y_{尾}$，它对竖轴形成与不平衡力矩相反的平衡力矩（见图 5.5），使飞机保持原来的航向平衡状态。

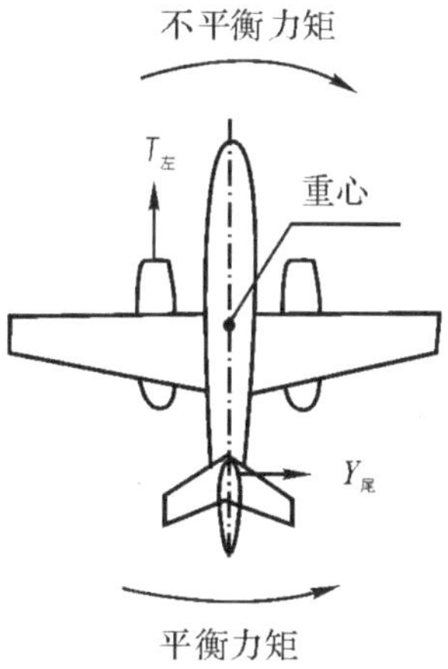

图 5.5　航向力矩的平衡

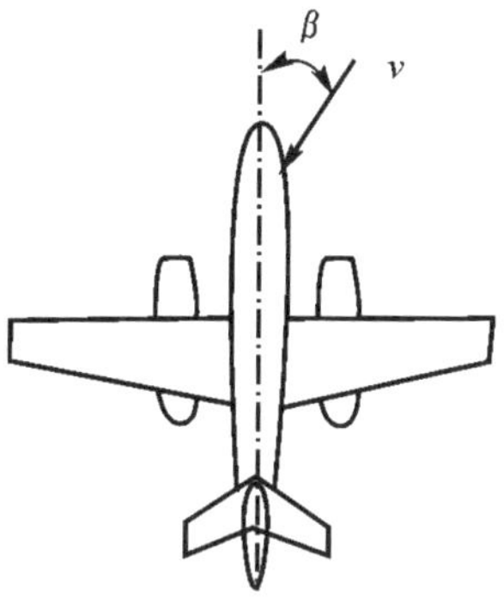

图 5.6　飞机的侧滑角

在自然界，许多现象都是互相联系、互相依赖、互相制约着的。飞机的横向平衡和航向平衡之间的关系也是这样。当航向平衡破坏时，则横向平衡也不能保持；反过来，若横向平衡遭到破坏，则航向平衡也要被破坏。例如，飞机受到突风的偏航力矩，如不及时修正，机头将向右偏转，结果飞行速度方向和飞机对称面之间产生某个角度 β，通常称为侧滑角（见图 5.6）。由于 β 的存在，破坏了机翼相对气流的对称性，引起两边机翼升力不相等，左机翼升力大，右机翼升力小，形成向右的滚转力矩，使横向平衡也被破坏。

由于航向平衡和横向平衡之间关系如此密切，通常把二者合在一起，称为飞机的横航向平衡或侧向平衡。显然，为了保持飞机的侧向平衡，经常需要同时操纵副翼和方向舵。

5.2　飞机的稳定性

5.2.1　稳定性概念

在上一节里，我们讨论了欲使飞机保持平衡状态飞行，应当满足什么条件，以及由于各种原因产生了不平衡的力矩后，驾驶员应当如何保持原有的平衡状态。应当指出的是，这种不平衡的力矩是由一些长久作用的因素造成的（例如图 5.5 单发失效的情况，飞行中的航向不平衡力矩要一直持续到飞机着陆），因而驾驶员适当的偏转舵面就可以克服。除此之外，飞机在飞行过程中，还常常会碰到一些偶然的、瞬时作用的因素，例如突风的扰动或偶而触动一下驾驶杆或脚蹬等,也会使飞机的平衡状态遭到破坏。尤其是,在这种情况下,飞机运动参数的变化比较剧烈,驾驶员很难加以控制,会影响预定任务的完成和飞行的安全。因此,便对飞机本身提出了稳定性的要求。

为了更好地说明稳定性的概念和分析具备稳定性的条件,首先来研究圆球的稳定问题。如图 5.7 所示的 3 种情况,设圆球原来处于平衡状态。现在给它一个瞬时小扰动,例如推它一下,使其偏离平衡状态,我们来讨论在扰动去除后,圆球是否能自动回到原来的平衡状态。

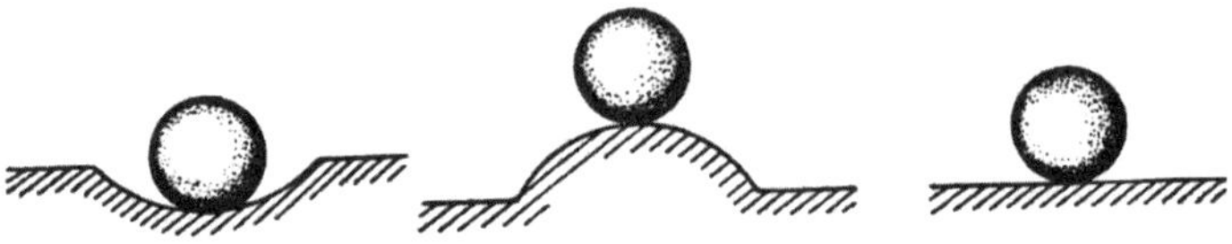

(a) (b) (c)

图 5.7 圆球的 3 种稳定状态

(a) 稳定; (b) 不稳定; (c) 中立稳定

图 5.7(a) 所示的圆球,在扰动取消后,其在弧形槽中经过若干次来回摆动,最后自动地恢复到原来的平衡位置,这种情况称为稳定。而图 5.7(b) 所示的圆球,在扰动取消后,其沿弧形坡道滚下,离原来的平衡位置越来越远,不能自动地恢复到原来的平衡位置,这种情况称为不稳定。而图 5.7(c) 所示的圆球,在扰动取消后,就停在扰动消失时的位置,既不继续偏离原来的平衡位置,也不自动地恢复到原来的平衡位置,这种情况称为随遇稳定或中立稳定。

为什么会出现这些现象呢? 我们作下述分析。

(1) 图 5.7(a) 所示的圆球偏离平衡位置后,其重力在平行于弧形曲线切线的方向上的分力,对圆球与弧形曲线的接触点(支持点) 形成一个力矩,该力矩使圆球具有自动恢复到其原来平衡状态的趋势。这种力矩称为稳定力矩或恢复力矩。同时,圆球在弧形曲线上运动的阻力也对其支持点形成一个力矩,其方向和圆球运动方向相反,起到阻止摆动的作用,称为阻尼力矩,在此力矩作用下,圆球的摆幅越来越小,最后停止在原来的平衡位置上,因而是稳定的。

(2) 图 5.7(b) 所示的圆球偏离平衡位置后,其重力在平行于弧形曲线切线的方向上的分力,对圆球与弧形曲线的接触点(支持点) 形成一个力矩,该力矩使圆球继续偏离原来的平衡状态,是不稳定力矩,圆球不能自动回到原来的平衡位置上,因而是不稳定的。

(3) 图 5.7(c) 所示的圆球偏离平衡位置后,其重力与平面的支持力在同一条直线上,对支持点不形成任何力矩,圆球既不继续加大偏离原来的平衡状态,也不会自动回到原来的平衡状态。

由此可知,欲使处于平衡状态的物体具有稳定性,其必要条件是物体在受到扰动后能够产生稳定力矩,使物体具有自动恢复到原来平衡状态的趋势;其次是在恢复过程中同时产生阻尼力矩,保证物体最终恢复到原来平衡状态。

对飞机来说,其稳定与否,和上述圆球的情况在实质上是类似的。如果在飞行中,飞机由于外界瞬时微小扰动而偏离了平衡状态,这时若在飞机上能够产生稳定力矩,使飞机具有自动恢复到原来平衡状态的趋势,同时在飞机恢复过程中,又能产生阻尼力矩,那么飞机就能像图

5.7(a) 所示的圆球一样，无须驾驶员的干预就能自动地恢复到原来的平衡状态，因而是稳定的，或者说飞机具有稳定性；反之，若飞机偏离平衡状态后产生的是不稳定力矩，那么飞机就会像图 5.7(b) 所示的圆球一样越来越偏离原来的平衡位置，因而是不稳定的，也就是没有稳定性。显然，为了保证飞行安全和便于操纵，飞机应当具有良好的稳定性。

通常将稳定性分成静稳定性和动稳定性。如果飞机在外界瞬时小扰动的作用下偏离平衡状态，在最初瞬间所产生的是回力矩，使飞机具有自动恢复到原来平衡状态的趋势，则称飞机具有静稳定性；反之，若产生的是不稳定力矩，飞机便没有自动恢复到平衡状态的趋势，故称为没有静稳定性。显然，静稳定性只表明飞机在外界扰动作用后的最初瞬间有无自动恢复到原来平衡状态的趋势，并不能说明飞机整个稳定的过程，即能否最终恢复到原来的平衡状态。研究飞机在外界瞬时扰动作用下，整个扰动运动过程的问题，称为飞机的动稳定性。

飞机的静稳定性和动稳定性之间有着非常密切的关系。一般来说，只要恰当地选择静稳定性的大小，就能保证获得良好的动稳定特性。限于本课程性质，下面主要介绍飞机的静稳定性问题。

在研究平衡问题时，曾经把飞机的运动分成纵向平衡、横向平衡和航向平衡。同样，飞机的静稳定性也可分为纵向静稳定性、横向静稳定性和航向静稳定性。下面分别讨论。

5.2.2　飞机的纵向静稳定性

飞行中，当飞机受到微小扰动而偏离其纵向平衡状态，并在扰动消除瞬间，飞机不经驾驶员操纵就具有自动地恢复到原来平衡状态的趋势，则称飞机具有纵向静稳定性。

飞机是否有静稳定性，主要取决于飞机本身的特性，取决于飞机平衡状态破坏后，飞机上产生的起稳定作用的力矩与起不稳定作用的力矩相互作用的结果。如果前者大于后者，飞机是静稳定的，反之，便是静不稳定的。因此，要分析飞机纵向静稳定性，就必须分析飞机各个部件由于扰动而使迎角改变后所引起的俯仰力矩变化。

纵向平衡的破坏，必然导致飞机的俯仰以及迎角的变化。当迎角改变时，机翼升力也会变化。尽管升力大小随迎角变化，而升力增量的作用点却保持不变，这个升力增量的作用点，即为机翼的焦点。对常用的翼型来说，亚声速时焦点位于离翼型前缘大约(22 ～ 25)％弦长的位置，而在超声速时则增加到(40 ～ 50)％。

同样，当迎角改变时，机身、尾翼等所引起的升力增量亦作用在各自的焦点上，如图 5.8 所示。由于机翼、机身的焦点都在飞机重心的前面，当飞机上仰、迎角增加时，升力增量对重心形成一个使机头进一步上仰的不稳定力矩。但水平尾翼焦点远在重心之后，因此尾翼上的升力增量对重心形成的是使机头下俯的稳定力矩。若后者大于前者，飞机是静稳定的，反之，则是静不稳定的。从这里看出，水平尾翼的重要作用之一在于保证飞机具有纵向静稳定性。

由上文所述，当迎角变化时，飞机各个部件的升力都要改变。飞机各个部件升力增量的合力的作用点，称为飞机的焦点，换句话说，飞机焦点就是迎角变化而引起的整个飞机升力增量的作用点。机翼、机身、尾翼的焦点都不随迎角改变，飞机的焦点也不随迎角而改变。

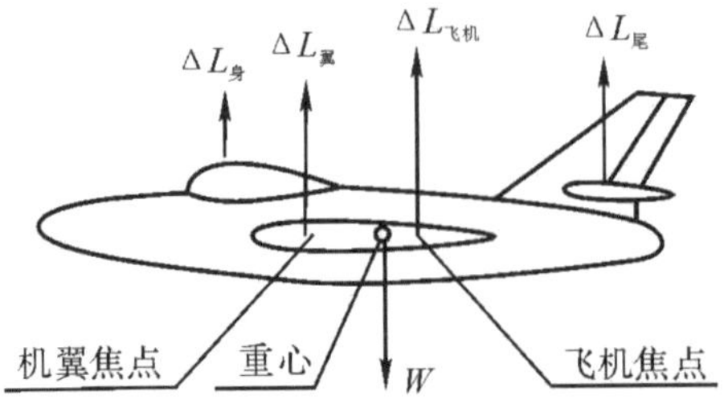

图 5.8　飞机各部件的升力增量

飞机重心和飞机焦点之间的相互位置,决定了飞机是否具有纵向静稳定性。若飞机重心位于焦点之前,如图 5.9(a) 所示,则在飞机受到外界扰动后,例如迎角增加了 $\Delta\alpha$,那么在飞机的焦点上,就会产生一个向上的升力增量 $\Delta L_{飞机}$,它对飞机重心形成使机头下俯的静稳定力矩,使飞机具有逐渐消除 $\Delta\alpha$ 而自动恢复到原来平衡状态的趋势,即飞机是静稳定的。反之,若飞机重心位于其焦点之后,如图 5.9(b) 所示,升力增量对重心所形成的是不稳定的上仰力矩,使飞机迎角越来越大而没有自动恢复到原来平衡迎角的趋势,因此飞机是静不稳定的。由此可以得出结论:若飞机的重心位于飞机焦点之前,飞机具有纵向静稳定性;若飞机重心位于焦点之后,则飞机便失去纵向静稳定性。

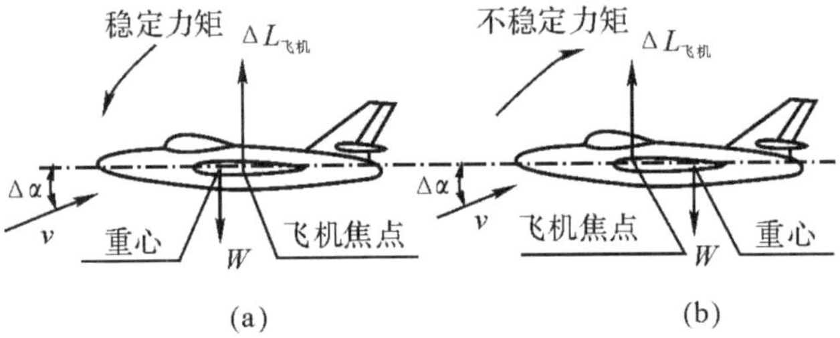

图 5.9　重心位置与静稳定性的关系

亚声速飞行时,飞机的焦点位置是不变的,而飞机的重心位置却因燃料的消耗、装载的改变以及有效载荷的投放等发生变化。如果飞机重心原来位于飞机焦点之前,飞机是静稳定的。但由于上述原因,飞机重心逐渐向后移动,静稳定性逐渐降低。当重心后移到飞机焦点之后时,就产生了质的变化,原来静稳定的飞机转化为失去静稳定性的飞机。这也是为什么对飞机重心变化范围要有严格限制的原因。

5.2.3　飞机的航向静稳定性

在飞行中,飞机受微小扰动而使航向平衡状态遭到破坏,并在扰动消失瞬间,飞机不经驾驶员操纵就有自动地恢复到原来航向平衡状态的趋势,则称飞机具有航向静稳定性。

飞机的航向静稳定性主要由垂直尾翼来保证。例如飞机原来处于航向平衡状态,由于外界扰动而使飞机偏离了原来的航向,产生了侧滑角 β,如图 5.10 所示。这时在垂直尾翼上便产生了侧向力 Y,该力对飞机重心形成消除侧滑角 β 的航向静稳定力矩,使飞机具有自动恢复到原来 $\beta=0$ 的航向平衡状态的趋势。因此,也有人把航向静稳定性叫做“风标”静稳定性。

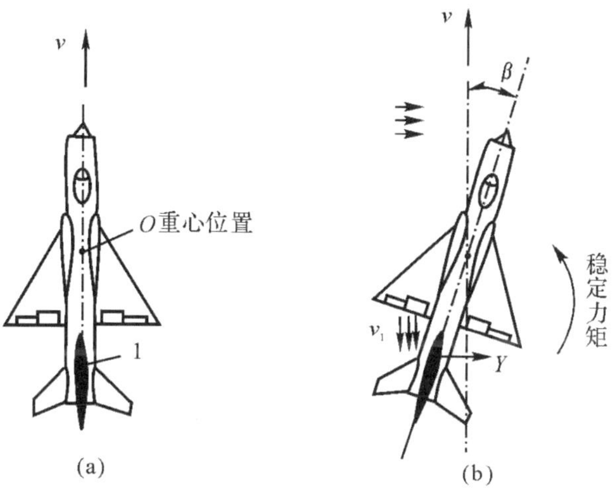

图 5.10　垂直尾翼与航向稳定

1— 垂直尾翼　O— 飞机重心　v_1— 相对风速　v— 飞行速度

5.2.4　飞机的横向静稳定性

在飞行中，飞机受微小扰动而使横向平衡状态遭到破坏，并在扰动消失瞬间，飞机不经驾驶员操纵就具有自动地恢复到原来横向平衡状态的趋势，则称飞机具有横向静稳定性；反之，就没有横向静稳定性。

保证飞机横向静稳定性的主要因素是机翼的上反角、后掠角和垂直尾翼，其作用分述如下：

1. 机翼上反角 Γ 的作用

当飞机受到小扰动而向右倾斜时（反之亦然），升力也随之倾斜而产生向右的侧力 Y，使飞机向右侧滑而形成侧滑角 β（见图 5.11）。其中，分速 $v\cos\beta$ 对左右机翼的作用相同，而分速 $v\sin\beta$ 在上反角的作用下，又可分解为平行于及垂直于机翼弦面的两个分速 $v\sin\beta\cos\Gamma$ 和 $v\sin\beta\sin\Gamma$。前者因平行弦面流动，故对机翼表面的压力分布无影响；而后者却在左机翼上叠加了一个向下的速度分量使其迎角减小，在右机翼则因叠加了一个向上的速度分量而使实际迎角增加，致使右翼升力增加而左翼升力减小，因而产生了恢复力矩。所以说机翼的上反角有增加横向稳定性的作用。

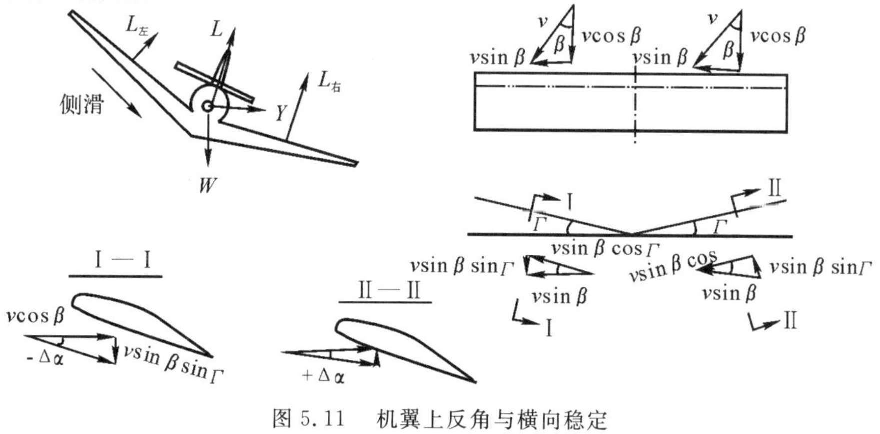

图 5.11　机翼上反角与横向稳定

2. 机翼后掠角 Λ 的作用

当飞机由于扰动向右倾斜而引起右侧滑时(见图 5.12),气流对右机翼的有效分速 v_1(即垂直焦点线的分速)就比左机翼分速 v_3 大得多。显然,右机翼的升力也就大,所以也能产生恢复力矩,从而起到增加横向稳定性的作用。

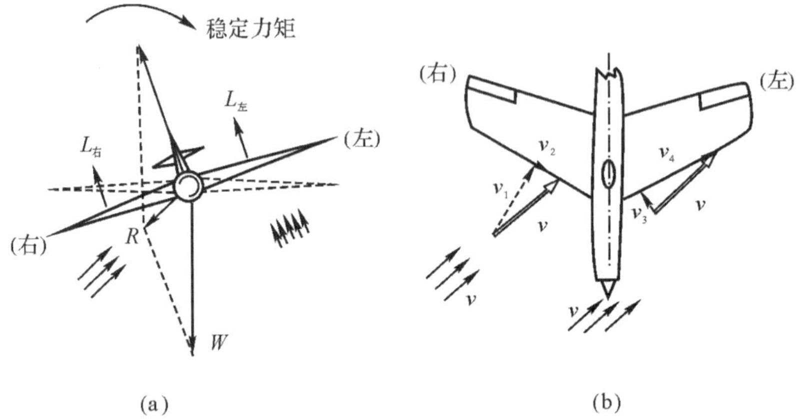

图 5.12　机翼后掠角与侧向稳定

3. 垂直尾翼对横向稳定性的作用

由图 5.10 可见,当飞机(不论何种原因)出现侧滑角 β 时,在垂直尾翼上就会产生侧力 Y,它不但能为航向提供恢复力矩,而且由于垂直尾翼一般都装在机身的上面,所以还有滚转力矩。不难看出它也是一个横向恢复力矩,因此也具有横向稳定的作用。

在讨论平衡问题时曾经谈到,飞机的航向平衡和横向平衡具有密切关系。同样,飞机的航向静稳定性和横向静稳定性之间也有着密切的联系,两者之间需要保持一定的关系,不能一个静稳定度很大,另一个却很小,否则有可能在动稳定性上出现问题。一般说来,如果横向静稳定性过大而航向静稳定性过小,会出现荷兰滚不稳定模态;反之则会出现螺旋不稳定模态。

现代高速飞机一般都采用大后掠机翼,横向稳定性完全可以满足要求。有些后掠翼飞机嫌横向静稳定性过大而把机翼做成下反,使横向和航向静稳定性保持一个适当的比值。

一般说来,具有纵向静稳定的飞机也是纵向动稳定的。

5.3　飞机的操纵性

飞机不仅应有保持其原有平衡状态的稳定性,而且还要能够进行操纵。这是由于执行任务和飞行阶段的不同,飞机不可能始终用一种平衡状态飞行,还需要经常地改变自己的飞行状态,例如从平飞转到上升 / 下滑或加速 / 减速,从直线飞行转到曲线飞行等。

所谓飞机的操纵性,是指飞机在驾驶员或自动器(如自动驾驶仪)操纵指令下,改变其飞行状态的特性。操纵性的好坏与飞机稳定性的大小有密切关系。稳定性太大,也就是说飞机保持原有飞行状态的能力越强,则要改变它也就越不容易,操纵起来也就越困难。若稳定性过小,则操纵力也很小,驾驶员很难掌握操纵的份量,也是不理想的。所以要正确处理好稳定性与操纵性之间的关系。

飞机的操纵,主要是通过 3 个舵面(操纵面)—— 升降舵(有时是全动平尾)、方向舵和副翼

—— 来实现的。

5.3.1　飞机的纵向操纵性

当驾驶员操纵驾驶杆或自动器偏转升降舵后，飞机绕横轴转动而改变其迎角、速度等飞行状态的特性，称为飞机的纵向操纵性。

驾驶员后拉杆，升降舵向上偏转，于是在平尾上产生向下的附加升力 $\Delta L_{尾}$，该力对飞机重心形成使飞机抬头的操纵力矩，如图 5.13 所示。在该力矩作用下，飞机原有的平衡状态即被破坏，飞机便绕横轴转动，使迎角增大。由于迎角增大，在飞机焦点上亦产生附加升力 ΔL。对于静稳定的飞机来说，焦点位于重心的后面，因此升力增量 ΔL 对重心形成使飞机低头的稳定力矩头。当操纵力矩和稳定力矩相等时，飞机的迎角不再增大，飞机便在新的迎角下保持平衡飞行。同样，驾驶员前推杆，升降舵向下偏转，飞机迎角会减小。

显然，当舵面向上偏转时，舵面上产生的附加升力 $\Delta L_{舵}$，对升降舵的转轴亦形成力矩，通常称为铰链力矩，如图 5.14 所示。为了保持舵面的偏角不变，驾驶员必须对驾驶杆作用一定的向后的拉力 F_e，通常称为驾驶杆力。杆力的大小及其随速度的变化规律是衡量和评定操纵性好坏的一个最重要指标。杆力太小，驾驶员不能准确地控制和判断飞行状态；杆力太大，操纵费力，甚至达不到规定的飞行状态。所以杆力的大小，是驾驶员借以感觉来掌握操纵份量的重要依据。

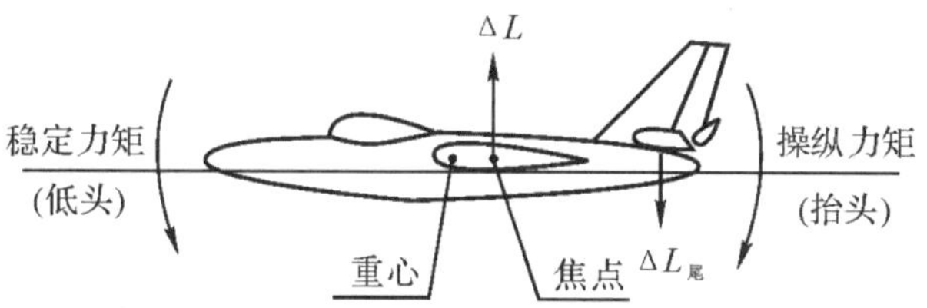

图 5.13　飞机纵向操纵原理

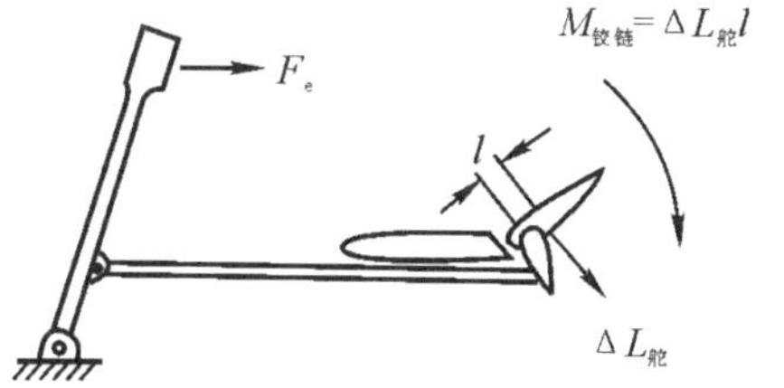

图 5.14　舵面的铰链力矩

在飞行中，由于配平的需要，有时升降舵总需要有一定的偏角(其他舵面也一样，有时可能会有较大的偏角)，因而飞行员对驾驶杆始终要保持一定的杆力。这在长途飞行中，不仅分散精力，而且容易使驾驶员疲劳。为了改变这种情况，常在升降舵后缘附近装一个小舵，称为调整片。当升降舵向上偏转时，飞行员可操纵调整片向下偏转，于是在调整片上产生向上的空气动力 R(见图 5.15)，该力对升降舵转动轴形成的铰链力矩，与升降舵上的气动力形成的铰链力矩方向相反。若使二者大小亦相等，则总的铰链力矩等于零，杆力亦等于零。这样驾驶员便可以松开驾驶杆进行飞行，而舵面始终保持一定的偏角。

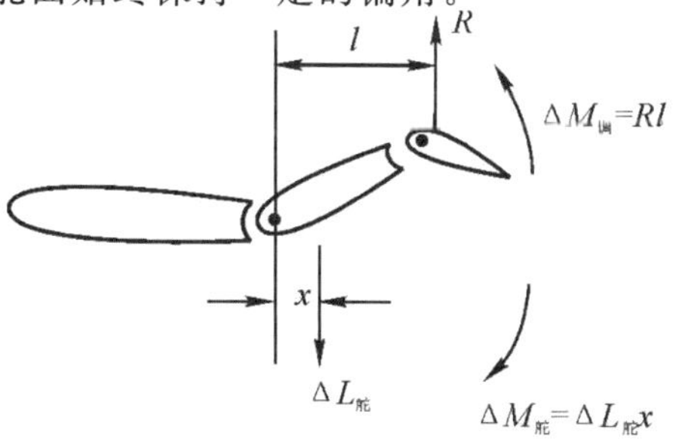

图 5.15　调整片原理

因此，调整片的作用在于部分或者全部抵消驾驶杆力，帮助驾驶员进行操纵。

5.3.2 飞机的横向操纵性

当驾驶员操纵驾驶杆或自动器偏转副翼后，飞机绕纵轴滚转或改变其滚转角速度和倾斜角等飞行状态的特性，称为飞机的横向操纵性。

横向操纵主要通过副翼来实现。驾驶员向右压杆，则右副翼向上偏转，右翼升力减小；而左副翼向下偏转，左翼升力增加(见图 5.16)。左、右两边机翼升力之差对飞机纵轴形成的滚转力矩，使飞机向右滚转。同理，若驾驶员向左压驾驶杆，则左副翼上偏，右副翼下偏，飞机便向左滚转。

驾驶员压杆行程愈大，副翼偏角亦愈大，飞机的滚转角速度亦越大。

像纵向情况一样，压杆杆力的大小及其随速度的变化规律，是衡量和评定横向操纵性好坏的重要指标。

在副翼上亦装有调整片，其作用原理和升降舵调整片类似。

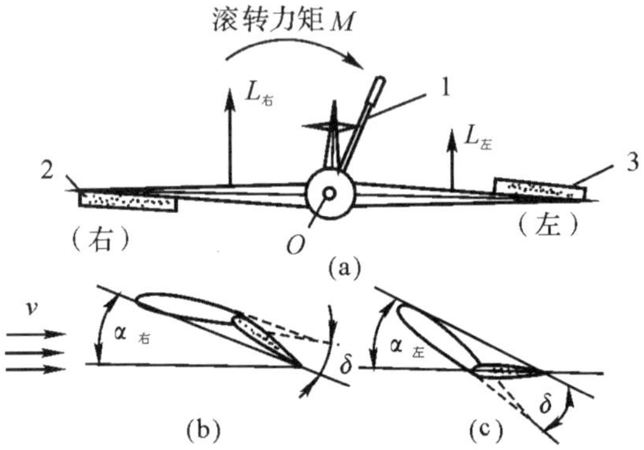

图 5.16 飞机横向操纵原理

1— 驾驶杆 2— 右副翼 3— 左副翼

M— 滚转力矩 O— 飞机重心 v— 相对风速 δ— 副翼偏转角

5.3.3 飞机的航向操纵性

当驾驶员操纵脚蹬或自动器偏转方向舵后，飞机绕竖轴转动而改变其侧滑角等飞行状态的特性，称为航向操纵性。

航向操纵主要通过方向舵实现。例如，飞机原来处于航向平衡状态作无侧滑直线飞行，驾驶员向前蹬右脚蹬，方向舵向右偏转，在垂直尾翼上产生向左的侧向力 Y，该力对飞机重心形成使机头向右偏的航向操纵力矩，使飞机产生向左的侧滑角 β(见图 5.17)。由于 β 的出现，在垂直尾翼、机翼、机身等部件上又会引起侧向力，其合力对飞机重心形成使机头向左偏转即力图消除 β 的航向静稳定力矩。当其与航向操纵力矩相等时，机头不再偏转，β 角也不再增大，飞机便在新的带一定侧滑角的航向平衡状态下继续飞行。同理，驾驶员用左脚蹬舵，方向舵向左偏转，飞机产生向右的侧滑。

同样，方向舵上一般也要安装调整片。

飞机的横向操纵和航向操纵，与稳定的情况一样，也是有密切联系的。例如，要使飞机转弯，不但要操纵方向舵，改变飞机的方向，还要操纵副翼使飞机向转弯的一侧倾斜，二者密切配合，才能把转弯的动作做好。

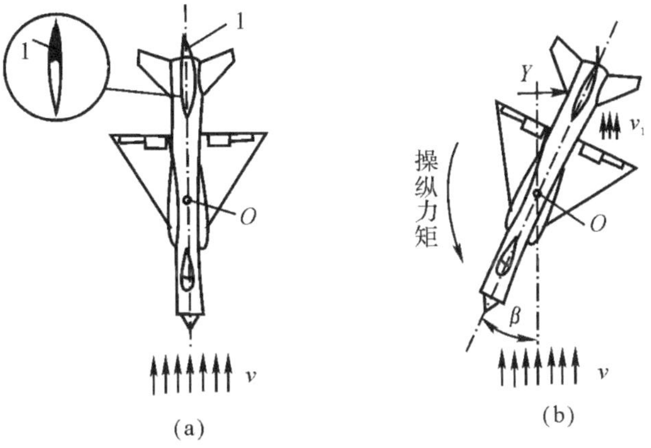

图 5.17　飞机航向操纵原理

1— 方向舵　O— 飞机重心

v— 相对速度　v_1— 作用于垂直尾翼的相对风速　β— 偏航角

5.4　飞机飞行品质简介

5.4.1　飞行品质概述

飞行品质是指飞机的飞行动力学特性，它决定了飞行员为实现具体飞行任务时的控制难易程度，即飞行员的工作负担和完成任务的精确度。

飞行品质的内容涉及面较广，不但与飞机本体的动力学特性有关，还与飞行员的工作环境，如座舱布置、温度、湿度、照明、供氧量、通信联系和操纵机构形式等因素有关。但就飞行力学考虑，则飞行品质主要反映飞机的稳定性和操纵性特征。

习惯上将飞行品质分成纵向飞行品质、横航向飞行品质两大类，此外再辅以纵横交感、大迎角、非线性特性以及失速特性等特殊考虑。

1. 纵向飞行品质

传统的无助力操纵的飞机纵向稳定性问题分成操纵面固持（握杆）和操纵面松浮（松杆）两种情况，相应的操纵特性为驾驶杆位移及操纵力。如果着眼于研究飞机实现各种平衡飞行所需的操纵量，便属于静操纵特性，它与飞机相应状态下的静稳定性关系十分密切；如果着眼于研究飞机的机动飞行操纵量，则属于动操纵特性，它与飞机相应状态下的动稳定性关系十分密切。此外，飞机平衡飞行状态下受到外加扰动后的响应特性也完全取决于飞机的动稳定性。

飞机质心前后位置与飞机的纵向稳定性和操纵性关系非常密切，它直接决定了稳定力矩和操纵力矩的大小。

研究纵向飞行品质时，一般将飞机的纵向静稳定性分为迎角稳定性、速度稳定性和轨迹稳定性等。所谓迎角稳定性是指迎角改变引起的飞机纵向力矩特性；速度稳定性是指速度改变引起的飞机纵向力矩特性；轨迹稳定性是指受约束的静稳定性特性，例如飞机沿特定轨迹（等高轨迹，或上升、下滑轨迹）的轨迹角随空速的变化特性。轨迹稳定性与迎角或速度稳定性不同之处在于，讨论轨迹稳定性问题时空速变化是由于使用纵向操纵引起的，而不像迎角或速度稳定性那样是不进行纵向操纵，只因外界扰动引起迎角、速度变化而引起的纵向力矩变化特性。

纵向静操纵特性是由操纵杆的纵向位移和操纵力随升力系数或速度的变化关系确定的。一般来说，杆位移与纵向操纵面偏角之间有一一对应关系，所以，纵向静操纵特性也可由纵向操纵面偏角及操纵力随升力系数或速度的变化关系表征。

2.横航向飞行品质

类似于纵向稳定性和操纵性，横航向稳定性和操纵性也可以分成握杆和松杆，静、动稳定性和静、动操纵性等。不过不像纵向问题研究飞机在纵向平面内的两个移动和绕垂直于飞机纵向平面的轴的一个转动，横航向问题研究飞机绕纵向平面内两个正交轴的转动（滚转及偏航）和沿与纵向平面垂直轴的移动。相应的气动力特别是力矩变化比较复杂，而且相对而言飞机质心前后位置对动稳定和动操纵特性的影响显得不那么重要。

由于横航向运动的相对复杂性，影响横航向飞行品质的因素也不如纵向那么直接，因此，研究横航向飞行品质的工作显得更复杂些。

3.飞机的敏捷性

飞机的敏捷性问题是20世纪80年代开始引起人们广泛关注的特性，它关系到高性能作战飞机的战斗效率即杀伤敌机保存自己的能力。所谓敏捷性，是飞机能快速并能控地从一种机动飞行状态转移到另一种飞行状态的能力。它突出了受飞行品质制约的飞机瞬态飞行特性，特别是大迎角的瞬态飞行特性。

飞机的敏捷性包括机动性和操纵性。机动性可用普通的飞行力学方法研究，而操纵性则与飞行品质研究紧密相关。所以敏捷性问题与飞行品质有着必然的内在联系。

敏捷性问题与空战策略的进展是分不开的。特别是在全方位近距攻击中，高敏捷性飞机具有明显的战术优势。随着高推重比发动机的出现，控制发动机推力矢量的方法，可使飞机飞行迎角达110°之多（如苏—27飞机）。结合非常规机动，可使对敌瞄准、持续开火时间等方面获得较大战术收益。

5.4.2 飞行品质规范概述

评价飞行品质的标准称为飞行品质规范，是国家或部门统一制定的法律性文件，规定了系统总的性能要求和设计准则（包括系统设计和分系统与部件设计）。

飞行品质规范总的构架或编制格式是按不同机种、不同飞行任务，按不同飞行品质要求等级拟定不同的具体指标（定量或定性）。其基本内容包括：

1.规定了飞机的分类

飞行品质规范中，根据重量及过载（反映机动能力），将飞机分成4大类。

（1）小型、轻型飞机（过载 $n_z < 4.5$）；

（2）中型、低到中等机动性飞机（过载 $n_z < 4.5$）；

（3）重型、低到中等机动性飞机（过载 $n_z < 4.5$）；

（4）高机动性飞机（过载 $n_z > 6$）。

2. 规定了任务飞行阶段

规范将飞行任务分成两类 3 种，称为任务飞行阶段。

(1) 场域飞行阶段：

C 种 —— 缓慢机动、精确控制轨迹，如起飞、着陆、进场等。

(2) 非场域飞行阶段：

B 种 —— 精确控制轨迹，但可缓慢机动且无须精确跟踪，如爬升、巡航、空投等。

A 种 —— 急剧机动、精确跟踪或精确控制轨迹，如空战、对地攻击、地形跟踪等。

3. 规定了飞行品质等级

规范规定了 3 个等级的飞行品质，它们是：

等级 1—— 飞行品质明显地适合完成任务飞行阶段。

等级 2—— 飞行品质适合于完成任务飞行阶段，但飞行员的工作负担有所增加，或完成任务的效果有所降低，或两者兼有。

等级 3—— 飞行品质能满足安全地操纵飞机，但飞行员的工作负担过重或完成任务的效果不好，或两者兼有。A 种飞行阶段能安全地结束，而 B 种及 C 种飞行阶段能够完成。

4. 规定了飞行品质要求

规范的核心部分是飞行品质要求。要求主要包括一般要求、纵向飞行品质、横航向飞行品质、其他飞行品质、主飞行操纵系统、次操纵系统及大气扰动等 8 大部分。这些方面提出了明确具体的飞行品质要求指标。

第6章 飞机结构分析概述

6.1 飞机结构设计的基本要求

与其他类型结构相比，飞机结构有其特殊性。首先，对质量特别敏感 —— 飞机本身的质量必须尽可能轻，以便多装人员、货物或装备，因而对结构材料要求高；其次，飞机部件的尺寸大而刚度小 —— 有的飞机机翼长达几十米，本身又是薄壁结构，易变形，即刚度小（刚度是指结构抵抗变形的能力），因此飞机结构的精确度不易保证；还有，飞机零件的数量特别多，装配工作量大 —— 大型飞机的零件有几万个之多，而铆钉的数量就可达几十万，所以装配特别费时。

在飞机结构设计时，设计人员应当使所设计的结构，满足技术要求中规定的对结构的一些基本要求。在设计中，如何全面考虑这些要求设计出理想的结构，如何满足这些相互间既有矛盾又有促进作用的下述5个基本要求，是结构设计人员的基本功。

1. 气动要求

当结构与气动外形有关时，结构设计应使结构构造的外形能满足规定的外形准确度要求和表面质量要求。这些要求主要与气动阻力和升力特性有关。为了保证飞机在气动上具有设定的良好稳定性与操纵性，机翼、尾翼与机身不容许有过大的变形。

2. 强度、刚度、寿命、可靠性和质量要求

结构应在具有足够的强度、刚度、寿命和可靠性的前提下，使结构质量尽可能轻。

结构设计应保证结构在承受各种规定的载荷状态下，具有足够的强度（强度是指结构或材料抵抗破坏的能力），不产生不能容许的残余变形；具有足够的刚度与采取其他措施以避免出现不能容许的气动弹性问题与振动问题；应该有好的抗疲劳 / 断裂破坏能力（飞机的许多结构常处于交变 / 循环载荷的作用下，容易产生疲劳形式的破坏），具有足够的寿命等，保证飞行安全；应具有高的可靠性和生存力（在规定的时间和规定的条件下，结构能完成规定功能的能力称为结构的可靠性。飞机的可靠性是无故障性、维修性、耐久性和储存性的综合指标）。

这一条要求可以简称为最小质量要求，或质量要求。

3. 使用维护要求

为了确保飞机的各个部分（包括装在飞机内的电子设备、燃油系统等各个重要设备和系统以及主要结构）能安全可靠地工作，需要在规定的周期，检查各个需要检查的地方，如发现损伤，则需要进行修理或更换。

缩短维护及检修工作的时间，可以保证飞机随时处于临战状态或者重新起飞状态，可以提高军用飞机的作战使用率和提高民用飞机的使用经济性。

为了保证维护、检修工作的高质量、高速度进行，在结构上需要布置合理的分离面与各种开口。

4. 工艺性要求

要求飞机结构的工艺性要好，即加工要快、成本要低等。这些需结合机种、产量、需要迫切性与加工条件等综合考虑。

5. 成本要求 —— 经济性要求

这里所说的成本，主要是指制造成本和运营成本（与结构的维修有关的那部分）。如果从广义上讲，经济性要求还应包括设计成本。

一般来说，以上要求中，除气动要求必须保证外，对军机而言，质量要求是第一位的；对旅客机、运输机，则要同时考虑质量和经济性。而经济性要求实质上和质量、使用维护及工艺要求均密切相关。

上述各项要求之间是互相联系、互相制约的，有些还是相互矛盾的。因此需分析这些要求之间的相互关系，分清主次，综合考虑。

气动要求和使用要求，是一种前提性要求，即是必须予以满足的。以使用维护要求为例，尽管开口会使结构增重，但还是应尽量满足。当然某些开口增重较多，则应尽可能调整其位置、大小及形状等。

工艺要求是一种条件性要求、发展性要求。即工艺性的好坏是给合一定条件如产品数量、加工条件等。但加工条件又是可以发展的。在某些情况下（譬如战时急需增加作战飞机的数量），工艺要求（例如要求生产周期短）也可能成为主要要求。

质量要求之所以是飞机结构设计的主要要求，是因为对军机而言，质量与性能密切相关，减重对军机十分重要；对旅客机、运输机而言，质量与经济效益直接相关。由于现代旅客机使用寿命长（一般可达 60 000 h），因此减轻结构质量意味着可增加商载（商务载重，即旅客、货物、邮件等质量），在使用寿命期内增加的经济效益将是十分可观的。

6.2　飞机主要结构材料

为了减轻结构质量，除了采用合理的结构形式以外，最有效的方法是选用强度、刚度大、疲劳 / 断裂特性好等而质量轻的材料。同时，应根据不同的飞行条件和工作环境，要求材料有一定的耐高温和抗低温性能；要有良好的耐老化和抗腐蚀能力；要有良好的抗疲劳性能等。此外，还要求材料应具有良好的加工性能；采用的材料要资源丰富、价格低廉。

一般纯金属的机械性能都不太好，只有加入一种或几种金属元素后所形成的合金才具有良好的机械性能。

目前，飞机结构的主要使用的材料包括铝合金、镁合金、合金钢、钛合金、复合材料等。

6.2.1　铝合金

铝合金是在铝中加入铜、锌、镁、锂、硅等元素形成的合金。

铝合金除保持了纯铝的优点（如比重小、塑性高、抗腐蚀、导热及导电性良好）以外，还具有良好的机械性能、物理性能和工艺性能。大多数变形铝合金都易进行切削、压力加工成形。铸造铝合金则可用砂型、金属型、压力铸造等方法成形。

铝合金由于具有较高的强度和和刚度、较轻的质量以及工艺性能优良、成形方便、成本低廉等其他合金所不能比拟的优点，成为飞机的主要结构材料。

6.2.2 镁合金

在现有的工程用金属中，镁合金的密度最小，约为 1.8 g/cm^3，约为铝的 64%，钢的 32%，因而被广泛用作航空材料。

镁合金很轻，具有良好的机械加工性，可广泛应用于飞机的非主要受力构件上，还可以用来制造起落架上的刹车轮毂。另外，由于镁合金对石油和碱类物质有抗腐蚀性，可以用来做油管和油箱的零件。

6.2.3 合金钢

钢具有较高的强度，性能稳定、工艺简单、成本低廉，是制造承受大载荷的接头、起落架和主梁等飞机构件的最合适的结构材料。航空发动机中的很多重要零件如压气机轴、涡轮轴和各种齿轮也要用高强度钢或渗碳钢制造。超声速飞机($Ma > 3$)的受力框架等重要零件因在一定的温度场中工作，必须采用中温超高强度钢。

很多航空零部件都要求材料具有良好的抗腐蚀性能和优良的高低温综合机械性能。种类繁多的不锈钢正好能满足这些要求，例如马氏体不锈钢用来制造压气机叶片、压气机盘、发动机机匣、环形件和大型壳体等。奥氏体不锈钢广泛用来制造各种导管和仪表零件。因此，不锈钢和结构钢在航空制造业中占有很重要的地位。

6.2.4 钛合金

钛的密度小(4.5 g/cm^3)，但其强度却接近于钢。用钛合金制造的飞机结构可以明显的减轻结构质量。此外，钛合金具有良好的抗腐蚀性及超低温性能。钛合金的主要缺点是加工成形比较困难，成本也较高。

6.2.5 复合材料

复合材料是由两种或多种材料复合而成的多相材料。复合材料中起增强作用的材料称为增强体，起粘结作用的材料称为基体。一般的增强体主要有碳纤维、石墨纤维、玻璃纤维、芳纶纤维、硼纤维等高强度的纤维；基体材料一般采用具有柔韧型的树脂，如环氧树脂、聚酰亚胺树脂等，另外还有铝合金或钛合金等。

复合材料具有优异的性能，其密度低，强度和刚度高，抗疲劳性能、减震性能等较好，而且可以对其力学性能进行设计，因而在航空航天结构上采用的越来越多。

6.2.6 化工材料

除了以上主要工程材料外，在航空结构中还采用了种类繁多的化工材料。例如用于连接不同部件的胶粘剂，用于制造座舱密封盖的聚碳酸脂玻璃，用于制作航空轮胎的各种橡胶，还有为了防腐蚀甚至增加隐身性能的涂料等。

总之，飞机的发展，所采用的各种材料的品种都在不断发展，越来越发挥着重要的作用。

6.3　典型飞行状态的过载

过载是飞机上除重力之外的外力之和与飞机重量之比。其中的法向过载 n_z 是最为重要的，其值近似等于升力与重量之比。本节研究几种典型飞行姿态的法向过载。

6.3.1　定直平飞的过载

飞机定直平飞时，升力等于重量，推力等于阻力，外载荷处于平衡状态，因此

$$n=\frac{L}{W}=1 \tag{6.1}$$

此时飞机上的各种装载和设备作用在连接处的力，与飞机静止时完全相同。

6.3.2　定常盘旋的过载

由式(6.1)已知，定常盘旋过载为

$$n=\frac{L}{W}=\frac{1}{\cos\varphi}$$

显然，盘旋角 φ 越大，盘旋过载就越大。当 $\varphi=70°\sim 80°$ 时，$n=4\sim 6$。

6.3.3　垂直机动的过载

1. 进入俯冲

由图 6.1，可得进入俯冲的运动方程为

$$T+W\sin\gamma=D$$

$$-L+W\cos\gamma=\frac{W}{g}\frac{v^2}{r}$$

整理后得

$$n=\frac{L}{W}=\cos\gamma-\frac{v^2}{g\cdot r}$$

其中，γ 为位置角。显然，进入俯冲时的 n 必小于 1，也可能为负。

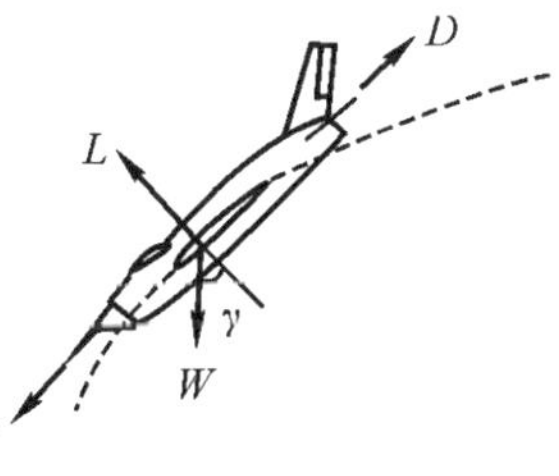

图 6.1　进入俯冲情况

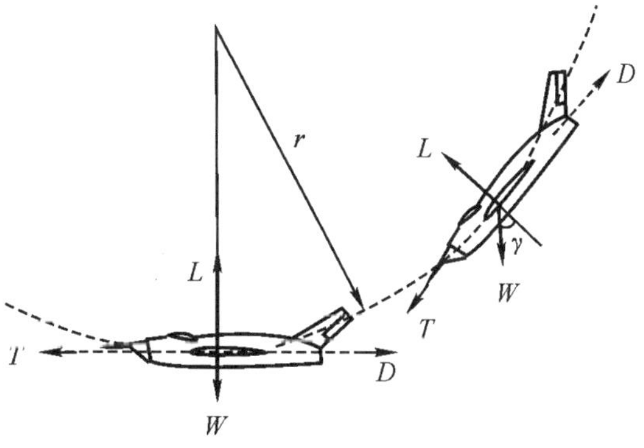

图 6.2　俯冲拉起时的受载情况

2. 俯冲拉起

由图 6.2，可得俯冲拉起的运动方程为

$$T + W\sin\gamma = D$$

$$L - W\cos\gamma = \frac{W}{g}\frac{v^2}{r}$$

所以

$$n = \frac{L}{W} = \cos\gamma + \frac{v^2}{g \cdot r}$$

6.3.4 着陆时的过载

飞机着陆时因垂直速度在短时间内降为零，故产生撞击过载，一般可达 3 ～ 4。

除以上过载情况外，对于有转动的情况，还要考虑旋转的附加过载。因此，当飞机偏航、俯仰时，机尾与飞机重心处的过载不同。

过载的值可由在飞机上安装的“过载仪”测出。

过载值选取的原则：歼击机、教练机应选较大值，旅客机、运输机应选较小值。过载选大了，飞机将设计得较重，故一般以乘员的承受能力考虑。正过载太大，将出现人体脑部缺血现象，人可承受的最大正过载为 $n=8$；负过载太大，将出现人体脑部充血现象，人可承受的负载不能低于 $n=-4$，否则眼睛会出现“红视”状态。为了提高乘员的承受过载能力，可采取以下措施：

(1) 俯卧式(趴着)，可增大承受力到 $n=11$。

(2) 仰卧式(面朝上)，可增大承受力到 $n=14$。

(3) 改变座椅角度，驾驶员用自动驾驶仪操纵飞机。

(4) 穿抗过载衣，控制血液流动，可增大承受力到 $n=40$。但因过载衣中充气，压迫身体，稍长时间穿着会感到难受。

飞机除了考虑上述过载情况外，还应考虑冰雹、鸟撞、热载(热应力)、噪声(声疲劳)及疲劳载荷等因素的影响。

6.4 飞机设计规范简介

飞机设计规范是飞机结构设计时，进行外载荷计算的主要依据，它的主要内容大致有以下 5 个方面。

6.4.1 规定了飞机的分类

这是根据飞机不同的任务及其战术技术要求而定的。通常按机动性的不同要求，将飞机分为 3 类，并规定了它们的使用过载极限值。

(1) 甲类飞机 —— 可以完成全部机动动作的飞机，如歼击机、强击机及其相应的教练机等，其使用过载极限值为 $n_{min}=-3$，$n_{max}=8$。

(2) 乙类飞机 —— 可以完成部分机动动作的飞机，如战术轰炸机、多用途飞机等，其使用过载极限值为 $n_{min}=-2$，$n_{max}=4$。

(3) 丙类飞机 —— 不能作机动飞行的飞机，如战略轰炸机、运输机等，其使用过载极限值为 $n_{min}=-1$，$n_{max}=3$。

6.4.2　规定了各种设计情况及其过载值、安全系数

飞机受载的情况是多种多样的，对各个部件来说，它易遭到损伤的载荷情况又各不相同，故在设计规范中作出了详细的规定。在这里只介绍那些有代表性的设计情况。

图 6.3 所示是强度规范包线，根据飞机的类别可定出最大的正过载，即 $A—A'$ 线，最大的负过载 $D—D'$ 线。在总体设计初步完成后，就可求出 v_{max}，W，S，$C_{L\max}$ 及 $C_{L\min}$ 的数值。通常俯冲允许最大最大速压 $q_{max\,max}$ 比最大速压 q_{max} 大 20%，即 $A'D'$ 线。

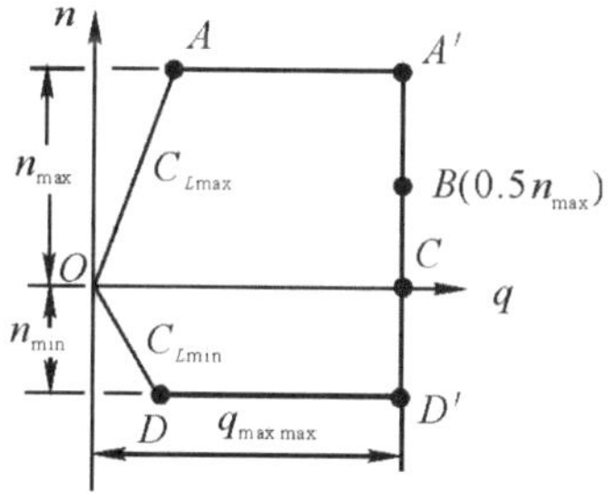

图 6.3　飞机的 $n-q$ 包线

当 $C_L=C_{L\max}$ 时，$n=\dfrac{C_{L\max}qS}{W}=K_1q$，即限制线 OA。同理，当 $C_L=C_{L\min}$ 时，$n=K_2q$，即限制线 OD。因此，飞机只允许在 $OAA'CD'DO$ 的范围内飞行，否则飞机结构将遭到破坏。与各种设计情况相应的飞行状态如图 6.4 所示。

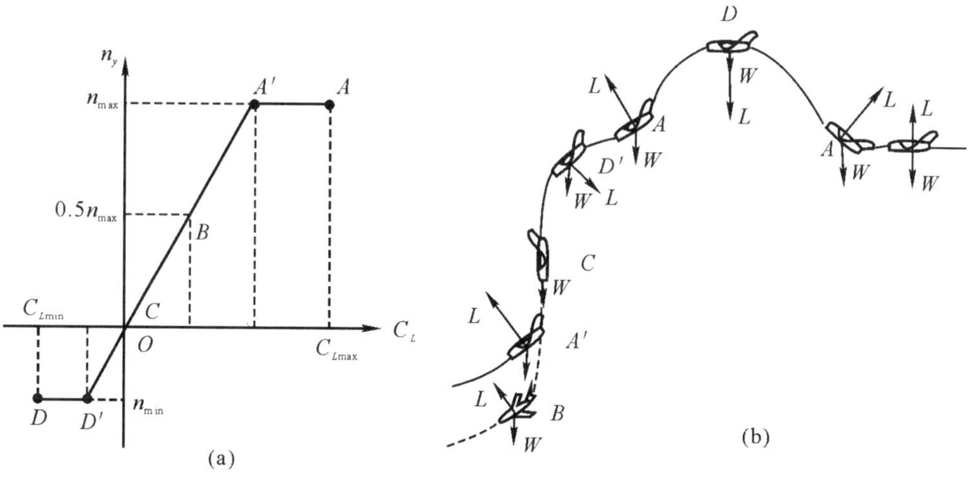

图 6.4　典型飞机设计情况

很明显，A，A'，D，D' 均为飞机的设计情况。A，A' 虽然均属 n_{max} 情况，总载荷最大，数值相同，但因为 q 不同，后者速度高，C_L 小，所以两者的气动力分布不同，各结构元件的具体承载情况也就不同，因而都要考虑。D，D' 情况与此相似，只是过载为负的最大，载荷反向。

在飞机设计中，必须使结构既安全又轻，若能做到使所设计的结构，在各种设计情况中最严重的使用载荷（即实际载荷）P_e 作用下，各元件的应力临近比例极限 σ_P，但仍未出现永久变形，则较为理想。在设计中对静强度问题采用“设计载荷”（即破坏载荷）P_d 来设计。因此，若

能做到所设计的结构，在最严重的 P_d 作用下刚好临近破坏，则较理想。设计载荷等于使用载荷乘以安全系数 f，即

$$P_d = P_e f = n_e W f = n_d W$$

$$f = \frac{n_d}{n_e} = \frac{P_d}{p_e}$$

式中，n_d 和 n_e 分别为设计过载和使用过载。

安全系数定义为设计载荷与使用载荷之比，也就是设计过载与使用过载之比。其物理意义就是实际使用载荷要增大到多少倍结构才破坏，这个倍数就是安全系数。

安全系数越大，结构越安全，但重量会越大，因而正确选取安全系数 f 是很重要的。对于一般常用的铝合金，安全系数常取1.5，即 f=1.5。当然，安全系数 f 的大小取决于多种因素，如缺陷情况、工艺水平、载荷性质等。表6.1给出了飞机主要受载情况与安全系数。

表6.1　飞机主要受载情况与安全系数

情况	n	q	C_L	f
A	n_{emax}	$\frac{n_{emax}W}{C_{Lmax}S}$	C_{Lmax}	1.5
A'	n_{emax}	$q_{max\ max}$	$\frac{n_{emax}W}{q_{max\ max}S}$	1.5
B	$0.5n_{emax}$	$q_{max\ max}$	$\frac{n_{emax}W}{2q_{max\ max}S}$	2
C	0	$q_{max\ max}$	0	2
D	n_{emin}	$\frac{n_{emin}W}{C_{Lmin}S}$	C_{Lmin}	1.5
D'	n_{emin}	$q_{max\ max}$	$\frac{n_{emax}W}{q_{max\ max}S}$	1.5

6.4.3　规定了刚度指标

飞机结构应有足够的刚度，以保持飞机的气动外形、操稳性及抗振要求。设计规范规定了各操纵面的有效性指标，各翼面的许可挠度值和扭角值。

6.4.4　规定了飞机适航性指标

设计规范还规定了飞机应适应的大气条件（风、雪、冰、雹、热、臭氧、宇宙辐射、雷电等），机场条件（草地、土地、水泥地、机场设施、跑道要求等），对出现差错、故障及其后果影响的限制（如规定灾难性影响的出现次数不大于10^{-5}次/飞行小时等），故障飞行的性能要求，应有的飞行包线规定，飞行品质、操纵品质规定，防火、防蚀指标，驾驶舱及视界的规定，警告装置要求，仪表、电气、特种设备的适航指标，迫降时的安全指标，救生要求以及动力装置的适航指标等。

6.4.5　规定了应进行的各种试验及其要求

设计规范一般都明确要求飞机要进行静力、动力和热试验，耐久性和疲劳寿命试验，地面操作试验，动力装置试验，各系统、设备试验，武器使用、空中加油、弹射救生、应急迫降等特殊

试验及空中格斗试验等。

规范还规定了各种试验所应记录的数据，应分析的项目，应提供的报告及提供的日期期限等。

规范还规定了损伤容限、使用寿命、可靠性要求等。

6.5　受剪板式薄壁结构

一个具体的飞机结构（如机翼、机身、尾翼等）是由许多元件组成的，这些元件之间的连接关系复杂，静不定度高，给受力分析带来很大不便，为此需对具体的结构作一些简化。受剪板式薄壁结构就是一种对飞机结构分析行之有效的简化模型。

6.5.1　受剪板式薄壁结构模型的假设

（1）认为骨架（长桁、梁缘条、翼肋、隔框等）是主要承力构件，骨架的交叉点是铰接的节点，外载是通过节点传给结构的。

（2）组成骨架的杆子只承受轴向力而不承受弯矩，镶在骨架上的蒙皮四边只受剪切而不承受正应力。对于一些较厚的蒙皮和腹板，可以把它们承受正应力的能力，归并到和它相连的长桁或缘条上去。

（3）板的厚度 δ 相对于其他尺寸（长和宽）是很小的，是一块“薄板”。认为薄板剖面上的剪应力 τ 沿厚度不变，故此薄板单位长度上的剪力等于 $\tau\times\delta\times1$，用 q 表示，称为剪流。剪流 q 的单位是 N/mm，在图上用半箭头表示（见图 6.5(b)）。

（4）认为薄板剖面上剪流 q 的方向总是与剖面中线的切线方向一致。因为在一般情况下，板表面没有切向载荷（或相对而言数值很小），根据材料力学中的剪应力互等定理，垂直于剖面中心的剪应力分量也就不存在，即 $\tau_y=0$（见图 6.5(c)）。

（5）认为板边的剪流沿长度不变（即常值剪流）。这样，板的每一边就只有一个未知剪流了。

采用上述简化假设的受剪板式薄壁结构模型，只包含两类元件：承受轴力的杆子和承受剪流的板，因此又称为板杆结构。

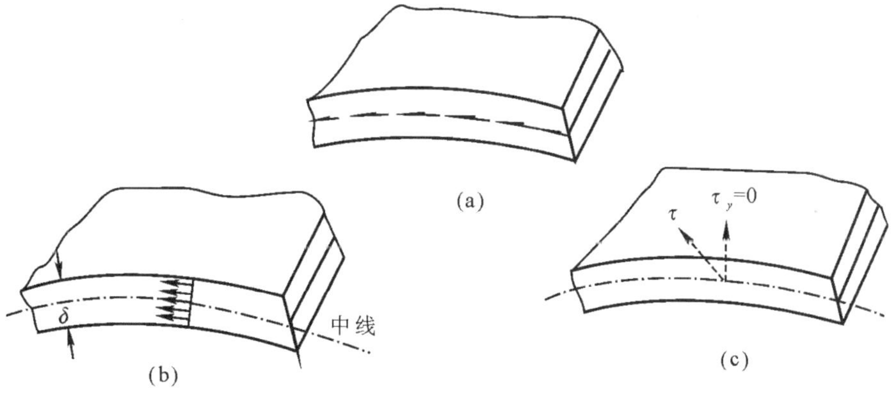

图 6.5　薄板剖面上的剪流

6.5.2 板杆结构元件的平衡

1. 板的平衡

飞机薄壁结构的板元件，按其形状一般可分为三角形、矩形、平行四边形及梯形 4 种。至于任意四边形板，只能按与其相近的某一类型来计算，否则平衡情况就较为复杂。此外，蒙皮一般都带有一定的曲度，但在小范围内可近似当做平板来处理。下面分别研究几种板的平衡情况。

(1) 三角形板。把一块三角形蒙皮从周围的骨架中切出，用未知剪流 q 代替骨架上杆子对它的作用。在板杆结构模型中，假设板的周边只受剪切，而且板每边的剪流为一常量，所以只用 3 个剪流 q_{12}，q_{23}，q_{31} 来表示三角板的受力，如图 6.6 所示。

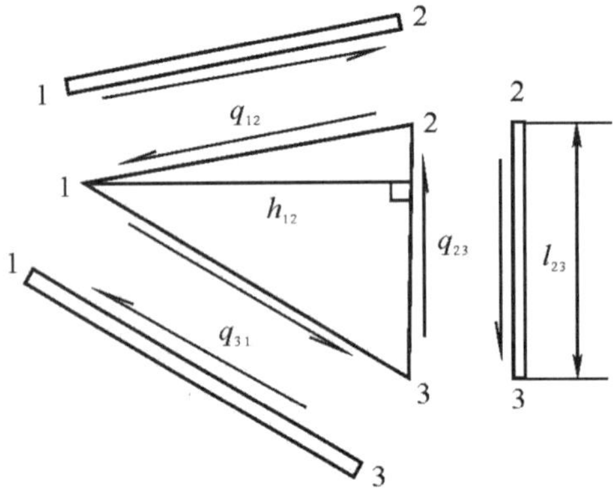

图 6.6 三角板的平衡

在考虑板的平衡时，要注意剪流 q 是单位长度上的剪力，因此必须将其乘以对应的边长得到剪力后，才能列入平衡方程式中。对点 1 取矩，可得

$$\sum M_1 = q_{23} l_{23} h_{12} = 0$$

故

$$q_{23} = 0$$

对 2，3 点取矩，同理可得 q_{12} 及 q_{31} 也都为零。所以三角形薄板在计算模型中连剪力也不承受。

从物理意义上可以这样理解，因为三角形骨架本身就是一个几何不变的受力系统，在外力作用下可保持其几何形状不变，因而不再需要薄板来承受剪力。

(2) 矩形板。矩形板的 4 个边应有 4 个未知剪流，如图 6.7(a) 所示，但由平面力系的 3 个平衡方程可解得 3 个剪流。若 q_{12} 为已知，则由 $\sum X = 0$ 得

$$-q_{12} l + q_{31} l = 0$$

$$q_{34} = q_{12}$$

由 $\sum M_4 = 0$，得

$$q_{12} lh - q_{32} hl = 0$$

$$q_{32} = q_{12}$$

由 $\sum Y = 0$，得

$$q_{14} h - q_{32} h = 0$$

$$q_{14}=q_{32}=q_{12}$$

由此可知，矩形板的四边剪流均相等，即

$$q_{14}=q_{34}=q_{32}=q_{12}=q$$

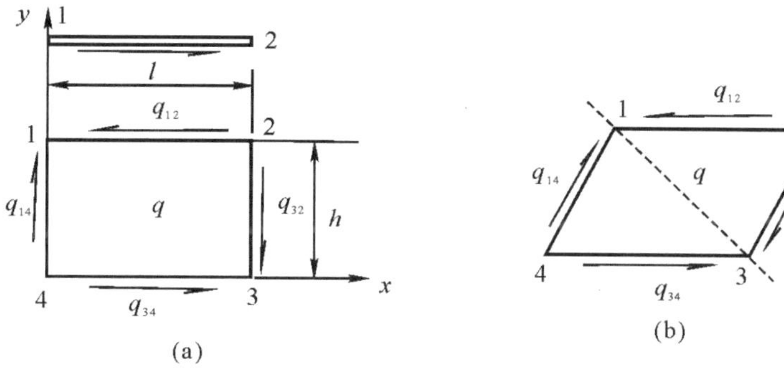

图 6.7　矩形、平行四边形板的剪流

(3) 平形四边形板。如图 6.7(b) 所示，用平衡条件同样可以证明，它的四边剪流也是相等的，即

$$q_{14}=q_{34}=q_{32}=q_{12}=q$$

由此可见，对于长方形板和平形四边形板，只要知道四边剪流中的任何一个，其他 3 个也就确定了。这就是说，长方形和平行四边形板只有一个未知量。因此，如果把板作为约束时，它就相当于一个约束。

(4) 梯形板。梯形板也有 4 个剪流及 3 个平衡方程式。若设其中一个剪流 q_{12} 为已知，则利用平衡条件可求得其他剪流(见图 6.8)。由力矩平衡可知

$$\sum M_4=0$$

$$q_{12}\frac{l}{\cos\varphi_1}h_1\cos\varphi_1-q_{32}h_2 l=0$$

得

$$q_{32}=q_{12}\frac{h_1}{h_2}$$

$$\sum M_1=0$$

$$-q_{32}h_2 l+q_{34}\frac{l}{\cos\varphi_2}h_1\cos\varphi_2=0$$

得

$$q_{34}=q_{32}\frac{h_2}{h_1}=q_{12}\frac{h_2}{h_1}\frac{h_1}{h_2}=q_{12}$$

$$\sum M_2=0$$

$$q_{34}\frac{l}{\cos\varphi_2}h_2\cos\varphi_2-q_{14}h_1 l=0$$

故

$$q_{14}=q_{31}\frac{h_2}{h_1}$$

由此可知，梯形板的四边剪流中也只有一个未知量，因而它也只相当于一个约束。同时，梯形板两腰上的剪流相等，可以记做

$$q_{34}=q_{12}=q$$

其中
$$q=\sqrt{q_{34}q_{12}}=\sqrt{q_{14}q_{32}}$$
q 称为两对边的平均几何剪流。用它表示两平行边的剪流时，则可得

$$q_{32}=q\frac{h_1}{h_2}$$

$$q_{14}=q\frac{h_2}{h_1}=q_{32}\left(\frac{h_2}{h_1}\right)^2$$

由此可见，梯形板两平行边的剪流为其对边长度比与平均几何剪流的乘积，且长边剪流小于 q，短边剪流大于 q。

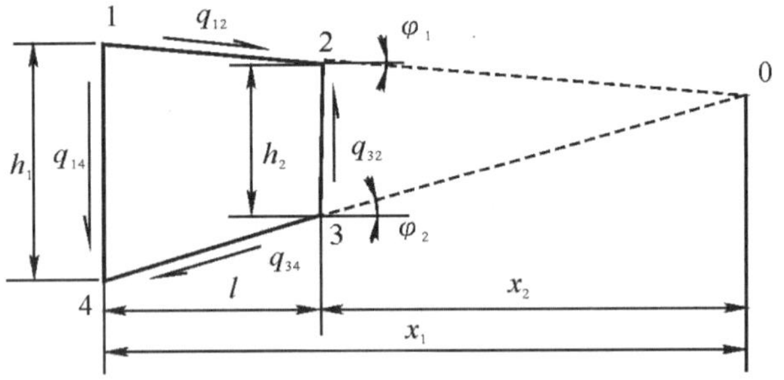

图 6.8 梯形板的剪流

2. 杆的平衡

杆与板是相互连接的。在板杆结构模型中，采用了杆只受轴向力的假设，于是板、杆之间就只存在相互作用的剪流，剪流的方向沿着板的周边并与杆轴一致。对于杆元，除了承受与之相连的板传来的剪流外，还受到两端节点作用的轴向力，杆就在这些力的共同作用下处于平衡状态。此外，由于假设板的剪流沿长度不变，因而杆的轴力是线性分布的。

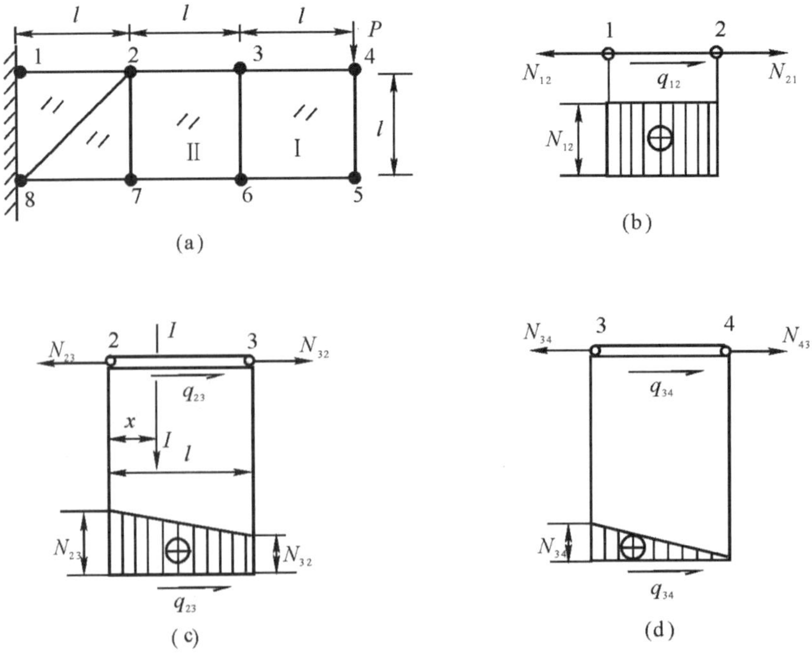

图 6.9 杆的平衡

从图 6.9(a) 所示的平面薄壁结构中，取杆 1-2 为分离体，它所受的力有 N_{12}，N_{21} 及 q_{12}。但由于三角形薄板是不受力的，即 $q_{12}=0$，所以轴力沿杆 1-2 是不变的，故轴力图为一矩形，如图 6.9(b) 所示。

如取杆 2-3 为分离体，它将受到节点力 N_{32}，N_{23} 及剪流 q_{23} 的作用(见图 6.9(c))。对于杆中间任一剖面 $I-I$ 处的轴力 N_x，设该剖面距 2 点距离为 x，则由 $\sum X=0$ 可得

$$-N_{23}+N_x+q_{23}x=0$$

所以

$$N_x=N_{23}-q_{23}x$$

由于 q_{23} 为常值，故沿杆 2-3 的轴力是按直线变化的。当已知杆两端的轴力 N_{23} 和 N_{32} 后，就可以将两端轴力连一直线求出杆中任一剖面的轴力，如图 6.9(c) 所示。

如取杆 3-4 为分离体，它所受的力有 N_{34}，N_{43} 及 q_{34}。杆的轴力为直线变化。但从节点 4 的平衡可知 $N_{43}=0$，所以杆 3-4 的轴力图为一三角形，如图 6.9(d) 所示。

利用杆中内力按直线规律变化的特点，可以方便地计算杆的轴力。例如，从板杆结构中取出一杆 $A-B$，其受力如图 6.10 所示。若已知 $N_A=0$(拉力)，$N_B=-60N$(压力)，则杆 $A-B$ 的轴力图就可方便地画出。同时，可以建立杆的平衡方程：

$$N_A+N_B=q_{AB}l_{AB}\quad 或\quad N_B=q_{AB}l_{AB}-N_A$$

由此可知，若杆子两端轴力已知，就可求出其上作用的剪流；如果剪流已知，则杆子一端的轴力就可用剪流和另一端的轴力表示。所以一根杆子相当于一个约束。

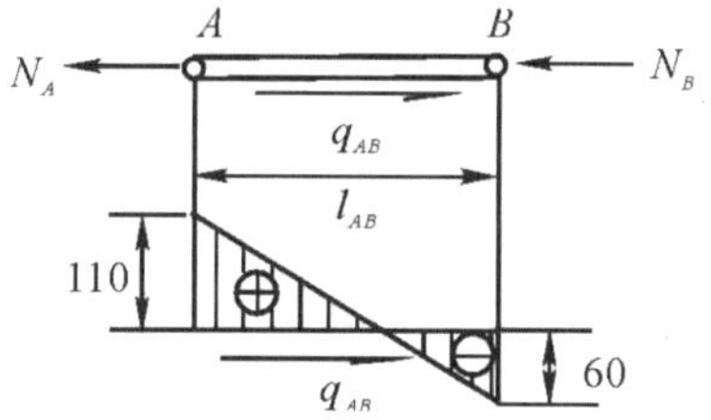

图 6.10　变轴力杆

6.6　薄壁结构的承力特点

为了保证良好的气动外形，就要求飞机有一层刚度好的表皮，即现在被普遍采用的铝制蒙皮。这种蒙皮再加上横向构件(翼肋和隔框)和纵向构件(梁、墙、桁条)，就可以组成一个承力的结构，称为薄壁结构。薄壁结构不但重量轻而且内部有效空间大，因此是飞机的主要结构形式。但是薄壁结构也存在一些特殊的问题，在应用中必须加以注意。

6.6.1　薄壁构件的受压特点

由材料力学可知，杆件在受压时，可能会由于发生纵向弯曲而失稳，称之为总体失稳。由欧拉公式，可得临界失稳力

$$P_{总临}=C_1\frac{\pi^2EI_{\min}}{l^2}$$

式中　C_1—— 支持系数，其与杆件两端的支持有关(两端固支，$C_1=4$；一端固支一端铰支，

$C_1=2$；两端铰支，$C_1=1$；一端固支一端自由，$C_1=0.25$）；

I_{min}—— 杆截面的最小惯矩；

E—— 弹性模量；

l—— 杆长。

对应于总体失稳的临界应力称为总体失稳临界应力 $\sigma_{总临}$。

$$\sigma_{总临}=\frac{C_1\pi^2 E}{\left(\frac{l}{i_{min}}\right)^2}$$

式中，i_{min} 为截面最小惯性半径。

薄壁结构的 $\sigma_{总临}$ 与普通杆件相同。有时虽未出现总体失稳，却会发生板的局部起皱现象，这就是局部失稳。局部失稳的临界应力为

$$\sigma_{局临}=\frac{0.9C_2 E}{(b/\delta)^2}$$

式中 C_2—— 板的支持系数，与边的支持有关（三边简支一边自由板见图 6.11(c) 中的 ① 板，$C_2=0.456$；四边简支板见图 6.11(c) 中的 ② 板，$C_2=4$）；

b—— 板宽；

δ—— 板厚。

分别代入上式，可得板 ① 的局部失稳临界应力为

$$\sigma_{局临}^{(1)}=\frac{0.41E}{(b_1/\delta_1)^2}$$

板 ② 的局部失稳临界应力为

$$\sigma_{局临}^{(2)}=\frac{3.6E}{(b_2/\delta_2)^2}$$

其中，小的 $\sigma_{局临}$ 就是这根型材的局部失稳临界应力。但当 $\sigma_{局临}$ 大于材料的比例极限 σ_p 时，还要用下式进行修正：

$$\sigma_{局临}=\sigma_b-\frac{\sigma_b-\sigma_p}{\frac{0.9C_2 E}{\sigma_p}}-\frac{b}{\delta}$$

其中 σ_b 为材料的拉伸极限应力。

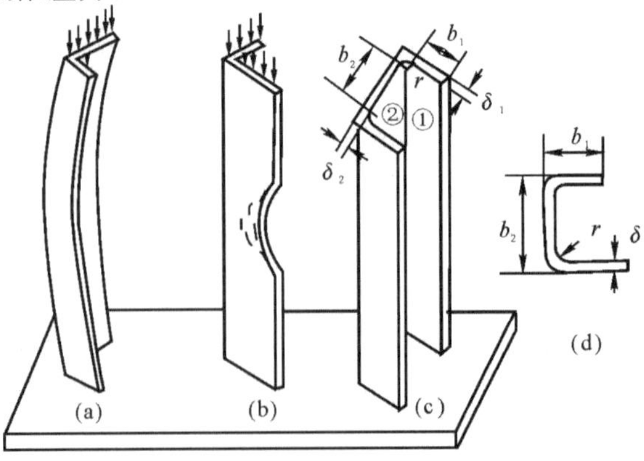

图 6.11 薄壁构件的受压特点

(a) 总体失稳的型材；(b) 局部失稳的型材；(c) 挤压型材的计算宽度；(d) 板弯桁条的计算宽度

应该指出，对薄壁结构来讲，同时存在着总体失稳和局部失稳的可能性，必须将两者中较小的失稳临界应力作为该结构的临界失稳应力，并以 $\sigma_{临}$ 表示。

6.6.2　薄板的剪切稳定性

薄板受剪时，即使板内剪应力 τ 还远未达到剪切极限应力 τ_b，也会出现一种与板边约成 45° 方向平行皱纹的起皱现象，如图 6.12 所示，这就叫做腹板的剪切失稳。

从纯剪板的 45° 方向取出一单元体进行分析，它实际上受到一对拉应力 σ_2 及一对压应力 σ_1。在 σ_1 作用下薄板很容易失稳而起皱，这时所对应的剪应力就叫做临界剪应力 $\tau_{临}$。

$$\tau_{临}=\frac{0.9C_3E}{(b/\delta)^2}$$

式中，C_3 为承剪板的支持系数。对四边简支板，有

$$C_3=5.6+\frac{3.78}{(a/b)^2}$$

式中，a/b 为矩形板长边与短边之比。

由于薄板的抗拉能力并不比厚板差，也能到抗拉极限强度 σ_b 才断裂，所以它在剪切失稳后，只要四周框架（缘条和支柱）具有抗弯的能力，σ_2 就还可以增加。这时的板就好像是很多根沿波纹方向的张线，依靠其拉应力的增加来平衡外载荷的增加。利用这种“斜张线”来受剪的梁就叫做“张力场梁”。

由于板的张力场承载能力比剪切失稳的承载能力大得多，因此张力场梁的腹板就很轻。但是，这些斜张力作用在缘条及支柱上（见图 6.12），除了有附加的轴力外，还增加了额外的局部弯矩，故必须对缘条和支柱作专门的强度验算。这种张力场腹板一般只用在内部结构中，如大梁腹板、翼肋腹板、隔框腹板等。

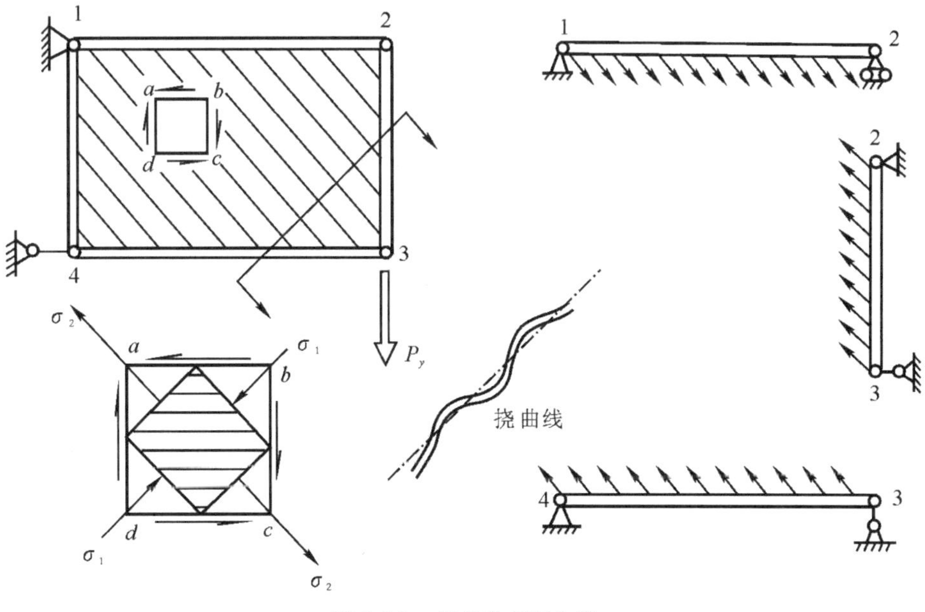

图 6.12　腹板的剪切失稳

6.6.3 组合壁板的稳定

所谓组合壁板是指薄板和桁条连接在一起,共同组成的受压件,例如飞机机翼的上壁板就是典型的组合壁板结构。当压力 P 不大时,桁条和蒙皮的应力是均匀分布的,如图 6.13(c) 所示。当压力加大到蒙皮开始起皱时,更确切些说即平均应力达到蒙皮的临界应力时,它的承载能力就不再增加,但是靠近桁条附近的蒙皮和桁条本身还能继续受力。直到桁条也丧失稳定时,整个组合壁板才算破坏,这时的应力分布状态如图 6.13(d) 所示。

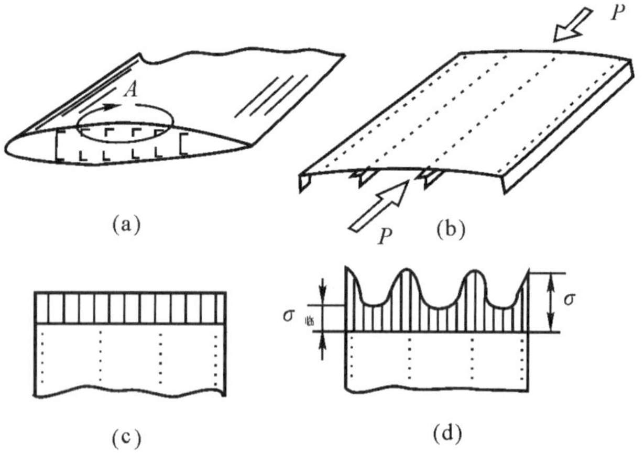

图 6.13 组合壁板的应力分布

从上面的受力分析来看,组合壁板能承受的平均破坏应力比单纯薄板的破坏应力大得多。另外,薄板有了桁条的支持,局部刚度又得到了加强,所以在飞机结构中,只要条件允许,都优先选择这种形式。

6.6.4 集中力的扩散

由于薄板抗压和抗挤的能力都比较差,所以就不能像图 6.14(a) 那样,把集中力通过一两个连接件(螺钉或铆钉) 直接加到薄板上。

首先要像图 6.14(b) 那样增加一个较长的接头,其长度按载荷的大小及板厚而定。接头通过许多铆钉与薄板相连,把集中力逐渐加到板 $aefg$ 及 $ebhf$ 上,这种做法称为集中力的扩散。然后还要在接头的末端增加一根杆子 gh,这样一来,两块薄板的四周都有杆子支持,成了典型的矩形受剪板,而与之连接的杆子在分布剪力作用下,它的杆力都是均匀增加或减小,如图 6.14(c) 所示。

从接头 ef 来看,由于有板的支持,它的杆子从 P(点 e) 逐渐减小到零(点 f),而 ad 及 bc 的杆力则分别由零(点 a 及 b) 逐渐增加到 $2P/3$(点 g) 及 $P/3$(点 h),在点 g 及 h 以后,杆力不再增加(等轴力杆)。

由此可以看出,对薄板上作用的集中载荷,要通过合理布置扩散构件进行扩散。

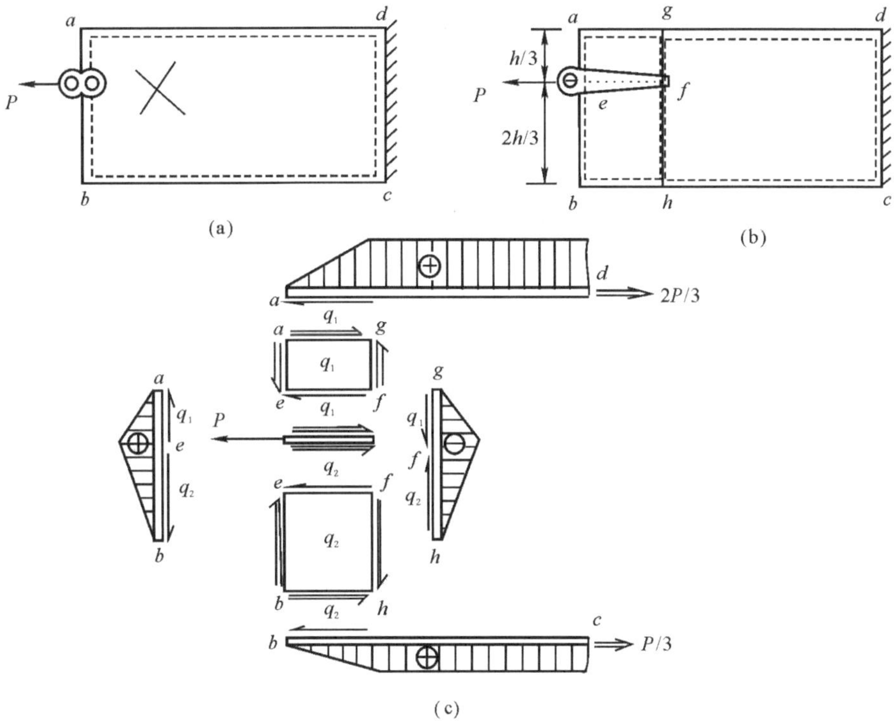

图 6.14　集中力在薄板上的扩散

6.7　薄壁结构的受力分析

当一个结构承受到某种载荷作用时，分析这些载荷是如何通过结构的各个元件，传给支持该结构的基础，这个过程就是受力分析，又叫做传力分析。本节讨论典型板杆结构的受力分析。实际结构的受力分析的基本方法见 7.4 节。

平面薄壁结构与平面桁架结构相类似，也是先从某一个几何不变部分开始，而后每增加 2 个节点(4 个自由度)，只须用 3 根杆子和一块薄板来固定，就能组成一个静定的平面薄壁结构，如图 6.15(a) 所示。与图 6.15(b) 的平面桁架结构相比，薄板起到了斜杆 1-3 的作用。所以，解桁架结构内力所用的节点法和截面法，也适用于求平面薄壁结构的内力。对于空间薄壁结构也类似。

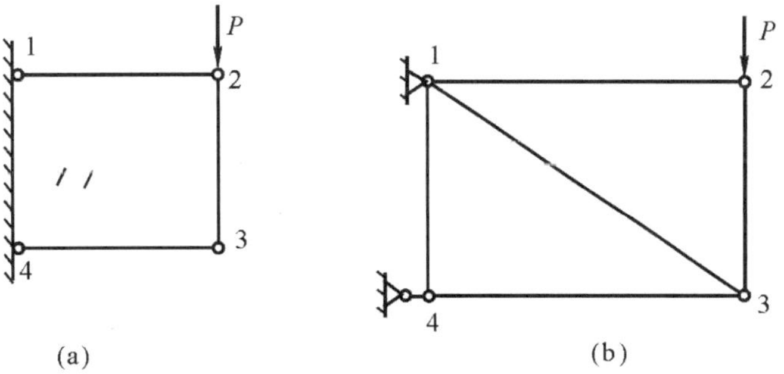

图 6.15　薄壁结构与桁架结构

受力分析与求解内力有相同之处，即都是为了确定结构中各元件所受的载荷，但受力分析更着重强调力的“传递过程”。尽管一个载荷加到一个结构上时，结构中各受力元件几乎同一瞬时都受到相应的载荷，但毕竟有一个传力顺序，即第一个元件先受力，然后传给第二元件，第二元件再传给第三元件，直至支持该结构的基础。

可见，受力分析不完全等同于内力分析，而是要分析传力顺序。当然，在受力分析过程中需要用到内力分析的方法来确定各元件上的受载。

为了表明传力顺序，对受力图作以下规定：① 单线表示作用力（主动力），双线表示反作用力（支承反力）。这是在受力分析中表明传力顺序的基础（见图 6.14）。② 在力图上标注各力的名称，并标出大小（也可另外说明大小）。同时，为简单起见，在受力图上不画内力的分布，因为受载已知时，内力可方便地画出。

下面利用 6.4 节的分析模型结合具体例子，分别对静定平面薄壁结构和静定空间薄壁结构进行受力分析。

例 6.1　对图 6.9(a) 所示的结构及载荷进行受力分析。

解　该结构为平面静定薄壁结构（关于静定与静不定的判断见 6.8 节）。在 P 力作用下，可根据平衡关系求出各元件的内力（略）。

该结构在 P 力作用下的受力分析如图 6.16 所示，传力顺序分析如下：

(1) 杆 4－5 在 P 力作用下，由板 3－4－5－6 提供支反剪流 q_1 后受载平衡，$q_1=P/l$。

(2) 板 3－4－5－6 在杆 4－5 的剪流 q_1 作用下，由杆 3－4、杆 5－6、杆 3－6 提供支反剪流后受载平衡。

(3) 杆 3－4 在板 3－4－5－6 的剪流 q_1 作用下，由节点 3 提供支反力 N_{34} 后受载平衡，$N_{34}=q_1 l=P$。

杆 5－6 在板 3－4－5－6 的剪流 q_1 作用下，由节点 6 提供支反力 N_{65} 后受载平衡，$N_{65}=-q_1 l=-P$（负值表示压力）。

杆 3－6 在板 3－4－5－6 的剪流 q_1 作用下，由板 2－3－4－6 提供支反剪流 q_2 后受载平衡，$q_2=q_1=P/l$。

(4) 板 2－3－6－7 在杆 3－6 的剪流 q_2 作用下，由杆 2－3、杆 6－7、杆 2－7 提供支反剪流后受载平衡。

(5) 杆 2－3 在节点 3 的力 N_{32}（$N_{32}=N_{34}=P$）及板 2－3－6－7 的剪流 q_2 作用下，由节点 2 提供支反力 N_{23} 后平衡，$N_{23}=N_{32}+q_2 l=2P$。

杆 6－7 在节点 6 的力 N_{67}（$N_{67}=N_{65}=-P$）及板 2－3－6－7 的剪流 q_2 作用下，由节点 7 提供支反力 N_{76} 后受载平衡，$N_{76}=N_{67}+q_2 l=-2P$。

杆 2－7 在板 2－3－6－7 的剪流 q_2 作用下，由节点 2 提供支反力 N_{27} 后受载平衡，$N_{27}=q_2 l=P$。

(6) 杆 1－2 在节点 2 的力 N_{21} 作用下（$N_{21}=3P$），由节点 1（基础）提供支反力 N_{12} 后受载平衡，$N_{12}=N_{21}=3P$。

杆 2－8 在节点 2 的力 N_{28} 作用下（$N_{28}=-\sqrt{2}P$），由节点 8（基础）提供支反力 N_{28} 后受载平衡，$N_{82}=N_{28}=-\sqrt{2}P$。

杆 7－8 在节点 7 的力 N_{78}（$N_{78}=N_{76}=-2P$）作用下，由节点 8 提供支反力 N_{87} 后受载平

衡，$N_{87}=N_{78}=-2P$。

板 1－2－8 及板 2－7－8 均为三角形板，不承载。

至此，力 P 已通过结构中的各元件的受载逐步传至基础。其中杆 3－6 为零力杆。

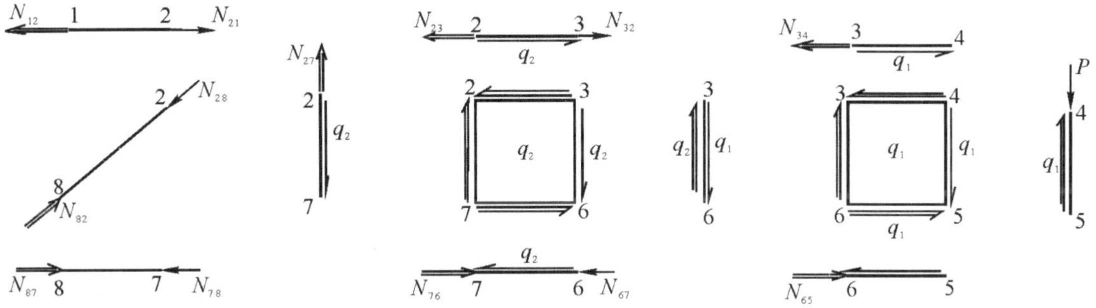

图 6.16　图 6.9(a) 所示薄壁结构的受力分析

例 6.2　对图 6.17(a) 所示的结构，在扭矩 M_t 作用下，分析其力的传递过程。其中 1－2－6－5 没有板，其余均有板。

解　该空间薄壁结构为静定结构。其载荷传递如图 6.17(b) 所示，其传力顺序分析如下：

(1) 板 1－2－3－4 在扭矩 M_t 作用下，由杆 1－4 及杆 2－3 分别提供支反剪流 q 后受载平衡，$q=\dfrac{M_t}{HB}$。

杆 1－2、杆 3－4 均为零力杆。

(2) 杆 1－4 在板 1－2－3－4 的剪流 q 作用下，由板 1－4－8－5 提供支反剪流 q_1 后平衡，$q_1=q=M_t/(HB)$。

杆 2－3 在板 1－2－3－4 的剪流 q 作用下，由板 2－3－7－6 提供支反剪流 q_2 后受载平衡，$q_2=q=M_t/(HB)$。

(3) 板 1－4－8－5 在杆 1－2 传来的剪流 q_1 作用下，由杆 1－5、杆 4－8 及杆 5－8(基础) 提供支反剪流后受载平衡。

板 2－3－7－6 在杆 2－3 传来的剪流 q_2 作用下，由杆 2－6、杆 3－7 及杆 6－7(基础) 提供支反剪流后受载平衡。

板 3－4－8－7 不受载。

(4) 杆 1－5 及杆 4－8 在板 1－4－8－5 的剪流 q_1 作用下，分别由节点 5(基础) 及节点 8(基础) 提供支反力 N_{51} 及 N_{84} 后受载平衡，$N_{51}=-N_{84}=q_1L=M_tL/(HB)$。

杆 2－6 及杆 3－7 在板 2－3－7－6 的剪流 q_2 作用下，分别由节点 6(基础) 及节点 7(基础) 提供支反力 N_{62} 及 N_{73} 后平衡，$N_{62}=-N_{73}=-q_2L=-M_tL/(HB)$。

至此，扭矩 M_t 通过该结构的部分元件的受载传至基础。其中杆 1－2、杆 3－4 为零力杆，板 3－4－8－7 为零力板。

从上分析可知，静定结构在某些载荷作用下可以有部分元件不受载，但不能将这些元件去掉，否则就成为机构，即几何可变的而不能承受其他类型的载荷。如例 6－2 中尽管板 3－4－8－7 不受载，但不能去掉，否则就不能承受沿杆 1－2 或杆 3－4 方向的力。

从例 6.2 还可看出，有大开口的空间薄壁结构承扭时，不但板中有剪流，而且杆中也有轴力。实际上，扭矩 M_t 是通过前梁 1－4－8－5(由板 1－4－8－5、杆 1－5 及杆 4－8 组成的组合结构）向下弯曲，后梁 2－3－7－6（由板 2－3－7－6、杆 2－6 及杆 3－7 组成的组合结构）向上弯曲所产生的一对平衡力偶来承担的，这种传扭方式称为“参差弯曲”。一般说来，参差弯曲的传扭特性不好，重量较大。较好的传扭方式是将板 1－2－6－5 补上，形成闭合剖面承扭。只是这时该结构是静不定结构，受力分析稍微复杂，需进行适当的简化和假设，这些内容详见7.4 节。

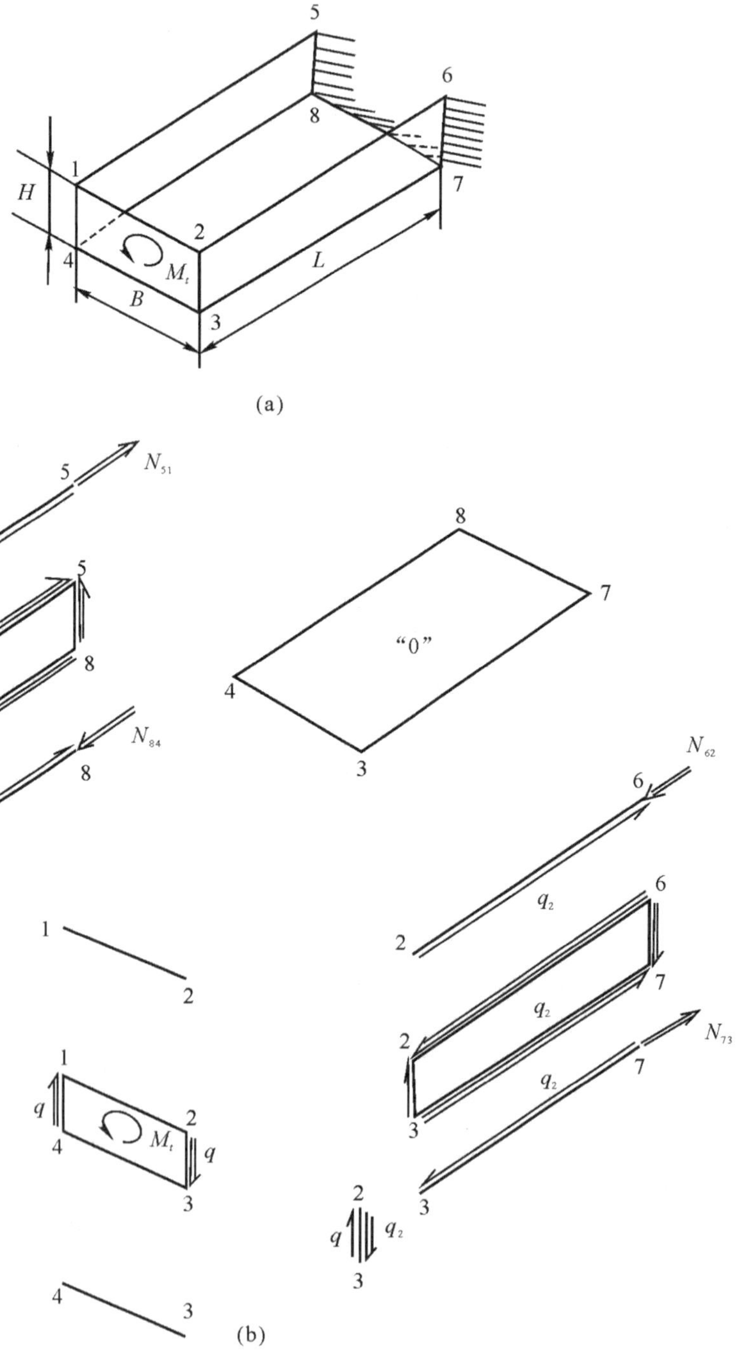

图 6.17　空间薄壁结构的受力分析

6.8　薄壁结构的静不定度

上节讨论了静定薄壁结构的受力分析，而实际机翼和机身结构中的结构大部分是静不定（超静定）的。下面介绍判断静不定度的方法。

6.8.1　平面薄壁结构的静不定度

平面桁架结构的静不定度 K 可由下列公式确定：

$$K = C - 2Y + 3 \qquad \text{（平面自由结构）}$$

$$K = C - 2Y \qquad \text{（平面固定结构）}$$

式中　Y—— 节点数目；

C—— 约束数目（即杆数，一个杆相当于 1 个约束）。

对于薄壁结构，可以理解为是以板代替斜杆的桁架结构，因此上述公式完全适用于板杆结构，只是式中的 C 为杆数与四边形板数之和（一块矩形、平行四边形或梯形板均相当于一个约束）。

图 6.18(a) 所示为一平面自由板杆结构，其约束数（板数与杆数之和）和节点数分别为

$$C = (m+1)n + (2n+1)m$$

$$Y = (m+1)(n+1)$$

其静不定度为

$$K = (m+1)n + (2n+1)m - 2(m+1)(n+1) + 3 = (m-1)(n-1)$$

这说明如图 6.18(a) 所示的平面自由板杆结构，其静不定度数恰好等于结构内部的节点数。

如果结构有切口（开口），如图 6.18(b) 所示，则其静不定度数相应减少。每切掉一根杆或去掉一块板，相当于去掉一个约束，也即减少一度静不定；同时，每切掉一个节点，则相当于增加两度静不定。由此可知图 6.18(b) 所示结构，切去的约束数 $C_{切} = 27(\text{杆}) + 18(\text{板}) = 45$，切去的节点数 $Y_{切} = 10$，减少的静不定度为 $C_{切} - 2Y_{切} = 45 - 2 \times 10 = 25$，即切口静不定度减少了 25 个。

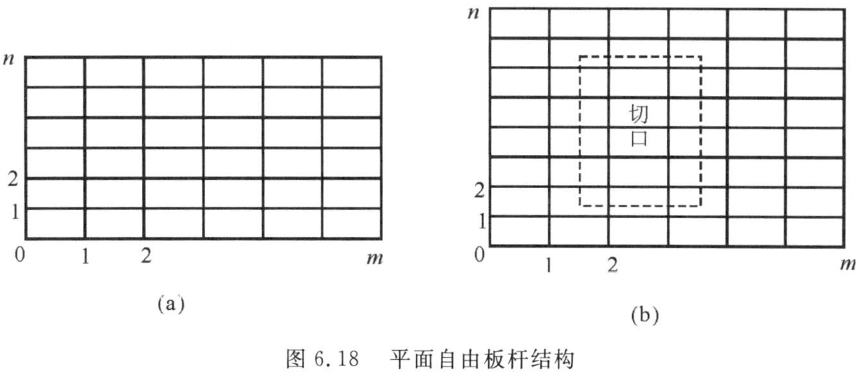

图 6.18　平面自由板杆结构

6.8.2　空间薄壁结构的静不定度

空间薄壁结构的静不定度可仿照空间桁架结构，按下列公式确定：

$$K = C - 3Y + 6 \qquad \text{（空间自由结构）}$$

$$K = C - 3Y \qquad \text{（空间固定结构）}$$

图 6.19 所示为一自由空间薄壁结构，其内部沿 x 向、y 向均有杆，与 xOy 面、yOz 面平行的面处均有板，可以分别计算如下：

节点数 $\quad Y = 6 \times 4 = 24$

x 向杆数 $\quad C_x = 3 \times 3 \times 2 = 18$

y 向杆数 $\quad C_y = 3 \times 4 = 12$

z 向杆数 $\quad C_z = 2 \times 4 \times 2 = 16$

xOy 面板数 $\quad C_{xy} = 3 \times 3 = 9$

yOz 面板数 $\quad C_{yz} = 2 \times 4 = 8$

zOx 面板数 $\quad C_{zx} = 2 \times 3 \times 2 = 12$

总约束数 $\quad C = 18 + 12 + 16 + 9 + 8 + 12 = 75$

静不定度 $\quad K = C - 3Y + 6 = 75 - 3 \times 24 + 6 = 9$

图 6.20 所示为一固定空间板杆结构，其内部各向（x 向、y 向）均有杆，各面（xOy，yOz）均有板，同上可计算如下：

$$Y = 2m(n+1)$$

$$C_x = 2mn$$

$$C_y = m(n+1)$$

$$C_z = 2m(n+1)$$

$$C_{xy} = mn$$

$$C_{yz} = m(n+1)$$

$$C_{zx} = 2mn$$

$$C = 2mn + m(n+1) + 2m(n+1) + mn + m(n+1) + 2mn = 9mn + 4m$$

$$K = C - 3Y = 9mn + 4m - 3 \times 2m(n+1) = 3mn - 2m$$

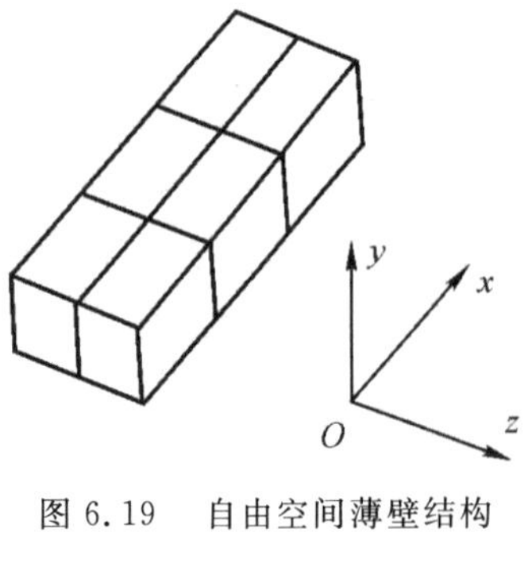

图 6.19 自由空间薄壁结构

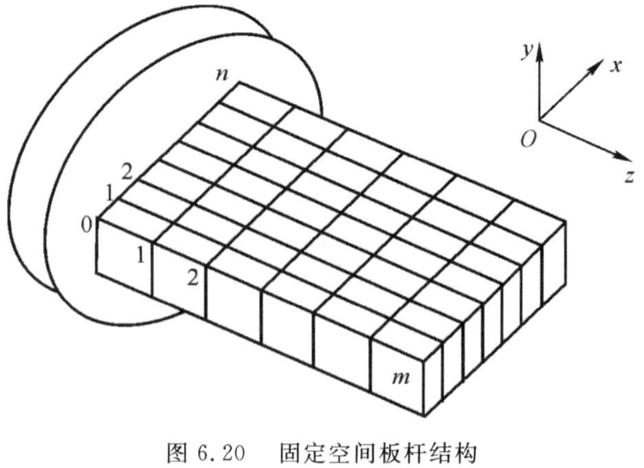

图 6.20 固定空间板杆结构

第7章　机翼、尾翼结构分析

7.1　机翼、尾翼的功用与要求

7.1.1　机翼的功用与要求

1. 机翼的功用

机翼是飞机的一个重要部件，其主要功用是产生升力。当机翼具有上反角时，可为飞机提供一定的横向稳定性。在机翼的后缘，一般布置有横向操纵用的副翼、扰流片等附翼。为了改善机翼的低速空气动力特性，在机翼的前、后缘越来越多地装有各种型式的襟翼、缝翼等增升装置，以提高飞机的起飞着陆或机动性能。

机翼上常安装有起落架、发动机等其他部件。作战飞机往往在机翼下布置多种外挂，如副油箱和导弹、炸弹、火箭弹等军械设备。机翼的内部空间常用来收藏起落架，放置一些小型设备、附件和储存燃油。特别是旅客机，为了保证旅客安全，通常不在机身内储存燃油，而把燃油全部储存在机翼内。放置燃油的油箱有整体油箱和软油箱两种，为了减轻质量，飞机机翼油箱多为整体油箱(见图7.1)。

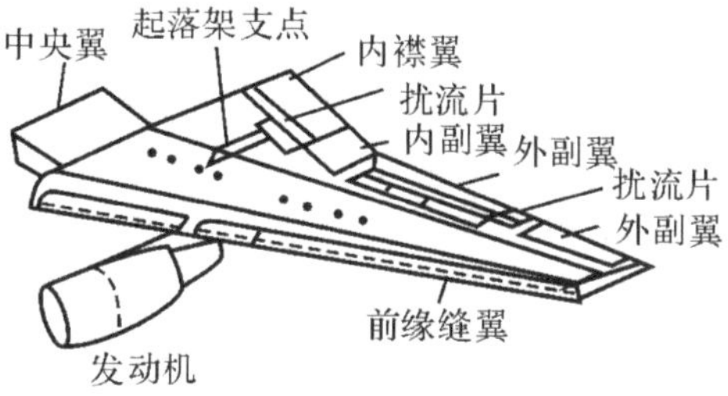

图7.1　机翼布置

2. 机翼的设计要求

机翼的设计要求与飞机结构设计的五项基本要求是一致的，只是因功用不同，而侧重点有所不同。

(1) 机翼主要用于产生升力，因此满足空气动力要求是首要的。机翼除保证升力外，还要求阻力尽量小。机翼的气动特性主要取决于其外形参数(如展弦比、相对厚度、后掠角、翼型等)，这些参数在总体设计时确定；结构设计则应从强度、刚度、表面光滑度等各方面来保证机翼气动外形要求的实现。

(2) 在外形、装载和连接情况已定的条件下，质量要求是机翼结构设计的主要要求。具体地说，就是要设计出一个既能满足强度、刚度和耐久性要求，又尽可能轻的结构来。强度包括静强度、动强度和疲劳强度。对于按“安全寿命”或“损伤容限”设计的机翼，应在其受力构件布置、连接关系设计、零构件细节设计以及关键件的可检查性等各个环节中给予认真考虑，以便使结构具有长寿命和好的破损安全特性，从而保证结构使用的可靠性。

机翼外载随过载系数的增大而增大。通常各类飞机的最大、最小过载系数由强度规范规定，如歼击机最大过载系数可达＋7～＋9。当飞机在高速飞行时，很小的变形就可能严重恶化机翼的空气动力特性；刚度不足还会引起颤振和操纵面反效等严重问题。值得注意的是，随着飞行速度的提高，机翼所受载荷增大；然而，由于减小阻力等空气动力的需要，此时机翼的相对厚度却越来越小，再加上后掠角的影响，致使机翼结构的扭转刚度、弯曲刚度越来越难保证，这些都将引起机翼在飞行中的变形增加。因此对高速飞机，为满足机翼的气动要求，刚度问题必须给予足够重视。然而也正由于上述原因，要解决好机翼的最小质量要求与强度、刚度要求之间的矛盾将更为困难。这种矛盾促进了机翼结构的受力型式不断发展，在以后的分析中我们将清楚地看到这一点。

(3) 使用、维护要求。飞机应该使用方便，便于检查、维护和修理。对于按损伤容限设计的飞机，还应满足相应的特殊要求。当机翼结构作为整体油箱舱使用时，必须保证燃油系统工作的高可靠性。当该可靠性要求与结构重量要求相矛盾时，应首先保证燃油系统的可靠性，因为它涉及飞行的安全性。用做油箱舱的翼箱除满足一般的强度、刚度要求外，应具有较高的疲劳强度、良好的破损安全性能，并应妥善解决密封问题。

(4) 工艺性和经济性要求，与一般飞机结构相同，不再重复。

7.1.2 尾翼的功用与要求

1.尾翼的主要功用

尾翼用于保证飞机的纵向和横航向的平衡与稳定性，以及实施对飞机的纵向和航向的操纵。一般飞机的尾翼由水平尾翼（简称平尾）和垂直尾翼（简称垂尾）两部分组成。正常式平尾包括水平安定面和升降舵。为了改善跨声速和超声速飞机在高速飞行中的纵向操纵性，在这类飞机上，大多采用全动水平尾翼。垂尾一般由垂直安定面和方向舵组成。

2.尾翼的设计要求

尾翼的功用是通过它所产生的升力来实现的，所以从本质上说，尾翼的直接功用就是产生升力，它也是一个升力面，因而尾翼的设计要求和构造与机翼十分类似。对尾翼的主要要求也是保证它所承担的空气动力任务的完成，同时具有足够的强度、刚度、寿命，而质量尽可能轻。

7.2 机翼、尾翼的外载特点

7.2.1 机翼的外载特点

机翼的外载有以下3类（见图7.2）。

1.空气动力载荷

空气动力载荷 q_a 是分布载荷，单位为 N/m^2。它可以是吸力或压力，直接作用在机翼表面上，形成机翼的升力和阻力，其中升力是机翼最主要的外载荷。在各种设计情况下，机翼的气动载荷的数值和分布情况是不同的，因此其合力的大小、方向、作用点相应地也不相同，并将影响机翼的受力情况。

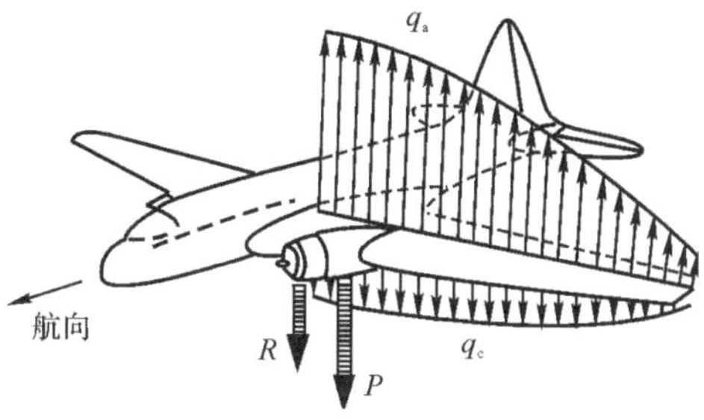

图 7.2　机翼上所受的分布载荷和集中载荷

q_a— 气动力分布载荷　q_c— 机翼质量力分布载荷　P— 发动机或其他部件传来的集中载荷　R— 机身支反力

2. 其他部件、装载传来的集中载荷

机翼上连接有其他部件(如起落架、发动机)、副翼、襟翼等各类附翼和布置在机翼内、外的各种装载(如油箱、炸弹)。除了在以翼盒作为整体油箱情况下燃油产生的是分布载荷外,由于这些部件、装载一般都是以有限的连接点与机翼结构相连,因此,不论是起落架传来的地面撞击力或副翼等翼面上的气动载荷,以及部件、装载本身的质量力(包括重力和惯性力),都是通过接头,以集中载荷的形式传给机翼。其中有些力的数值可能很大。

3. 机翼结构的质量力

机翼本身结构的质量力为分布载荷 q_c(N/m^2),其大小与分布情况取决于机翼结构质量的大小和分布规律。它的数值比气动载荷要小得多。在工程计算中,它的分布规律可近似认为与弦长成正比。

上述 2,3 中提及的各种质量力的大小和方向还与飞机过载系数有关,通常其方向与升力相反,对机翼有卸载作用。

综上所述,若以载荷形式分,机翼的外载有两种类型:一种是分布载荷,以气动载荷为主,还包括机翼本身结构的质量力,这是机翼的主要载荷形式;另一种是由各接头传来的集中载荷(力或力矩)。

7.2.2　机翼的总体受力

机翼的各种外载,总要在机翼、机身连接处,由机身提供支持力来平衡。因此,在上述载荷作用下,可把机翼看做是固定在机身上的一个“梁”。当机翼分成两半,与机身在其左、右两侧相连时,可把每半个机翼看做支持在机身上的悬臂梁;若左、右机翼连成一个整体,则可把它看做支持在机身上的双支点外伸梁。这两种情况虽然在支持形式上有所不同,但对外翼结构来说,都可以看做悬臂梁。

必须指出的是,当把机翼看做一个“工程梁”时,它与材料力学课程中介绍的工程梁相比,有其特殊性,具体体现在以下两个方面。

(1) 机翼高度(厚度)小,但其弦向尺寸(相当于梁宽)大多与翼展有相同量级(尤其是三角翼)。而一般工程梁是指高度和宽度均比长度要小得多的单尺度梁,这类梁仅注重沿长度方向分布的载荷。而对于机翼,弦向分布的载荷也很重要。

(2) 一般工程梁支承简单,计算简化也容易。而机翼在机身上的固定形式要复杂得多。此外,考虑到结构支承的弹性效应,精确计算中,应认为机身是一弹性支承。

前述各种外载在机翼结构中将引起相应的内力：剪力 Q、弯矩 M 和扭矩 M_t。现取如图4.8所示的机体坐标轴系，则剪力 Q_n 和 Q_h 分别表示沿 z 轴和 x 轴的分量。外载引起的弯矩分别为 M_n 和 M_h。此外，由于外载合力作用点一般与机翼结构各剖面的刚心不重合，因而还会引起相对于机翼刚心轴的扭矩 M_t（见图 7.3）。这些统称为机翼的总体受力。因为机翼的升力很大，且作用在机翼刚度最小的方向上，而阻力相对于升力要小得多，且作用在机翼刚度最大的弦平面内，所以在进行机翼结构受力分析时，常着重考虑气动载荷沿垂直于弦平面的分量 —— 升力引起的 Q_n，M_n 等。此时，机翼上剪力、弯矩和扭矩的分布如图 7.4 所示。

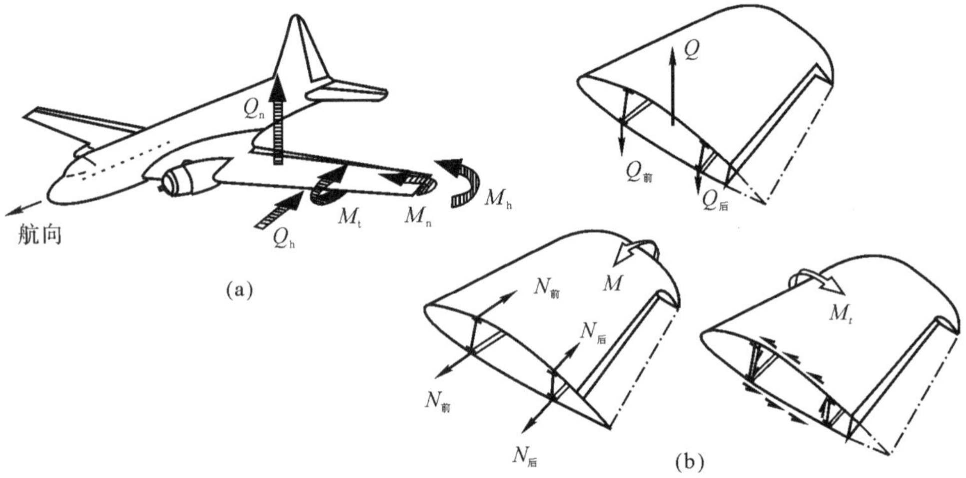

图 7.3　机翼上所受的力矩和剪力

(a) 机翼的总体内力；(b) 与外载相平衡的总体内力

M_n— 由 Q_n 引起的、作用在垂直面内的弯矩　M_h— 由 Q_h 引起的作用在弦平面内的弯矩　M_t— 扭矩

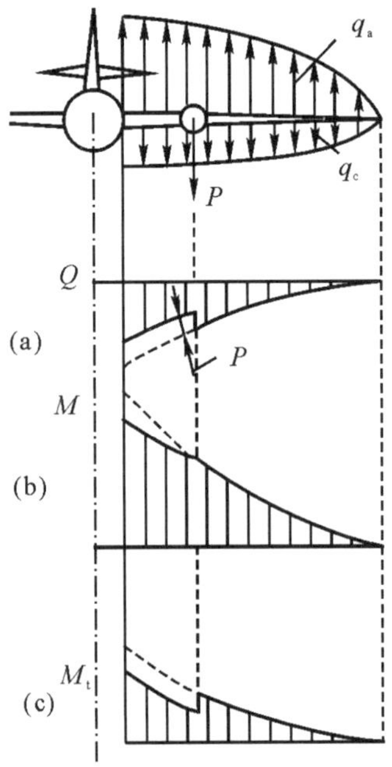

图 7.4　机翼的内力 Q,M,M_t 分布图

(a) 机翼的剪力图；(b) 机翼的弯矩图；(c) 机翼的扭矩图

7.2.3　尾翼的外载特点

在全动水平尾翼与舵面上，作用有分布的气动载荷和自身的质量力。安定面上除作用有这类载荷外，还有舵面悬挂接头传来的集中力。由于舵面与安定面、全动平尾与机身的连接情况和机翼与机身的连接情况有所不同，因而安定面或机身各自提供的支持力的形式也不同。水平尾翼和垂直尾翼同样可根据其外载和支持力或操纵力，作出剪力、弯矩和扭矩图。从图 7.5 可见，安定面的受力情况与机翼相似。

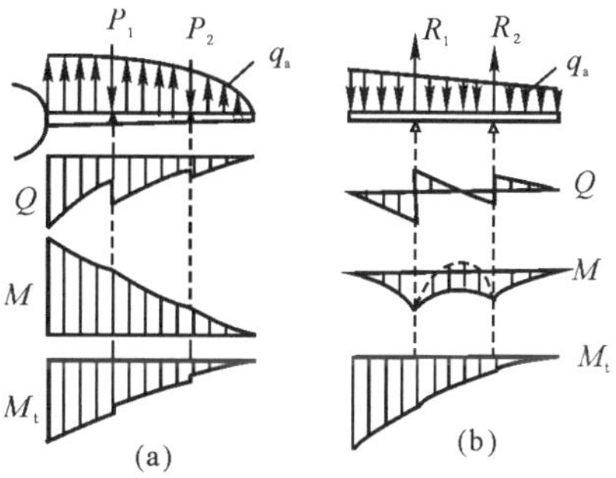

图 7.5　水平尾翼的剪力、弯矩、扭矩图

(a) 水平安定面的内力图；(b) 升降舵的内力图

q_a，P_1，P_2— 外载　R_1，R_2— 支反力

尾翼上的气动载荷以它的作用分，有以下 3 类。

1. 平衡载荷

平衡载荷是用以保证飞机纵向气动力矩平衡时平尾上的载荷。此时水平安定面上的载荷往往与升降舵的载荷方向相反，所以平尾受有很大扭矩。

2. 机动载荷

机动载荷是在不平静气流或机动飞行时偏转升降舵或方向舵产生的附加载荷，这是尾翼的主要受力情况。

3. 不对称载荷

对平尾来说，由于侧滑或横滚引起的载荷是不对称载荷，它们一般比机动载荷小得多。但此不对称载荷引起的机身扭矩却较大，所以对结构有一定的影响。垂尾除上述横滚影响外，不对称的发动机推力也会引起垂尾上的不对称载荷(见图 7.6)。

需要指出的是，飞机在飞行中的飞行状态经常变化，尾翼上载荷的大小和方向也随着改变；大气中的不稳定气流也会使尾翼的载荷发生变化，因而尾翼上的载荷具有重复载荷的性质。

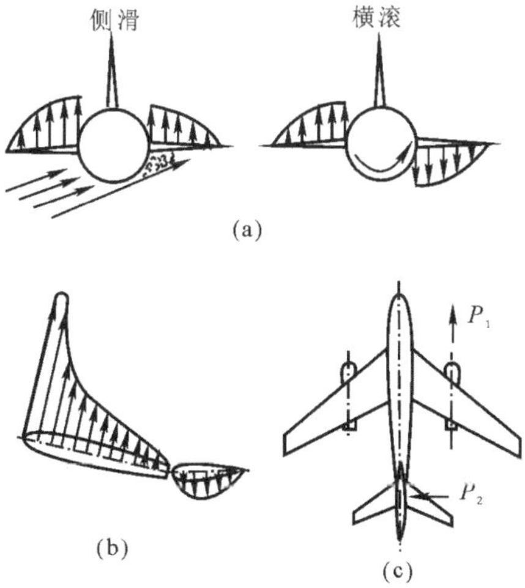

图 7.6　尾翼的外载荷

(a) 水平尾翼在飞机侧滑和横滚时的不对称载荷；(b)　平衡载荷沿水平尾翼弦向分布的特点；(c) 发动机推力不对称时的载荷

P_1— 一个发动机的推力　P_2— 因 P_1 引起的垂尾上的平衡载荷

7.3 机翼结构的典型元件与典型受力型式

7.3.1 机翼结构的典型元件

机翼一般由下述典型元件组成：纵向元件有翼梁、长桁、墙(腹板)，横向元件有翼肋(普通肋和加强肋)，以及包在纵、横构件组成的骨架外面的蒙皮(见图 7.7)。

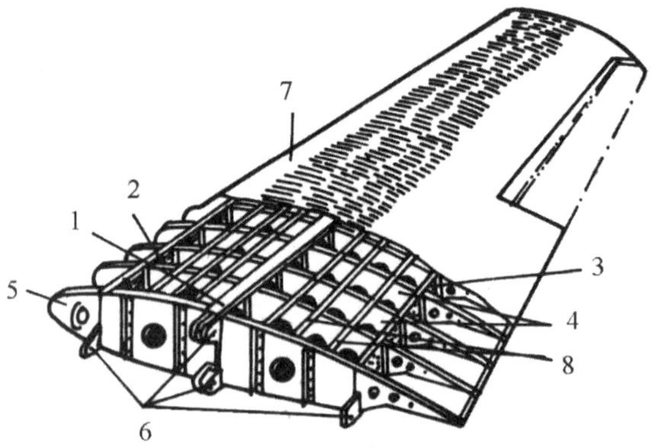

图 7.7 机翼的典型结构元件

1— 翼梁 2— 前纵墙 3— 后纵墙 4— 普通翼肋 5— 加强翼肋 6— 对接接头 7— 硬铝蒙皮 8— 长桁

1. 蒙皮

蒙皮的直接功用是形成流线形的机翼外表面。为了使机翼的阻力尽量小，蒙皮应力求光滑，为此应提高蒙皮的弯曲刚度，以减小它在飞行中的凹、凸变形。从受力看，气动载荷直接作用在蒙皮上，因此蒙皮受有垂直于其表面的局部气动载荷。此外，蒙皮还参与机翼的总体受力——它和翼梁或翼墙的腹板组合在一起，形成封闭的盒式薄壁梁，承受机翼的扭矩；当蒙皮较厚时，它常与长桁一起组成壁板，承受机翼弯矩引起的轴力。壁板有组合式或整体式(见图 7.8)。某些结构型式(如多腹板式机翼)的蒙皮很厚，可从几毫米到十几毫米，常做成整体壁板形式，此时蒙皮将成为承受弯矩最主要的，甚至是唯一的受力元件。

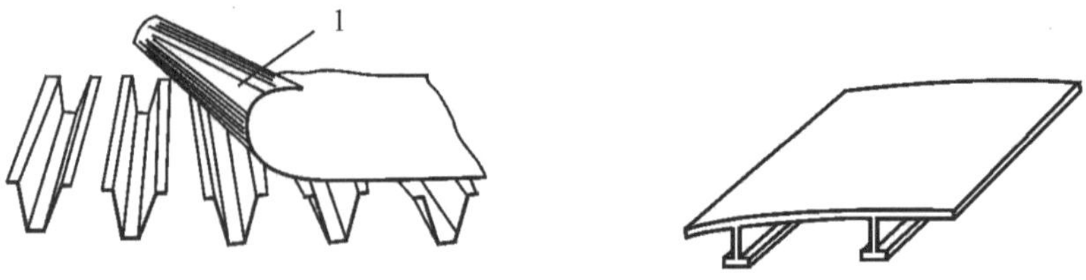

(a) (b)

图 7.8 蒙皮

(a) 金属蒙皮； (b) 整体蒙皮(整体壁板)

2. 长桁(也称桁条)

长桁是与蒙皮和翼肋相连的元件。长桁上作用有蒙皮传来的气动载荷。在现代机翼中，长桁一般都参与机翼的总体受力 —— 承受机翼弯矩引起的部分轴向力，是纵向骨架中的重要受力元件之一。除上述承力作用外，长桁和翼肋一起对蒙皮起支持作用。各种长桁如图 7.9 所示。

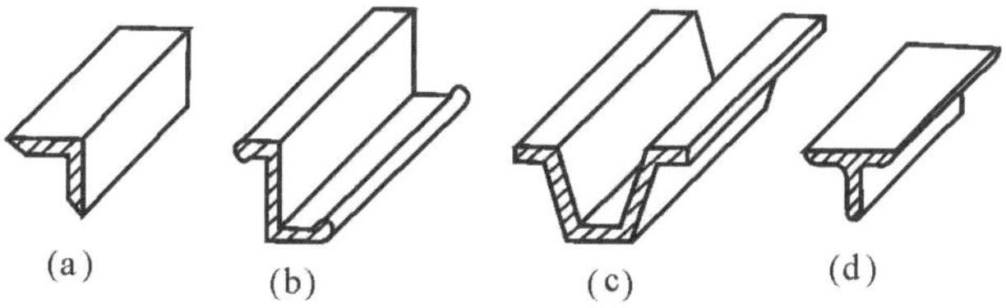

图 7.9　各种长桁

3. 翼肋

普通翼肋(见图 7.10) 的功用是维持机翼剖面所需的气动外形，一般它与蒙皮、长桁相连。机翼受气动载荷时，翼肋以自身平面内的刚度向蒙皮、长桁提供垂直方向的支持。同时，翼肋又沿周边支持在蒙皮和梁(或墙) 的腹板上。当翼肋受载时，由蒙皮、腹板向翼肋提供各自平面内的支承剪流。加强翼肋虽也有上述作用，但其主要是用来承受并传递自身平面内的较大的集中载荷或由于结构不连续(如大开口处) 引起的附加载荷。

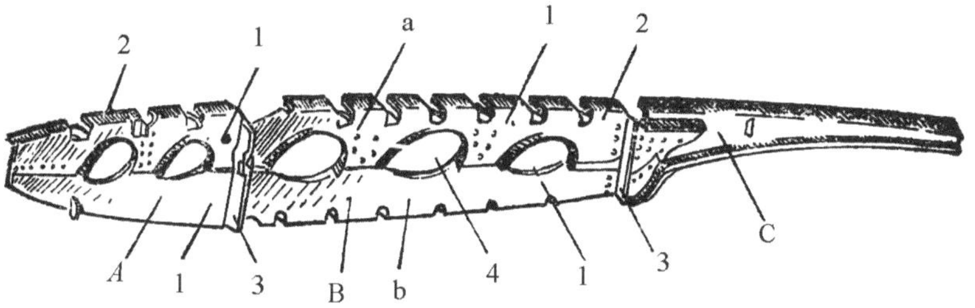

图 7.10　腹板式翼肋

1— 腹板　2— 周缘弯边　3— 与翼梁腹板连接的弯边　4— 减轻孔

A— 前段　B— 中段　C— 后段　a— 上部分　b— 下部分

4. 翼梁

翼梁由梁的腹板和缘条(或称凸缘) 组成(见图 7.11、图 7.18)。翼梁是单纯的受力件，主要承受剪力 Q 和弯矩 M。在有的结构型式中，它是机翼主要的纵向受力件，承受机翼的全部或大部分弯矩。翼梁大多在根部与机身固接。

5. 纵墙(包含腹板)

纵墙的缘条比梁缘条弱得多，但大多强于一般长桁，纵墙与机身的连接被看做为铰接。腹板或没有缘条或缘条与长桁一样强。墙和腹板一般都不能承受弯矩，但与蒙皮组成封闭盒段以承受机翼的扭矩。后墙则还有封闭机翼内部空间的作用(见图 7.12)。

机翼的特点是薄壁结构，以上各元件之间的连接大多采用分散连接，如铆钉连接、螺栓连接、点焊、胶接或它们的混合型式，如胶铆等。连接缝间的作用力可视为分布剪流形式。

最后，构成机翼结构的除以上基本元件外，还有机翼 - 机身连接接头，它是重要受力件。接头的形式视机翼结构的受力型式而定。连接接头至少要保证机翼静定地固定于机身上，即能提供 6 个自由度的约束。实际上一般该连接往往是静不定的。

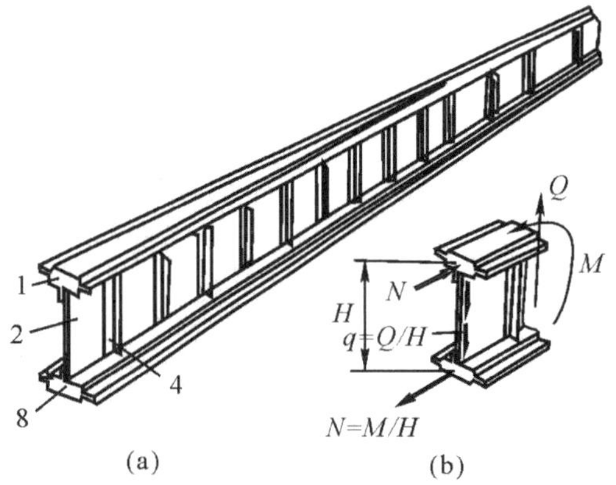

图 7.11　翼梁

1— 上缘条　2— 腹板　3— 下缘条　4— 支柱

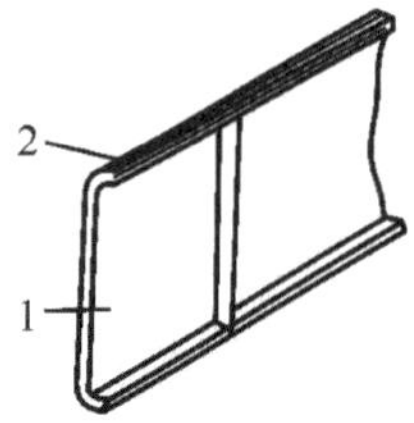

图 7.12　纵墙

1— 腹板　2— 很弱的缘条

7.3.2　机翼结构的典型受力型式

机翼在载荷作用下，由某些元件起主要受力作用。所谓机翼结构的受力型式，是指结构中这些起主要作用的元件的组成形式。各种不同的受力型式表征了机翼结构不同的总体受力特点。受力型式比相应的真实机翼结构简单得多。对于组成某受力型式的各主要受力元件（如翼肋、翼梁等），我们并不注意它们本身的具体构造，而是着重分析它们各自的受力作用。

机翼的典型受力型式有梁式、单块式、多腹板式及混合式等薄壁结构，此外，还有一些厚壁结构（如整体壁板式）的机翼。下面列举几种机翼典型受力型式的构造特点。

1. 梁式

梁式机翼的主要构造特点是纵向有很强的翼梁（有单梁、双梁或多梁等多种形式）；蒙皮较薄，长桁较少且弱，梁缘条的剖面与长桁相比要大得多；有时还同时布置有纵墙。梁式机翼通常不作成一个整体，而是分成左、右两个机翼 —— 即机翼常在机身的左、右侧边处有设计分离面，并在此分离面处，借助几个梁、墙根部传集中载荷的对接接头与机身连接（见图 7.7、图 7.22）。

2. 单块式

从构造上看，单块式机翼的长桁较多且较强，蒙皮较厚，长桁、蒙皮组成可受轴向力的壁板。当有梁时，一般梁缘条的剖面面积与长桁的剖面面积接近或略大，有时就只布置纵墙。为了充分发挥单块式机翼的受力特点，左、右机翼一般连成整体贯穿机身。但有时为了使用、维护方便，在展向布置有设计分离面。分离面处采用沿翼箱周缘分散连接的形式将机翼连为一体（见图 7.13、图 7.38）。

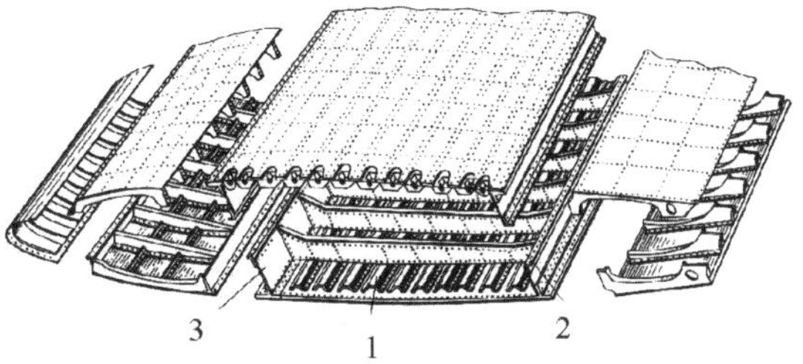

图 7.13　单块式机翼

1— 长桁　2— 翼肋　3— 墙或梁的腹板

3. 多腹板式(多梁式)

这类机翼布置了较多的纵墙(一般多于 5 个);蒙皮厚(可从几毫米到十几毫米);无长桁;翼肋很少,但结合受集中力的需要,至少每侧机翼上要布置 3 ～ 5 个加强翼肋(见图 7.14)。当左、右机翼连成整体时,与机身的连接与单块式类似。但有的与梁式类似,分成左、右机翼,在机身侧边与之相连。此时往往由多腹板式过渡到多梁式,用少于腹板数的几个梁的根部集中对接接头在根部与机身相连(见图 7.34)。

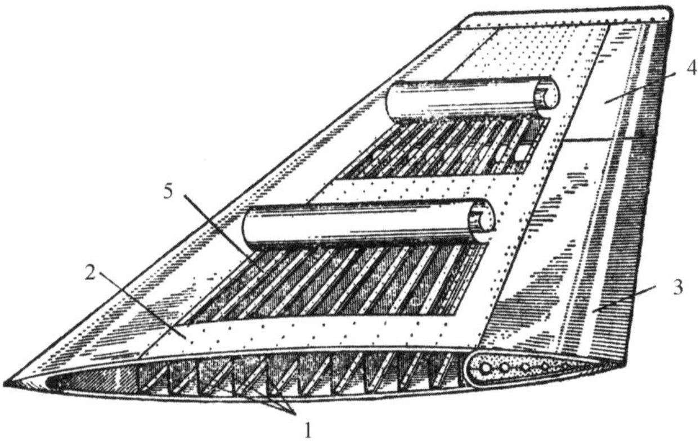

图 7.14　多腹板式机翼

1— 纵墙　2— 蒙皮　3— 襟翼　4— 副翼　5— 纵墙的缘条

机翼的平面形状大致可分为直机翼、后掠翼、三角机翼和小展弦比直机翼 4 种,它们分别用于不同速度、不同类型的飞机上。例如,直机翼主要用于低速飞机上;后掠翼主要用于高亚声速和超声速飞机上;变后掠翼的飞机,机翼后掠角可在 20° ～ 70° 之间变化,以适应飞机低空低速、高空高速、低空高速的性能变化需要;三角翼和小展弦比直机翼用于超声速飞机上。不同类型平面形状的机翼,往往采用不同的机翼结构型式。即使是同一种类型的平面形状,其结构型式也由于飞机的具体设计要求不同而各异。

从现在实际机翼情况看,单纯的梁式机翼已很少采用,一般只用在低速或小型飞机上。速度较高的飞机很多采用带两、三根梁的单块式翼盒结构或多梁厚蒙皮式结构。

各种受力型式虽然总体受力特点不同,但机翼结构中各元件的受力作用和传力过程又有很多共同点。因此,下节将对不同的受力型式的机翼进行传力分析,着重搞清结构中各元件的受力原理、作用,并与其他典型受力型式进行对比分析。

7.4 机翼典型受力型式的传力分析

7.4.1 传力分析(受力分析)的基本方法

传力分析(受力分析)的一般含义是,当支承在某"基础"上的一个结构受有某种外载时,分析这些外载是如何通过结构的各个构件,传递给支承它的"基础"。

传力分析主要是以工程梁理论为基础,对结构的传力规律进行的以定性为主的分析工作。虽然工程梁理论的基本假设(如细长梁假设)在有些具体结构不尽满足,但只要模型取得合理,能抓住主要矛盾,同时对某些局部区域进行必要的理论修正后,分析结果仍有相当的可靠性。而且用工程梁理论进行分析的物理概念清晰,尤其是对中、大展弦比机翼,有时还可作为初步定量分析之用。通过传力分析,可以较好地弄清各种结构中载荷的传递规律,为强度计算、受力构件布置等工作提供依据,以便设计出符合最小重量等要求的满意的结构。

实际机翼结构一般都是高度静不定的复杂结构。从受力的角度看,有主要部分(如主要受力翼盒)和主要元件或构件(如翼梁、翼肋、长桁、蒙皮、接头等),以及次要部分(如机翼后缘)和次要元件(如连接角片、垫片等)两大类。在结构分析、设计计算或强度校核时,均须进行必要且合理的简化,其目的是为了减少工作量。随着各阶段工作对计算精度要求的不同,所取的简化模型和简化程度有所不同。

1. 对实际结构进行传力分析的基本方法

(1) 对实际结构合理简化,略去次要元件和次要部分。例如对图 7.22 所示的双梁直机翼,可根据前、后缘闭室的抗扭能力(如当它的扭转刚度只占整个盒段扭转刚度的 10% 以下时),略去后缘或前、后缘,而近似认为只有两根梁之间的翼盒段结构承受机翼的总体内力,从而使在传力分析中,降低结构的静不定度数,成为静定的或只有一两度静不定的结构。

(2) 对结构中各元件之间的连接关系了解清楚,并合理简化成铰接、固接等集中连接或分散连接的典型连接形式。

上述简化一般应以偏安全为宜。

(3) 从结构的初始外载开始,依次取出各个部分或元件为分离体,按它们各自的受力特性合理简化成典型的受力构件,如盒式梁、平面梁、板、杆等;并根据与该部分结构相连的其他构件的受力特性及它们相互间的连接关系,由静力平衡条件,确定出各级分离体上的"外载"(作用力)和支承力,并画出各构件的内力图。这样,通过各级分离体图既可了解力在结构中的传递过程,又可知道各构件的传力功用和大致的内力分布。

2. 基本结构元件和结构的受力特性

飞机机体结构大多是薄壁结构,基本上由板、杆组成。各构件在结构中应根据它们的受力特性进行最佳的组合,使它们分别承担最符合各自受力特性的载荷,这样才能使设计出来的结构质量轻。同样,在传力分析时,也应对各构件(元件)的受力特性进行合理地简化,比如哪些应作为板元,哪些应作为杆元或梁元。这样就能帮助我们了解各元件在结构受力中所起的主要作用,更好地分析结构受载后的传力路线。

判断一个构件(元件)能否传递这种或那种载荷,就要看该构件在此种载荷下是否满足强度要求,或者是否不致产生过大的变形(超过了容许的变形量)。该问题在第 6 章已经讨论过,下面进一步分析飞机上的各种典型构件的受力特性。

(1) 杆。杆只能承受(或传递)沿杆轴向的分布力或集中力。机翼中的长桁、翼梁缘条就属此类元件。杆的抗弯能力很小,一般认为它不能受弯矩,或只能受很小的弯矩(如长桁上局部气动载荷引起的弯矩)。

(2) 薄板。一块薄板适宜承受在板平面内的分布载荷,包括剪流和拉伸应力(见图 7.15(a),(b))。在薄板受压和受剪时,必须考虑稳定性问题。一般来说,当薄板没有加强件加强时,承压的能力比承拉的能力小得多,故粗略分析时常将它略去。同时要注意薄板不适宜受集中力。由于板的厚度较薄,很易撕裂,所以要传递板平面内的集中力就必须附加一构件,将集中力扩散成分布剪流,否则板不能直接承受此集中力(见图 7.15(c))。机翼中的墙、翼梁和翼肋的腹板常简化成薄板。厚板则能直接承受一定的集中力,同时既可受剪,也可受拉压。

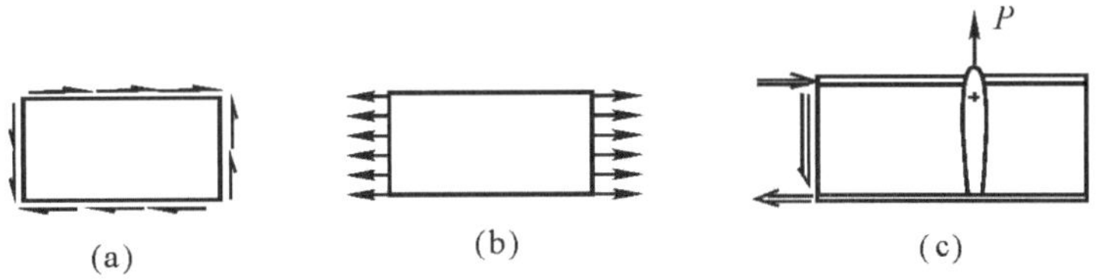

图 7.15　薄板受载情况

(a) 薄板受剪；(b) 薄板受拉；(c) 薄板受集中力(应附加构件)

(3) 平面板杆结构。它由处于同一平面内的板、杆组成,适宜承受作用在该平面内的载荷。因杆宜于承受轴向力,故可沿板杆结构中的杆件施加以沿杆轴方向的力。如果某一节点为两根不同方向的杆的交点,则可在此节点上施加以在该平面内任意方向上的集中力。

当由薄板与杆构成结构时,杆、板之间只能相互传递剪流(见图 7.16(a))。因为若板将拉伸应力传给杆时,从图 7.16(b) 可知,必定会使杆受到一横向载荷而引起弯矩,这将与杆不能承受弯矩的假设相矛盾。此外,三角形薄板不能受剪(见图 6.6),但若为可受正应力的三角形厚板,板边又有合适的支持时,还是能受剪的(见图 7.42)。

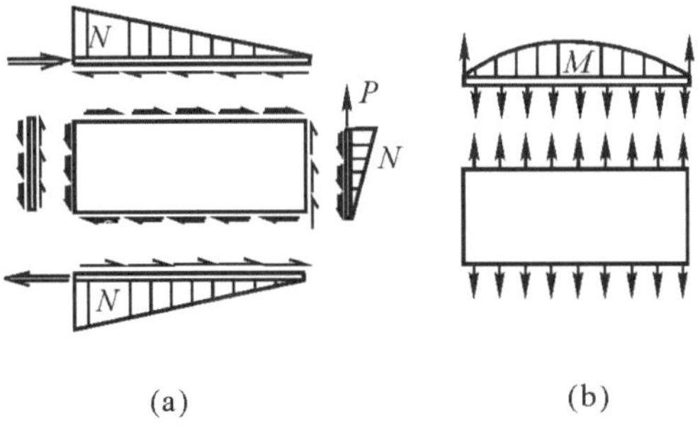

图 7.16　平面板杆结构的受载情况

(a) 板、杆间只传递剪流,则杆只受轴向力；(b) 板、杆间传递法向载荷,则杆将受弯矩

飞机结构中最常见的板杆结构是由长桁加强的蒙皮壁板结构(见图 7.17),这种结构能受拉伸、压缩和剪切载荷。为了计算方便,根据蒙皮的厚度不同可简化成不同的模型。常用的一种模型是将板(蒙皮)承受拉压的能力合并到杆(长桁)中去,即仍简化为受剪板和受轴力杆。

(4) 平面梁。平面梁可以是薄壁结构组合梁(见图 7.11),也可以是整体梁(见图 7.18(c))。它适于承受梁平面内的载荷。图 7.18(a) 所示为一由腹板和上、下缘条组成的薄壁翼梁。在传力分析中，可以近似认为腹板只受分布剪流形式的剪力；而缘条作为杆元受轴向力，上、下两缘条分别受拉和受压，即可承受梁平面内的弯矩。中空的平面环形框也是平面梁的一种（见图 7.18(b)）。

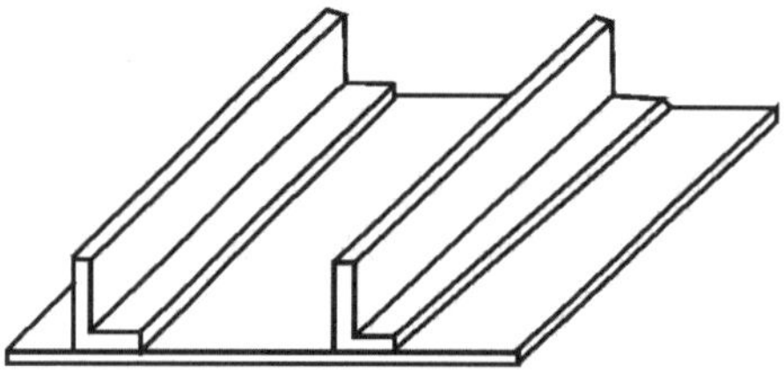

图 7.17　蒙皮、长桁组成的壁板结构

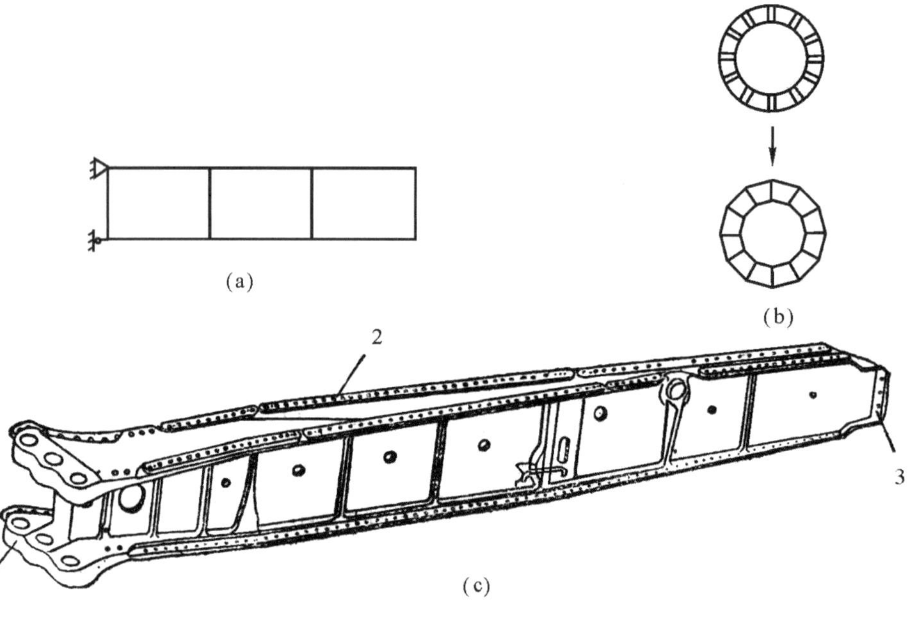

图 7.18　翼梁

(a) 平面薄壁梁；（b) 框；（c) 整体翼梁

1— 机翼与机身的对接接头　2— 垫板　3— 与前墙腹板连接处

(5) 空间薄壁结构与厚壁筒。厚壁筒与空间薄壁结构（如带腹板的封闭周缘的簿壁梁、盒式结构等）经过合理的安排，可承受空间任意方向的力（见图 7.19）。

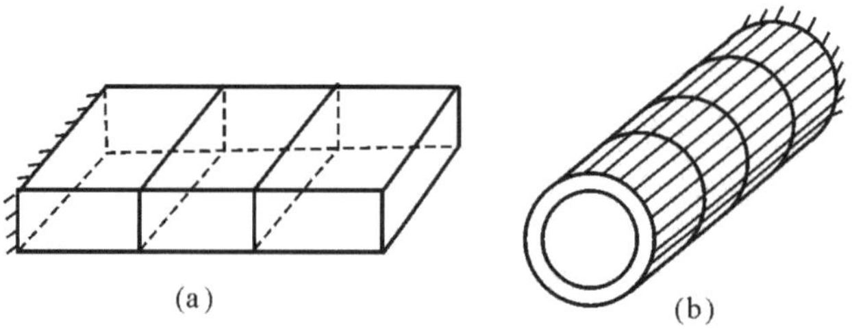

图 7.19　空间薄壁结构

(a) 空间盒式结构；（b) 封闭周缘薄壁梁

通过对上述一些基本结构元件和某些简单结构的受力特性分析，我们会注意到以下几点。

(1) 各构件的受力特性都是相对于结构所能够受力的大小和变形要求而言的。即在通常所需承受的载荷数值下构件不破坏，或在满足结构效率下变形不超过允许值，就认为它能承受并传递此力，反之就认为不能承受和传递。

图 7.20 所示为两端简支的高强铝合金圆杆 AB。已知杆剖面面积 $F=40\ \mathrm{mm}^2$，$l=80\ \mathrm{mm}$，$P=16\ 000\ \mathrm{N}$，$E=72\ 000\ \mathrm{MPa}$，$\sigma_b=420\ \mathrm{MPa}$。当仅在 P 力作用下，可求得杆轴向应力 $\sigma=P/F=400\ \mathrm{MPa}$。$\sigma<\sigma_b$，强度足够。现若在杆中点 C 处单独作用一横向集中力 Q，并取 $\sigma_{max}=\sigma_b$，则可求出此杆所能承受的最大横向力仅为 750 N。由此例可见，当圆杆受横向力 Q 时，因这种载荷不符合杆的受力特性，故承受这种载荷的能力很差(本例中 $Q=4.7\%P$)。若受此种形式载荷，必然要付出较多的重量代价，结构效率很低，这显然不符合最小重量要求。因此，认为它只能承受轴向力，而忽略其承弯能力，故作杆元处理。但这不是绝对的，当 Q 很小以致 $\sigma_{max}\leqslant\sigma_b$ 时，它也能承受由力 Q 引起的弯矩。

了解了各种构件的受力特性后，在传力分析时，就可按各自的受力特性合理简化各构件、元件(如对梁的缘条可简化为杆元处理，忽略其承弯能力)，这样既可使分析工作大大简化，又不致引起太大的误差。

(2) 结构能承力的条件。一个结构由很多构件组成，当考虑一个结构的受力特性时，不仅要了解组成它的各个构件本身的受力特性是否适宜承受某种力，还要考虑构件之间力的传递。即：某种载荷能否传到此构件上(传入)，以及是否又能从此构件传到另外一些构件上(传出)，最后能否传到支承该结构的基础上(传至基础)，必须同时满足这 3 个条件。例如，一个薄壁梁要通过某接头承受弯矩，那么该接头必须能使弯矩传入。如可在梁平面内与其上、下缘条相连，以便保证构成弯矩的一对轴力传入；而若该弯矩直接以集中力形式加到腹板上，则因不符合薄板的受力特性，无法传入。又如讨论某一孤立的平面梁，虽然它本身能承受作用于自身平面内的弯矩，但如果根部与基础是铰接，那么弯矩就不能从根部传出去(见图 7.21)，这样实际上此梁就不能受此弯矩。因此，构件的支承情况应与构件的受力特性相适应才能使构件传一定的力。

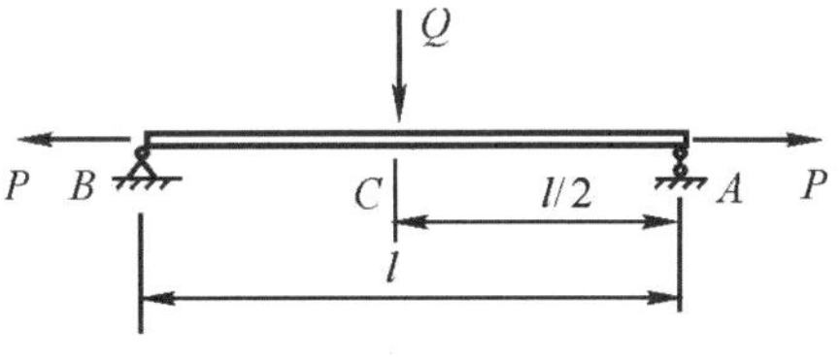

图 7.20　双支点圆杆受载

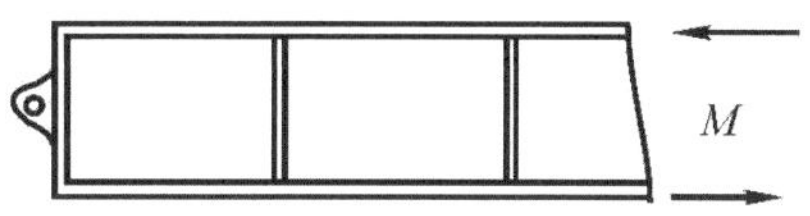

图 7.21　梁一端若铰支则不能承弯

(3) 静不定结构受力时的刚度分配法。这里所说的刚度是指元件(构件) 的结构刚度，是指元件在载荷作用下抵抗变形的能力，即元件产生单位变形所需的外载值。一个结构有各种变形，如伸长、转角或扭角等，则对应的就有拉伸刚度、弯曲刚度和扭转刚度。在静定结构中，力在各元件中的分配是确定的，它们只和各元件(或支座) 及作用力的相对几何位置有关，根据静力平衡条件即可确定各元件的内力。而静不定结构，除去静力平衡方程外，还必须同时根据变形协调条件才能求出各元件所受的力，即力的分配还与各元件本身的刚度和支承条件有关。在一定条件下(如机翼变形符合平剖面假设)，结构中各个元件可直接按照其本身刚度的大小来分配它们共同承担的载荷，这种正比关系我们称之为“刚度分配法”。在定性分析中，往往应用刚度分配法来研究力在静不定结构中的传递规律。

需要指出的是，对静不定结构并不是在任何情况下都能用刚度分配法得到比较满意的结果，相反，它的应用是有条件限制的。

7.4.2 双梁式直机翼的传力分析——各典型元件的受力原理、作用

本节以双梁式直机翼（见图 7.22）为典型，以机翼的主要载荷——分布气动载荷为重点，进行传力分析。即：分析气动力是如何从蒙皮经机翼各元件传到机翼根部？又如何把根部的集中力和力矩传给机身的？各元件主要起什么作用？

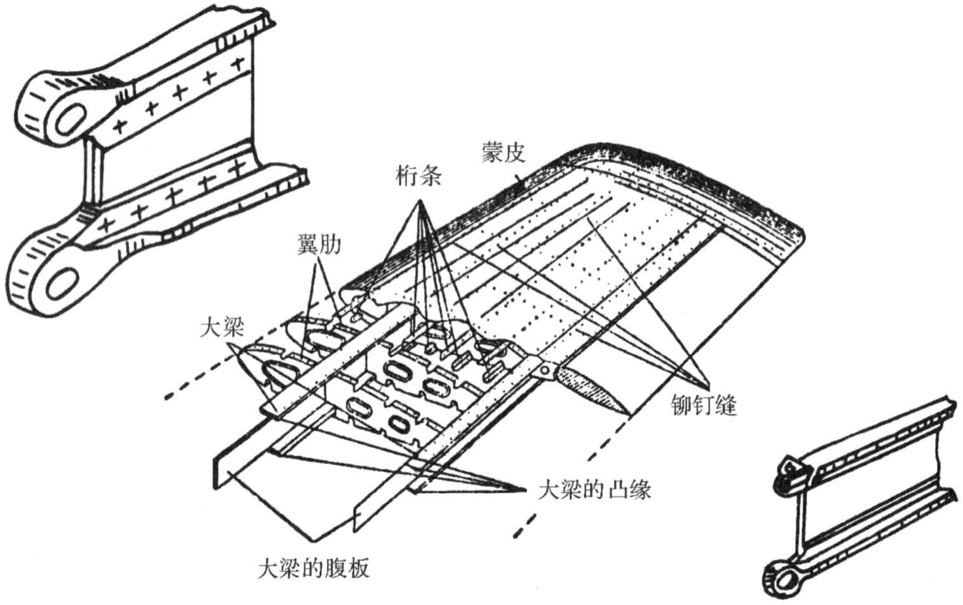

图 7.22 双梁式直机翼

1. 作用在机翼上的气动载荷的传递

(1) 蒙皮的初始受载：蒙皮把气动载荷分别传给长桁和翼肋。

气动载荷直接作用在机翼蒙皮上。现取出相邻的两长桁、两普通翼肋之间的一小块蒙皮为分离体分析。蒙皮一般通过铆钉以分散连接形式和长桁、翼肋相连，因此可把这块蒙皮看成四边支承在长桁和翼肋上的矩形薄板。支承可根据是由单排还是多排铆钉连接，相应地简化为简支（铰支）或固支。一般来说，此处大多为单排铆钉，常简化为四边简支板。

当蒙皮受到气动力作用时，若气动力为吸力，则长桁和翼肋将通过铆钉受拉对蒙皮提供支反力，使蒙皮处于平衡状态；若气动力为压力，蒙皮将直接压在翼肋和长桁上。根据作用力与反作用力大小相等，方向相反，分别作用于两相关物体上的原理，蒙皮也就把外载传给了翼肋和长桁（见图 7.23(a)）。气动力的分配可认为近似如图 7.23(b) 所示；当该蒙皮单元长宽不很悬殊时，可按对角线划分，即长桁 $a-c$ 直接受相邻两个蒙皮单元体上传来的阴影面积 $abcd$ 上的气动载荷。

蒙皮本身的受力情况：当蒙皮很薄，且曲率较大时（如前缘蒙皮），它主要以软板形式受力，

即蒙皮主要受链应力(沿蒙皮厚度均匀分布的正应力)。但当蒙皮曲度不大时(如中段主翼盒区),则蒙皮内主要为垂直于蒙皮的横向力引起的弯曲应力,同时也有一些链应力(见图 7.23(c))。

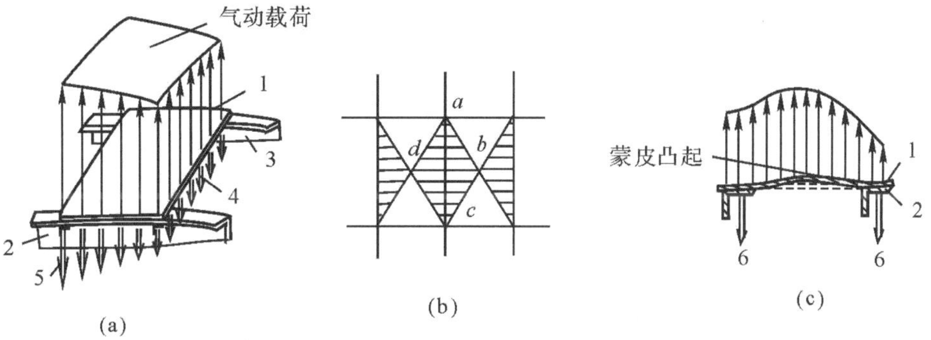

图 7.23　机翼蒙皮初始受载

1— 蒙皮　2— 长桁　3— 翼肋　4— 长桁支反力　5— 翼肋支反力　6— 铆钉的支反力

(2) 长桁与翼肋受载:长桁把自身承受的初始气动载荷传给翼肋。

长桁与翼肋直接用角片(或间接地通过蒙皮) 相连(见图 7.24)。由于该载荷方向垂直于长桁轴线,且处于翼肋平面内,在此种载荷下,翼肋的刚度比长桁大得多,因此翼肋向长桁提供支持。此时长桁可看做是支持在一排翼肋上的多支点连续梁,这样长桁也就把作用在它上面的气动载荷传给了翼肋。至此,作用在蒙皮上的气动载荷直接或由长桁间接地(见图 7.25) 全部传给了翼肋。

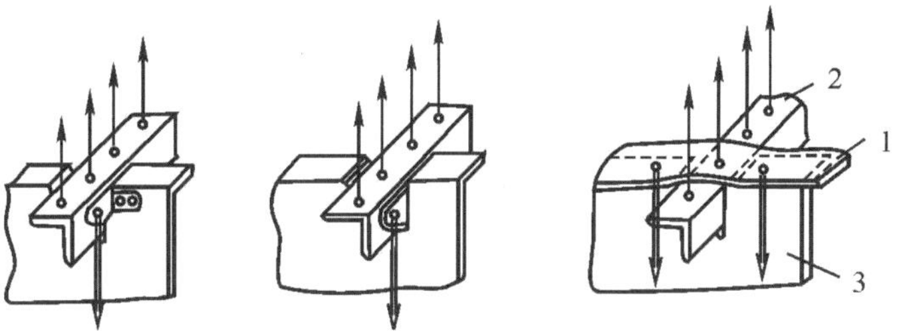

图 7.24　长桁与翼肋的连接形式

1— 蒙皮　2— 长桁　3— 翼肋

在上述情况下,蒙皮和长桁作为薄板和杆元,按它们的受力特性,是不宜承受这类使板和杆受弯曲的横向载荷。但前面指出,所谓构件的受力特性是相对而言的,是指它最适宜承受某种载荷,而不是绝对不能受其他载荷。因为一般情况下,这些局部气动载荷对于这些构件来说都属小载荷,因而此时它们能承受此类载荷。

(3) 翼肋的受载。在梁式和单块式机翼中,普通翼肋的作用和受力情况很有特点。翼肋的外载有蒙皮直接传来的一部分初始气动载荷 q_a(分布载荷) 和由长桁传来的气动载荷 p_a(小集中力)。它们的合力 ΔQ_i 即作用在该翼剖面的压力中心上,并近似认为它垂直于翼弦(见图 7.26)。

翼肋由什么元件提供支反力呢? 这要根据翼肋与周围元件的连接情况以及这些元件本身的受力特性来定。在双梁式机翼中,翼肋腹板与两梁的腹板相连,肋的上、下缘条与蒙皮相连,故认为翼肋是沿周缘支持在一个由梁和蒙皮组成的空间盒式梁上，即具有 4 个可受正应力的集中面积的闭室盒段结构上。

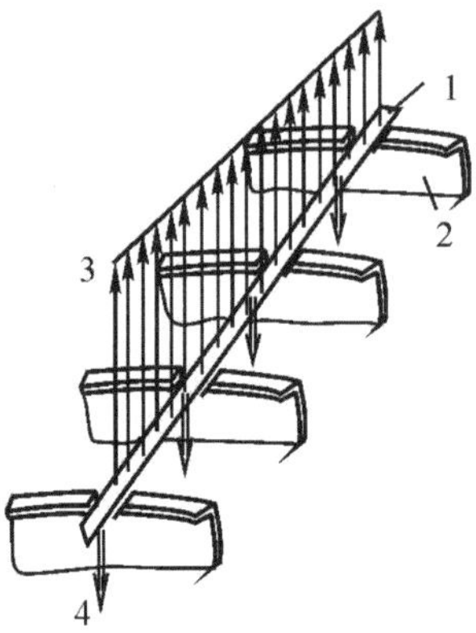

图 7.25　长桁受载

1— 长桁　2— 翼肋　3— 蒙皮传来的载荷　4— 翼肋的支反力

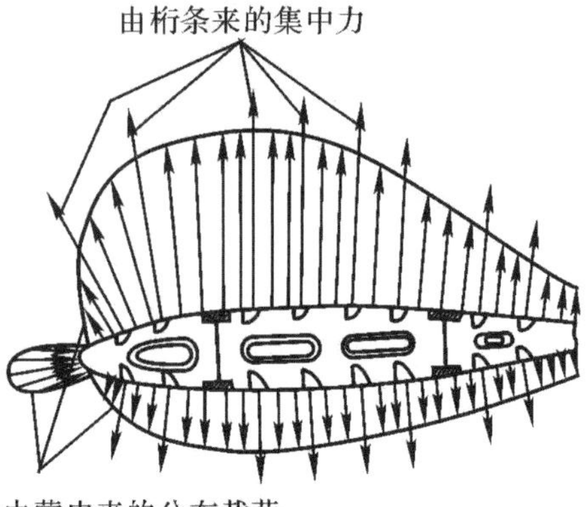

图 7.26　翼肋的外载

一般 ΔQ 的作用点不通过该盒段结构在此剖面处的刚心。在求支反力时(注意：只为求支反力，而不是分析翼肋的内力)，可把 ΔQ 平移到剖面刚心上，使在刚心上作用有一力 $\Delta Q'$ 和附加一个绕刚心的力矩 ΔM_t(见图 7.27(a))。作用在刚心上的力有使翼肋作上、下平移的趋势，并将使翼盒产生弯曲变形；而力矩 ΔM_t 使翼肋有绕刚心转动的趋势，并使翼盒产生扭转变形。

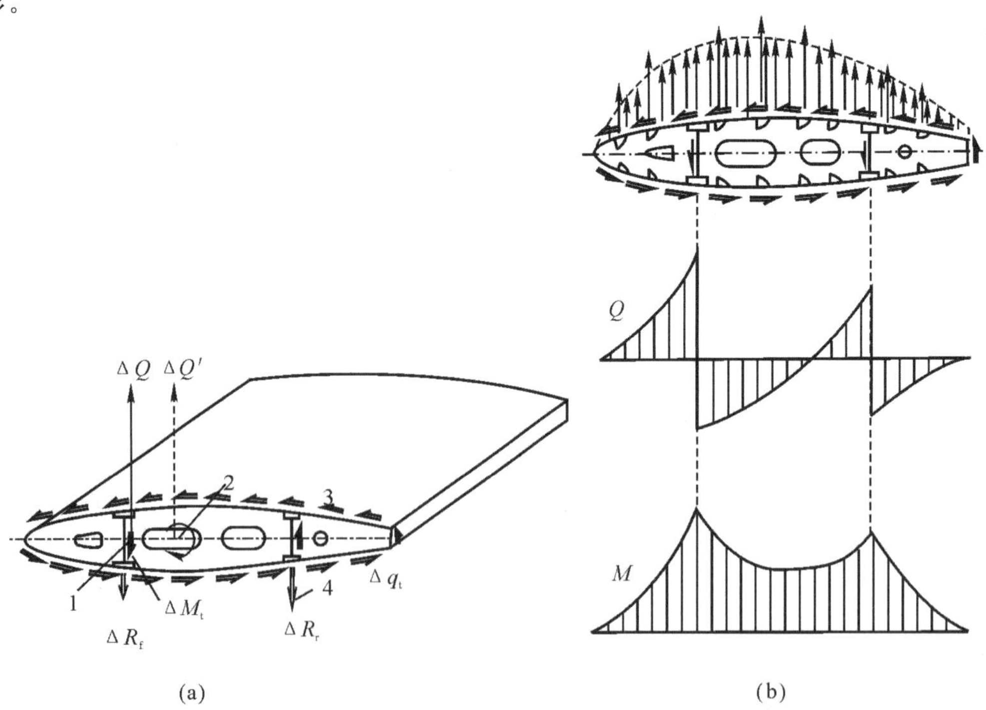

图 7.27　普通翼肋的平衡

(a) 翼肋受力 ΔQ 时的平衡；(b) 翼肋内力图

1— 压力中心　2— 刚心　3— 蒙皮给翼力的支反力　4— 翼梁腹板给翼肋支反力

梁腹板和蒙皮都是薄壁构件，虽然它们在垂直于自身平面的方向上刚度很差，但在自身平面内却有足够的刚度，能够提供支持。因此，翼肋受载荷后，其垂直力 $\Delta Q'$ 由两个梁腹板的支反力 ΔR_f，ΔR_r 平衡。这两个支反力在满足一定条件时，可用刚度分配法由两梁的弯曲刚度求得其值。ΔM_t 由翼盒提供沿闭室周缘作用的、闭合的支反剪流来平衡(见图7.27(a))。可见，通过翼肋的作用，气动载荷转换成了垂直载荷 ΔQ_f，ΔQ_r 和力矩 ΔM_t，并相应地传到了梁腹板和组成封闭翼盒的各元件上。

翼肋受载时，它本身相当于一个“梁”，各切面内会产生剪力、弯矩等内力(见图7.27(b))。但应强调指出，它与一般材料力学中的梁是不同的。材料力学中的梁多半具有集中的刚性支点(铰支、固支)；而支持翼肋的是它的内侧(靠近机翼根部)的一段盒式梁，所以该支持是沿翼肋周缘分散的和弹性可变的。

由以上分析可知，翼肋和蒙皮之间存在着相互支持又相互加载的关系。当蒙皮受到气动载荷时，因为它在垂直于自身平面的方向上很容易变形，所以要依靠翼肋支持；而当翼肋受到力矩 ΔM_t 时，由于蒙皮(还有梁腹板)在自身平面内有足够的刚度，所以又可对翼肋提供支持(Δq_t)。这样，原来作用在蒙皮上的气动载荷又有部分回到蒙皮上。但由于翼肋的作用，已从原来垂直于蒙皮表面的横向载荷形式转换成了符合蒙皮受力特性的、作用在蒙皮自身平面内的分布剪流。

(4) 翼梁的受载。翼肋传给腹板的载荷 ΔQ_f，ΔQ_r 分别以剪流形式加到梁腹板上。由于梁腹板的抗弯能力比梁的缘条小得多，可略去其承弯能力，因而腹板以平板受剪的形式平衡，并将剪流往根部传递。由于腹板和很多翼肋相连，从翼尖到翼根，一个个 ΔQ_i 加到两梁腹板上，最后在根部由机翼-机身对接接头提供垂直方向支反力 R_2 来平衡(见图 7.28)。

腹板上沿展向(梁轴方向)的支反剪流由梁的上、下缘条提供，也就是说，腹板将加给上、下缘条一对轴向剪流。缘条以杆的形式受载并向根部传递，最后由根部对接接头提供一对水平方向支反力 R_1 来平衡(见图 7.28)。由于这一对轴向剪流大小相等，方向相反，因此相当于给梁加上了一个力矩(弯矩)。也就是说，两根梁内将有剪力和弯矩两种内力，它们也就是梁式机翼的总体内力中的剪力和弯矩。若略去机翼的锥度而近似认为腹板是矩形的，并且不计梁本身直接承受的气动载荷，则该剪力 Q 沿展向向根部呈阶梯形增加(即每经过一个翼肋，Q 值有一突变)；弯矩(缘条上的一对轴力)则呈斜折线规律分布，其斜率从翼尖到翼根阶段性渐增。

(5) 蒙皮、腹板承受扭矩。由各翼肋沿闭室周缘加给翼盒的 Δq_t 形成力矩 ΔM_t，将引起机翼的扭转变形，故称之为扭矩。机翼的第三个总体内力扭矩 M_t 以蒙皮和腹板受剪的形式，向根部传递。若略去机翼前、后缘闭室承受总体内力的承载能力，则各 ΔM_t 只以中盒段受一圈闭合剪流的形式受扭(见图 7.29)，此时扭矩由翼尖向翼根逐渐增大，变化规律也呈阶梯形。

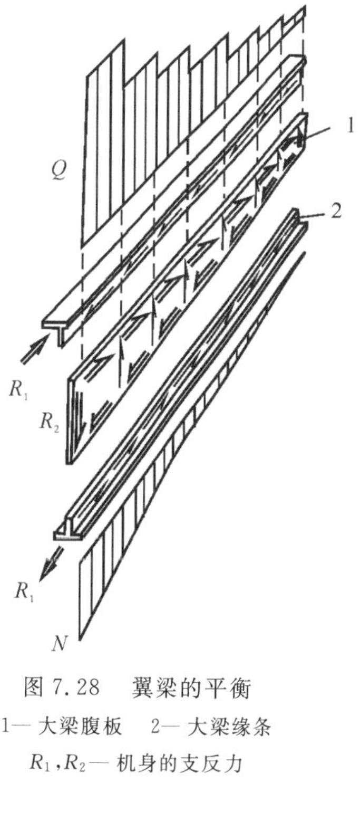

图 7.28　翼梁的平衡

1— 大梁腹板　2— 大梁缘条

R_1，R_2— 机身的支反力

在双梁式机翼中，总扭矩到机翼根部应通过加强肋将一圈剪流转换成适合于机翼－机身对接接头承受的一对集中力(大小相等、方向相反)，再通过接头传给机身(见图7.29)。

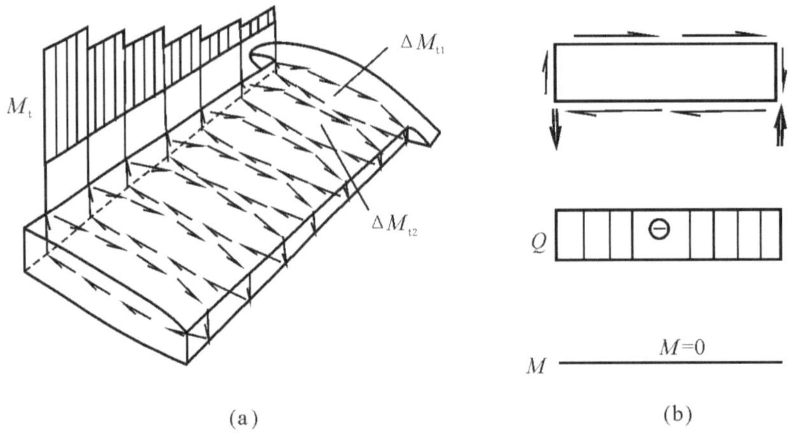

图7.29　机翼的扭矩

(a)机翼扭矩图；(b)机翼根部翼肋的力平衡图和内力图

以上提到的梁缘条上的轴力构成的弯矩M、腹板上剪力Q和翼盒上的扭短M_t就是机翼的3个总体内力：弯矩、剪力和扭矩。

需要指出的是，从上面分析可知，对于双梁式机翼，承受机翼总体力的主要构件是梁和蒙皮组成的盒段。普通翼肋虽不参加总体受力，但它的作用很重要：① 用以承受蒙皮传来的局部气动载荷；② 把局部气动载荷转换成适合于主受力盒段各组成元件受力特性的载荷形式；③ 然后把它们传到这些主要元件(梁、蒙皮)上，向机翼根部传递，并进而通过对接接头传给机身。由下节集中力的传递可看到，翼肋(加强翼肋)还可把集中力或力矩也转换成合适的载荷形式传给梁和蒙皮组成的主受力盒段；或反之把主受力盒段上的扭矩转换成集中力的形式加到接头上(如梁式机翼的根部加强肋)。翼肋可以转换载荷性质或方向的作用很重要，当然加强肋的作用不仅在此。

2.机翼上集中力的传递

机翼除气动载荷外，还承受有各连接接头传来的集中载荷。然而，机翼是一种薄壁结构，这类结构适宜于承受分布载荷，而承受集中载荷的能力极差。因此，在受有集中力时，必须在力的作用点处布置相应的构件扩散集中力。例如，当传递展向集中力时，可布置辅助梁等纵向构件；而在传递处于翼肋平面内的集中力时(可以是弦向的，或处于垂直面内的)，则可布置加强肋，用以扩散集中力，使之转化成分布剪流，以适应薄壁结构的受力特性，然后传到机翼的主要构件——翼梁和蒙皮上去。从图7.30所示的加强肋的平衡可知，该肋在集中力P作用下也有垂直向上和绕剖面刚心转动的两种运动趋势，因此加强肋上的载荷传递完全与前面的普通肋上受气动载荷时相同。所不同的是，集中力作用处加强肋本身的某些内力将有突变；整个机翼的剪力、扭矩在集中力所在剖面也会有突变，并对机翼总体弯矩有影响。从图7.30还可看出，这类翼肋的内力——弯矩和剪力——往往都比较大，因此肋的腹板和缘条都要比较强。它与翼梁、蒙皮的连接也比较强。

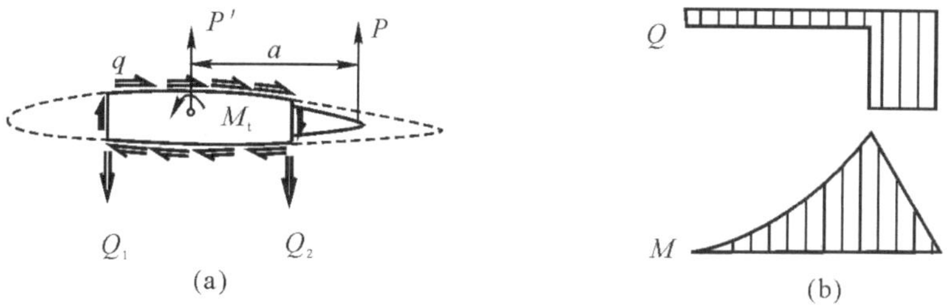

图 7.30　某加强肋的受载

(a) 受集中力 P 时的平衡图；(b) 内力图

3. 单梁式和多梁式机翼的传力力分析

(1) 单梁式机翼。它和双梁式机翼基本相同，不同的是只有一根很强的梁，一般布置在翼剖面高度最大处；同时还常布置 1 ～ 2 根纵墙，以便与梁的腹板和蒙皮构成较大的闭室来承受机翼的扭矩。典型的墙缘条很弱，且根部与机身用只能传递力的铰接接头相连，可认为它不参与承受机翼的剪力和弯矩。机翼的全部剪力和弯矩由梁承受，梁的根部由可传递力和弯矩的固接接头与机身连接。

(2) 多梁式机翼。其传力分析与双梁式类同，只是此时将由几根梁共同承担弯矩和剪力，由多闭室盒段受扭。需要注意的是，由于各梁的刚度不同，又由于有翼肋和蒙皮将各梁连接在一起，因此，为使变形一致，各梁还可能相互有所影响。有关情况可参考多腹板式机翼。

7.4.3　单块式机翼的传力分析

单块式机翼可能布置有 2 ～ 3 根梁或者只有墙，但一般长桁多且较强，蒙皮也比梁式机翼的厚。因此，传力上的主要不同点是，由梁缘条、长桁和蒙皮组成的壁板承受机翼的总体弯矩。

在单块式机翼中，气动载荷由蒙皮向长桁、翼肋一直到梁腹板的传递过程与梁式基本相同。只是单块式中，长桁、蒙皮较强，承受轴向正应力的能力也较大，因此当梁腹板受剪时产生的轴向剪流（它们将形成弯矩），一小部分直接作用在梁缘条上由它来承受，而主要的部分将由长桁和蒙皮组成的壁板来承受（见图 7.31）。

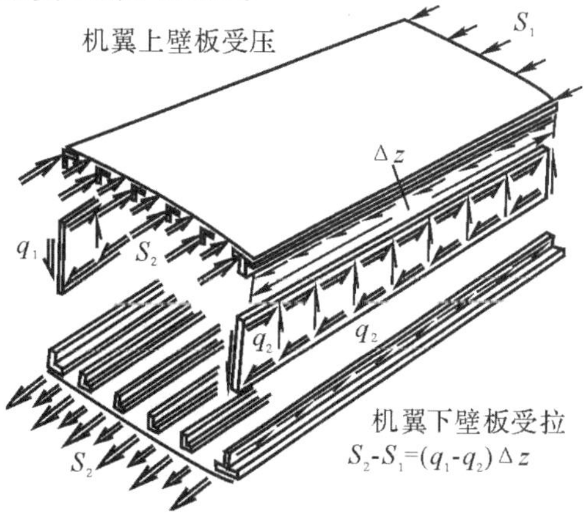

图 7.31　机翼壁板承受总体弯矩

现假如把蒙皮承受正应力的能力折算到长桁中去，即把壁板简化成只有梁缘条、长桁能受正应力，那么腹板上的轴向剪流除一部分直接作用在梁缘条上外，大部分将通过蒙皮受剪将它们传递给各长桁。其传递过程是：腹板上的剪流传给梁缘条一部分后，剩余部分传给与缘条相连的蒙皮上。按以上假设，蒙皮通过受剪将剪流传到第一根长桁附近。此轴向剪流又分成两部分：小部分传给第一长桁，大部分继续通过蒙皮受剪向第二长桁附近传去。如此继续，蒙皮中的剪流逐渐减小，直至轴向剪流全部传给了梁缘条和长桁。缘条、长桁上的轴向剪流由根部提供支反力；缘条、长桁所分担的轴力大小，近似与它们的拉、压刚度成比例；它们的内力沿展向按斜折线规律分布，由翼尖向翼根斜率渐增，与梁式机翼中梁缘条的内力分布规律类同。由于轴向剪流是借助蒙皮受剪传递的，因此蒙皮必将同时有附加剪流作用到各翼肋上；又由于两块梁腹板在传递由翼肋来的剪流时，剪流方向通常是一致的，因此在由梁缘条向中间蒙皮传递时，前后梁附近蒙皮内的剪流方向就正好相反，蒙皮内的剪流愈到中间也愈小，至中间某桁条处，则正好两侧剪流全部由该桁条承担。这就是梁缘条向蒙皮传递部分剪流，剪流在蒙皮内逐渐分散，并使桁条参加总体传弯的过程(见图 7.32)。此时翼肋的平衡如图 7.33 所示。

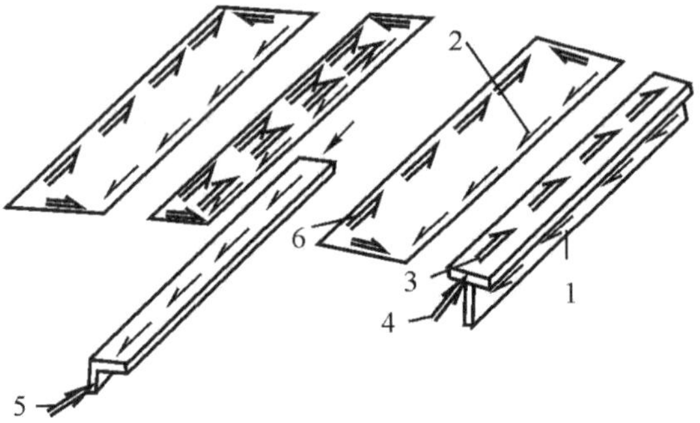

图 7.32　载荷在壁板元件中的传递

1— 梁腹板传给缘条的剪流　2— 缘条给蒙皮的剪流　3— 蒙皮对梁缘条的支反力

4— 梁缘第内的轴向支反力　5— 长桁内的轴向支反力　6— 蒙皮上的剪流

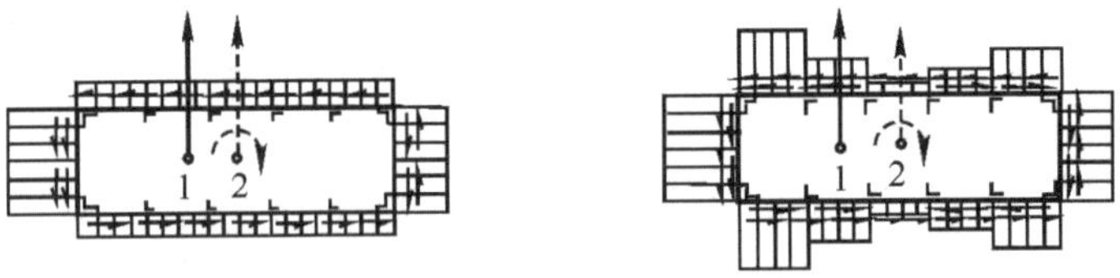

(a)　(b)

图 7.33　梁式、单块式的翼肋平衡

(a) 双梁式机翼翼肋的平衡及剪流分布规律；(b) 单块式机翼翼肋的平衡及支反剪流分布规律

1— 压力中心　2— 刚心

7.4.4　多腹板式机翼的传力特点

多腹板式机翼(见图 7.14) 较多地应用于小展弦比的高速薄翼飞机上，在超声速后掠机翼的薄翼中也常应用。由于小展弦比机翼展弦比和相对厚度小，所以结构高度小。若作成梁式，由于梁的上、下缘条间距(即梁的有效高度) 小，因此与上、下缘条间距较大的梁相比，在承受同样大小的弯矩时，结构高度较小的梁的质量势必要大些。或者说，当两梁的结构质量相同时，前者所能承受的弯矩将小些，即梁的结构效率较低。同时，梁式机翼中与强梁相匹配的薄蒙皮也难以保证薄机翼所需的刚度。为此，对高速飞机的薄机翼往往采用了厚蒙皮，并配以多腹板的形式。

多腹板式的构造一般有以下特点：蒙皮厚，无长桁，有较多的腹板；翼肋有时较多，也可能少。以美国战斗机 F—104 的机翼为例，如除去开口附近、翼尖段以及根部过渡段，则此段机翼共由 13 块腹板，两个端肋和上、下两块厚蒙皮组成，没有普通肋。蒙皮为变截面，在外侧厚为 3.2 mm，内侧厚为 6.3 mm。最后在机翼根部由 13 块腹板逐渐过渡成 5 根梁，由 5 个集中接头与机身相连(见图 7.34)。

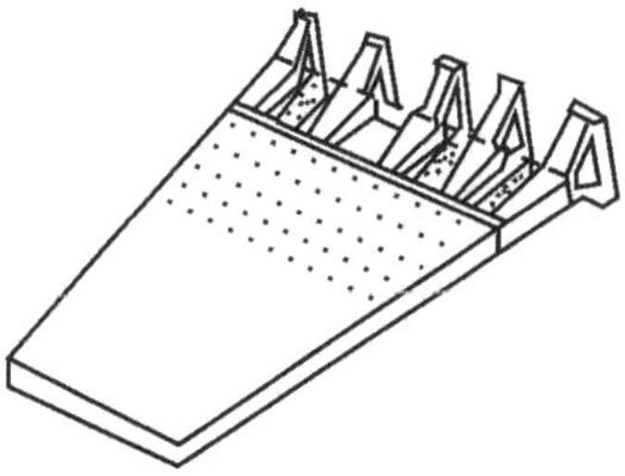

图 7.34　F—104 机翼根部构造

多腹板式机翼的传力特点如下：若没有普通翼肋，则分布气动载荷直接由蒙皮传给腹板。每块腹板上将受有沿展向一长条蒙皮上的气动载荷(该条蒙皮以此腹板为轴线，前后各取半个腹板间距为其宽度)。腹板上、下与蒙皮相连，根部与侧边肋相连。因此，当腹板受此气动载荷后，由此引起的轴向剪流全部传给蒙皮，使上、下蒙皮分别承受轴向拉伸和压缩(机翼的弯矩)。每块腹板上的剪力 ΔQ_i 则传给侧边加强肋，然后由侧边翼肋通过机翼与机身的几个对接接头传给机身加强框(见图 7.35)。

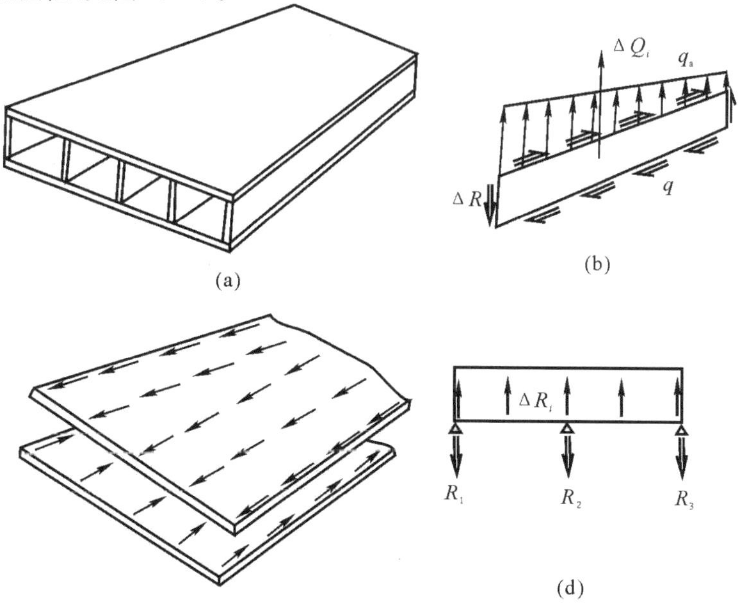

图 7.35　多腹板式机翼受载

(a) 简化模型；(b) 腹板受载后的平衡；(c) 上、下蒙皮上的载荷；(d) 侧边翼肋受载后的平衡弯矩的传递：如果机翼左、右贯通，则当载荷对称时，蒙皮上的轴力在中央翼的厚蒙皮上自身平衡(见图 7.36)。如果像 F－104 那样，机翼分成两半在机身侧边与机身对接，并最后由 13 块腹板过渡成 5 根梁，由 5 个集中接头与机身连接，则蒙皮在根部将出现参与段。最后由 5 根梁把作用在机翼上的全部弯矩(即作用在上、下蒙皮上的轴力) 集中起来传给机身。

我们还可以进一步分析如下：如果取出一块腹板和它所带的一条厚蒙皮为一个单元组合体，该单元体就类似于一根梁(见图 7.37)。显然，每个单元体承受载荷的能力是不同的，这与它们本身的结构刚度(受剖面尺寸、材料及长度等因素影响) 以及支持刚度等有关。假设各单元体上的气动载荷相同时，由于各单元体的刚度不同，受载后其弯曲变形也将不同，有的挠度大，有的挠度小，这样整个机翼将发生翘曲变形，蒙皮将会因此受附加的剪切。也可以从传力观点来分析，为讨论问题简便起见，假设蒙皮厚度不变，且支承情况完全相同，则由于靠近翼剖面中间部分的单元组合体的结构高度高，结构效率也高。现取出靠近前、后缘的一个单元来看，当它承载后，除了由内侧(根部) 的蒙皮提供支反力外，相邻结构高度较大、刚度较大的单元体的蒙皮也会向它提供轴向支反剪流。因此，可以认为对于有的单元体，除了直接加在上面的分布气动载荷外，还将附加作用有其他单元体传来的轴向剪流(见图 7.37)。也就是说，通过蒙皮受剪，蒙皮上的附加剪流将对某些单元体起加载或卸载的作用。

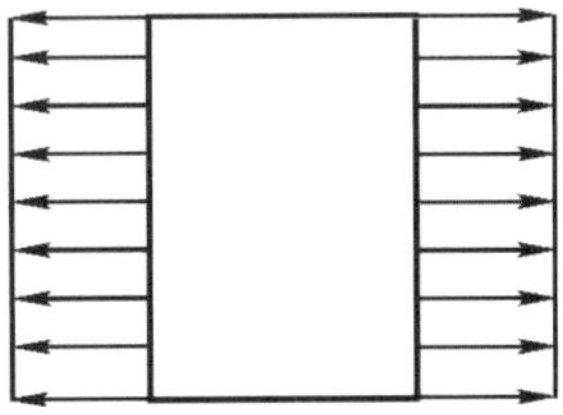

图 7.36 多腹板式机翼的中翼在对称弯矩作用下自身平衡

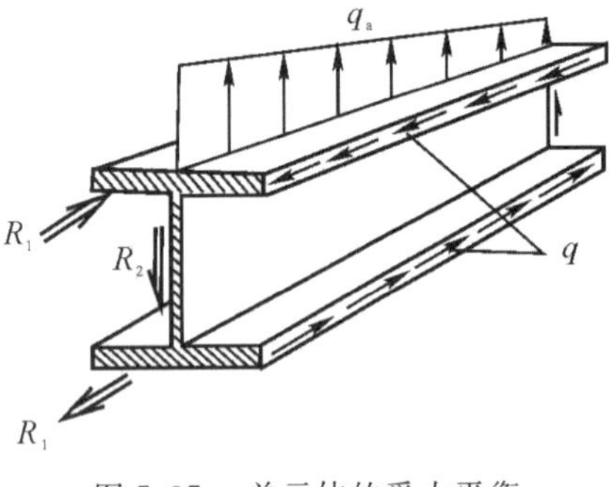

图 7.37 单元体的受力平衡

q_a— 气动载荷 q— 其他腹板通过蒙皮传来的载荷 R_1,R_2— 机身的支反力

综上所述，多腹板式机翼中蒙皮是主要受力元件，它除了承受扭矩引起的剪切外，还承受绝大部分弯矩引起的正应力(一般占总弯矩的 80% ～ 90%，连接蒙皮与腹板的加强条约承受 10%)，因此它处于复杂应力状态。而腹板主要受剪，同时还向蒙皮提供垂直方向的支持。

7.4.5 机翼各典型元件的受力功用

现在将机翼各典型元件的受力功用总结如下：

1. 蒙皮

蒙皮起承受气动载荷和维持机翼外形的作用。在总体受力时，它主要用来承受扭矩引起的剪流；现代高速飞机由于蒙皮较厚，因此还不同程度地以受轴力的形式参与承受机翼的弯矩，此时蒙皮将在其自身平面内同时受有较大的正应力和剪应力，处于复杂应力状态。

2. 翼肋

普通肋不参与机翼的总体受力，它的主要功用是承受局部气动载荷和维持剖面形状。翼肋作为长桁的支点，还承受长桁传来的局部气动载荷，还为防止长桁以及蒙皮受压总体失稳提供横向支持。除此之外，加强肋还有以下两个功用：一是用来承受其他部件传来的集中载荷，将它扩散成分布剪流，传到由梁和蒙皮组成的翼盒上；二是可以将某种形式的分布剪流转换成另一种形式的分布剪流（如大开口处的端肋、梁式机翼的根肋就属此类）。

从前面分析可知，在机翼传力中翼肋通常是个很关键的元件，它经常用来转换载荷形式、方向，使之成为适宜翼盒主要受力元件（蒙皮、梁、墙）受力特性的载荷，然后通过这些元件将载荷传往机身。

3. 翼梁和墙

翼梁的主要外载是由各肋传来的剪力 ΔQ_i。翼梁固支在机身上，由机身提供支反力和支反弯矩（如果梁左、右贯通，则当机翼处于对称载荷状态时，弯矩在梁上自身平衡，不传到机身上）。所以翼梁的主要功用是承受（或叫传递）机翼的剪力 Q 和弯矩 M。梁的缘条（凸缘）承受弯矩引起的轴力，腹板承受剪力 Q。梁缘条受轴向压力时，由于在蒙皮平面内有蒙皮支持，在翼梁平面内有腹板支持，因此一般不会产生总体失稳，但须考虑其局部失稳问题。

纵墙和翼梁腹板的作用类似。因为墙本身不能承受弯矩，而只能以受剪板形式受载，所以在梁式机翼中（又假设蒙皮不受正应力），它和翼梁腹板、蒙皮一起，作为翼盒的一部分，只能用以承受扭矩引起的剪流。但在多腹板式机翼中，因蒙皮能承受正应力，可直接向腹板（墙）提供轴向支反剪流，此时腹板将承受由蒙皮直接传来的气动载荷（其合力为 ΔQ_i）。

4. 长桁

长桁承受局部气动载荷，并对蒙皮起支持作用。在现代机翼中，长桁一般都参加总体受力，此时它的主要功用是承受机翼弯矩引起的轴向力。长桁作为杆元，受压后可能产生总体失稳和局部失稳。在考虑总体失稳时，由蒙皮和翼肋分别在各自平面内对长桁提供支持。

7.4.6　各典型受力型式结构受力特点的比较

不同的受力型式，其结构元件的受力功用有所不同。机翼结构受力型式的发展主要与飞行速度的增长有关。速度的增加促使了机翼外形改变并提高了对结构强度、刚度、外形（气动外形和表面质量）的要求。比较梁式、单块式和多腹板式的受力特点可以发现，单纯的梁式机翼，薄蒙皮和弱长桁均不参加机翼总体弯矩的传递，只有梁的缘条承受弯矩引起的轴力。高速飞机的气动载荷增大，而相对厚度减小又导致了机翼结构高度变小，只靠梁来承弯将使承弯构件的有效高度减小，加之对蒙皮局部刚度和机翼扭转刚度要求的提高，促使蒙皮增厚，长桁增多、增强。因此，在单块式、多腹板式机翼中，蒙皮、长桁乃至主要是蒙皮发展成为主要的承弯构件。由于蒙皮、长桁等受轴力的面积较之梁缘条更为分散、更靠近外表面，故承弯构件有效高度较大，因此厚蒙皮翼盒不仅承扭能力较高，抗弯特性也较好，此种机翼结构一般说来材料利用率较高。在承受总体力中的剪力和扭矩时，几种型式中各元件的作用基本相同。

梁式机翼中翼梁是主要受力构件。由于翼梁之间的跨度较大，因此便于利用机翼的内部空间；与其他结构受力型式相比，梁式机翼便于开口（如收藏起落架等）而不致破坏原来的主要传力路线；机翼、机身通过几个集中接头连接，所以连接简单、方便。梁式机翼主要是依靠翼梁承受弯矩。

单块式机翼的上、下壁板成为主要受力构件。这种机翼比梁式机翼的刚度特性好（这点对后掠机翼很重要）。同时，由于结构分散受力，能更好地利用剖面结构高度，因而在某些情况下（如飞机速度较大时）材料利用率较高，重量可能较轻。此外，单块式机翼比梁式机翼生存力强。它的缺点是不便于开口。为了充分发挥单块式的传力特点，在它的设计分离面处必须采用周缘连接形式（见图 7.38），这种连接形式的构造复杂，装配工艺也比较困难。单块式机翼应尽量设计成整体贯通机身。然而当飞机为中单翼布局时，往往由于机身内部布置的限制，机翼难以贯通机身，而只能用几个集中接头与机身在其侧边相连，此时势必会使翼根处的相当一部分材料不能充分利用，致使重量有所增加。

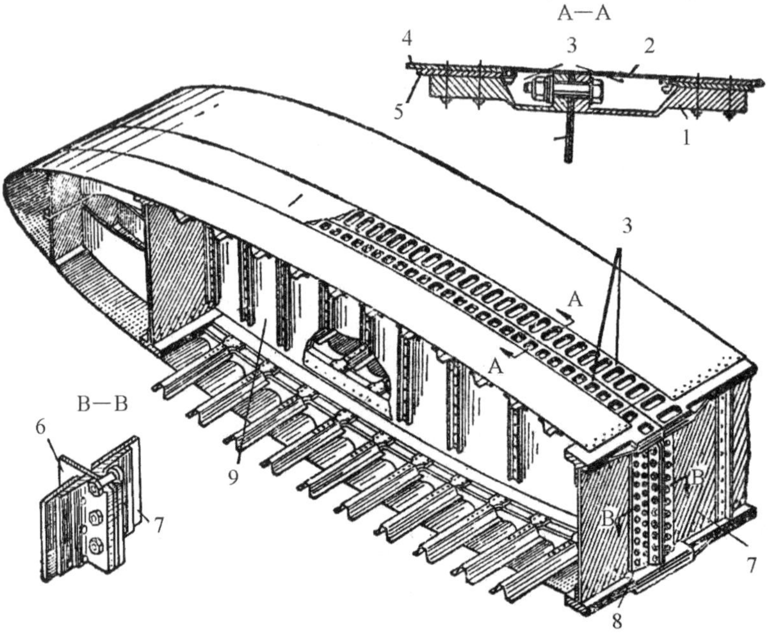

图 7.38　周缘连接接头

1— 对接接头　2— 可拆盖板　3— 孔　4— 蒙皮　5— 垫片
6— 翼肋腹板　7— 翼梁腹板　8— 翼梁的对接角材　9— 加强翼肋

多腹板式机翼主要由上、下厚蒙皮承受弯矩。它与梁式、单块式机翼相比，材料分散性更大。一般来说，多腹板式机翼的刚度大，材料利用率也更好些，然而也存在类似单块式机翼的缺点。

必须注意的是，如果希望笼统地、简单地对以上几种受力型式的优、缺点作一比较是不合适的。由于它们受力的形式有所不同，因而针对不同的机种（如教练机、歼击机或旅客机），要求达到的飞行速度就可能不同，机翼的外形几何参数也会不同，还有其他很多因素的影响，那么就有可能对一个具体飞机来说，采用梁式较好，而对另一飞机就可能采用单块式更好些。这里所说的好坏，主要是指在满足同样设计要求的前提下，机翼的结构质量最轻。

7.5　后掠翼和三角翼的受力分析

7.5.1　后掠机翼的受力特点

后掠机翼可看做由直机翼向后转动一个角度而得。它的左、右两侧的机翼不是彼此连续的直梁，而是一个有转折的盒式梁，因而其外段实质上就是一个直机翼，所有关于直机翼受力分析的结论仍然适用。其主要特点反映在根部三角区 1－2－3 内(见图 7.39)。当机翼受载产生弯曲变形时，由于根部剖面的变形(转角)在后梁区受到了机身的限制，不能自由变形，致使整个剖面发生翘曲(见图 7.39)。因此，平剖面假设在根部区不能成立，从而使机翼根部的应力分布与根据平剖面假设得到的结果相比发生了重大变化。

以一单块式后掠机翼(见图 7.40)为例，取出其根部附近的一段机翼(包括三角区 $A-B-C$)。当机翼受垂直气动载荷作用时，上、下壁板上的各纵向构件(长桁、梁的缘条等)分别受轴向拉、压。由于根部三角区的存在，这些纵向构件的长度不等(靠近前梁附近的纵向构件较长，靠近后梁附近的较短)。而杆元的拉、压刚度与其长度成反比。因此，根部各纵向构件的拉、压刚度必定不相等。当它们受到由弯矩产生的轴力时，为了满足相应的变形一致条件，将近似按它们的刚度大小分配它们共同承担的轴向力。因前梁附近的纵向构件刚度小，分配到的载荷较小，应力较低；而后梁附近的纵向构件刚度大，分配到的载荷也较大，应力较高。因此，出现了应力向后缘集中的现象，通常称之为“后掠效应”。理论研究和试验证明，根部剖面1-3处的应力沿剖面的 x 轴近似呈双曲线分布(见图 7.41)。

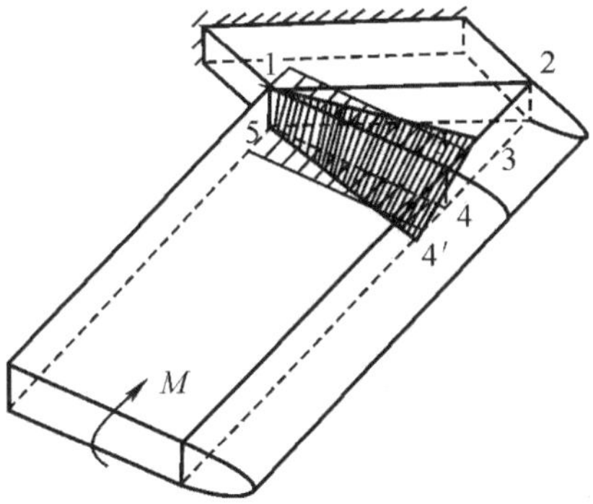

图 7.39　根部剖面 1－3 发生翘曲

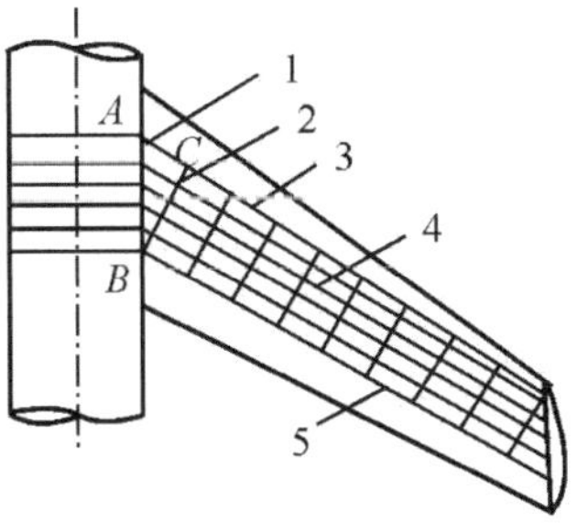

图 7.40　单块式后掠机翼

1— 侧边加强肋　2— 根部加强肋　3— 前梁　4— 长桁　5— 后梁

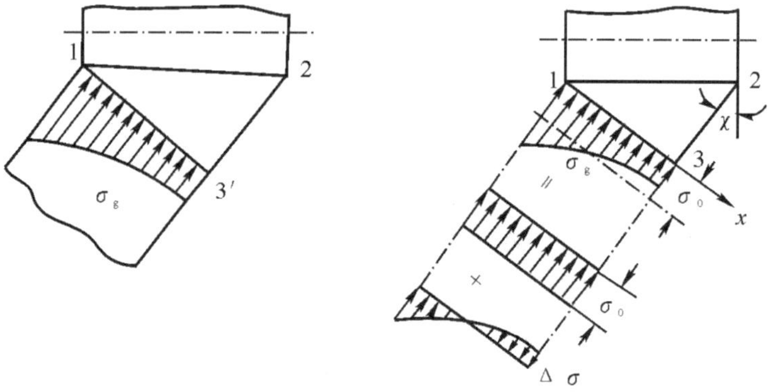

图 7.41　后掠机翼根部的应力分布

后掠机翼也有各种结构型式，如单块式、梁架式等。下面仅以一两种典型结构介绍一下后掠机翼根部的传力特点。

7.5.2　单块式后掠机翼的传力

单块式后掠机翼的具体结构情况有很多种，现以纵向构件在机身侧边转折的单块式后掠翼为例讨论（见图 7.42）。

这种后掠机翼的外段和单块式直机翼相似。其根部由以下主要受力构件组成：上、下壁板 $A-B-C$（由纵向元件：梁缘条、长桁以及蒙皮组成，可受正应力）、侧边加强肋 $A-B$、根部加强肋 $A-C$、前梁 $B-C$。

为研究方便起见，将根部三角区以外的机翼切除，并在根部剖面上加上剪力 Q、弯矩 M、扭矩 M_t 来代替机翼外段对根部的作用。

扭矩 M_t 在根部剖面处继续由三角形上、下壁板和前梁腹板向中翼和机身传递，后梁上的剪流直接由对接接头传给机身。其各分离体平衡图如图 7.42(a) 所示。

剪力 Q 分为两部分。作用在后梁与机身对接点处的剪力 Q_1 直接传给机身。作用在前梁与根肋交点上的剪力 Q_2 分两路传递，一路由前梁传给机身，另一路由根肋向 B 点传递，在 B 点传给机身，此时各构件的分离体平衡图如图 7.42(b)，(c) 所示。

在剪力 Q、扭矩 M_t 的传递过程中，三角形壁板和侧边翼肋均需受载。此时侧肋的平衡如图 7.42(e) 所示。

弯矩 M 以壁板上的轴向力形式作用到根部剖面 $A-C$ 上。如以图 7.42(*d*) 中所示 A 点为例，由于在机身侧边处，长桁发生转折，中翼长桁只能提供垂直于机身轴线的支反力，因而如要 A 点处于平衡，必须有另一构件提供另一个支反力。为此，机翼机身接合处也要求布置一侧边加强肋。

由以上分析可知，对于单块式后掠机翼，由于纵向构件在机身侧边转折，因此侧边加强肋在受力上成为必不可少的受力构件，它在传递弯矩、剪力、扭矩时都起重要作用。在传力时，侧边肋上、下缘条上的剪流（外载荷）的方向总是相反的，这一对剪流形成一个力矩，并由前、后梁的腹板提供一对大小相等、方向相反的垂直方向剪流来平衡。因此，侧边翼肋基本上是受剪，弯矩很小，所以缘条不需十分强，但腹板要强，而且为了提高侧边肋腹板的剪切稳定性，腹板上一般铆有较密的加强型材。

图 7.43 所示是另一种型式的单块式后掠机翼，它与带有中央平直翼盒的后掠翼的不同点

在于左、右机翼在机身对称面处对接。剪力 Q 和扭矩 M_t 的传递与前面一种类似，并在机身侧边传给机身，不再传往中翼。弯矩 M 引起的轴力将在机翼对称面处分成两个分量：y 向分量由左右机翼自身平衡；x 向分量以一个个小集中力的形式作用在中央翼肋的上、下缘条上，形成力矩，再由中央翼肋通过中翼段盒段受扭向外侧倒转到机身侧边传给机身接头。这种形式必须有相当强的中央翼肋。

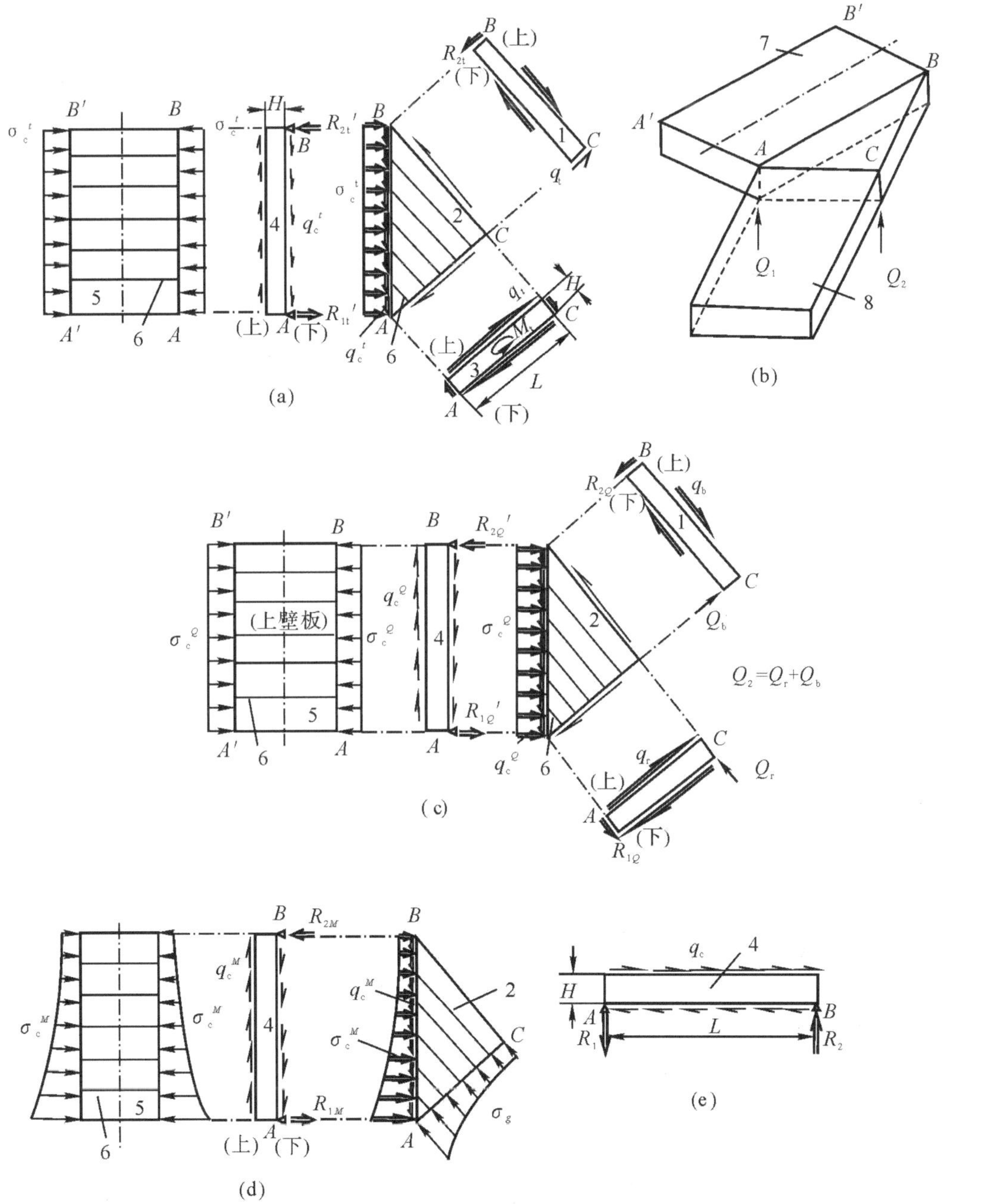

图 7.42　扭矩、弯矩、剪力的传递

(a) 扭矩的传递；(b) 剪力的分配；(c) 剪力的传递；(d) 弯矩的传递；(e) 侧边肋的平衡

1— 前梁　2— 三角形上壁板　3— 根肋　4— 侧边加强肋　5— 中翼上壁板　6— 长桁　7— 中翼盒段　8— 外翼

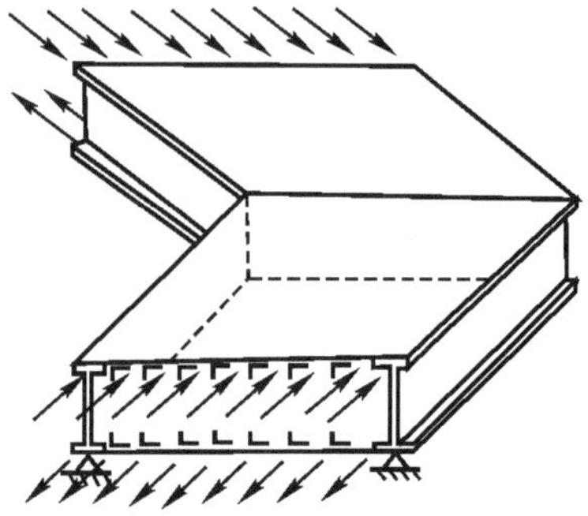

(a)

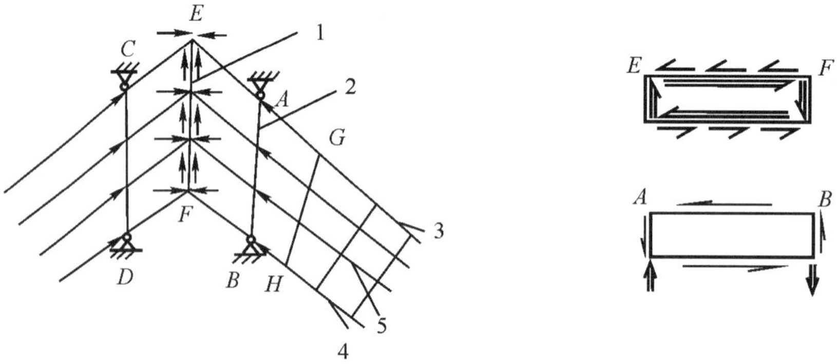

(b)

图 7.43 有加强中央翼肋的单块式后掠翼

1— 中央翼肋 2— 侧边肋 3— 前梁 4— 后梁 5— 长桁

7.5.3 三角翼的结构特点

随着飞行速度的提高,机翼后掠角增大。当后掠角大于 55° 之后,对机翼的强度、刚度的要求与后掠翼在结构上实现的可能性之间的矛盾越来越尖锐。因此,在飞行 Ma 数大于1.5以上的飞机,很多采用了各种形式的三角翼,它保持了后掠翼气动方面的优越性。

三角翼的后掠角大(55° ~ 75°)、根梢比大(可达十几)且展弦比小(1.5 ~ 2.5),因此机翼大部分面积靠近根部,压力中心内移,使根部弯矩减小;而且压力中心相对于根部剖面刚心的力臂减小,扭矩也就相应的减小。三角翼根弦长,在相对厚度相等的条件下,根部结构的绝对高度较大,梁的结构效率较高,因而其根部结构的抗弯曲刚度和扭转刚度较大,大大改善了机翼的强度、刚度特性。

由于三角翼的翼肋相对于后掠翼的翼肋长,为了改善翼肋的受力,应适当增加翼肋沿弦向的支持点,这就意味着要增加纵向翼梁或墙的数量(见图 7.44),与机身的连接点比后掠翼的要多。

(a) (b)

图 7.44 三角机翼翼肋的变形

三角翼也有梁式、单块式等多种结构型式，但较多采用多梁式结构。考虑到三角机翼虽然相对厚度较小，但由于其根弦长，所以根部结构的绝对高度仍较大，梁的结构效率较高。同时机翼翼盒的闭室面积也仍较大，因而蒙皮不需要很厚。在这种情况下，主要由几根翼梁来承弯是合理的。此时三角机翼与机身的连接点比后掠翼的要多。但连接点不宜布置太多，不然机身就要相应地布置很多加强框，给机身的结构设计带来困难。然而，若连接点太少，梁之间的宽度增大，则当机翼壁板参加受弯时，壁板在根部的参与区将占机翼相当大的一部分面积(见图 7.45)，势必降低结构的材料利用率，使结构重量增加。

综上所述，三角机翼较多采用多梁式的结构型式，一般不布置长桁或布置较弱的长桁。为了维持机翼外形，翼肋可布置得较密。

多梁式三角翼按其梁的布置形式，有正交梁(翼梁与机身轴线垂直) 形式、汇交梁形式和混合式等(见图 7.46)。图 7.47 所示为某超声速歼击机混合多梁式三角翼的结构。

三角翼受力分析较为复杂，限于篇幅，在此不再讨论。

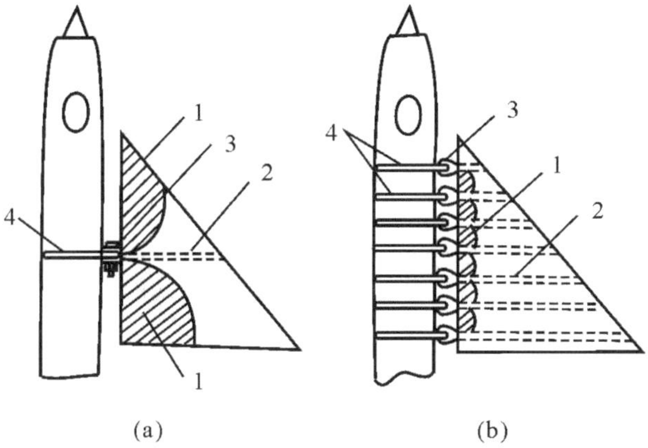

图 7.45　单梁和多梁式三角翼蒙皮受力的比较

(a) 单梁式；(b) 多梁式

1— 壁板参与区　2— 翼梁　3— 与机身的固接接头　4— 机身框

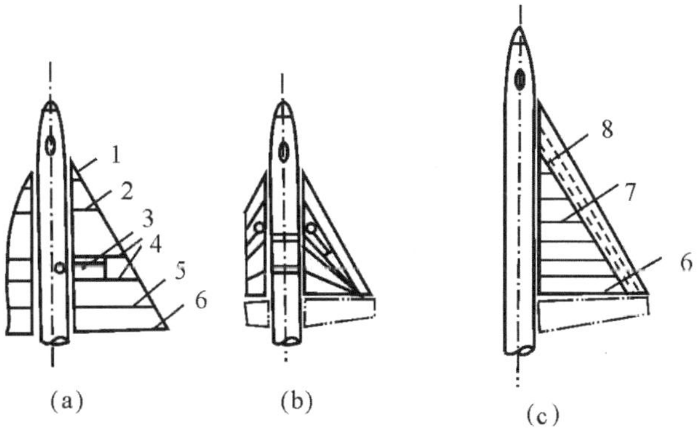

图 7.46　多梁式三角翼的布置形式

(a) 正交梁；(b) 汇交梁；(c) 混合式

1— 墙　2— 前梁　3— 起落架开口　4— 加强梁　5— 后梁　6— 辅助梁　7— 主梁　8— 斜梁

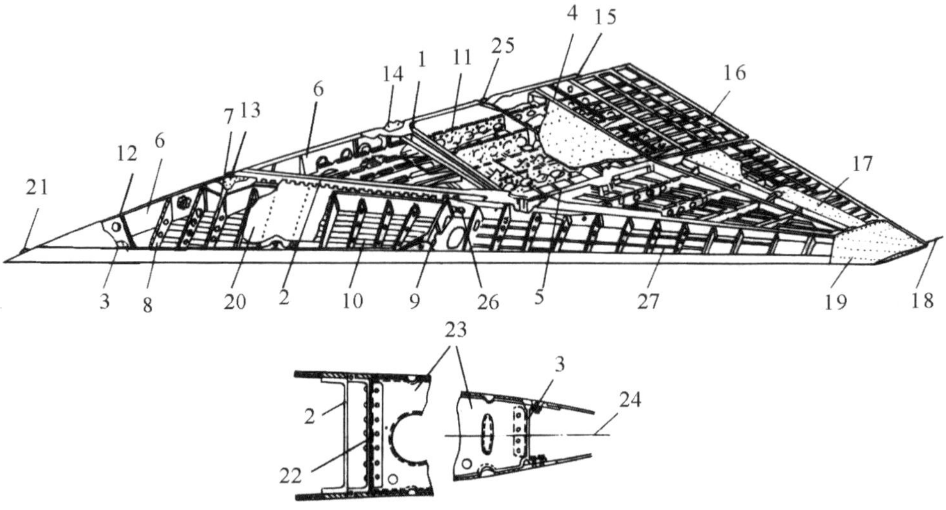

图 7.47　某超声速歼击机三角翼的构造

1— 主梁(内撑梁)　2— 前梁　3— 前墙　4— 后墙　5—6 号肋　6—1 号肋　7—5 号前肋　8—3 号前肋　9—13 号前肋　10— 前整体油箱　11— 后整体油箱　12— 油箱端部隔板　13—16 框处接头　14—22 框处接头　15—28 框处接头　16— 襟翼　17— 副翼　18— 放电刷 19— 翼尖　20— 上蒙皮　21—13 框处接头　22— 前油箱舱隔板　23—10 肋前肋　24— 翼弦线　25—25 框处接头　26— 主起落架轴的安装处　27— 长桁

7.6　气动弹性问题概述

由气动力和弹性力的相互作用而引起飞机部件可能破坏或失效的各种典型问题,统称为气动弹性问题。气动弹性问题与结构刚度有关,但涉及的范围要比刚度问题广泛得多。气动弹性问题有机翼的扭转扩大,副翼的操纵反效(或失效),机翼、尾翼、机身的颤振等。

扭转扩大是扭转变形由小到大单调地增加,导致结构破坏。操纵反效是由于副翼或舵面在操纵时所产生的气动力,导致与它相连的机体结构(机翼或安定面)有较大的变形,引起操纵失效或反效。以上两者统称为静气动弹性问题。至于颤振,由于其变形是振动扩大的,与加速度、惯性力有关,称之为动气动弹性问题。

7.6.1　机翼的扭转扩大

1. 扭转扩大的基本概念

取机翼的一个典型剖面(见图 7.48)。此剖面上有 3 个重要的点:剖面的气动力焦点、重心及刚心(指扭转时绕该刚心转动)。由于是静气动弹性问题(即加速度很小,惯性力可以略去),因此只讨论气动力与弹性力的作用。

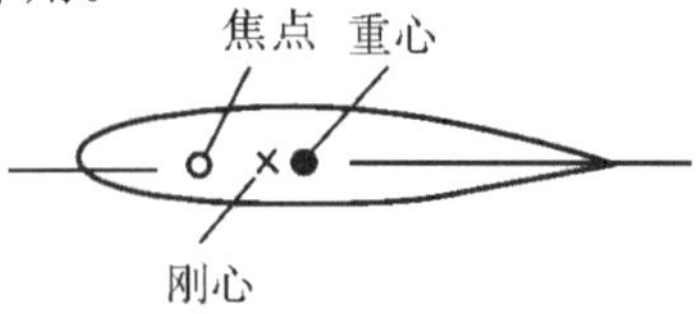

图 7.48　机翼三心位置

亚声速飞行时，焦点在剖面弦长的(25 ～ 28)％处，刚心一般在弦长的(38 ～ 40)％处，也即焦点在刚心前(见图 7.48)。假设机翼以迎角 α_0 使飞机处于稳定平飞中，突然有一扰动上升气流(所谓扰动指瞬间有一上升气流，过后即消失)导致迎角有一增量 $\Delta\alpha$(即 $\alpha=\alpha_0+\Delta\alpha$)，引起附加的升力 ΔL。由于此 ΔL 作用于焦点而不作用于刚心上，因此使该剖面瞬间附加了扭转变形 $\Delta\theta$。当此扰动消失后，扭转变形的发展有两种可能性：一为即使扰动上升气流消失，此附加扭转变形仍愈来愈大，导致结构破坏，此即为扭转扩大；一为在扰动上升气流消失后，此附加扭转变形愈来愈小，最后消失。现在具体分析一下发展过程(见图 7.49)。由 $\Delta\theta$ 引起该机翼剖面的迎角增加 $\Delta\alpha$，因此气动力升力有一个增量 ΔL。此力作用在焦点上，对刚心产生一个使扭转变形进一步增大的气动力距 $M_a=\Delta L\cdot d_a$。由 $\Delta\theta$ 引起的弹性恢复力矩 M_k 将使附加扭转变形减小。若 $M_a>M_k$，则扭转变形愈来愈大，形成扭转扩大；若 $M_a<M_k$，则附加扭转变形愈来愈小，以致消失。由于气动力矩与飞行速度的平方成正比，而弹性恢复力矩与飞行速度无关，因此有一个临界速度。

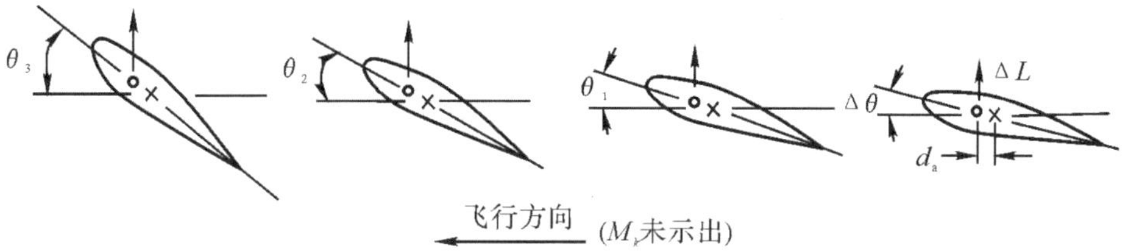

图 7.49　机翼扭转扩大示意图

超声速飞行一般不会出现扭转扩大，因为此时焦点已显著后移。

由于弹性恢复力矩与机翼扭转刚度成正比，因此提高机翼扭转刚度对防止扭转扩大是有好处的。

从图 7.50 可知，后掠机翼对防止扭转扩大有利，前掠机翼则相反。

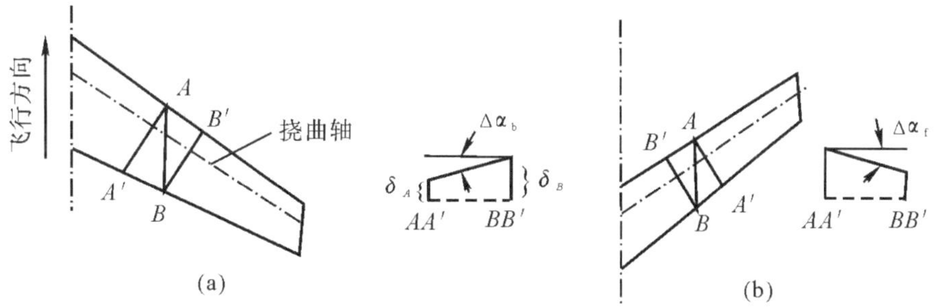

图 7.50　前、后掠机翼，弯曲引起顺气流剖面向不同方向偏转

a) 由于后掠引起的附加负迎角 $\Delta\alpha_b$；(b) 由于前掠引起的附加正迎角 $\Delta\alpha_f$

2. 防止扭转扩大的措施

后掠机翼一般主要考虑防止副翼反效，而不需要考虑防止扭转扩大。亚声速飞机的大展弦比直机翼则两方面都需要考虑。亚声速前掠机翼一般不需考虑副翼反效，而着重考虑防止扭转扩大。防止扭转扩大可以将刚心前移，也可以提高机翼的刚度。对于直机翼，防止扭转扩大只需提高扭转刚度；对于前掠翼，则增加弯曲刚度对防止扭转扩大也是有好处的，因为机翼挠曲轴的弯曲变形将引起顺气流翼剖面有不利的附加扭转角。

图-2 飞机为了防止机翼扭转扩大，采取了一个较特殊的措施（见图 7.51），机翼主抗扭盒前移，使剖面刚心前移，因此就不容易发生扭转扩大。

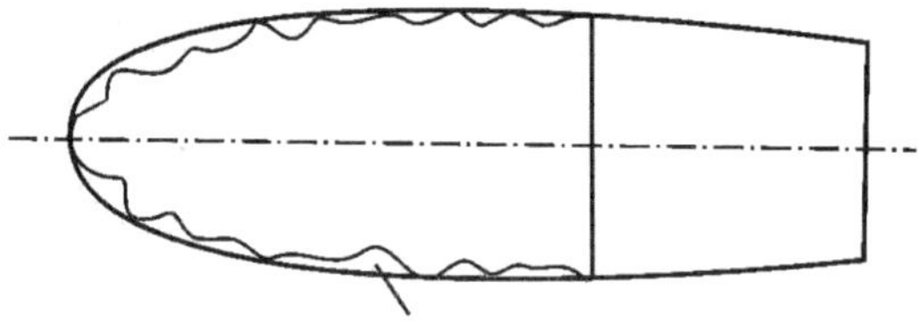

图 7.51　刚心前移的图—2 机翼

7.6.2　副翼反效

副翼和舵面都有操纵反效的问题，现以副翼为例进行讨论。当为了使某侧机翼产生附加升力而使副翼下偏 δ 角时，若机翼为绝对刚硬，则由于副翼下偏所影响的单位宽度机翼翼段将增加升力 ΔL_a。但实际上机翼仅有有限的刚度，机翼刚心又远在 ΔL_a 合力作用点之前，故由 ΔL_a 引起的力矩 $M_a = \Delta L_a \cdot d'_a$ 将使该翼段产生前缘向下的扭转变形。这相当于减少翼段迎角，又将使升力减少 ΔL_k。若 $\Delta L_k > \Delta L_a$，则操纵副翼下偏时，反而引起向下的负升力，即操纵反效了（见图 7.52）。实际飞机当然不但不应操纵反效，而应保持有一定效率的正常操纵。由于我们可近似认为所需的操纵力不随飞行速度而变，而 ΔL_k 却大致与飞行速度的平方成正比，因此有一副翼反效的临界飞行速度。

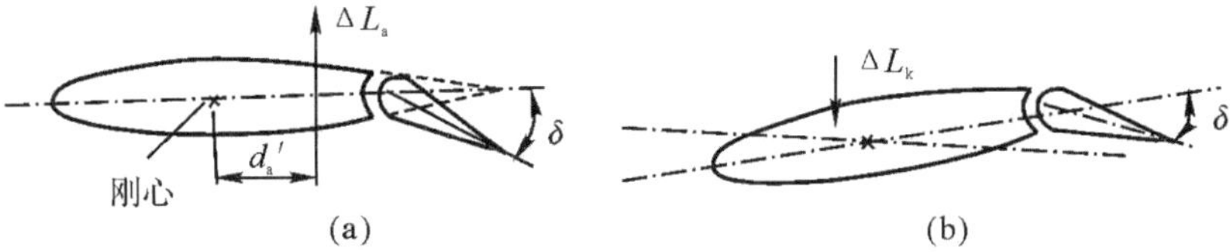

图 7.52　副翼反效示意图

(a) 先假设机翼为绝对刚硬；(b) 再考虑机翼的扭转变形

副翼反效在大展弦比后掠机翼上较严重。这是因为展弦比愈大，对刚度愈不利；而后掠翼弯曲引起顺气流翼剖面的附加扭角，也产生不利于操纵的附加气动力。此时可在高速时改用内副翼或扰流片，也可增加机翼的扭转刚度和弯曲刚度，当然主要还是扭转刚度。三角机翼翼尖部分的机翼剖面尺寸特别小，故需特别注意翼尖处的扭转刚度。因此，三角机翼在翼尖处都是截头的，即翼尖并非真正尖的，而是截去一块；而副翼也不一直伸到翼尖，而是往内移一些。这都是为了刚度问题而采取的措施。

7.6.3　颤振

颤振是一种振动发散，需考虑变形引起的加速度，即需考虑惯性力，故重心位置在颤振中起很大作用。

颤振基本上分两种类型：一为机翼的弯扭颤振，即由机翼的弯曲变形与扭转变形交感而产生的振动发散；一为副翼的弯曲颤振，即由副翼的偏转与机翼的弯曲变形交感而产生的振动发散。舵面等都可发生颤振。

1. 机翼弯扭颤振

取一个典型翼剖面，剖面上的 3 个点通常这样排列：焦点（亚声速飞行时）最前，刚心则位于重心前不远处（见图 7.48）。通常焦点在弦长的（25 ～ 28）% 处，刚心在弦长的（38 ～ 40）% 处，重心在弦长的（42 ～ 45）% 处。可用图 7.53 说明弯扭颤振的物理概念。

先看图 7.53（a），翼剖面没有受到扰动的位置为 2。假设该剖面受到一扰动，使其位置从位置 2 移至位置 0。现分析此扰动消除后，翼剖面在弹性力、惯性力、气动力作用下的运动情况。扰动一消失，由机翼弯曲引起的弹性力将使该剖面向上运动。弹性力是始终向着原始平衡位置方向的，且偏离距离愈大，弹性力愈大。从位置 0 到位置 2，弹性力从最大到零，故向上加速度也由最大到零。在这一段运动中，由于加速度向上，作用在重心上的惯性力 F_i 向下，因此相对于刚心产生了抬头力矩，此惯性力矩使剖面产生增加迎角的扭转变形。由于迎角的增加引起附加的气动力 ΔL_a，此 ΔL_a 对刚心形成的气动力矩，使翼剖面进一步抬头。到位置 2 时，弹性力为零，加速度也为零，但其向上速度达到最大。从位置 2 再向上移动时，弹性力方向改为向下，加速度方向也向下，向上的速度逐渐减少；至位置 4 时，速度为零。在从位置 2 到位置 4 时，惯性力向上，惯性力矩使翼剖面低头，附加的向上气动力则逐渐减小；在位置 4 时，翼剖面又无扭转变形，此时速度为零，但向下弹性力最大，向下运动状况如图 7.53（b）所示。图 7.53（c）则将飞行距离结合进来，看起来就更形象化。图中画的是颤振的临界状态，即机翼的弯曲（或扭转）变形既不振动发散，也不振动衰减，而是保持为常振幅振动。

图 7.53 中机翼的阻尼力和阻尼力矩未示出，阻尼力和阻尼力矩恒与运动方向相反，是阻碍振动的。

在翼剖面上 3 个点的前后关系如图 7.48 和图 7.53 所示时，由惯性力矩导致的扭转变形所引起的附加气动力是激振力，它与速度的平方成正比；而气动阻尼力一般与速度的一次方成正比，故存在着颤振临界速度。

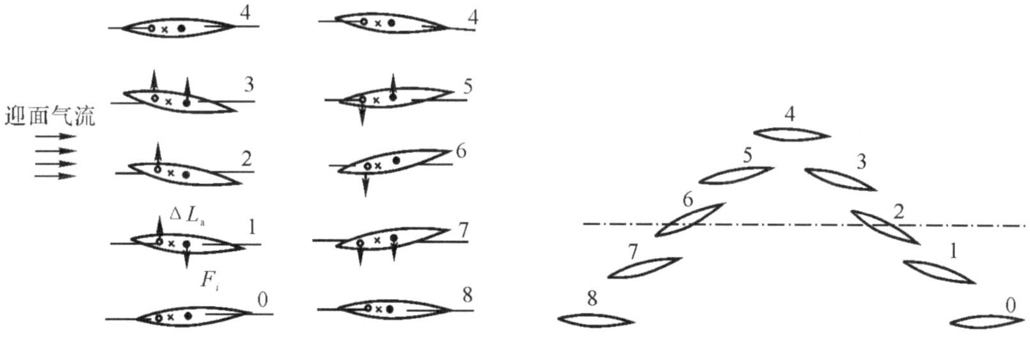

图 7.53　机翼弯扭颤振示意图

（a）向上运动；（b）向下运动；（c）结合飞行距离示出

提高机翼（或全动尾翼）弯扭颤振临界速度的有效措施是尽量使重心前移，并加适当的配重。配重一般放在翼尖前，伸向前方是为了使同样重量的配重发挥更大的效率（参见图 7.58、图 7.62），但配重必须有很好的连接刚度以保证其能发挥作用，因此其连接处是远超过其本身强度要求的。将配重放于翼尖处，是由于翼尖处弯曲挠度最大，因此其加速度最大，故配重的效率高。提高扭转刚度能减少不利的扭转变形，也是有好处的。现代飞机上也可考虑加上人工阻尼器或颤振主动控制。

2. 副翼弯曲颤振

在分析副翼弯曲颤振时，只考虑副翼转轴偏转的自由度，而略去副翼本身的结构变形；机翼只考虑弯曲变形而略去扭转变形。图 7.54 示出副翼弯曲颤振的临界状态。此时对副翼剖面来讲，涉及两个特征点的位置：一为副翼的转轴位置，一为副翼剖面的重心位置。图示情况为重心位于转轴后，因此副翼惯性力使副翼偏转引起的附加气动力是激振力。

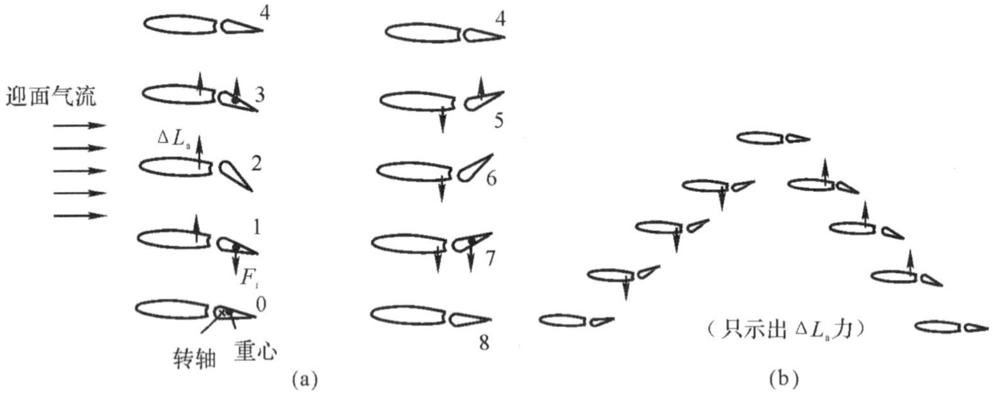

图 7.54 副翼弯曲颤振示意图

(a) 上下偏离情况； (b) 结合飞行距离示出

提高副翼弯曲颤振临界速度的措施是使副翼结构本身的重心尽量前移，并加以适当的配重。

以上只讨论了两种两个自由度的颤振，这虽是简化的情况，但确是机翼的主要情况。对于全动平尾、安定面和舵面，还必须考虑机身自由度在内，机身有两个方向的弯曲变形及一个扭转变形的自由度。

7.7 尾翼及操纵面的结构分析

尾翼的展弦比较小。一般平尾的展弦比为 3 ~ 4、垂尾的展弦比(不计机身部分)为 1.5 左右。对于超声速飞机，由于操纵性的需要，水平尾翼一般采用全动平尾。平尾与垂尾的相互位置主要由气动要求决定，应尽量避免两者之间的不利气动干扰。但由于希望不要在机身上设计太多的连接加强框以及装配时的方便，尾翼位置应结合这一要求进行协调。

对于 $Ma \leqslant 0.6$ 的亚声速飞机，尾翼的颤振问题尚不严重；对于 $Ma \geqslant 0.8$ 的飞机，必须妥善考虑尾翼的颤振问题；对于 $Ma = 2$ 的薄尾翼，更需注意。

为解决颤振问题，对尾翼提出的要求大致可归纳为以下几点：对舵面，应尽量使舵面重心靠前，最好能位于铰链轴前面不远处；对安定面，重心也希望靠前一些，且希望扭转刚度尽可能大一些；对于全动平尾，其重心要求类似于舵面，扭转刚度要求类似于安定面。

7.7.1 尾翼的安定面、飞机操纵面的结构分析

1. 安定面的结构布置

安定面上无大开口，常做成双梁单块式结构。这样，一方面可提高它的结构刚度和结构效率，另一方面又便于在后面悬挂舵面。由于尾翼的载荷特点是舵面载荷很大，因此安定面往往取后梁

为主梁，前梁也可用墙代之。悬挂接头处应布置加强肋，用以扩散舵面通过接头传来的集中力。

2. 操纵面的构造和受力分析

操纵面可看做在气动载荷作用下支持在悬挂接头上的多支点连续梁。由气动载荷在操纵面上产生的剪力 Q、弯矩 M 都通过悬挂接头以集中力形式传给安定面。由气动载荷相对于转轴产生的扭矩由操纵摇臂上的操纵力与接头支反力构成的力矩来平衡(见图 7.55)。

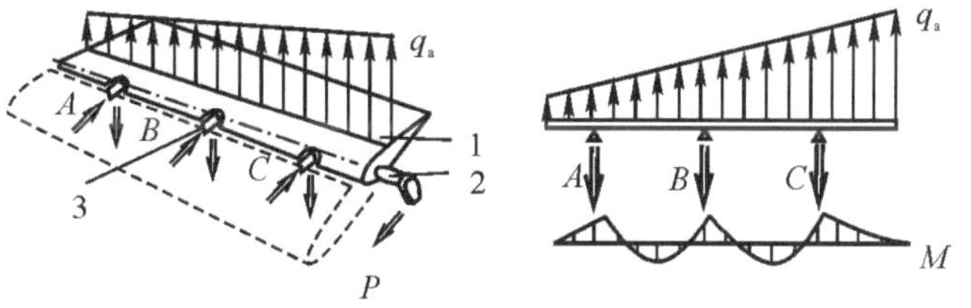

图 7.55　操纵面的受载情况

1— 压力中心线　2— 转轴　3— 操纵面悬挂接头　q_a— 气动载荷　P— 操纵杆力　M_t— 扭矩

根据颤振提出的要使铰链轴后的结构质量尽量轻，以及充分利用原来很小的剖面结构高度的要求，操纵面一般都在靠近前缘处布置单梁。其典型剖面如图 7.56 所示。

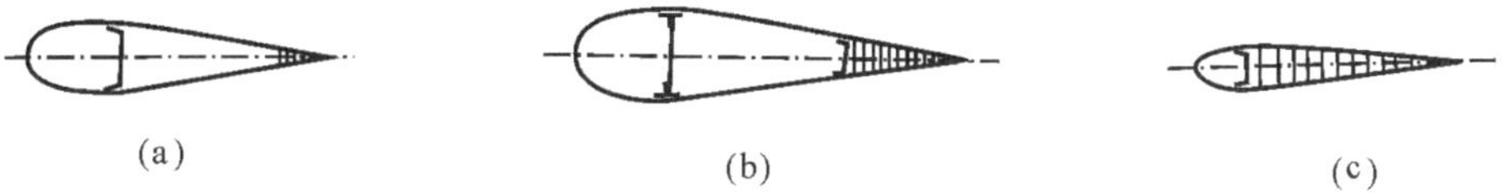

图 7.56　舵面典型剖面

(a) 小型飞机；(b) 大型飞机；(c) 薄翼

3. 操纵面前缘缺口的补强

操纵面扭矩一般由前缘闭室承受。然而在悬挂接头处，前缘要开口，破坏了扭矩的传力路线，因此需在缺口处补强。其典型形式如图 7.57 所示。

(1) 可加一对斜加强肋，与梁构成三角架。扭矩由斜肋受弯和缺口段的梁承受附加弯矩来传递(见图 7.57(a))。

(2) 加一短墙，与缺口两端的加强肋构成一局部闭室(见图 7.57(b))。扭矩在缺口段由局部闭室传递。

(3) 对某些小型低速飞机，载荷小，可直接对梁进行局部加强，由梁本身受扭(见图 7.57(c))。

4. 质量平衡

为防止操纵面的颤振，应使舵面重心位于转轴之前或转轴上。这点从结构本身较难做到。除尽量减轻后部质量外，大多需在前缘加配重。配重与舵面结构的连接的典型形式如图 7.58 所示。

5. 气动补偿

气动补偿是为了减小操纵面的铰链力矩，从而减小驾驶杆力。常用的补偿方法有以下几种。

(1) 轴式补偿和角式补偿。轴式补偿是将操纵面转轴靠后布置，利用转轴前面的一部分面积相对于转轴产生方向相反的力矩，减小铰链力矩，起补偿作用。角式补偿也是如此。但过大的轴式和角式补偿会使舵面在大偏角时前缘过分突出，引起气流分离，甚至还会出现破坏操纵习惯的"过补偿"现象,要注意避免(见图 7.59(a))。

(2) 内补偿。内补偿一般用在副翼上。它的补偿面位于机翼后缘的空腔内,这一空腔由气密胶布隔成上、下两部分,互不通气。当副翼偏转时,翼面的上、下压力差作用在补偿板上,起补偿作用。内补偿效率高、阻力小,还可在补偿板前加配重,但它使操纵面的偏转角受到机翼后缘部分结构高度的限制(见图 7.59(b)、图 7.60)。

(3) 浮动式内补偿。此种补偿方法是对上述两种方法改进而得的。当操纵面偏转时,用一四连杆机构使补偿板作上、下平行移动,就不会对舵面的偏转有过分的限制。

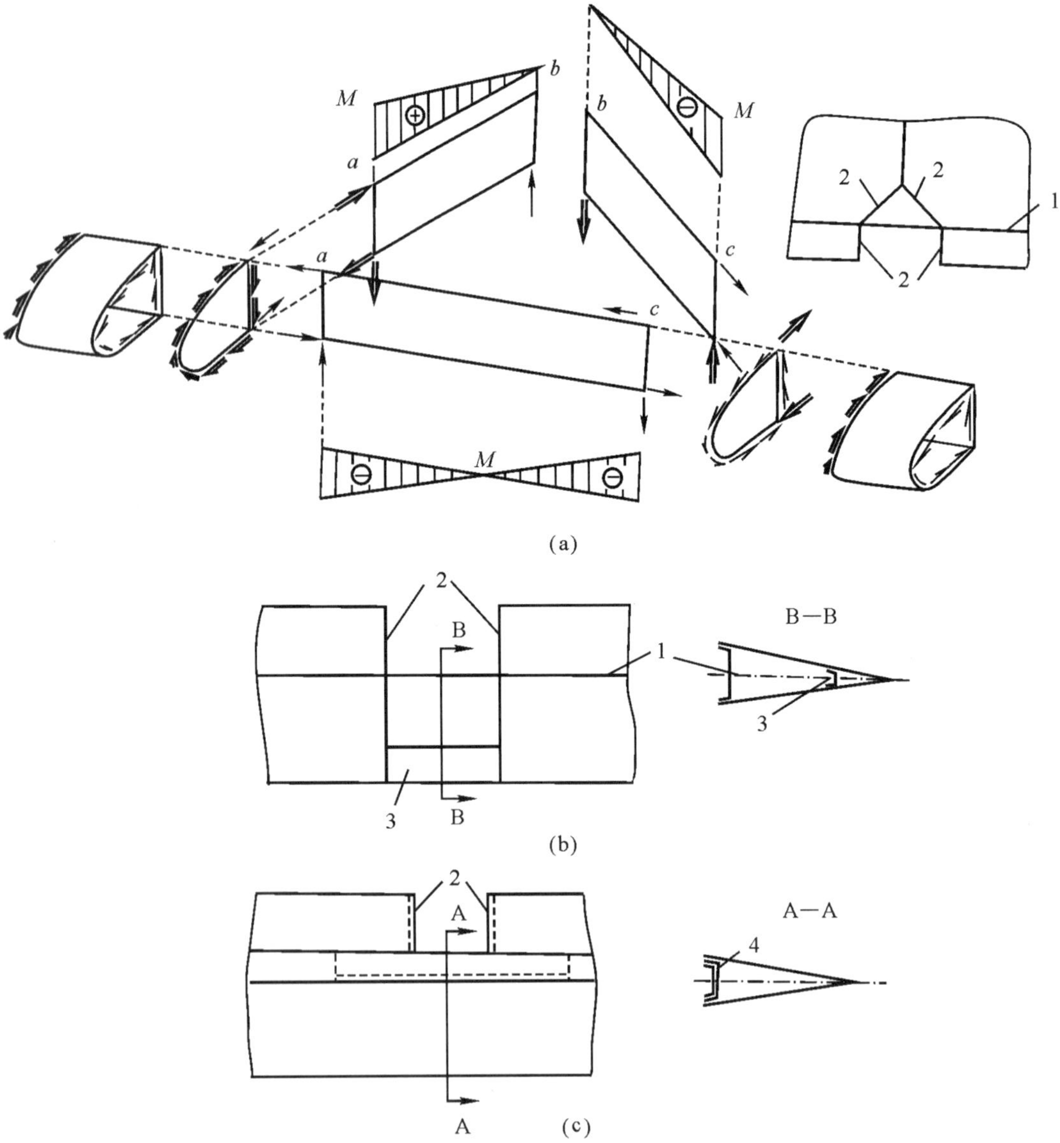

图 7.57　前缘缺口的补强

1— 梁　2— 加强肋　3— 短墙　4— 加强梁

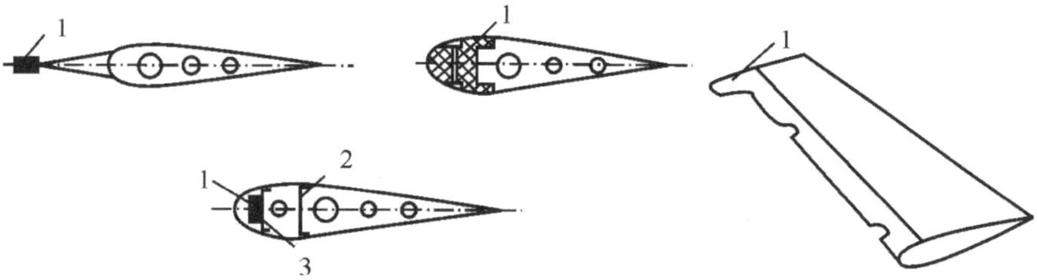

图 7.58　配重与舵面结构连接的几种形式

1— 配重　2— 梁　3— 小梁

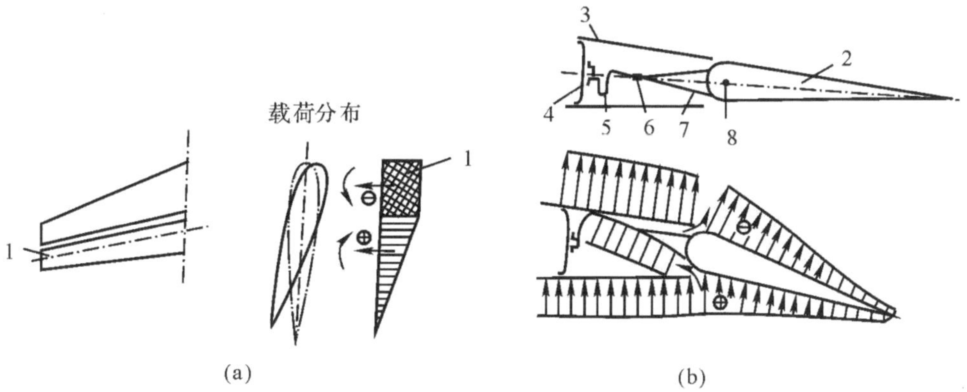

图 7.59　气动补偿的几种形式

(a) 轴式补偿；(b) 内补偿

1— 气动补偿部分　2— 副翼　3— 机翼　4— 梁　5— 气密胶布　6— 配重　7— 补偿板　8— 转轴

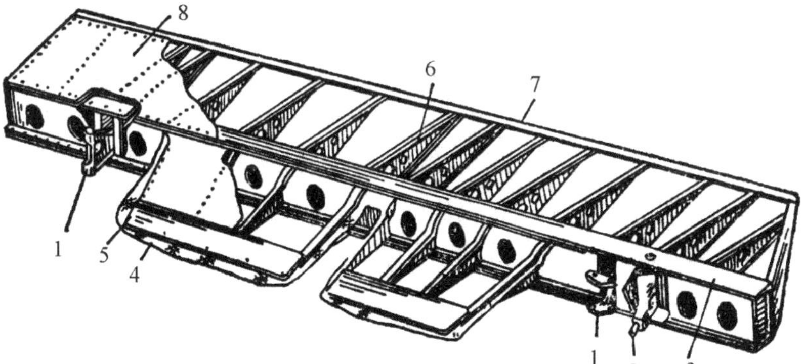

图 7.60　副翼的构造

1— 悬挂接头　2— 操纵摇臂　3— 梁　4— 内补偿气密薄膜

5— 配重　6— 肋　7— 后缘型材　8— 蒙皮二、全动平尾

7.7.2　全动平尾

当飞机超声速飞行时，舵面效率大大降低，然而飞机的纵向稳定性却大大增加，二者之间

产生了矛盾。为了提高操纵面的效率，采用了全动平尾。全动平尾是指整个平尾绕某一轴线偏转，起操纵面作用。

1. 转轴有直轴、斜轴两种形式

全动平尾采用后掠形状，且后掠角较大时，一般应布置成斜轴。这是因为布置成直轴，在根部处，轴所在位置靠近后缘，结构高度小，轴的重量特性差。当平尾为平直翼或中等后掠或后缘较平直时，宜采用直轴(见图 7.61(a))。

2. 转轴的前、后位置

以后掠式平尾为例，亚声速焦点位置在(28 ～ 30)％ 翼弦处，超声速焦点大致在 50％ 翼弦处。为了减小操纵力矩，通常把转轴布置在这两个焦点的中间位置，约占翼弦的 40％。转轴在此位置，结构高度也较高(见图 7.61(b))。

此外，全动平尾还有转轴式和定轴式之分，下面就这两种形式进行讨论。

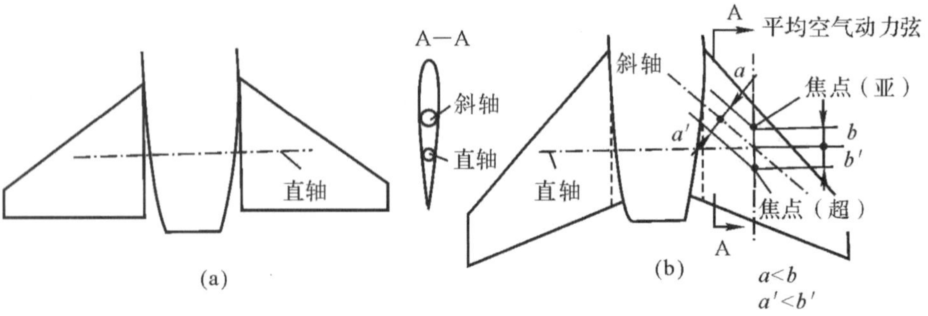

图 7.61　全动平尾的直轴与斜轴以及转轴前后位置

3. 转轴式全动平尾的传力分析

转轴式全动平尾的轴与平尾固定在一起，由固定在转轴上的摇臂操纵转轴，带动平尾偏转。转轴式全动平尾的最大特点是尾翼结构上的弯矩、剪力和扭矩都要集中到转轴上，然后由转轴传给机体。此时，前缘和后缘一般布置成不参加总体受弯的轻结构件；中间部分的外段采用刚度较好、结构效率较高的单块式，但在根部转成梁式，以便于载荷向转轴过渡。转轴受力较大，应布置在结构高度较大的位置，并最好采用承弯、抗扭性能都很好的管梁。

图 7.62 所示为一斜转轴式全动平尾的结构。根部结构的最大特点是把分散的受力转为集中力由转轴来承受，所以根部区是一过渡区。它由加强肋 AB，AC，BC(4 肋）和前、后纵墙，纵向加强板，加强蒙皮等组成。加强板通过 4 个垂直螺栓与转轴相连。AB，AC 肋的腹板通过一个水平螺栓与转轴相连。传力分析如下：

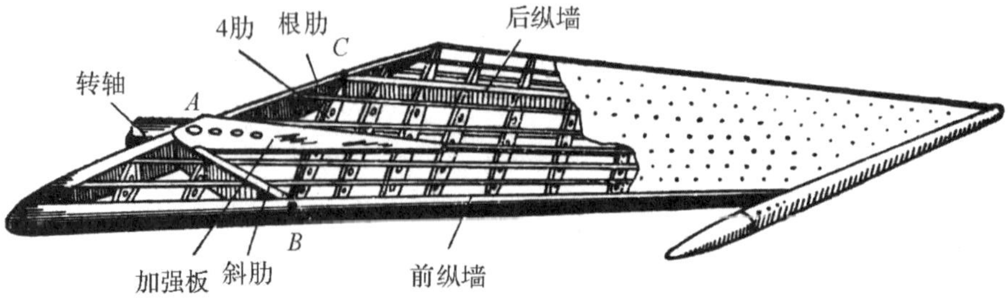

图 7.62　斜转轴式全动平尾

(1) 剪力。剪力由前、后墙传到 B,C 点上,再由 AB,AC 肋通过水平螺栓传给转轴。剪力 Q_B,Q_C 在 AB,AC 肋上引起的弯矩则由上、下加强板通过垂直螺栓传给转轴,使转轴受弯矩(见图 7.63(a))。

(2) 扭矩。扭矩由 BC 肋将外侧传来的分布剪流转换成一对方向相反的垂直力,然后以与剪力相同的路线由水平螺栓和垂直螺栓传给转轴,但均对转轴产生扭矩(见图 7.63(b))。

(3) 弯矩。外侧机翼壁板上的分散轴力由加强蒙皮、加强板通过结构参与逐步集中到加强板上,由 4 个垂直螺栓传给转轴,使之受弯(见图 7.63(c))。

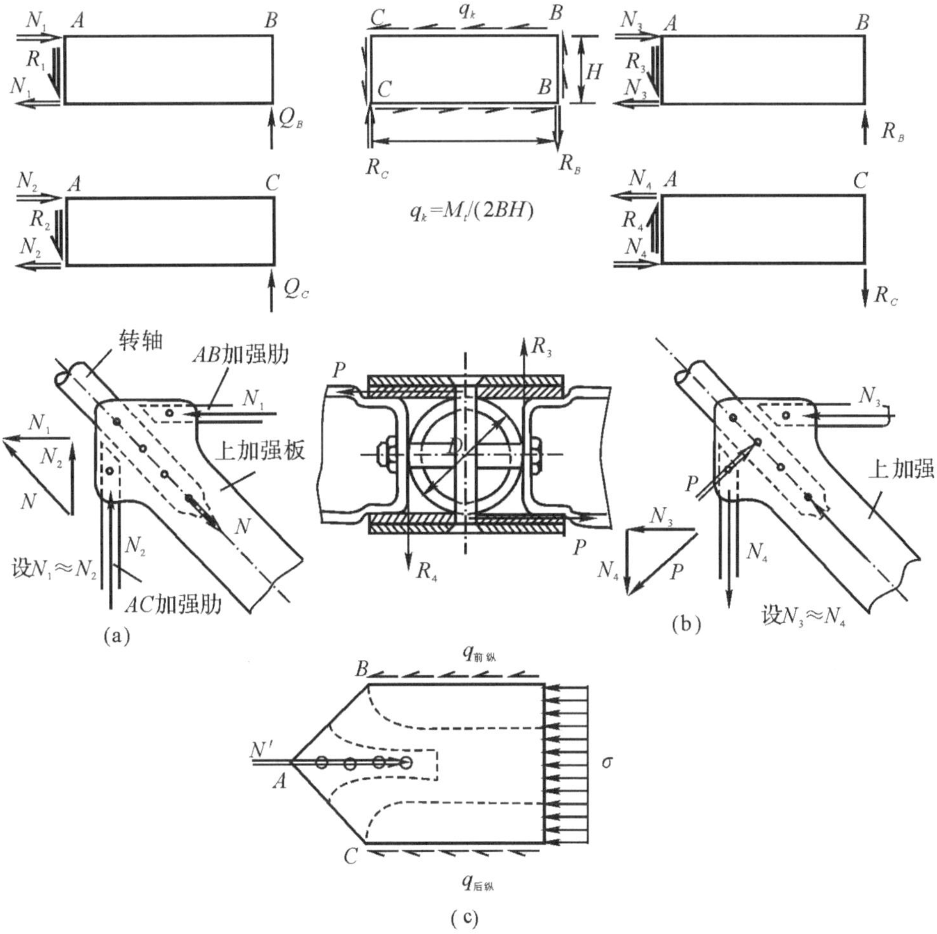

图 7.63　转轴式全动平尾的传力

4. 定轴式全动平尾

当后机身部位安排不允许转轴通过时,常采用这种形式。它的轴不转动,固定在机体上,尾翼套在轴上,操纵接头则布置在尾翼根部的加强翼肋上(见图 7.64(b))。与转轴式相比,定轴式全动平尾在受力上有以下特点。

(1) 轴仅受剪力和弯矩,而不受扭矩。

(2) 扭矩不传给定轴,而是直接在根部加强肋上由操纵力与支反力形成的力偶矩来平衡。

定轴式全动平尾操纵点和轴之间的力臂较转轴式长,受力情况较为有利。具体传力分析,请读者自己完成。

定轴式全动平尾的缺点是在尾面结构高度内要同时安放轴和轴承，减小了轴的结构高度，对轴的受力不利，并需在机体上开弧形槽，对机体有所削弱。

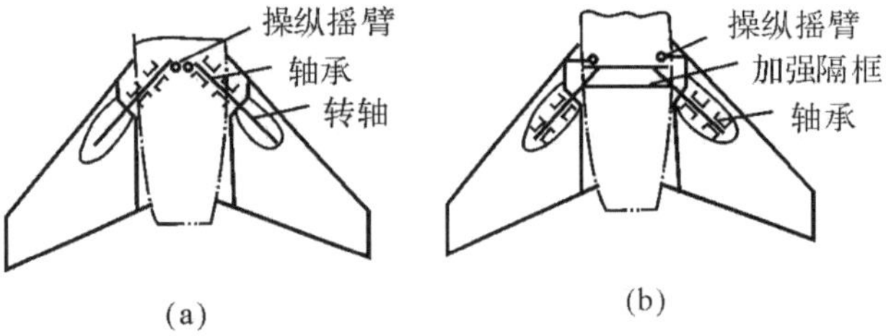

图 7.64　转轴式和定轴式全动平尾示意图

(a) 转轴式；(b) 定轴式

第 8 章　机身结构分析

机身与机翼都是薄壁结构，其结构构成的基本原理完全一样，设计要求也基本相同，所以机翼结构受力分析的原则也适用于机身。本章在机翼结构分析的基础上，考虑机身结构的特点，讨论机身的受力分析。

机身的特殊性，首先表现在它的使用要求在设计中占有重要地位，因而对结构布置的影响较大；其次是机身的设计外载荷主要是集中力（机翼、尾翼主要是分布气动力）；最后则是协调关系多，各类大、中、小开口多。这三方面的特殊性决定了机身结构比较复杂。另外，从机身结构的几何参数看，机身截面大多为圆形或近似圆形。与机翼比较，机身的相对载荷较小，所以在选择机身结构受力型式和结构元件构造型式时，与机翼有所不同。

8.1　机身的功用、内部布置和设计要求

8.1.1　机身的功用

机身是飞机的一个重要部件。它的主要功用如下：

(1) 安置空勤人员、旅客，装载燃油、武器、设备和货物等。

(2) 把机翼、尾翼、起落架（对歼击机一般还有发动机）连接在一起，形成一架完整的飞机。这些部件通过固定在机身上的接头，把作用在各部件上的载荷传到机身上，和机身上的其他载荷一起达到受力平衡，因此机身是整架飞机的受力基础。

8.1.2　机身的内部布置

机身的内部布置了各种装载。图 8.1 为某强击机的部位安排情况。

内部布置时，应将各装载、燃油等合理地布置在机身内，同时协调机身与机翼、尾翼、起落架等部件的受力结构。有效载重的布置应使它们所处的位置满足其本身的技术条件要求。如前方搜索雷达天线要求安排在机身最前端；燃油及炸弹应尽可能置于飞机重心附近，以期达到不因燃油的消耗及炸弹的投放而使飞机重心变化超出规定的范围等。除位置要求外，还必须满足各种装载的使用、检测、维护、更换等要求。如空勤人员和旅客进出、货物装卸、炸弹投放等都需在机身上开很大的舱门；设备、附件等要经常检测、维护，有些是每一个起落都要检查。这就需要创造条件，便于方便地接近它们。在大型飞机上，绝大部分可从机舱内部接近；但在歼击机上，却必须在机身壳体上开很多大小不一的检查窗口。对于按损伤容限要求设计的结构，要考虑可检测性。

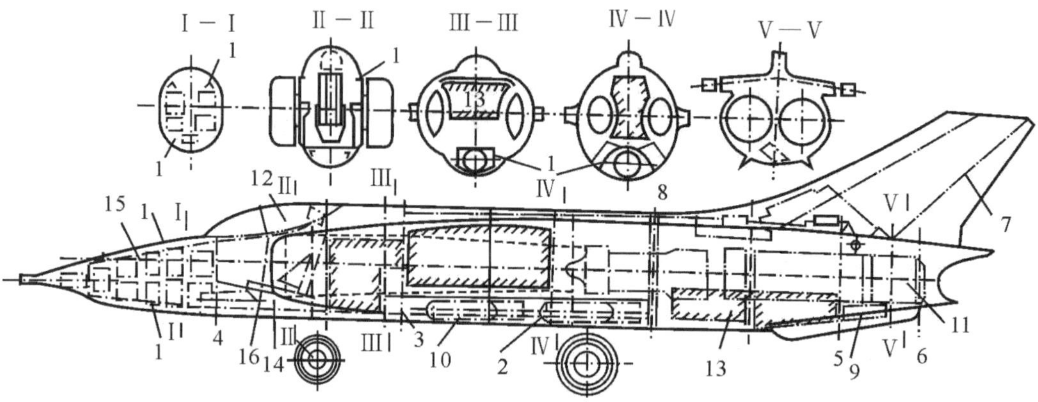

图 8.1　某强击机机身内部布置与主要受力构件布置

1— 前机身桁梁　2— 与机翼主梁对接加强框(24 框)　3— 与机翼前梁对接的 17 号加强框
4— 其他加强框(8,12,13,16,20,25,29,30 号框)　5— 与全动平尾转轴连接的 41 号加强框
6— 水平尾与垂尾安定面相连接的 44 号加强框　7— 垂尾安定面后梁轴线
8— 机身设计分离面　9— 减速伞舱　10— 炸弹舱　11— 发动机　12— 驾驶员座舱
13— 油箱舱(前后共 4 个)　14— 前起落架舱　15— 设备舱　16— 座舱地板

8.1.3　机身结构的设计要求

飞机结构设计一般性要求都适用于机身结构，只是机身的功用与机、尾翼有不同的侧重点，所以在设计要求上也有不同侧重点。

(1) 机身必须满足各种装载根据本身的特殊需要提出的众多的使用要求，并应与机翼、尾翼等相连部件的主要受力构件的布置、连接点位置进行总体协调，这与减轻飞机总重量有关。

(2) 机身应有足够的强度，以保证机身结构在预定的使用期限内，承受强度规范中规定的各种载荷而不破坏。

(3) 机身应有足够的刚度。机身结构受载后的总变形与局部变形都应在规范或战术 / 使用技术要求允许的范围之内。机身的总体刚度直接影响着尾翼的效率和尾翼颤振特性；机身结构局部变形过大，对阻力特性不利。

(4) 机身应有足够的开敞性以便于维修。开敞性直接影响飞机的维修性，而维修性的好坏与飞机的利用率及运营成本等均有关。相对于机、尾翼等部件，由于机身内装载多，本身结构复杂，因而这一要求对机身结构就更为突出。

(5) 机身结构的质量应尽可能轻。

(6) 机身结构应有良好的工艺性，生产成本要低。

机身基本不产生升力，所以气动力方面主要是要求阻力小，因此机身一般做成细长的流线体，并希望外形光滑，尽量少突起等。

机身结构的设计要求也往往是矛盾的。比如驾驶舱为了满足驾驶员的视界要求，座舱盖常凸出机身外形，引起阻力增大。但为了满足使用要求，只好在气动要求上作些让步。又如机身上的各种大、小开口，破坏了机身结构的完整性，而进行补强必定会增加质量，但为满足各种使用或维修要求不得不在质量上作出牺牲。

8.2　机身的外载和受力特点

8.2.1　机身上的外载

机身上的外载主要有以下 4 种。

1. 空气动力载荷

由于机身基本上为对称流线体，故机身上除局部区域外，气动载荷都较小，只有在头部和一些曲度较大的突出部位（如座舱盖）等处局部气动载荷较大，因此空气动力应作为这些部位的主要设计载荷之一。机身分布气动力对机身的总体载荷基本没有影响（见图 8.2）。

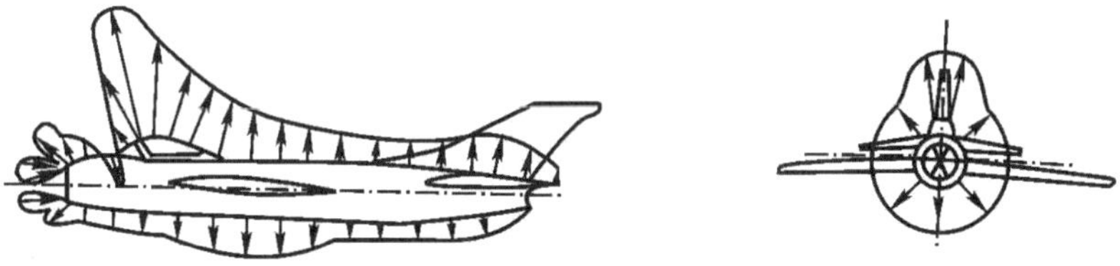

图 8.2　机身表面压力分布（对称情况）

2. 质量力

机身内的装载与机身结构本身都会产生质量力，其中尤以各种装载的质量力影响较大。沿轴线各点上的过载大小与方向不一定相同，故也会影响到质量力的大小与方向。质量力有的为集中力形式（如装载通过集中接头连到机身结构上时），有的为分布力形式（如客舱、货舱内载重的质量力）。

3. 其他部件传来的载荷

这里主要指在飞行或起飞着陆滑跑中由机翼、平尾、垂尾或起落架上传来的载荷。若发动机安装在机身上，则还有发动机推力和陀螺效应产生的集中力。

4. 增压载荷

它在机身增压舱部分自身平衡而不影响机身的总体载荷。

由于机身的特殊性，上述 2，3 项对机身结构是主要的外载荷。

8.2.2　机身的总体受力特点

机身上的全部载荷在机翼处得到平衡，因此可把机身看成是支持在机翼上的双支点（或多支点）外伸梁。根据各种设计情况下的载荷，机身会产生在垂直对称面内和水平面内的弯曲以及绕机身轴线的扭转，相应地在机身结构中引起两个平面内的剪力、弯矩和绕 x 轴的扭矩等内力（见图 8.3）。

综上所述，机身的受力一般说与机翼很相似。但对机翼，水平载荷较其垂直载荷（如升力）小得多，而机翼结构在水平方向的尺度较垂直方向大，所以在结构分析时，常略去水平载荷。对于机身，垂直方向和水平方向的载荷为同一数量级，且机身结构在这两个方向上的尺度又相差不大，因此在机身结构分析时，两个方向上的载荷都要考虑。

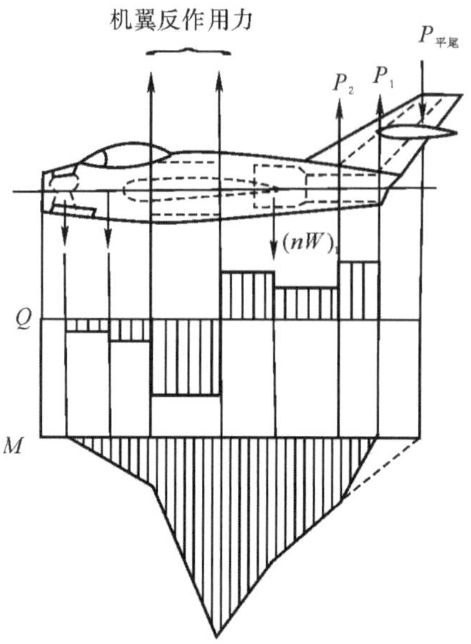

图 8.3　机身对称平面内外载及内力

8.3　机身典型结构型式的传力分析

8.3.1　机身结构的组成元件及其功用

现代飞机的机身结构是由纵向元件(沿机身纵轴方向)—— 长桁、桁梁和垂直于机身纵轴的横向元件 —— 隔框以及蒙皮组合而成的。机身结构各元件的功用相应地与机翼结构中的长桁、翼肋、蒙皮的功用基本相同。

1. 隔框

隔框分为普通框与加强框两大类。

普通框用来维持机身的截面形状。一般沿机身周边空气压力为对称分布(见图 8.4(a)),此时空气动力在框上自身平衡,不再传到机身的其他结构上去。普通框一般设计成环形框(见图 8.5)。当机身为圆截面时,普通框的内力为环向拉应力;当机身截面有局部接近平直段时,则普通框内就会产生弯曲内力。此外,普通框还受到因机身弯曲变形引起的分布压力 p_1(见图 8.4(b),(c)),p_1 是自身平衡的。普通框还对蒙皮和长桁起支持作用。隔框间距影响长桁的总体稳定性。

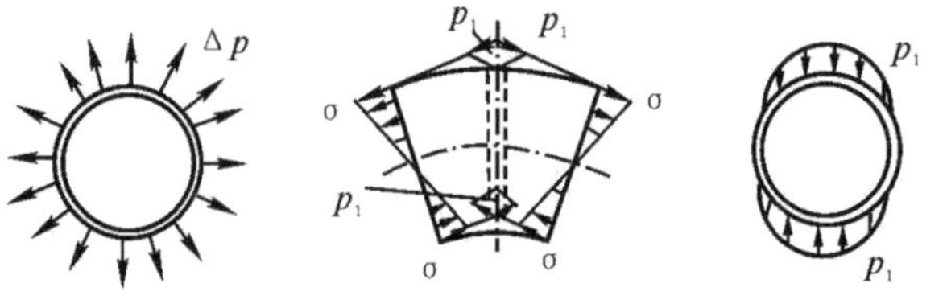

图 8.4　普通框的载荷

(a) 空气压力载荷；(b) 机身弯曲变形引起的压力 p_1；(c) 压力 p_1 的分布

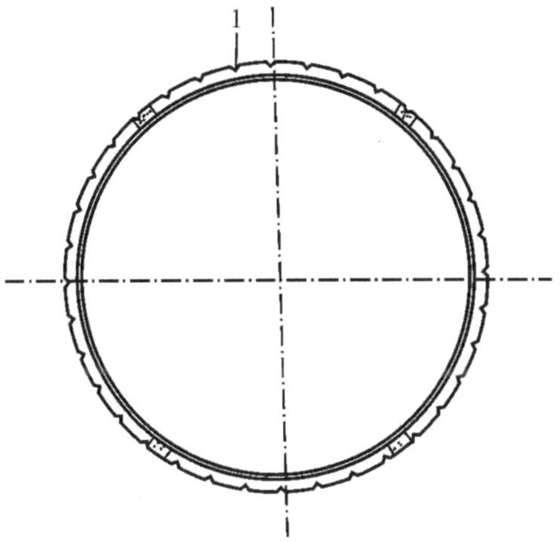

图 8.5　普通隔框

1— 长桁通过口

加强框除上述作用外，其主要功用是将装载的质量力和其他部件上的载荷，经接头传到机身结构上的集中力加以扩散，然后以剪流的形式传给蒙皮。加强框将 8.4 节中讨论。

2. 长桁与桁梁

长桁作为机身结构的纵向构件，在桁条式机身中主要用以承受机身弯曲时产生的轴力。另外，长桁对蒙皮有支持作用，提高蒙皮的受压、受剪失稳临界应力；其次它承受部分作用在蒙皮上的气动力并传给隔框，与机翼长桁的作用相似。

桁梁的作用与长桁相似，只是截面积比长桁大。

3. 蒙皮

机身蒙皮在构造上的功用是构成机身的气动外形，并保持表面光滑，所以它承受的载荷为局部空气动力。蒙皮在机身总体受载中起很重要的作用，它承受 Oxy，Oxz 两个平面内的剪力 Q_y，Q_z 和扭矩 M_t（绕 x 轴），同时和长桁等一起组成壁板承受两个平面内弯矩引起的轴力，只是随构造型式的不同，机身承弯时它的作用不同。

8.3.2　机身结构的典型受力型式

1. 桁梁式

桁梁式机身的结构特点是有几根（如 4 根）桁梁，桁梁的截面积较大（见图 8.6(b)）。在这类机身结构上长桁的数量较少而且较弱，甚至长桁可以不连续；蒙皮较薄。这种结构的机身，弯曲引起的轴向力主要由桁梁承受，蒙皮和长桁只承受很小部分的轴力；剪力则全部由蒙皮承受。从受力特点可以看出，在桁梁之间布置大开口，不会显著降低机身的抗弯强度和刚度。虽然因大开口会减小结构的抗剪强度与刚度而必须补强，但相对桁条式和硬壳式来说，同样的开口，桁梁式补强引起的重量增加较少。

2. 桁条式

桁条式机身的特点是长桁较密、较强，蒙皮较厚（见图 8.6(a)）。此时弯曲引起的轴向力由桁条与较厚的蒙皮组成的壁板来承受；剪力仍全部由蒙皮承受。从受力特点可以看出，蒙皮上不宜开大口。但与桁梁式相比，它的弯、扭刚度（尤其是扭转刚度）比桁梁式大。由于蒙皮较厚，在空气动力作用下，蒙皮的局部变形也小，有利于改善性能。

桁条式和桁梁式，统称为半硬壳式。现代飞机绝大部分采用半硬壳式结构。由于桁条式的优点，只要没有很大的开口，机身多数采用桁条式结构。

3.硬壳式

硬壳式机身结构是由蒙皮与少数隔框组成（见图 8.6(c)）。其特点是没有纵向构件，蒙皮厚。由厚蒙皮承受由机身总体弯、剪、扭载荷形成的全部轴力和剪力。隔框用于维持机身截面形状，支持蒙皮和承受、扩散框平面内的集中力。因为蒙皮厚、局部刚度大，所以隔框数量少。这种型式由于材料都布置在结构最大高度上，在其他条件相同的情况下，有较大的弯曲、扭转刚度。但实际上这种机身型式用得很少，其原因是由于机身的载荷相对较小，而且机身不可避免要有大开口，因而蒙皮材料的利用率不高，开口补强增重较大。所以只在直径较小的机身上和机身结构中某些气动载荷较大、要求蒙皮局部刚度较大的部位（如头部、机头罩、尾锥等处）有采用。

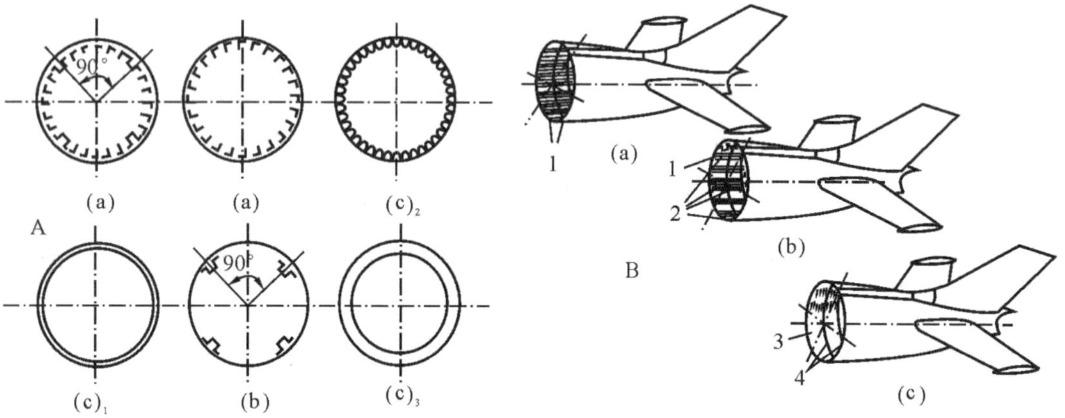

图 8.6 机身结构典型受力形式

(a) 桁条式； (b) 桁梁式； (c) 硬壳式

1— 长桁 2— 桁梁 3— 蒙皮 4— 隔框

8.3.3 机身结构的受力分析

机身结构的受力分析与机翼类似，只是根据机身的特点，重点是讨论集中力或力矩的传递。本节将以作用在机身后段上的一个垂直集中力 P_z（例如由平尾安定面接头传来）来分析对不同的结构受力型式，载荷是如何传给机身结构的，又是如何在机身结构中传递的。

图 8.7 所示为桁条式机身的一个加强隔框，它和水平尾翼的接头相连接。该加强隔框受到由接头传来的 P_z 力。该框受到 P_z 力后，要有向上移动的趋势，对此桁条起不了直接的限制作用，而由蒙皮通过沿框缘的连接铆钉给隔框以支反剪流 q。q 的分布与机身的受力型式，更明确地说，是和该框平面处机身壳体上受正应力面积的分布有关。对桁条式机身，假设只有桁条承受正应力，而蒙皮只受剪切时（蒙皮受正应力的能力可折算到桁条上），剪流沿周缘按阶梯形分布（见图 8.7(a)）。若蒙皮也受正应力，则在两桁条间的剪流值将不是等值，而成曲线分布。又因为蒙皮与桁条连接，蒙皮因剪流 q 受剪时将由桁条提供轴向支反剪流平衡，也即蒙皮上的剪流 q 将在桁条上产生拉、压的轴向力，如图 8.7(b) 所示。由图 8.7(a) 可知蒙皮 2′ 的剪

流比蒙皮 1 上的剪流小，所以使蒙皮 1，2 间的桁条受压。同理，蒙皮 1，2′ 之间的桁条则受拉。最后可得，P_z 力在机身结构中传递时，沿某一剖面上各长桁上的轴力分布如图 8.7(c) 所示。图 8.7(b)，(c) 表示一个空间薄壁梁在受到一个集中力后，梁内的剪力及由弯矩引起的轴向力的分布。

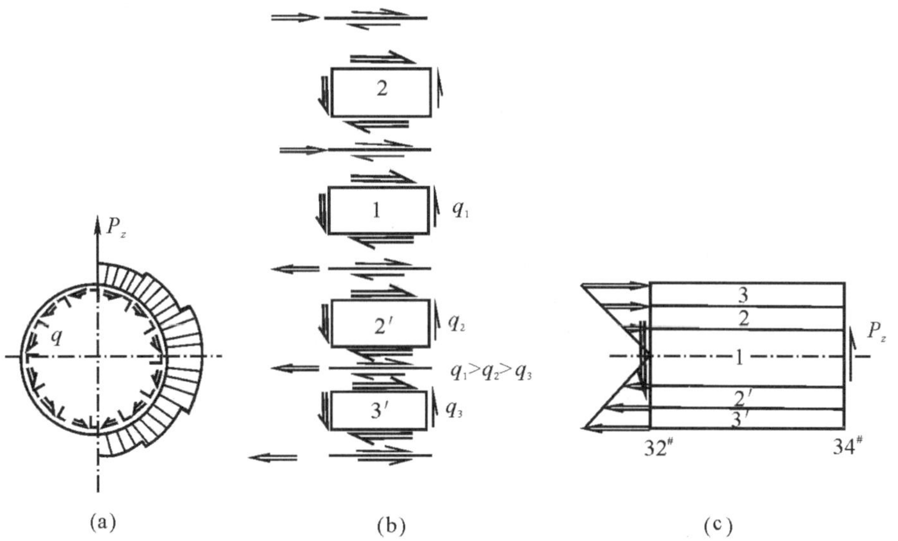

图 8.7　桁条式机身在框平面内受 P_z 力时的传力分析

(a) 支反剪流分布；(b) 蒙皮和长桁的平衡；(c) P_z 力向机身中段传递时弯矩引起的轴向力在长桁上的分布

由上述分析可知，作用在框平面内的集中力：① 由加强框承受该集中载荷。② 加强框将集中力扩散，以剪流形式传给蒙皮。③ 剪流在蒙皮中向机身中段（此处是向前）传递时，其剪切内力 Q 通过蒙皮连续向前传递；而弯曲内力 M 则通过桁条的轴向拉、压力向前传递，距 34# 框愈远（x 向），该轴力将越大，沿 x 向近似为直线分布。Q 和 M 即属机身的总体内力。

如果机身是桁梁式，则蒙皮上的剪流分布将如图 8.8 所示，而构成弯矩的轴力只由桁梁来承受。所以必须注意，框平面内受有集中力时，支反剪流的分布大小只与机身壳体的形式——“受正应力的元件的分布”——有关，即与是由桁条还是桁梁，或是蒙皮受正应力有关，而和加强框本身的构造形式无关。由桁梁式机身的分析可见，桁梁与机翼中的梁不同，桁梁只相当于翼梁的一根缘条，而机身的蒙皮相当于翼梁的腹板。

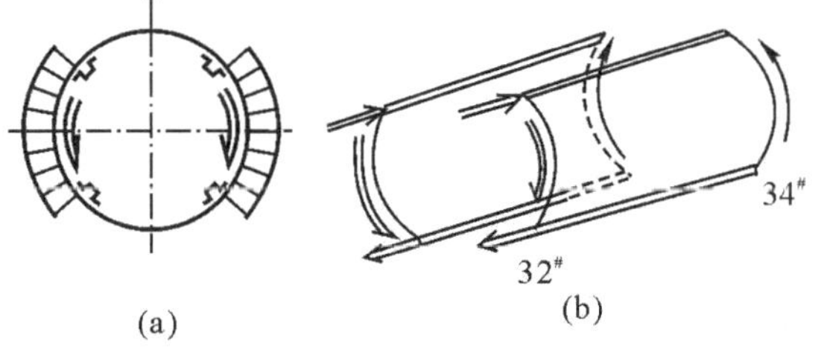

图 8.8　桁梁式机身受框平面内 P_z 力作用时的传力分析

(a) 支反剪流分布；(b) 蒙皮和桁梁的平衡

8.3.4 运输机有效载重引起的地板载荷的传力分析

运输机(包括旅客机、货机)上的载荷常常是移动的,因而有效载重的质量力作用点是不固定的。在规范中一般规定用分布的地板载荷来表示,在机身结构中则相应地设计由地板结构来承受该地板载荷。图 8.9 所示为一旅客机地板结构的组成元件,以及它们和机身其他结构元件之间的连接关系。

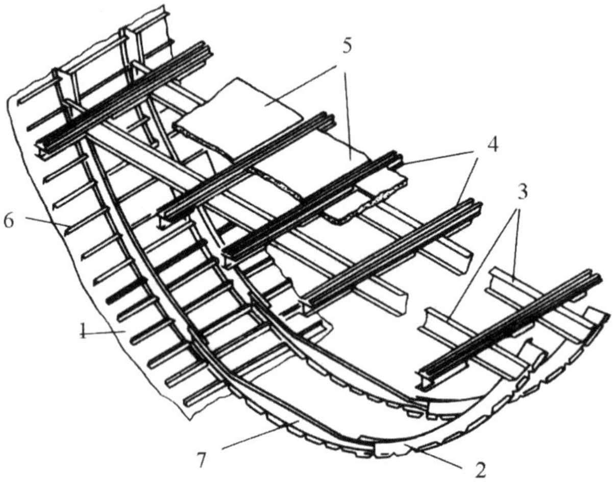

图 8.9 旅客机地板结构

1— 机身蒙皮 2— 隔框 3— 横梁 4— 纵梁及滑轨 5— 地板块 6— 长桁 7— 货舱地板下隔框加强段

地板结构由横梁、纵梁、地板块组成。横梁的两端连接在框上,每一个隔框对应一根横梁,横梁设计成槽形或工字形。纵梁连在横梁上,或搭接在横梁上(见图 8.10),或通过角片与横梁的腹板相连。纵梁的数目与座椅滑轨相对应(滑轨和纵梁往往做成一个构件)。地板块一般做成夹层板结构,镶嵌在两根纵梁之间,它们之间根据使用要求可以是可拆卸连接,也可以是不可拆卸连接。就客舱整个地板来说,它由若干块这样的地板块拼成。

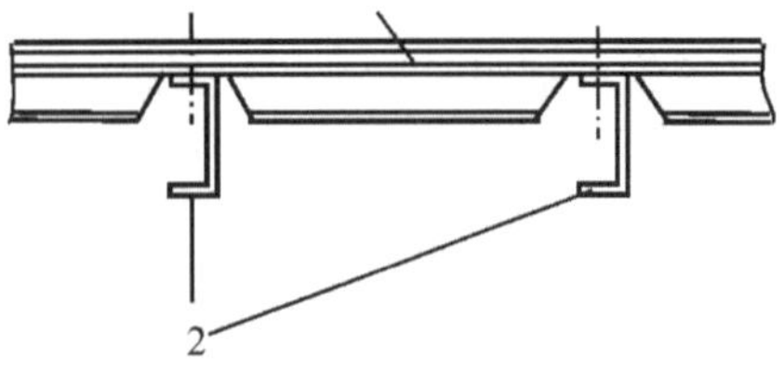

图 8.10 纵梁与横梁的连接

1— 滑轨与纵梁 2— 横梁

地板上作用有垂直载荷时,地板块弯曲并将地板上的分布压力传到支持它的纵梁和横梁上。因为纵梁是由横梁支持的,所以纵梁上的载荷最后也传给了横梁。横梁受弯,将载荷传到机身隔框上。隔框由机身蒙皮提供支反剪流,与横梁传来的力平衡。纵梁下缘条可以做成断开的形式,此时纵梁的受力特点可看成是一段段的双支点梁连接起来的。

地板上的有效载重引起的载荷除垂直分布力(主要载荷)外,还有沿 x 方向的 P_x 力和 y 向的 P_y 力,它们也是有效载重的质量力。P_x,P_y 力都是通过系留装置传到地板上的。P_x 力由纵梁承受。一种设计方案是纵梁沿机身轴向互相连接,使各段纵梁之间可以传递轴向力。只要每一串纵梁的一端固定在一个适宜承受纵向载荷的结构上,则纵梁上的 P_x 力就能得到平衡,如波音 707 的地板纵梁就是固定在中央翼的上翼面。P_y 力则由纵梁直接传给横梁,横梁再以集中力的形式作用到隔框上。

一般大型旅客机客舱地板下面是行李(货)舱,行李舱内的有效载重的载荷是通过货舱地板、纵梁加到隔框上,再由隔框分散到机身蒙皮上。有些旅客机,在横梁与下部隔框之间设置了两根立柱(见图 8.11)。立柱将下半框与横梁连成一个整体,这样货舱的载荷可直接传给横梁,由横梁传到隔框上。由于垂直载荷由横梁传给框时基本上与机身周缘相切,从框的受力看是比较有利的,但这将使行李舱的容积和利用率受到一定的损失。

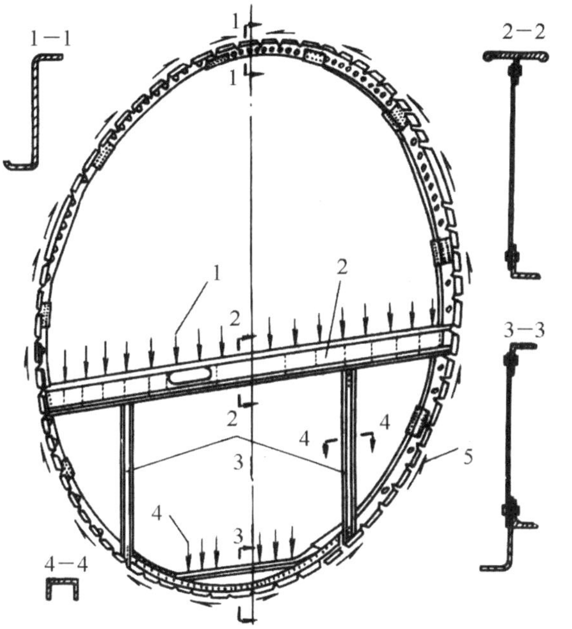

图 8.11　某旅客机机身普通框

1— 地板载荷　2— 横梁　3— 支柱　4— 货舱地板载荷　5— 支承剪流

8.4　机身加强框

机身加强框与机翼加强肋的作用类似,除了维持外形外,主要用来承受和传递框平面内的集中载荷,并传给机身蒙皮。加强框的受力较大,重量也比较大。根据其受力型式,加强框大致可分为刚框(环形)式、腹板式及构架式 3 类。

8.4.1 刚框式(环形)加强框

机身隔框(包括普通框)多数是刚框式,这是为了充分利用机身内部空间。图 8.12(a) 所示为一机翼机身连接的刚框式加强框,它主要承受框两侧翼梁传来的集中力。图 8.12(b) 所示为在框上部承受垂直尾翼传来的集中力的刚框式加强框。

刚框式加强框是由内、外缘条,腹板,支柱等元件组成。根据这 3 种元件的构成情况不同,刚框又可分成组合式(见图 8.12(b))、整体式(见图 8.12(a))和混合式 3 种。组合式刚框由挤压型材弯制的缘条、腹板及支柱铆接而成;整体式刚框是用整体锻造毛坯经机械加工而成;混合式刚框是上述两者的组合。

刚框为静不定结构,其内力的大小及分布与刚框截面刚度沿圆周的分布有关。

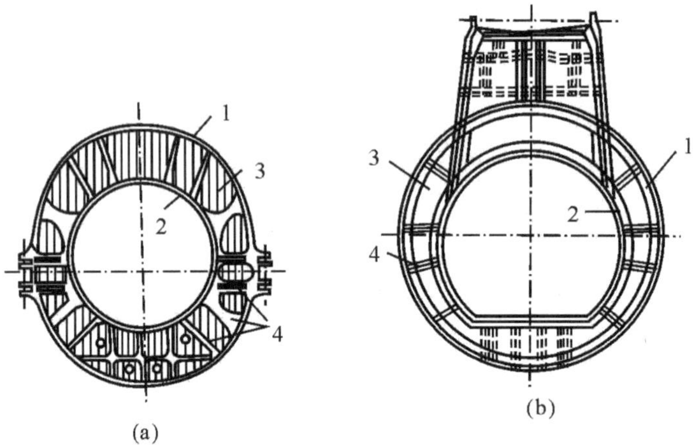

图 8.12 刚框式加强框

(a) 整体式刚框式加强框; (b) 组合刚框式加强框

1— 外缘条 2— 内缘条 3— 腹板 4— 支柱

8.4.2 腹板式加强刚框

机身上总是需要布置一些腹板式加强框(简称腹板框)。腹板框的形状也是由部位安排决定的。有的腹板只占机身截面的一部分,其余部分为刚框;而有的腹板占机身截面的全部。图 8.13 所示为几种腹板框的结构。腹板框除了承受框平面内的集中载荷外,有些腹板框还同时作用有垂直于框平面的分布压力。

腹板框的主要特征是通过布置在腹板上的型材受轴向力、腹板受剪而把集中力扩散到机身壳体蒙皮上。腹板框框缘中的应力相对刚框要小得多,所以这种加强框的缘条不需要很强。若腹板框为全腹板(占据整个机身截面)结构,其传力过程与平面板杆结构相同。而实际结构中常常遇到的是各种带部分腹板的加强框。图 8.14 所示为某机身机翼连接的中腹板式加强框,图 8.15、图 8.16、图 8.17 为其受力分析简图。

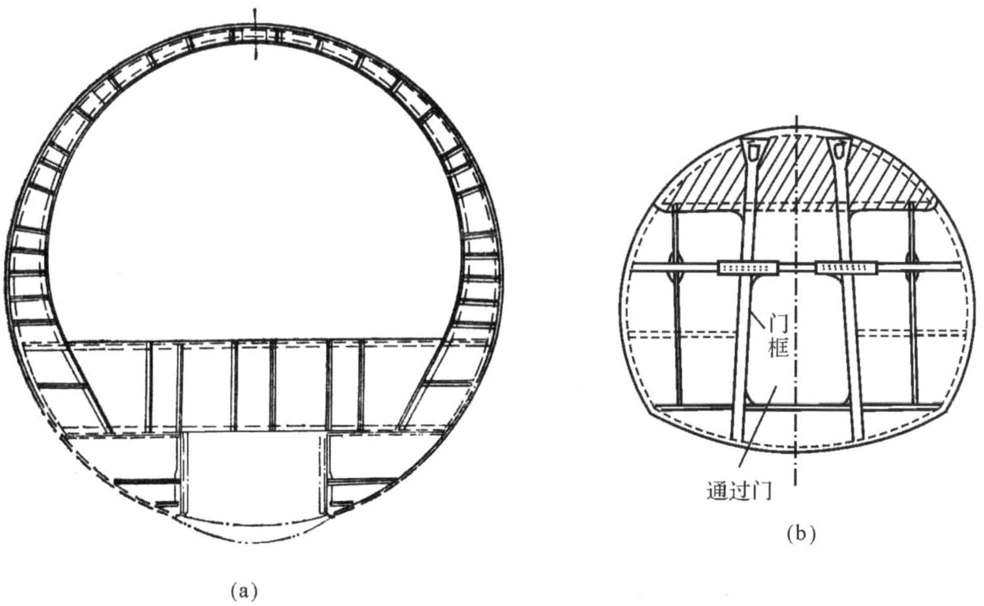

图 8.13　腹板式加强框结构

(a) 下腹板式加强框；(b) 中间开口腹板式加强框

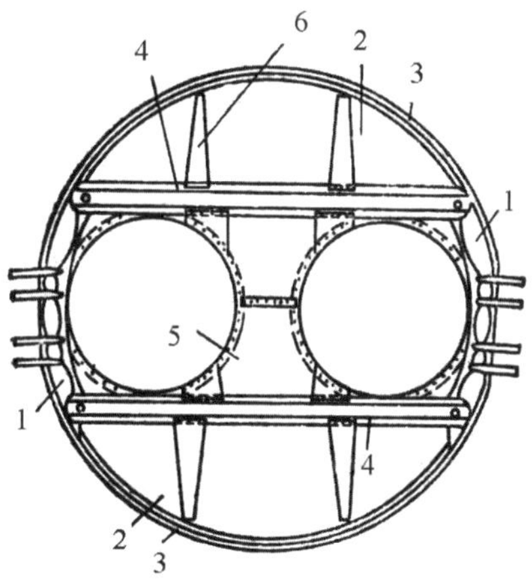

图 8.14　某机机翼机身连接加强框

1— 横梁　2— 上、下腹板　3— 框外缘条　4— 缘条　5— 中腹板　6— 集中力扩散件

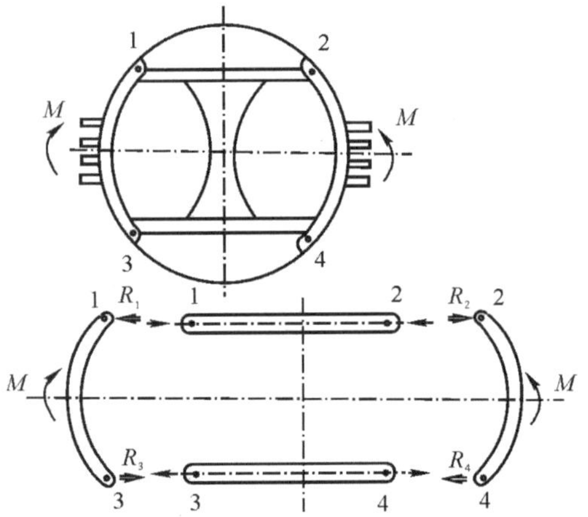

图 8.15　对称弯矩作用下中腹板加强框的受力分析

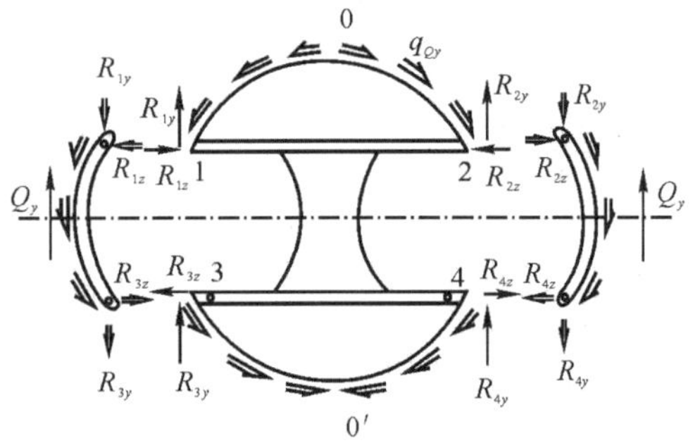

图 8.16　对称剪力作用下，中腹板加强框受力分析

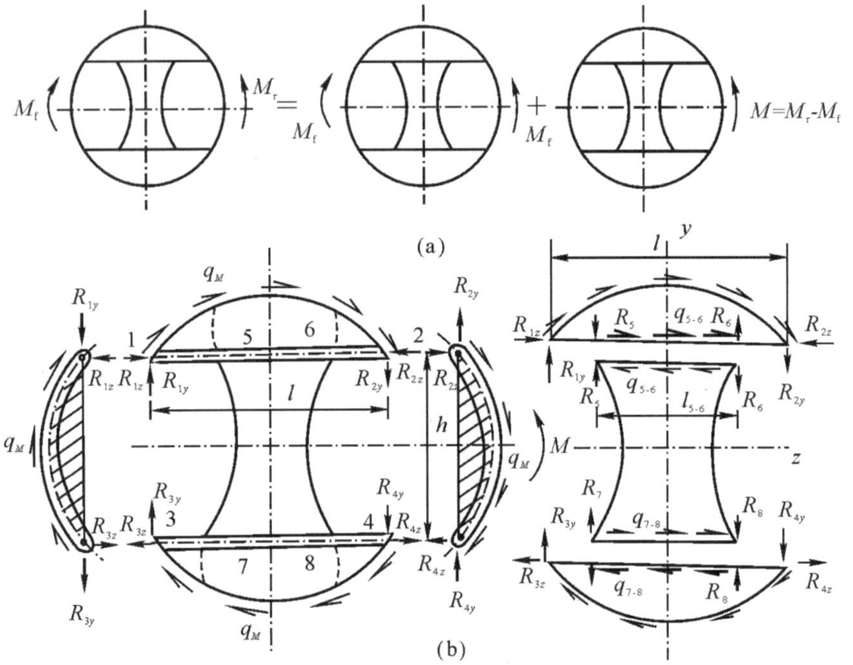

图 8.17　不对称力矩作用下，中腹板加强框的受力分析

8.4.3　构架式加强框

图 8.18 为构架式加强框的受力原理图。某低速飞机机身与尾轮支柱连接的加强框就用了这种受力形式。尾轮可以转动，故其侧向力较小，对其连接框来说主要受一个法向力。框内布置一个三角形桁架可使法向力以切向力的方式作用到刚框上，进而与机身蒙皮的剪流平衡。对刚框来说，法向力变成切向力，框内的弯矩就小多了，从而可以将刚框设计得轻些。然而杆子会使刚框的重量增加，因为三根杆子中有两根受压，按稳定性设计，材料的利用率当然差一些。由图 8.18(b) 可见，对于正圆形截面的机身，三角形桁架的杆子受力更大，故使桁架重量增加得更多。这种形式的加强框由于整个框的中间空间被杆子堵住，不利于内部布置大

尺寸装载，又没有部分腹板框那种可以综合利用的优点，故很少采用。但在某些大型飞机上，为避免过大的腹板引起重量过大，也有用构架式加强框的。

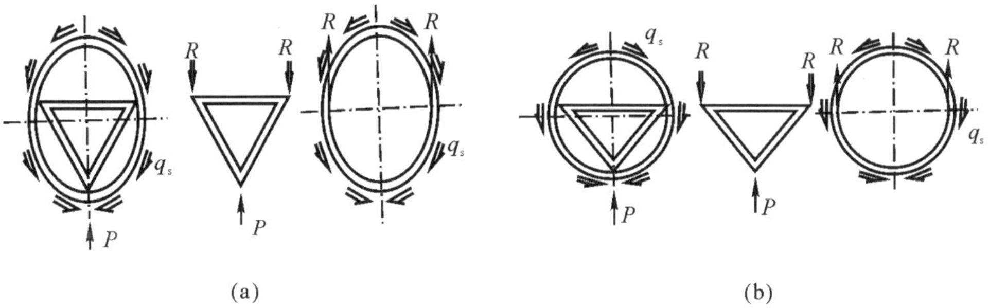

图 8.18　构架式加强框

(a) 椭圆形构架框的受力分析；(b) 正圆形构架框的受力分析

8.5　机身开口的受力特点

由于生产、使用、维护的需要，在机身上总存在着大大小小的开口。显然，开口对机身的强度和刚度都会产生不利的影响，因此需要加强。根据使用要求的不同，加强方式大致可分为两类 —— 口盖和舱门。

8.5.1　口盖

口盖主要是为地面检查维护而开的，在空中不必开启。它分为受力口盖和非受力口盖两种。

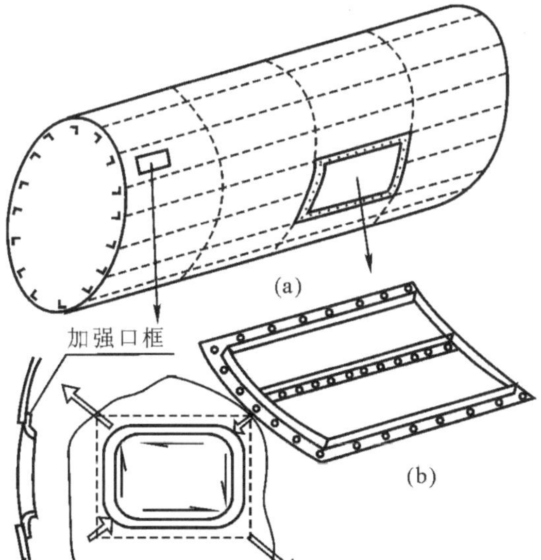

图 8.19　机身小开口加强及受力口盖

1.受力口盖

图 8.19(b) 所示是一个典型的受力口盖,它本身能承受正应力及剪应力,可用螺钉把它拧在机身上。因此,从受力的观点来看,当口盖装上机身后就等于没有开口,所以机身上就不必另外增加加强构件。这种受力口盖一般用在开口较大或不需要经常打开的地方。

2.非受力口盖

图 8.19(c) 所示是一个不受力的口盖,有时只用一个弹簧销就可以把它固定在机身上,因此装卸非常方便。但是这块机身蒙皮原来承担的剪流,就必须由机身上的加强口框以抗弯的形式来承受。非受力口盖一般用在需要经常检查但开口又不太大的地方。

8.5.2 舱门

某些舱门属于中等开口(如旅客舱的出入舱门等)。中等开口不仅切断了受剪蒙皮,而且还切断了受正应力的构件(长桁)。由于舱门要迅速开启,它本身不能作为受力构件,因此要通过开口周围的补强来传力。

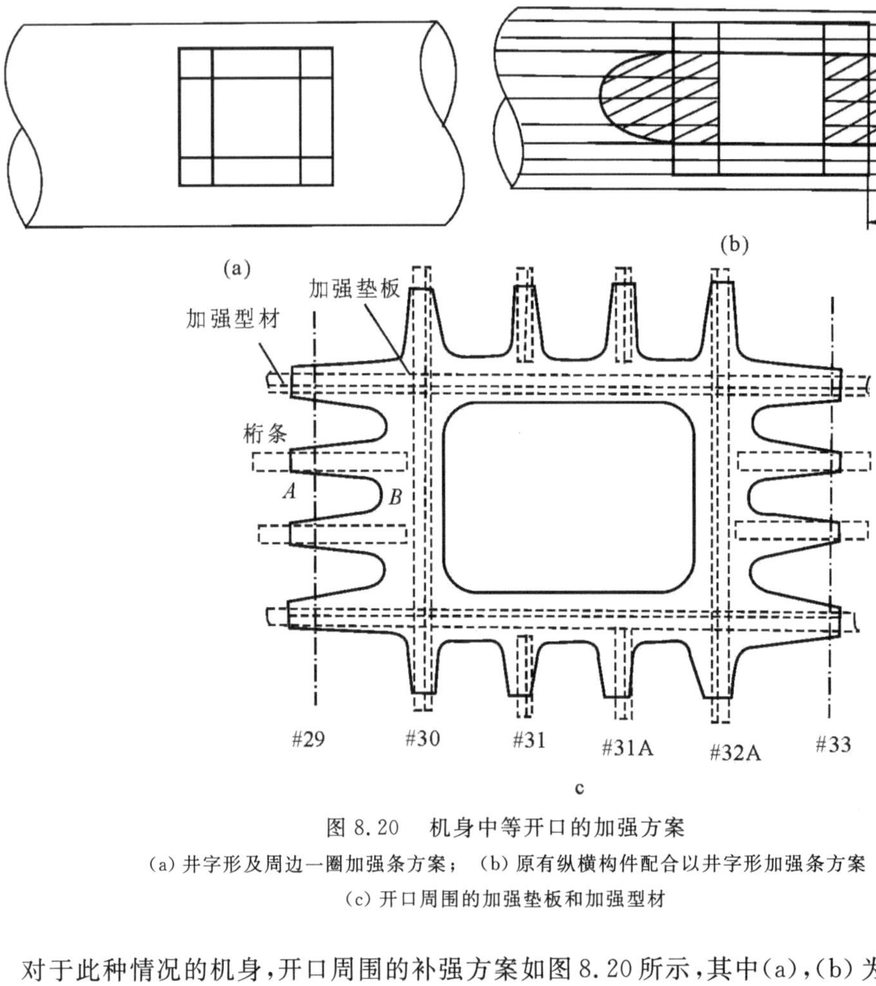

图 8.20 机身中等开口的加强方案

(a) 井字形及周边一圈加强条方案; (b) 原有纵横构件配合以井字形加强条方案

(c) 开口周围的加强垫板和加强型材

对于此种情况的机身,开口周围的补强方案如图 8.20 所示,其中(a),(b) 为围框式加强方案,也可利用机身本身原有的纵向桁条,采用井字形加强件组合而成。组成围框的杆件上将有附加轴力,上、下、左、右 4 块蒙皮上的剪流将增大,可根据该部位载荷大小局部加强。图

8.20(c) 即表示了一种开口周围加强垫板和加强型材的形式。这样轴向力的传递将在开口区之外的参与段内，通过蒙皮的剪切，把切断的桁条上的轴向力集中到开口两侧的加强型材上去。该加强垫板应与周围的框缘和桁条共同构成一围框，同时可作为受剪和受轴力构件补强。有的旅客机上采用厚板化学铣切法加工此围框加强件，以减小偏心力矩，形成开口四周整体传力。

大开口舱门，如起落架舱门、炸弹舱门及空投物资的后舱门等，要求在空中也能打开和关闭，因此，舱门就不能用做受力构件；而且，这种开口一般都很大，再采用前面所述的局部加强办法是行不通了，必须寻求另外的加强办法。

图 8.21 所示是一个开了炸弹舱门的机身中段受力示意图，下面着重讨论其大开口区域的传力及构造情况。

1. 弯曲情况

由于炸弹舱的大开口把机身下部的桁条和蒙皮都切去了一部分，因此在弯矩作用下原来由它们承担的轴向力，就必然要重新分配到开口两侧的纵向构件(桁梁)上。此外，在开口两端的过渡区 B，桁条和蒙皮必须经过一段距离后才能参与受力(因交界处的正应力为 0(见图 8.21)。因此，开口区和过渡区的桁梁都需要加强，这显然会引起结构质量的增加。

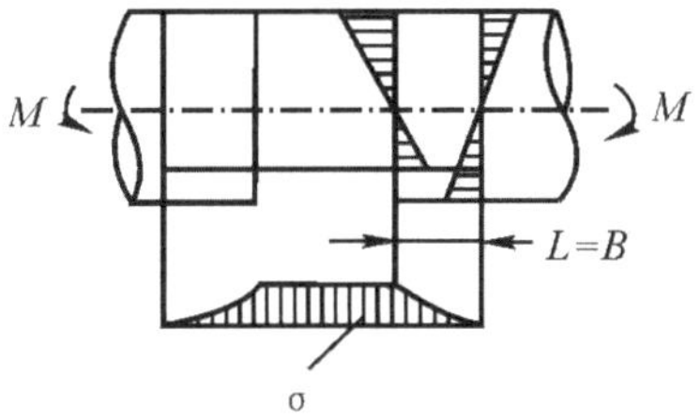

图 8.21　大开口时弯矩的传递

2. 扭转情况

为了讨论扭矩 M_t 作用时，开口区的受力和构造特点，先看剪流在闭剖面及开剖面的分布情况。在闭周边段，常剪流 $q_0 = M_t/(2\pi R^2)$(R 为机身半径)，其分布情况如图 8.22(a) 所示。在开口部分，扭矩不是由常剪流所平衡的，这是因为开口处没有蒙皮，无法提供这种剪流。所以扭矩的平衡主要是由未开口的两侧壁板剪流 q' 所形成的力偶来平衡的，如图 8.22(b) 所示。q' 在左右侧壁上大小相同，方向相反。由图 8.22(a) 可见，剪流在开口前与开口后是不相等的($q' > q_0$)，因此在隔框就出现了剪流的突变，即作用在前半框的剪流为 q_0，作用在后半框上的剪流为 q'，而且仅限于与左右侧壁连接的地方。所以，框上的综合剪流如图 8.22(e) 所示。因此，开口处的隔框也必须加强，在有条件的情况下，一般都采用腹板加强框。从传力的角度来看，加强框在这里的作用是将闭周边段蒙皮的剪流传递给开口两侧的蒙皮，而开口段则用两侧蒙皮剪流 q' 所组成的力偶与外扭矩 M_t 相平衡。

我们再来分析开口区梁与侧壁的受力情况。图 8.23 表示开口区两侧壁的受力情况。上面已知两侧壁的剪流为 q'，若上、下梁之间的高度为 H，则剪力 $Q = q'H$，此剪力 Q 对每一个侧壁都组成力偶 QL_A。由于此侧壁是平衡的，所以必有附加弯矩 ΔM 与力偶 QL_A 相平衡。附加弯矩 ΔM 使得桁梁产生正应力，正应力的方向在 4 个桁梁中对角线的两桁梁是相同的。理论和试验表明，这种附加弯矩 ΔM 衰减很快，其影响区的长度 L 近似地与开口区宽度 B 相等，即

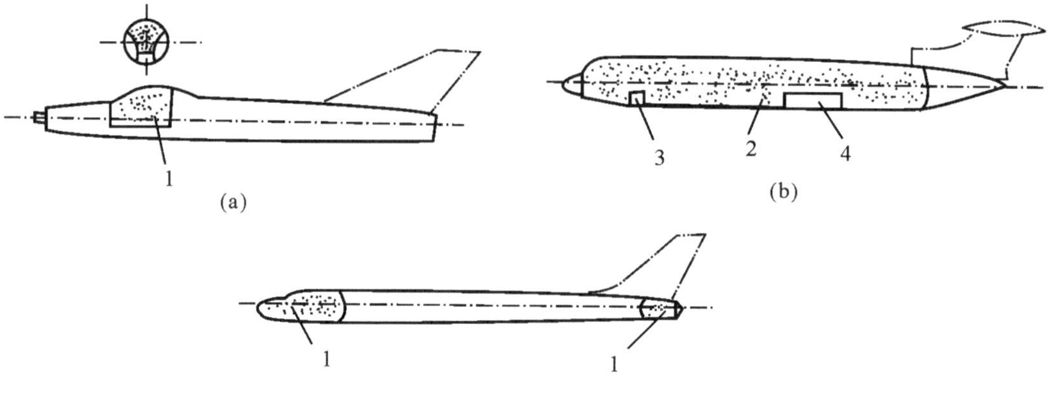

图 8.25　各类飞机增压座舱分布与形状

(a) 两侧进气歼击机增压座舱；(b) 旅客机增压座舱；(c) 轰炸机空勤组增压座舱

1— 空勤人员增压座舱　2— 旅客及空勤人员增压座舱　3— 前起落架舱(不气密)　4— 中央翼及主起落架舱(不气密)

图 8.26 表示一个具有球形端部的气密座舱，设沿纵向的正应力为 σ_s，沿圆周方向的正应力为 σ_R，应力的大小可由平衡条件求出。

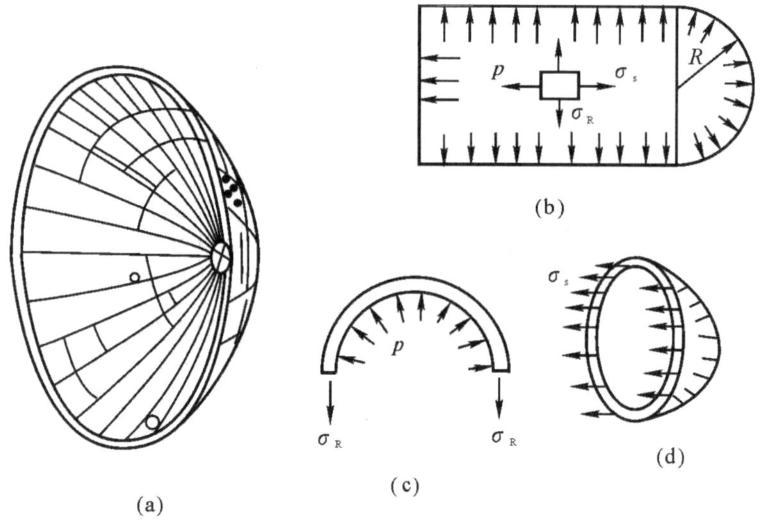

图 8.26　气密座舱内压力分布

由图8.26可见，分布压力 p 沿机身轴向的合力为 $p\pi R^2$。纵向正应力 σ_s 在壁厚为 δ 的圆环形剖面上的合力为 $\sigma_s\delta 2\pi R$。由图 8.26 所示半球形端部的平衡条件，可得

$$p\pi R^2 - \sigma_s\delta 2\pi R = 0$$

$$\sigma_s = \frac{pR}{2\delta}$$

若从图 8.26(b) 中切出单位长度的一个半圆环，如图 8.26(c) 所示，则研究此半圆环的平衡可得

$$p2R - 2\sigma_R\delta = 0$$

$$\sigma_R = \frac{pR}{\delta}$$

由此可见，沿圆周方向的正应力 σ_R 是纵向正应力 σ_s 的两倍。如果已知压力 p 的大小及座舱的几何尺寸，就可以进行强度计算。

现在再分析气密舱盖及座舱口框的构造及受力特点。图 8.27 表示的是由风档及活动舱盖两部分组成的气密舱盖。风档的正前方装有平面防弹玻璃，两侧为曲面有机玻璃。固定玻璃的骨架由铆钉铆在机身蒙皮上。活动舱盖也是由金属框架制成，上面镶有较厚的有机玻璃。活动舱盖可以设计成推动式或翻转式。不论哪一种活动舱盖，都应连接在座舱口框上，而且在紧急时还能自动抛盖。

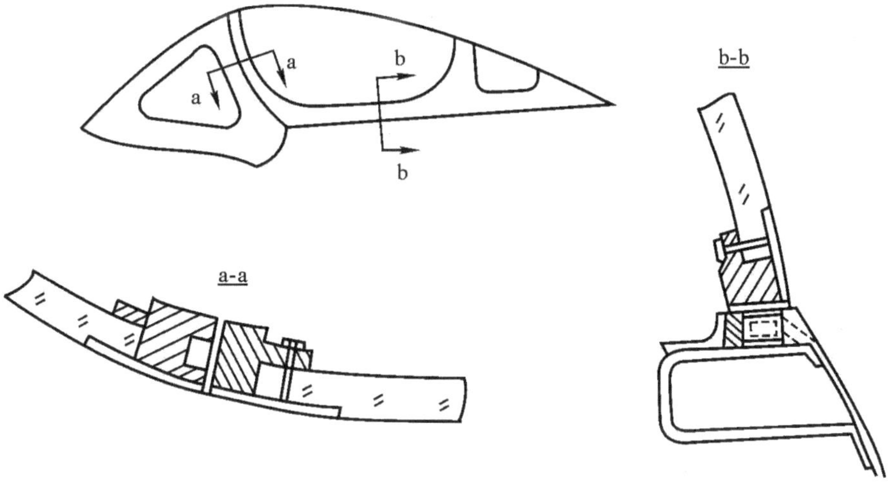

图 8.27　气密座舱盖

在气密载荷的作用下，舱盖通过滑轮把载荷传给机身口框上的滑轨。所以由舱盖传来的集中力 R_1，R_2 及 R_3 经过许多铆钉，由滑轨传至口框再到机身蒙皮，应力由不均匀逐渐变得均匀(见图 8.28)。

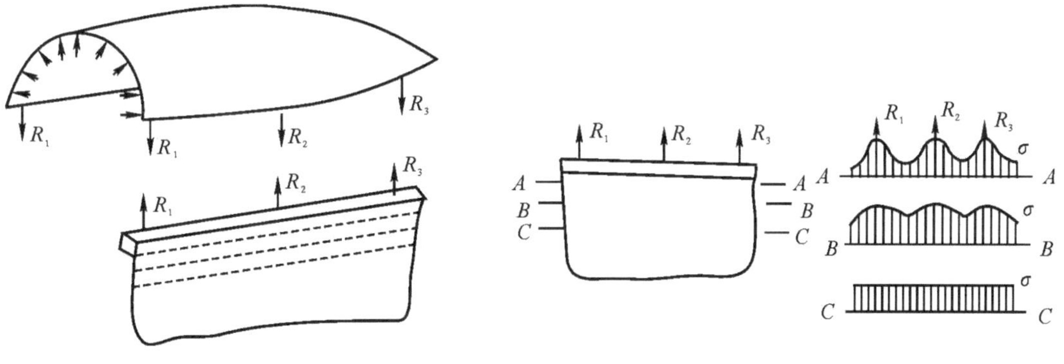

图 8.28　座舱盖载荷传递

从结构质量的观点来看，气密座舱使得飞机结构重量增加不少。为了安置气密座舱，不仅蒙皮要加厚，而且铆缝还需用密封，同时还要考虑飞机的疲劳，所以必然会引起结构质量的增加。

第 9 章　飞机结构的疲劳及损伤容限设计

9.1　概　　述

飞机结构的受载不仅具有静载荷的特点，而且还具有周期性重复载荷的性质。例如，飞机的起飞－飞行－着陆为一个周期，其所受到的地-空-地载荷具有周期性。又如，气密座舱的增压载荷也为一周期性载荷。在周期性重复载荷作用下，即使应力水平很低，飞机构件也有可能发生疲劳破坏，导致灾难性的事故。因此，只按静强度和刚度要求设计的飞机并不能很好地保证飞机的飞行安全，必须在飞机结构中引入疲劳设计概念和损伤容限设计概念。

飞机设计思想的发展大致经历了 5 个阶段，如图 9.1 所示。在 20 世纪 50 年代以前，基本按静强度设计；20 世纪 50 至 60 年代，逐步采用“安全寿命”思想设计；20 世纪 70 年代又提出“破损-安全”设计思想，即“损伤容限”设计。

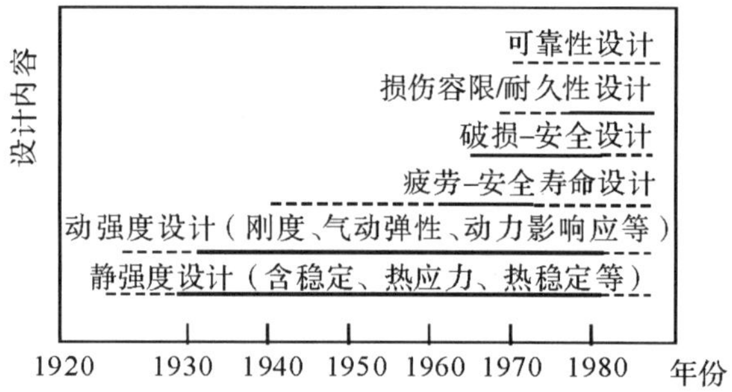

图 9.1　飞机结构设计思想的发展

9.1.1　疲劳和断裂的联系

当结构受到循环重复载荷时，可能发生疲劳形式的破坏，这就是所谓的“疲劳”问题。

“断裂”问题是由于各类结构中的预存缺陷及其增长造成了断裂破坏事故而提出的。人类对断裂力学的研究是从 20 世纪 50 年代开始并在 70 年代迅速发展起来的。

疲劳和断裂过程之间，存在着因果关系，图 9.2 即表示疲劳与断裂发展的关系。图中几个特征性损伤尺寸表示：

a_i—— 在无裂纹假设下对应疲劳起裂点；

a_1—— 对应疲劳寿命终结点的宏观可检裂纹；

a_2—— 对应外场使用中，检测仪器手段所能测定的损伤尺寸；

a_0—— 对应断裂设计起点的按规范规定的初始裂纹尺寸；

a_{cr}—— 对应裂纹不稳定扩展的临界裂纹尺寸。

由图 9.2 可见，由疲劳源引发的疲劳断裂全过程的总寿命 N 应是由裂纹形成寿命 N_1 和裂

纹扩展寿命 N_2 两部分组成的，即

$$N = N_1 + N_2$$

在按断裂力学设计的寿命估算中，因首先承认存在初始缺陷 a_0，故 $N_1 \to 0$，裂纹扩展寿命即为总寿命，即

$$N = N_2$$

a_0 是根据无损检测，通过试验 90% 的觉察概率和 95% 的置信水平要求确定。

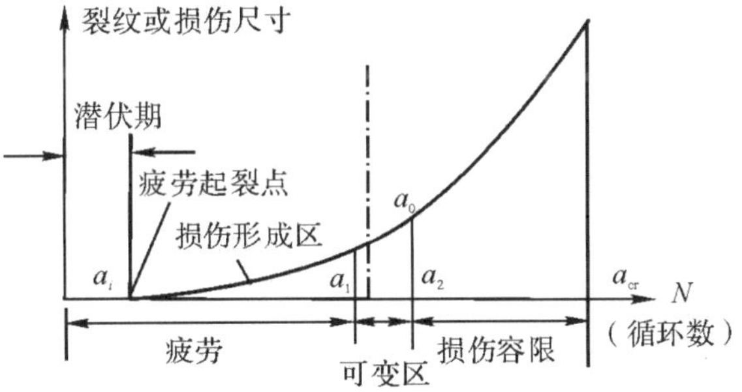

图 9.2　损伤尺寸与载荷循环数的关系

9.1.2　疲劳设计和断裂设计

疲劳设计（安全寿命设计）是建立在无裂纹的基础上的，只考虑无裂纹（可检裂纹）寿命，而不考虑带裂纹寿命。为了提高结构疲劳强度，可适当选择材料，控制应力水平，通过细节设计改善抗疲劳品质，降低外形、材料、载荷不连续造成的应力集中，在生产过程中控制好质量。

断裂设计即损伤容限设计，它不考虑无裂纹寿命，只考虑带裂纹寿命，并认为由初始裂纹到临界裂纹的裂纹扩展寿命即是总寿命，因此对预存的或偶然的损伤更为安全。这种设计概念引入与裂纹扩展速率相关的“检查周期”，以控制裂纹扩展寿命和剩余强度；还可通过质量控制、无损检测和合理选材来提高可靠性。

由此可见，安全寿命设计的缺点是：① 结构一旦出现疲劳裂纹就算破坏，而实际上此时的结构还有剩余强度和剩余寿命，因此没有充分利用结构的寿命潜力。② 对漏检和使用损伤无法计及，所以不能确保安全。但安全寿命设计概念已用了几十年，经验丰富，其中改善疲劳品质的设计方法、生产上强化质量控制的方法均被吸收用于损伤容限设计和耐久性设计中。

表 9.1 对疲劳设计和断裂设计的概念和方法进行了对比。

9.2　疲劳设计

结构在循环或交变应力作用下，裂纹可能萌生并增长至临界尺寸而发生失稳断裂。这种因循环应力或交变应力而使材料抵抗裂纹扩展和断裂能力减弱的现象，称为疲劳。若取最小载荷与最大载荷之比为载荷比 R，即

$$R = \frac{P_{\min}}{P_{\max}}$$

则当 $R > 0$ 时，载荷方向不变，为循环载荷；当 $R < 0$ 时，载荷在一个周期内方向改变一次，为交变载荷（参见图 9.5）。

表 9.1　疲劳与断裂设计概念的比较

疲劳设计	断裂设计
(1) 目标 确定无裂纹寿命(出现宏观可检裂纹以前)即安全寿命,分散系数 n_f 一般取 4。 (2) 界限 裂纹成核后至宏观可检裂纹(由检测能力确定,可取为 0.5 mm 左右)。 (3) 理论 作为应力疲劳,建立在 WOHLER 的 $\sigma-N$ 曲线和累积损伤理论(如 MINER 法则)的基础上。 (4) 规范 重复载荷和疲劳(安全寿命)规范。 (5) 细节设计 改善抗疲劳品质,注意降低几何、材料和载荷不连续造成的应力集中。 (6) 严重部位 结构中应力水平高和疲劳敏感区的所有部位。 (7) 验证方法 全尺寸飞机(部件)疲劳试验,生产型飞机程序块谱,试验计划安排无明确规定。 (8) 试验周期 4 倍寿命(安全寿命)。 试验后检查无明确要求。 (9) 监控措施 飞行监控系统 —— 多参数(三向过载,高度,速度,舵偏角,姿态角,油量等)记录系统。	(1) 目标 确定飞机结构的经济寿命(首先确定各关键部位的经济极限和安全极限),分散系数 n_f 取 2。 (2) 界限 从较大宏观可检裂纹开始,计算安全极限,从较小假想初始缺陷开始,计算经济极限。 (3) 理论 建立在线弹性断裂力学的基础上。 (4) 规范 耐久性(经济寿命)和损伤容限设计规范。 (5) 细节设计 采用耐疲劳及断裂工艺措施(如孔挤压强化等)提高耐久性和耐损伤能力。 (6) 严重部位 损伤容限分析(安全考虑):每架战斗机 20～200 个部位;耐久性分析(经济性考虑):每架飞机几千个细节设计部位。 (7) 验证方法 全尺寸飞机(部件)损伤容限和耐久性试验,早期的研制、试验和鉴定用飞机,飞 — 续 — 飞随机谱,试验计划明确(飞机生产之前达 1 倍寿命,第一个生产型飞机交付前达两倍寿命)。 (8) 试验周期 两倍寿命(经济寿命)。 试验后检查 —— 拆毁检查。 (9) 监控措施 飞机裂纹跟踪系统,地面检查。

疲劳破坏一般有以下特征:

(1) 疲劳破坏要经历一定的、甚至很长的时间,破坏过程实际是裂纹形成、扩展直至最后断裂的过程。

(2) 构件中的交变应力在远小于材料的静强度极限时,就可能发生破坏。

(3) 塑性材料构件也常在无显著残余变形的情况下,就会发生像脆性材料一样的断裂,故不易察觉,具有更大的危险性。

(4) 疲劳破坏断口有某些特征,见图 9.4(后述)。

(5) 疲劳破坏发生在局部区域,故改变局部设计就可延长寿命。即使在发现裂纹后,也可通过更换损伤部分构件、制止裂纹扩展而继续使用。

9.2.1　疲劳断裂的形成和发展

疲劳的研究已有 100 多年的历史。对疲劳破坏的机理，人们已提出不少的解释和模型，但还不能说已有肯定的答案。较有说服力的一种学说认为，疲劳断裂过程可分成裂纹成核阶段、裂纹微观扩展阶段、裂纹宏观扩展阶段和最终破坏阶段等 4 个阶段(见图 9.3)。

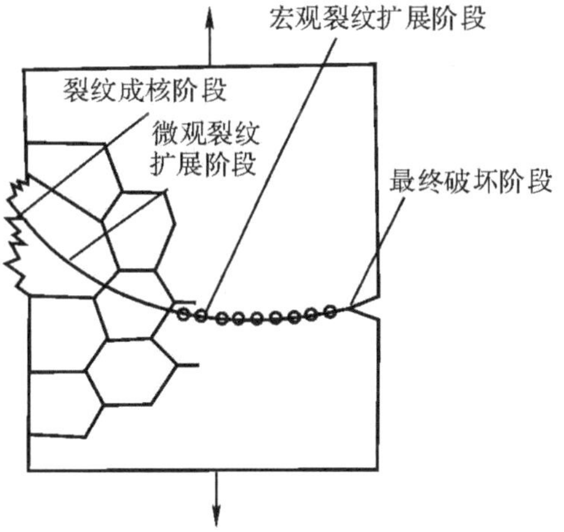

图 9.3　疲劳断裂过程示意图

1. 裂纹成核(裂纹萌生)

裂纹成核是指疲劳裂纹的起始。一般裂纹起始于构件表面或有夹杂、机械缺口等应力集中部位。这一阶段的裂纹是倾斜的，量级为 $10^{-4} \sim 10^{-6}$ mm。

2. 裂纹微观扩展

裂纹形成后，在疲劳载荷作用下，裂纹周期性地张开、闭合，形成裂纹的微观扩展。在电子显微镜下可观察到每个循环形成的疲劳条纹。这一阶段的裂纹为不可见(不可检测) 裂纹；扩展方向是由与应力轴成 45°，逐渐向与应力轴垂直的方向过渡；扩展速率极慢，每循环为 10^{-5} mm 量级。

3. 裂纹宏观扩展

裂纹宏观扩展阶段是从可见裂纹开始的裂纹扩展阶段，其扩展速率加快，每循环以 μm 计；裂纹扩展方向与应力轴垂直，疲劳条纹比较明显。

裂纹微观扩展与裂纹宏观扩展统称为裂纹稳定扩展阶段。有人取 0.05 mm 作为微观与宏观的分界线。通常认为从宏观裂纹扩展阶段开始(即可见裂纹开始)，属于断裂力学研究范围。而对裂纹生成及微观裂纹扩展这两个阶段，断裂力学目前还无能为力。

4. 最后断裂

当裂纹扩展到足够大的尺寸(a_{cr}) 时，出现了裂纹的快速扩展，又称不稳定扩展，导致构件突然发生断裂。

以上是软金属光滑试件的典型疲劳断裂过程。对于高强度材料，因屈服强度高，缺口敏感性强以及内部夹杂多，往往直接在宏观的应力集中部位裂纹成核，随即开始宏观裂纹稳定扩展阶段，而没有倾斜的裂纹微观扩展阶段。

5.疲劳破坏断口

裂纹的各个扩展阶段在疲劳破坏断口上都留下了明显的痕迹和特征，大致可分为3个区域(见图9.4)。

(1) 疲劳源。疲劳源即裂纹起始点。由于构件表面易滑移，因此疲劳源一般发生在构件表面。

(2) 逐渐破坏区。该区是裂纹稳定扩展所造成的断裂表面，其特征是表面光滑，有明显的疲劳弧线 —— 由载荷谱变化留下的塑性变形痕迹(但对高强度钢，这种条纹很不明显)。

(3) 最后破断区。由于裂纹不断扩展，构件的剖面愈来愈弱，剩余强度愈来愈小，最后终于发生突然断裂，此时断裂表面呈粗粒状。

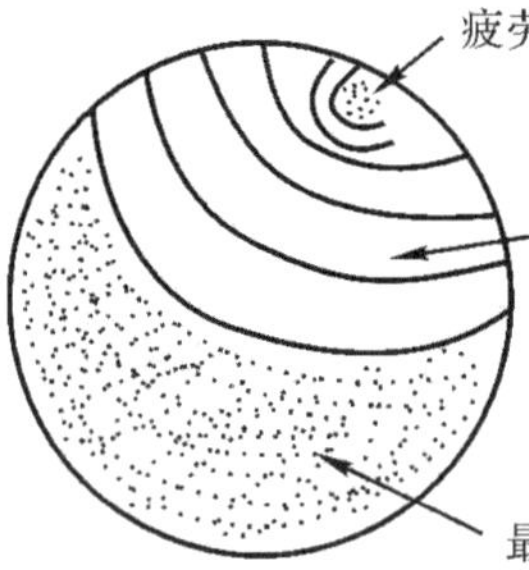

图9.4　疲劳断口

9.2.2　安全寿命设计(疲劳设计)

安全寿命设计概念要求结构在规定的使用寿命期间不出现疲劳裂纹，因此严格说来，安全寿命是指图9.2中裂纹起始前的潜伏期。

安全寿命设计的任务是，用数理统计法，通过设计、试验和分析来确定新飞机的安全寿命，保证在安全寿命期内发生疲劳破坏的概率最小。这里所说的安全寿命是指保证有较高存活率的寿命，即要考虑适当的疲劳分散系数。

飞机疲劳设计大致可分为3个主要阶段：初步设计阶段、设计定型阶段、投入使用阶段。表9.2给出了这3个阶段的主要内容。表中带括号的内容表示用于破损安全设计内容，带“*”的表示含破损安全设计内容。

下面对安全寿命设计的初步设计阶段的有关问题作一简单介绍。

1.疲劳载荷的表示和分类

飞机上的疲劳载荷主要有突风(阵风)载荷、机动飞行载荷(从机动飞行到恢复平飞的反复变化)、地-空-地载荷(起飞-着陆)、着陆撞击载荷、地面滑行载荷(跑道不平引起)、增压载荷、抖振载荷、声疲劳载荷以及操纵面运动载荷等。各种疲劳载荷对结构的影响是不同的。

疲劳载荷的表示方法一般用5个参数表示：P_{max}，P_{min}，P_m，P_a及R。P_{max}为循环载荷的代数最大值，称为最大载荷；P_{min}为循环载荷的代数最小值，称为最小载荷；P_m为平均载荷，等于最大载荷与最小载荷的平均值，即$P_m=(P_{max}+P_{min})/2$；P_r为两个峰值之间的差值，称为载荷范围，$P_r=P_{max}-P_{min}$；P_a为载荷幅值，等于载荷范围之半，即$P_a=P_r/2$；R为载荷比($R=P_{min}/P_{max}$)，是表示循环载荷的一个特征量。当$R=-1$时，称为对称循环；当$R=0$时，称为脉动循环；当R为任意值时，称为非对称循环(见图9.5)。

表 9.2　飞机疲劳设计内容

阶段	工作内容
初步设计阶段： 方案论证 总体布局及细节设计	(确定结构形式及破损安全特性) * 确定连接方式 * 进行细节设计 * 选材料 * 确定表面处理方法 * 选用生产工艺规程
	考虑疲劳强度规范要求
	估计疲劳环境(编制载荷谱等)
	考虑结构动响应特性
	估算疲劳特性 估算疲劳寿命 (计算裂纹扩展速率) 计算破损安全强度) 进行零部件疲劳试验，以便作设计研究 校核寿命估算，给出暂定寿命
设计定型阶段： 原型机制造后的试验飞行及全机试验	通过全尺寸试验保证飞机有良好的疲劳特性 *(给出使用寿命) 修改结构 * 拟定使用中检修条例
投入使用阶段	* 使用载荷及寿命耗损监控

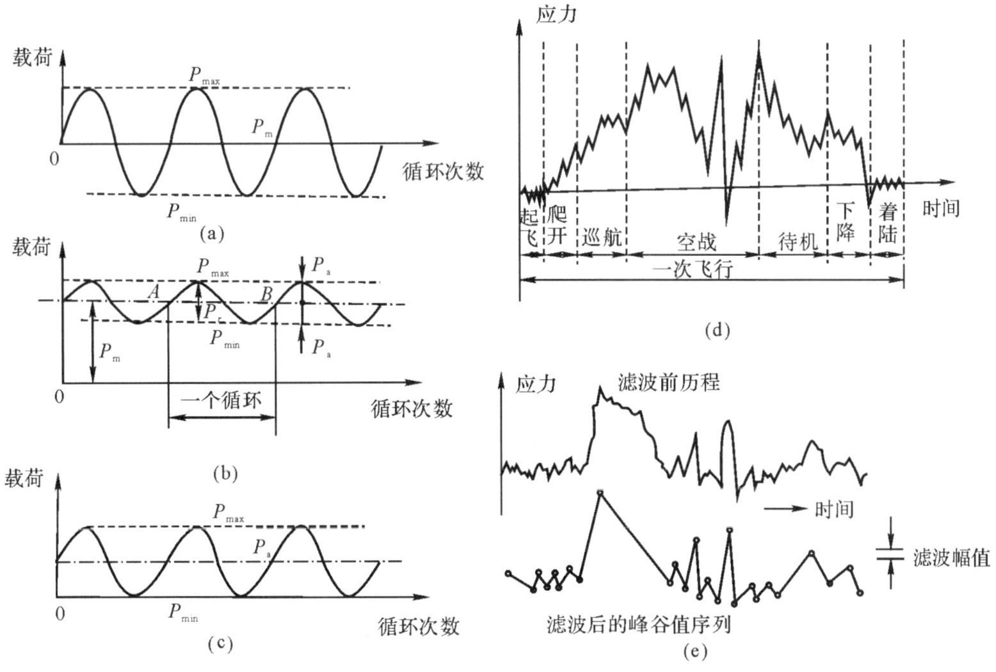

图 9.5　疲劳载荷

(a)$R=-1$；(b)R 为任意值；(c)$R=0$；(d) 随机载荷；(e) 应力-时间历程曲线

疲劳载荷可分为等幅载荷、变幅载荷、随机载荷3种。图9.5(a),(b),(c)所示为等幅载荷,即载荷幅值不变。载荷幅值和出现次数不断改变的疲劳载荷称为变幅载荷。随机载荷则为载荷的大小和出现次数都是随机分布的,如图9.5(d)所示。

2. 疲劳载荷谱

在飞行中实测到的各种载荷大小和次数的记录,称为载荷—时间历程。根据大量实测的载荷历程,经过统计分析和简化得到疲劳载荷谱。虽然对个别飞机的某次飞行,载荷历程是随机的,带有不确定性,但同类型飞机的载荷历程统计结果就显示出规律性,因此可以把疲劳载荷谱作为一种规范用于同类型飞机。疲劳载荷谱通常用表格或曲线说明在给定时间间隔中各种载荷水平及其出现次数,如表9.3所示。

表9.3　某歼击机100飞行小时的机动载荷谱

级别	最大过载	最小过载	出现次数
1	2.5	0.8	1 370
2	3.5	0.6	1 040
3	4.5	0.25	304
4	6.0	−0.4	20
5	7.0	−1.0	2
6	8.0	−1.5	0.2

3. 应力谱

疲劳载荷谱可以转成应力谱,因为在弹性范围内,载荷与应力成比例关系,只要乘上一个系数,即可由载荷得出应力;若不成比例,则要考虑塑性影响来获得应力谱。疲劳应力用S表示。与疲劳载荷相似,疲劳应力也有5个参数:S_{max},S_{min},S_m,S_a和R_σ。

4. $S-N$曲线(疲劳寿命曲线)

$S-N$曲线(疲劳寿命曲线)由试验得到,用来估算安全寿命。S为循环应力的幅值S_a,N为断裂时的循环数。$S-N$曲线是在一定的频率、恒振幅和一定的载荷比R下试验,测出断裂时的疲劳总循环数得出的,如图9.6所示。由图可见,当S下降到某一值时,循环数N似乎无限增加,此应力水平称为疲劳极限。

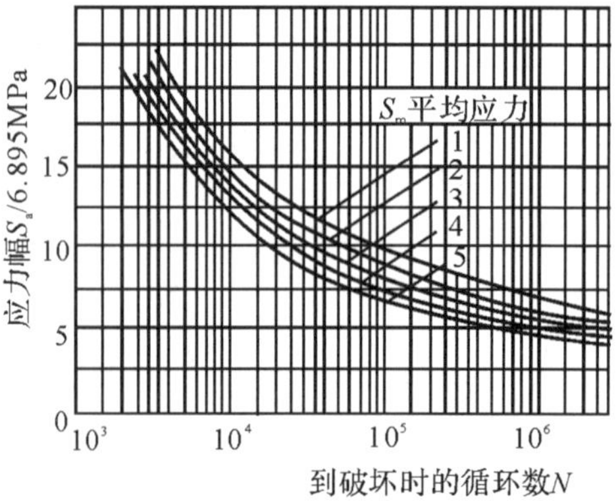

图9.6　2024-T3铝合金的$S-N$曲线

$R=-1$ 时的疲劳极限用符号 σ_{-1} 表示。铝合金等没有明显的疲劳极限，一般取 $N=10^7$ 对应的 S_a 作为材料的疲劳极限。几种常用材料的疲劳极限与静强度极限大致有以下关系：普通钢材 $S_{-1}(\sigma_{-1}) \approx (0.35 \sim 0.6)\sigma_b$，高强度铝合金 $S_{-1} \approx (0.3 \sim 0.4)\sigma_b$，其他铝合金 $S_{-1} \approx (0.4 \sim 0.6)\sigma_b$（光滑试件）。当材料、热处理、表面处理、应力集中系数、加载方式不同时，$S-N$ 曲线也不同。在初步设计时，可参考类似结构的 $S-N$ 曲线适当修正，得到设计所需用的 $S-N$ 曲线，或用插值法利用同类 $S-N$ 曲线。

5. *疲劳寿命估算*

由零部件的疲劳载荷谱和 $S-N$ 曲线，就可根据损伤理论估算疲劳寿命。计算时需考虑载荷谱周期（飞行小时）、设计疲劳分散系数、周期数等因素。

6. *提高结构疲劳强度的准则*

结构的安全寿命与结构的设计有很大关系，即与选材、应力水平、结构布置、细节设计、加工工艺等均有关。为此提出一些可提高结构疲劳强度的设计准则。

(1) 合理选材。要合理地、有区别地选择结构各部分的材料，既要满足静强度要求，又应具有良好的抗疲劳性能。如某些高强度合金钢虽然强度高，但疲劳性能不好，缺口敏感程度高，对疲劳强度不利。又如高强度铝锌合金 LC4 比铝铜合金 LY12 静强度高 20% 左右，但 LC4 的疲劳性能却较差，对毛刺、细小裂纹很敏感，故对受疲劳载荷大的区域如机翼下壁板、机身气密舱蒙皮等不用 LC4 而用 LY12。

(2) 控制应力水平。实践证明，在较低的应力作用下，结构不易产生疲劳裂纹，为此应将应力水平控制在一定的范围内。例如，旅客机气密座舱的环向应力水平应控制在 $(8 \sim 10) \times 10^7$ Pa 的范围比较合适。

(3) 减少应力集中，降低局部应力。高局部应力是引起疲劳破坏的重要因素，为此应强调精心设计结构，减少应力集中，降低局部应力，这样可显著地提高疲劳寿命，甚至可上百倍地提高。具体作法有以下几点。

1) 避免构件形状和截面的急剧变化，应尽可能逐渐过渡，或用较大的圆弧光滑连接。如图 9.7 中箭头指处，细节设计的改进使寿命从 15 700 h 提高到 23 100 h。

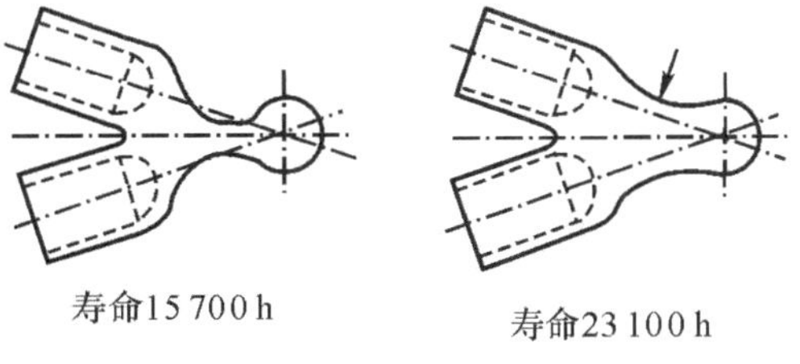

图 9.7　接头设计更改

2) 结构尽量少开口，开小口，在受拉表面最好不开口。必须开口时，开口形状尽量选用应力集中系数小的形状，如机身气密舱的窗口选竖椭圆形为好（见图 9.8）。另外，开口应尽可能安排在低应力区。

3) 尽量采用对称结构，以避免偏心载荷产生的附加弯矩及附加应力，如图 9.9 所示。

4) 在产生应力集中的地方（如铆钉孔、螺栓孔、焊缝等），采用局部补强（如加厚）以减小局部应力。如图 9.10 中所示的连接，改进设计局部补强(厚度由 2.0 mm 加大到 3.96 mm) 后，寿命增加了 1.3 倍。工艺操作时应注意填塞工艺孔，以免形成孔内空隙，成为疲劳源。

5) 主要构件上应力集中的地方不要再连接次要零件，以免扩大局部应力。此外，施工时避免产生划伤、毛刺、内部微裂纹和各种缺陷。

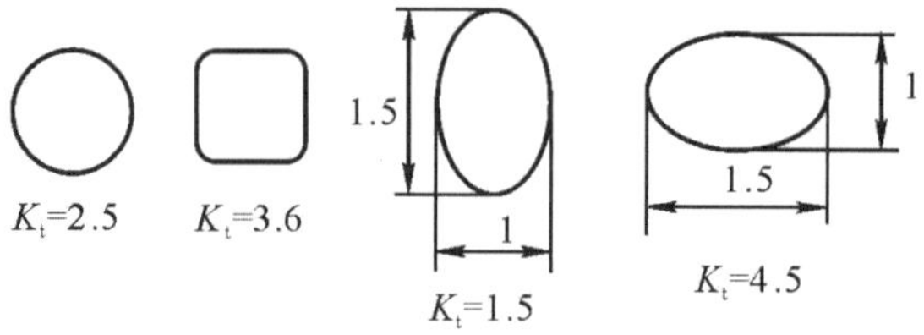

图 9.8　机身气密座舱窗口开口形状比较

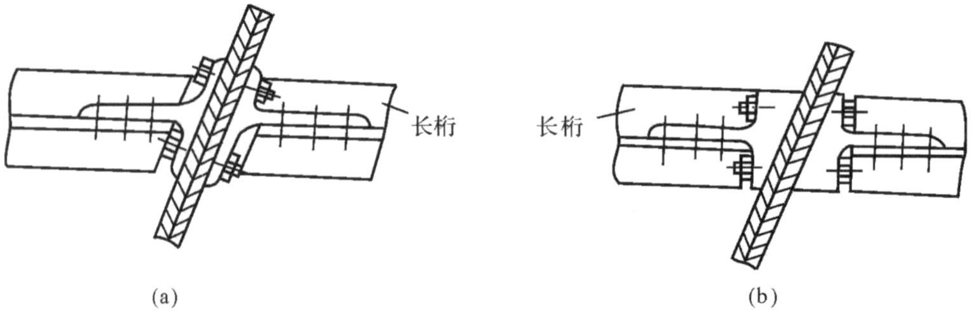

图 9.9　长桁连接接头

(a) 由于螺栓布置不好引起附加弯曲；(b) 无附加弯曲

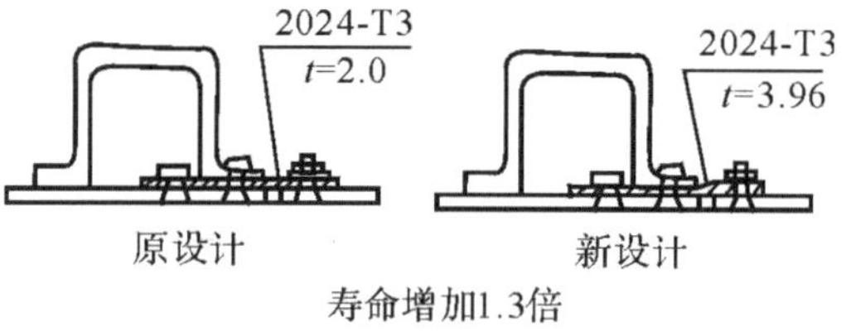

图 9.10　某飞机主翼结构连接处更改

(4) 重要接头的细节设计。飞机结构中连接件所占比重很大，而疲劳破坏又经常发生在连接部位，所以连接件的抗疲劳设计是结构疲劳设计的重要环节。目前在这方面已积累了丰富的经验，在此列举几点。

1) 实践证明，受拉螺栓是经常发生疲劳破坏的部位，因此连接螺栓最好采用受剪形式，不要受拉。对受载大的螺栓，可用拉、剪分工的设计方案，即在较细的螺栓上套一个较强的套筒，由套筒受剪而螺栓只受锁紧力。

2) 接头布置尽量避免偏心。图 9.11 所示的几种连接方案，对应的疲劳寿命见表 9.4。从表中可知，双剪接头比单剪好，斜面接头比梯形好，其中鱼尾形接头最好。此外，接头的各个连接螺栓上的载荷分配是不均匀的，两端最大(见图 9.12)，最易形成疲劳源，发生疲劳破坏，设计时要足够重视。

3) 接头处的螺栓受剪连接时，若事先加一定的拧紧力，可保证在外载作用下连接件之间不发生相对滑动，避免压紧表面擦伤加速疲劳破坏。

4) 若连接件是铆钉，可采用干涉配合，也可降低循环载荷的 S_{max}，提高接头的疲劳强度。

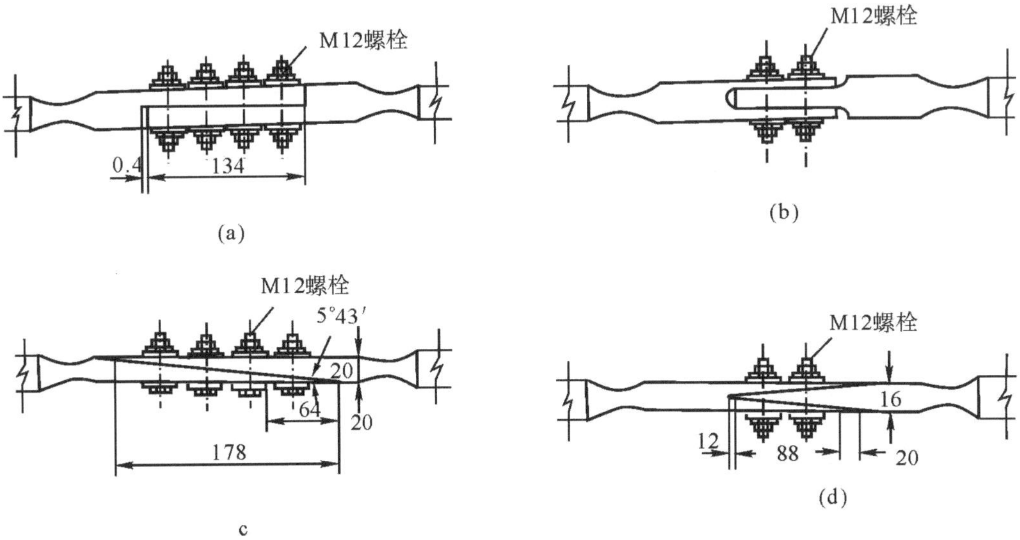

图 9.11　几种连接实例

(a) 单剪连接试件；(b) 双剪连接试件；(c) 单嵌接试件；(d) 双嵌接(鱼尾形) 试件

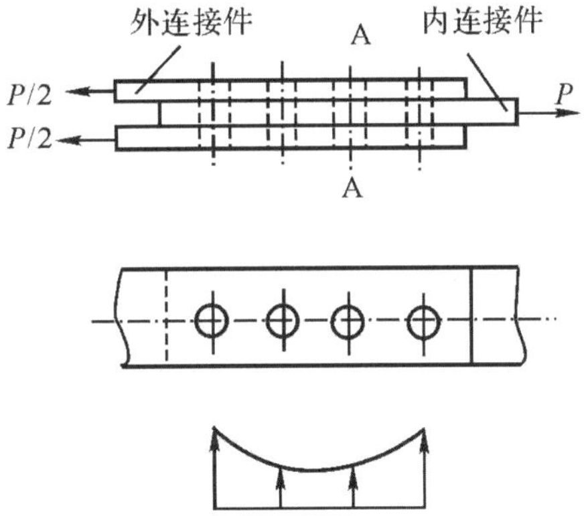

图 9.12　接头方案

表 9.4　几种连接形式的疲劳寿命比较　　单位:次循环

连接形式	疲劳寿命	
	载荷 72 500±241 000 N	载荷 72 500±48 500 N
梯形单剪(a)	42 000	
梯形双剪(b)	3 427 000	
斜面单剪(c)	210 000	55 000
鱼尾形双剪(d)	>26 000 000	>418 000

5）铆钉连接尽量采用对接，避免搭接，以免引起偏心力矩。若再采用薄刚性垫片（如 $\delta<0.5$ mm 的钛合金垫片），可提高疲劳强度 2～3 倍。铆钉排列应避免单排和交错排列，尽可能采用双排或三排整齐排列形式（见图 9.13）。

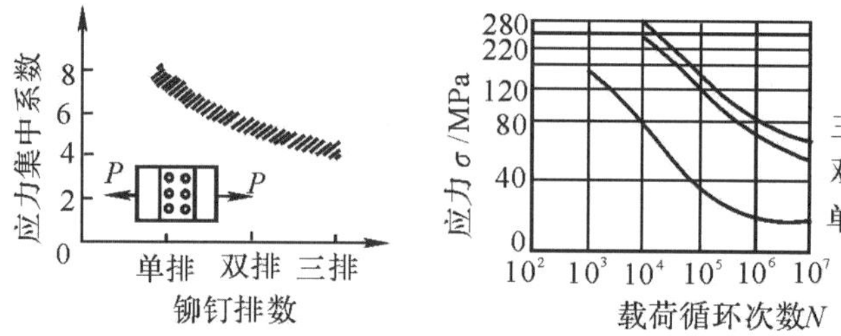

图 9.13　合理选择铆钉排列实例

(5) 对结构进行刚度控制。在某些载荷条件下（如空气动力波动载荷），增大结构刚度对疲劳强度有利。但有时在适当条件下，减小刚度能减小外载，从而可以提高疲劳特性。如图 9.14 所示为一安装在水平安定面上的支架，更改设计减小刚度后，使构件所承受的连接件传来的载荷减小，使寿命从 3 525 次增大到 10 500 次以上。

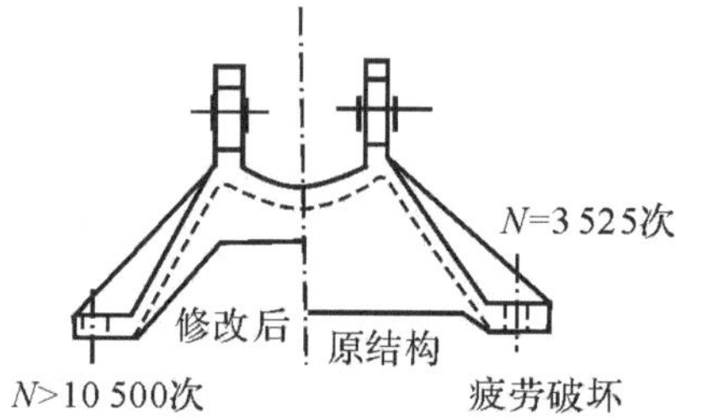

图 9.14　改变构件的刚度分布提高疲劳性能实例

(6) 改善和控制零件的表面质量，提高零件表面抗疲劳特性。疲劳裂纹常常从表面产生，因而提高零件表面质量、光洁度和消除容易使表面产生疲劳裂纹的因素将大大提高其疲劳性能。例如，采用零件表面强化工艺：喷丸、碾压、滚压、表面硬化（如渗碳、渗氮、氰化和表面高频淬火等）。此外，构件之间紧贴的表面间避免相互滑移以免擦伤也可提高表面疲劳性能。

以上所述安全寿命设计虽然有较大的可靠性，但因实际结构不可避免存在缺陷，如划伤、焊接缺陷、夹砂等，因此即使以工作应力小于疲劳极限来设计，也不能保证其寿命。也就是说，疲劳设计不能确保绝对安全。为此，应重视裂纹扩展寿命即损伤容限设计。

9.3　损伤容限设计

9.3.1　概述

飞机结构损伤容限设计技术是在总结以往的飞机设计经验和断裂力学这一新兴学科的建立、发展基础上，以设计规范形式确定下来的一种新的设计方法。

断裂力学是从零、构件中存在宏观裂纹这一观点出发，利用线弹性断裂力学或弹塑性断裂力学的分析方法，对裂纹问题进行理论分析和实验研究的一门学科。其主要研究内容包括：在交变载荷作用下裂纹的发展规律，剩余强度与裂纹尺寸的关系，结构寿命与初始缺陷的关系，以及检查裂纹的周期等。

损伤容限设计方法，是对传统设计方法的补充和发展，是比较安全、合理和经济的方法。它包括以下设计、分析、试验和使用 4 个方面 10 大问题。Ⅰ 设计：① 设计规范与设计要求；② 结 构分类与设计概念；③ 结构材料的选择。Ⅱ 分析：④ 严重部位的识别；⑤ 载荷和应力谱的分析；⑥ 初始品质的分析；⑦ 裂纹扩展分析；⑧ 剩余强度分析。Ⅲ 试验：⑨ 损伤容限与耐久性分析。Ⅳ 使用：⑩ 无损检验和裂纹跟踪。

9.3.2　基本名词解释

1. 损伤容限

结构在规定的未修使用周期内，抵抗由缺陷、裂纹或其他损伤而导致破坏的能力称为损伤容限。具体地说，损伤容限就是允许结构存在缺陷或其他损伤，但要将这些缺陷或损伤限制在一定的范围内，并保证这些缺陷在下次检查之前不会扩展到使飞机出现灾难性事故。

2. 耐久性

结构在规定时间期限内，抵抗开裂、腐蚀、脱层、磨损和外界损伤的能力称为耐久性。

3. 经济寿命

经济寿命是执行耐久性试验计划的结果所表示的工作寿命。当被试验结构出现遍布损伤时，要修理，不经济；不修理，又影响使用功能。这时就认为已达到经济寿命。

4. 裂纹扩展寿命

在设计应力谱作用下，由初始裂纹 a_0 扩展到临界裂纹 a_{cr} 时所得的寿命称为裂纹扩展寿命。

5. 剩余强度

含裂纹结构的承载能力称为该结构的剩余强度。显然，剩余强度随着裂纹尺寸的增加而降低。

6. 损伤容限载荷

飞机在有损伤存在，并在未修使用的规定最小周期内，不危及飞行安全和降低飞机性能必须能承受的载荷称为损伤容限载荷。

7. 初始缺陷

假定装配后飞机结构预存的缺陷尺寸，刚小于无损检测的最大不可检缺陷尺寸。它的大小和特征受无损检测能力制约，无损检测能力提高了，初始裂纹尺寸 a_0 就可定得小些。从裂纹扩展曲线(见图 9.2) 可看出，小尺寸裂纹阶段裂纹扩展较慢，较小的初始裂纹尺寸差别将引起裂纹扩展寿命的较大变化。因此，合理确定 a_0 的值十分重要。

8. 检查间隔

确保安全并由可检查度类别确定的两次检查之间的时间间隔称为检查间隔。

9. 结构的可检查度

结构的可检查度是飞机结构可检性的度量，可分为以下 6 种。

(1) 飞行明显可检:指飞行中出现的损伤的性质和大小可使飞行人员立即且无误地意识到飞机已有重大损伤,不应继续执行飞行任务。

(2) 地面明显可检:指损伤的性质和大小,无需特殊检查,即能使地勤人员迅速无误地明显觉察。

(3) 巡回可检:指损伤的性质和大小不会被结构目检人员漏检。目检人员的检查通常是不用特殊工具,不需移开检查口盖,对结构外表进行的目检。

(4) 特殊目测可检:指损伤的性质和大小在详细目检人员打开口盖舱门,使用简单助视器(镜子、放大镜)的情况下不会被漏检。

(5) 场站或基地水平可检:指损伤的性质和大小能用一种或多种选定的检验方法来检测。检查方法可包括渗入剂、X 射线、超声波等无损检测技术。

(6) 使用中不可检:当损伤尺寸和可达性在一次或多次上述检查中不可能被察觉,则结构为使用中不可检。

9.3.3 损伤容限设计的目标

承认结构中存在着一定程度的未被发现的初始缺陷、裂纹或其他损伤,通过损伤容限特性分析与试验,对可检结构给出检修周期,对不可检结构给出最大允许初始损伤,以保证结构在给定的使用寿命期限内,不至于因未被发现的初始缺陷、裂纹或其他损伤的扩展而出现灾难性事故。其设计目标是:将飞机结构设计成在设计使用载荷/环境谱作用下,在给定的设计使用寿命期限内具有高可靠性。就是说,要使因漏检缺陷或损伤引起的结构破坏概率减至最小。

9.3.4 损伤容限设计的主要步骤

(1) 确定主要结构需进行断裂控制的关键部位和零构件。

(2) 建立载荷谱。

(3) 兼顾静、动强度和疲劳特性,选择抗断裂性能好的材料。

(4) 对结构进行分类。

(5) 根据损伤容限设计规范要求确定初始缺陷尺寸。

(6) 确定危险部位的临界裂纹尺寸、剩余强度、裂纹扩展速率和裂纹扩展寿命,并进行必要的试验验证。

(7) 给出检修周期或允许的最大初始损伤。

9.3.5 损伤容限设计中几个主要问题的分析

1. 结构材料的选择

应根据零构件所处部位、使用环境、受力特点、寿命要求等因素,综合考虑进行选材。对所选材料主要应满足以下要求:

(1) 满足静强度、刚度要求。

(2) 抗断裂性能好。材质本身初始裂纹和初始缺陷尺寸足够小、韧度大、裂纹扩展速率小、临界裂纹尺寸较长、在应力腐蚀条件下的抗断裂性好等。上述性能还与工艺(如加工方法、热处理、表面处理方法等）有关，与使用环境也有关。

2. 损伤容限危险部位的确定

危险部位的选定主要考虑零构件本身的重要性，损伤会带来的危险程度。单路传力结构，局部应力高、应力集中系数高的部位，对疲劳和缺口较敏感的材料制造的零构件，所处环境有振动、湿热、高温、高压的部位，有腐蚀介质作用的部位，不可检查的部位，易出故障的部位，施工困难、工艺质量和表面质量不易保证的部位，试飞中发生过故障的部位等，均应考虑为危险部位。

图 9.15 所示为 F—111 飞机通过试验、分析确定的危险部位。

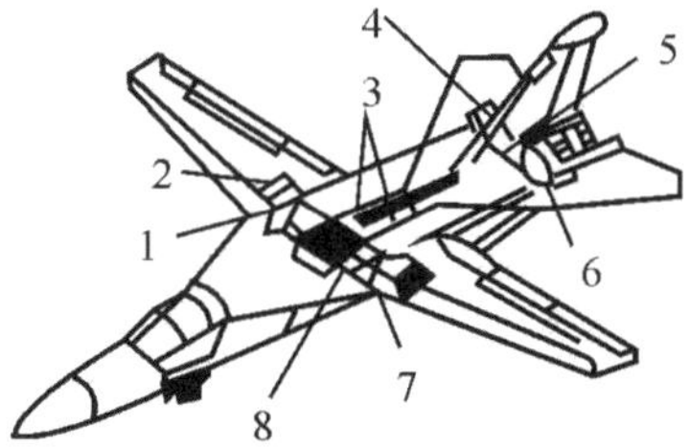

图 9.15　F—111 的关键件实例

1— 机翼枢轴销　2 — 机翼枢轴接头　3— 机身上大梁　4— 平尾操纵加强肋
5— 方向舵扭力管　6—707 隔框　7— 发动机短舱架　8— 机翼承载盒

3. 结构分类及相应的损伤容限设计要求

损伤容限设计把飞机结构分为两大类：安全裂纹扩展结构（也叫缓慢裂纹扩展结构）和破损安全结构。破损安全结构又可分破损安全止裂结构和破损安全多路传力结构。

（1）安全裂纹扩展结构（缓慢裂纹扩展结构）。这类结构设计成初始损伤以稳定、缓慢的速率扩展，以保证在规定的检修周期内，在使用载荷 / 环境谱作用下，结构内的初始缺陷、裂纹或其他损伤不至于扩展到临界裂纹尺寸，即飞行安全是靠裂纹的缓慢扩展来保证的。这种方法使用起来简单可靠，但要求结构材料的裂纹扩展速率较低，使其初始缺陷扩展到临界裂纹尺寸的寿命（包括分散系数 2）大于规定的飞机检修周期。

应通过断裂试验和分析来确定在规定的检修期内可能扩展到临界裂纹尺寸 a_{cr} 的最大允许初始缺陷尺寸 a_0。一旦规定了 a_0 值，就要制定质量控制程序，采用小于含有这种初始缺陷尺寸的构件。如果达不到此要求，只有改变材料或降低应力水平。

（2）破损安全结构。对易于在飞机上检查的结构，可设计成在一个主要构件损坏（对于破损安全多路传力结构）或一个正在扩展的裂纹止裂（对于破损安全止裂结构）后，应仍然满足下述条件：① 剩余结构仍能承受最大使用载荷（也有规定 80% 极限设计载荷）；② 在设计速度范围内仍可操纵飞机安全飞行；③ 在重复载荷作用下，剩余结构到下次检查前不会发生灾难性破坏。

这种结构应保证剩余结构的寿命（包括分散系数 6.0 ～ 4.0）应等于或大于规定的到下次检查的时间间隔。对此，又有下列两种情况：：

1）破损安全多路传力结构。结构具有两条或两条以上的传力路线来传递载荷，在其中一条传力路线的元件损坏后，其他传力路线仍能传递破损安全载荷。如机翼、尾翼设计成多梁、多桁条结构。又如图 9.16 所示，波音 707 飞机的平尾梁有三根缘条，当一根缘条断裂时，其余两根仍能受载；该机机翼 － 机身连接加强框设计成上下二半框，中间为地板，构成两个闭室，两条传力路线，当一条路线破损时，另一条路线仍能传力。

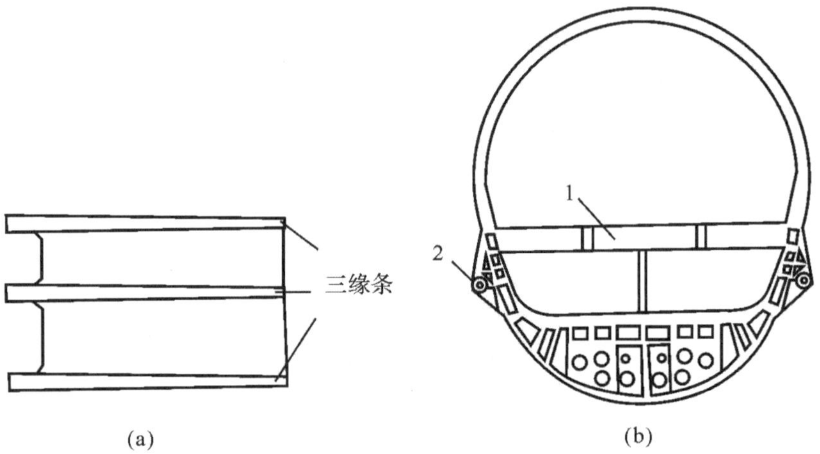

图 9.16　多路传力结构实例

(a) 平尾梁(三缘条)；(b) 波音 707 机翼机身连接框

1— 地板横梁　2— 与机翼连接接头

另一种情况如图 9.17 所示的多重元件传力，即一个构件由几个元件组成。如一个梁缘条由几根型材组成，当某一元件破损后，其他元件仍能继续传力，而且裂纹不会立即扩展到另一元件上去，有利于破损安全。

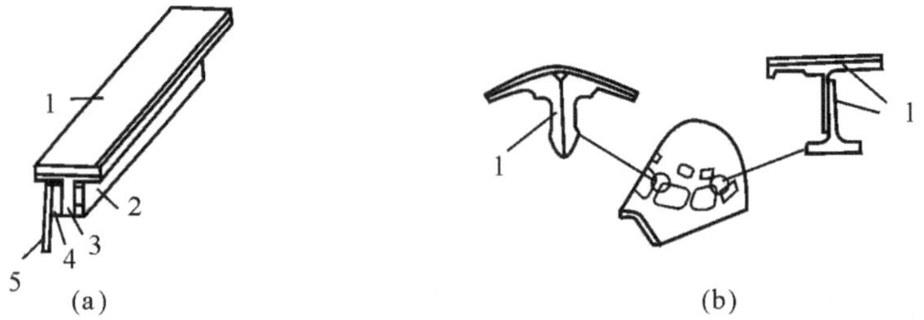

图 9.17　多重元件的构件实例

(a) 机翼梁缘条；

1— 蒙皮　2— 铝条带　3— 缘条　4— 钢条带　5— 腹板

(b) 驾驶舱双重框架

1— 窗框架

2) 破损安全止裂结构。采用止裂措施使裂纹停留在所设计的止裂区，使结构在规定的检修周期内，在使用载荷 / 环境谱作用下保证安全。如图 9.18 所示，通过加止裂带、蒙皮分块、开止裂缝、止裂孔等措施，使裂纹局限在小范围内，不再扩展。

图 9.19 表示了破损安全结构的几个实例，其中图(b) 为用止裂桁条或铆钉孔使裂纹停止扩展。图 9.20 所示的单块式翼盒结构，每根长桁有一个接头与机身连接，可看成是破损安全多路传力结构；如果蒙皮受拉，较大的拉应力要求设计成缓慢裂纹扩展结构。所以，应根据结构的具体条件来选择设计类型。

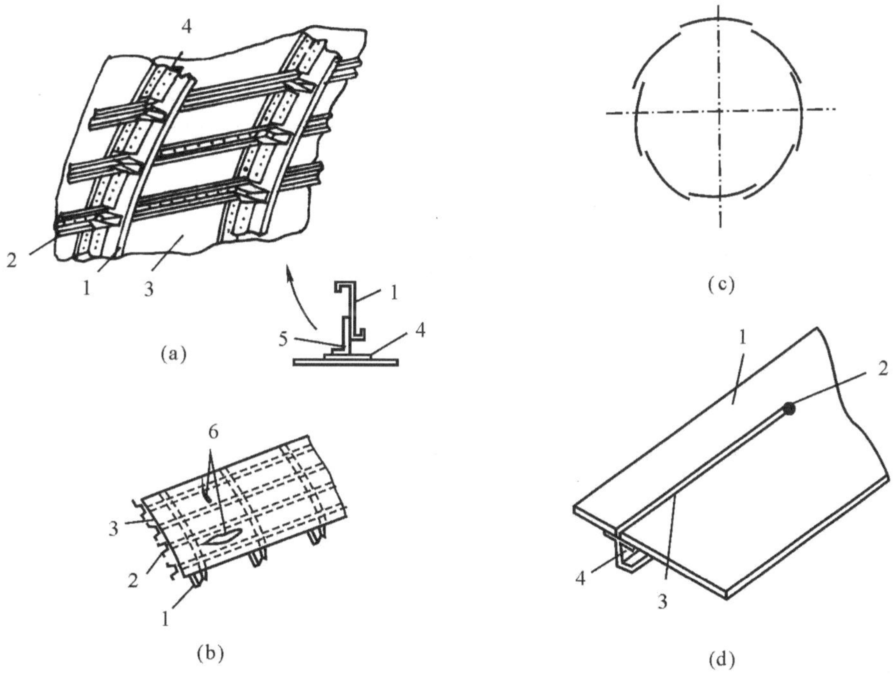

图 9.18　破损安全止裂结构实例

(a),(b) 止裂带止裂

1— 隔框　2— 长桁　3— 蒙皮　4— 止裂带　5— 补偿连接片　6— 裂纹

(c) 蒙皮分块；(d) 止裂缝

1— 蒙皮　2— 止裂孔　3— 止裂缝　4— 桁条

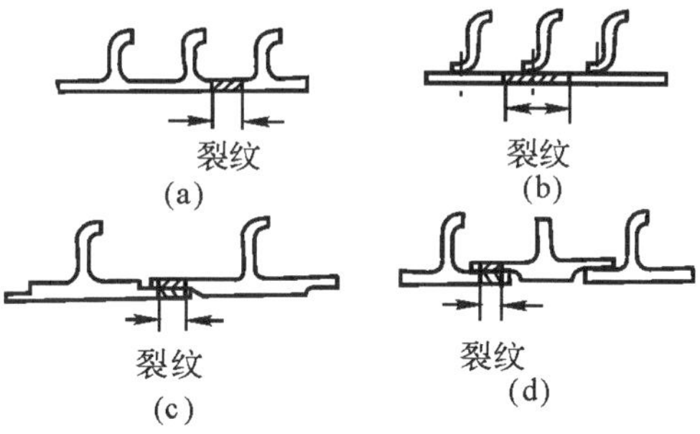

图 9.19　损伤容限设计结构类型实例

(a) 安全裂纹扩展结构；(b) 破损安全止裂结构；(c),(d) 破损安全多传力途径结构

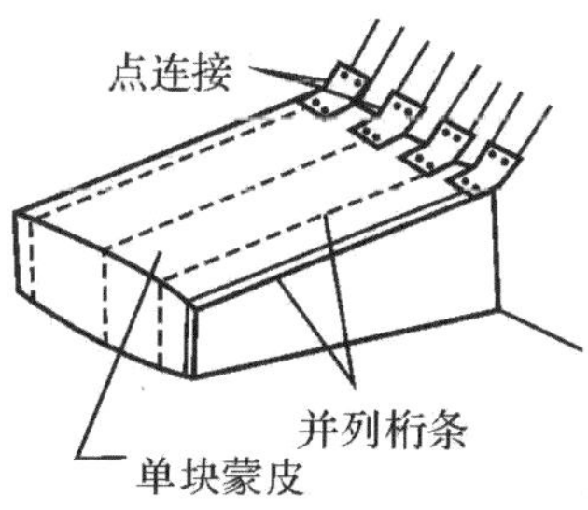

图 9.20　机翼翼盒实例

4. 损伤容限结构的检验

裂纹检验是控制断裂的关键之一。检验的主要问题是检验方法和检查周期的确定。

检验方法受到飞机结构开放性的限制。因飞机已经装配，某些仪器无法靠近或进去检查，而且必须是无损探伤；不同构件有不同的可检度（规定有 6 种），所以断裂控制是根据结构开敞性和可检度，按不同的分类要求、检查间隔、检查手段和精确度进行损伤检查。

飞机结构的检查手段主要是目测，即肉眼检查。目测发现率为 100% 的最小尺寸为 1 mm。各种无损检测技术（如超声波、着色渗透、磁粉探伤等）发现率为 100% 的尺寸也在 0.6 ～0.8 mm 量级。若未知损伤位置而进行普查，则发现能力大为降低，最小尺寸仅为 5 ～8 mm。X 射线探测内部裂纹的发现能力稍差。涡流探伤仅用于表面裂纹。上述方法的检测灵敏度如图 9.21 所示。

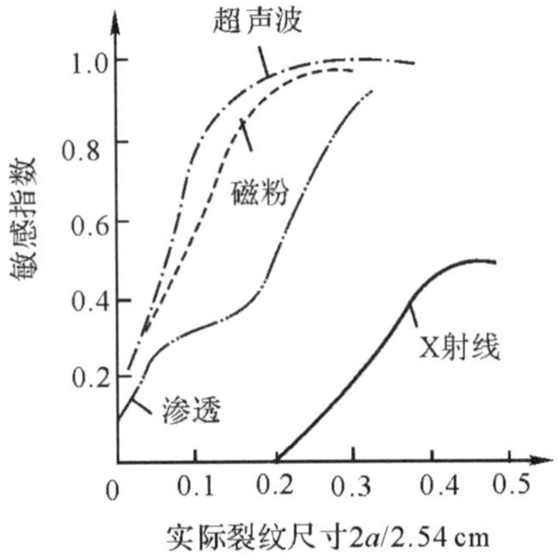

图 9.21　几种检测手段的灵敏度

（敏感指数 = 察觉裂纹 / 存在裂纹）

两次检查之间的时间间隔称为检查周期。原则上来讲，应在裂纹扩展到临界尺寸之前检查发现它，即图 9.22 中的 *AB* 段。但是，为了 100% 地检出可靠性，必须考虑有一次或几次漏检的可能性，并由此来确定检查周期。这样，检查周期的长短由裂纹扩展速率和允许的漏检次数确定。检查周期愈短，安全性愈好，允许漏检的次数多，但检查工作量太大，经济性不好。一般取 1/2 的裂纹扩展寿命为检查周期，如图 9.23 所示。

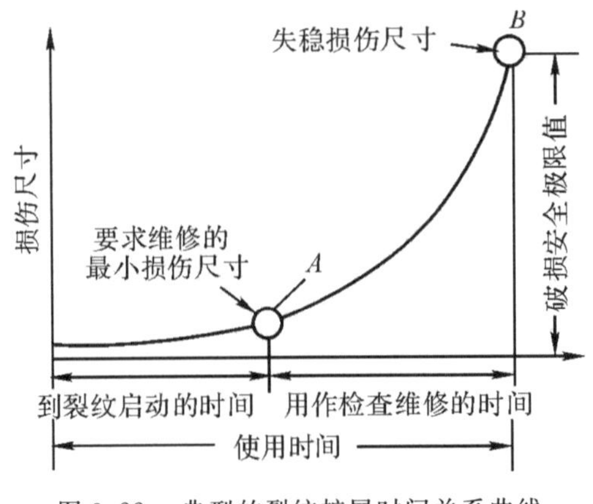

图 9.22　典型的裂纹扩展时间关系曲线

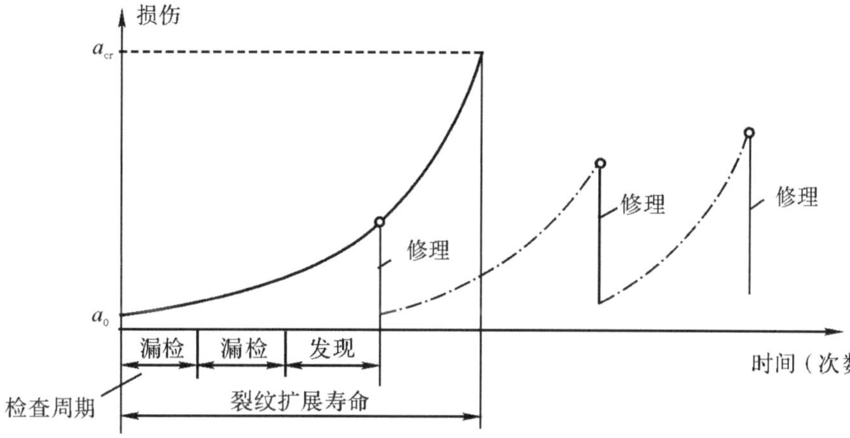

图 9.23　检查周期和维修间隔

检查间隔还应考虑不同的可检度来确定。如地面明显可检的检查间隔为 1 次飞行，巡回可检为 10 次飞行等。把检查间隔乘一定倍数就得到最小维修使用时间。

在检查周期中检查出结构的损伤，并经过修理和增强，可保证结构安全而继续使用。直到遍布损伤出现，要修理已不经济，不修理又影响使用时，就达到了它的经济寿命，可以退役了。

5. 细节设计

为保证飞机在整个设计使用寿命内，不致因裂纹扩展而导致结构断裂破坏，对按损伤容限设计的结构同样要在设计中对应力水平、结构布置、表面质量、结构几何形状等细节设计提出一系列要求。它与安全寿命设计即疲劳设计中的基本要求是一致的，可参见 9.2 节，在此不再赘述。

第 10 章　飞机起落装置

飞机起落装置是供飞机在地面或水面上起飞、降落、滑跑和停放时使用的一种机构，它主要由受力结构、减震器、机轮、刹车和收放机构组成。

本章主要介绍起落架的安装形式、构造、收放形式、减震机构、机轮和刹车及一些起飞降落的新方法。

10.1　起落架的安装形式

起落架是陆地飞机和舰载机广泛使用的一种起落装置。除了应当满足质量轻、工艺性好等一般要求外，对它的特殊要求是：起落架必须保证飞机能在地面(或航母甲板) 自由滑行，要能平稳地吸收飞机着陆时的碰撞能量，同时要求在飞行中的阻力最小。

飞机最少要有三点支持才能不倒。目前小型飞机使用的起落架机轮安装形式如图 10.1 所示，有 3 种形式。

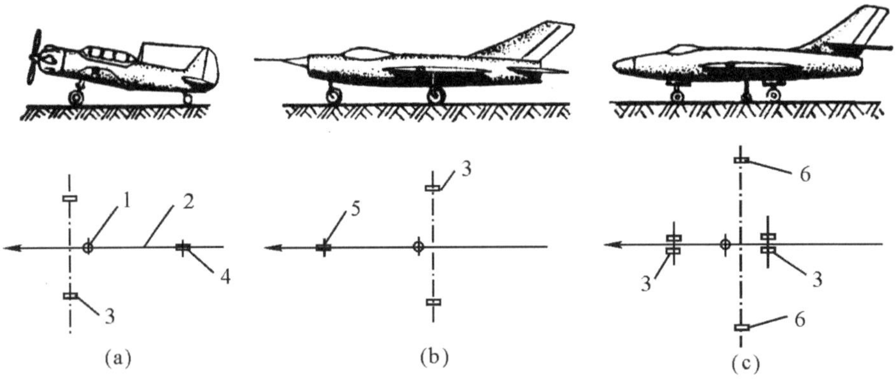

图 10.1　起落架机轮在飞机上的基本安排形式

(a) 后三点式；(b) 前三点式；(c) 自行车式

1— 飞机重心　2— 飞机纵轴　3— 主轮　4— 尾轮　5— 前轮　6— 辅助轮

(1) 后三点式。两个主轮在前面，一个尾轮在后面。这种形式只能用于活塞式飞机，特别是单发活塞式发动机飞机。

(2) 前三点式。两组主轮在后面，一组小轮在前面，这是目前喷气式飞机用得最多的一种形式，大型螺旋桨飞机亦多采用。与后三点式相比，这种布置的优点是刹车效率高，可以缩短起降距离；地面操纵性和滑行稳定性及驾驶员视界都好。其缺点是前轮较重并存在摆振问题，收藏较难。

(3) 自行车式。两组主轮安装在机身前后位置，机翼上装有两个辅助支持轮。这种形式主要用在高速飞机上，这是因为这种飞机机翼很薄，机轮不易收藏在机翼内，而机身空间较大。其缺点是低速时飞机容易向两侧倾倒。

对于大型飞机，需要采用多支点式起落架，以减轻每个机轮所承受的载荷和减小对跑道的压力(见图 10.2)。

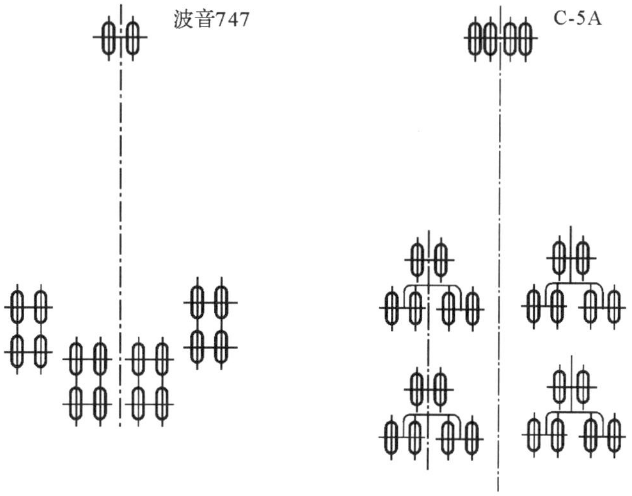

图 10.2　多支点式起落架

10.2　起落架的构造形式

现代飞机的起落架多是可收放的，因为在飞行中起落架暴露在气流中会造成很大的阻力。高速飞行时起落架的阻力可达到飞机总阻力的一半，这是不能容忍的。因此，从 20 世纪 30 年代起，收放式起落架就逐渐得到推广，现已成为飞机的主要形式了。虽然收放式起落架构造复杂、重量大、成本高，但在提高飞行速度和经济性方面所获得的好处，仍然大于其缺点。

起落架的构造形式有以下几种。

(1) 张臂支柱式。图 10.3 所示为张臂支柱式起落架，多用在小型飞机上。其将减震器和起落架支柱做成一体，称为减震支柱，相当于一根悬臂梁。减震器的用途是吸收和消耗飞机着陆时的撞击能量，由一副套筒构成，筒内装有压缩空气和油液，当受到冲击时空气可以缓冲，而油液可以吸收冲击能量。扭力臂是减震支柱式起落架不可缺少的构件，其功用是不让机轮和支柱内筒一起相对于支柱外筒转动。机轮与汽车轮胎相似，只是飞机上用的更高级些，内部充的气压可高达 2 MPa。机轮上装有灵活的具有防抱死功能的刹车装置，以便缩短着陆滑跑距离，增加飞机在地面运行的机动性。

(2) 撑杆支柱式。和张臂支柱式不同的是多了一个或几个撑杆，如图 10.4 所示。这种形式多用在中等飞机上。这时的支柱相当于一根双支点外伸梁。在收放式起落架上，撑杆还可以作为起落架的收放连杆，有时撑杆本身就是收放作动筒。

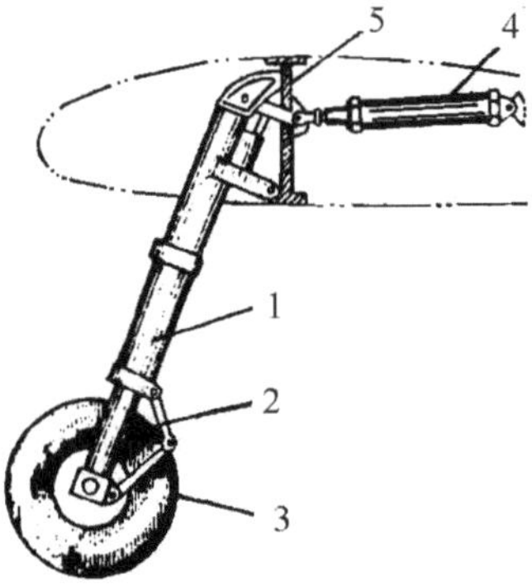

图 10.3　张臂支住式起落架

1— 减震支柱　2— 扭力臂　3— 机轮　4— 收放作动筒　5— 翼梁

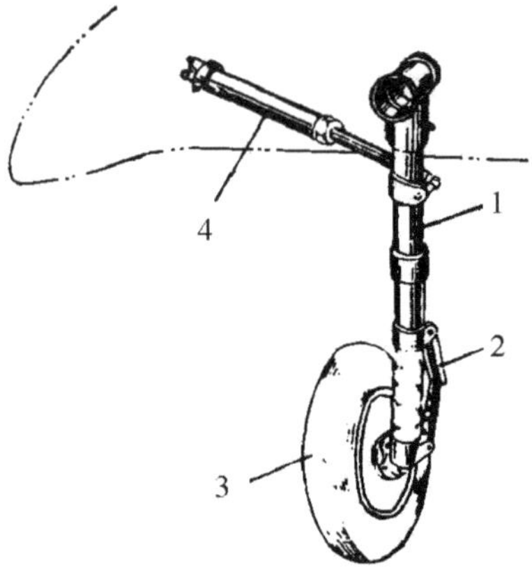

图 10.4　带撑杆的支柱式起落架

1— 减震支柱　2— 扭力臂　3— 机轮　4— 斜撑杆(兼作收放作动筒)

以上两种支柱式起落架虽有体积小、易收放的优点，但也有缺点，主要是当它受到来自正面的水平撞击时，减震支柱不能很好地起减震作用。另外，在飞机着陆滑行时，起落架上的载荷通常不通过支柱轴线，这时支柱须承受弯矩，使活塞和外筒接触处产生很大的径向力，不仅减震支柱的密封装置易受磨损，而且减震作用也受到很大的影响。

(3) 摇臂式。这种形式的起落架支柱和减震器是分开的两个部分，起落架的着陆冲击经过摇臂绕 A 点转动传给了减震器，如图 10.5 所示。其优点是减震器不承受弯矩，只承受轴向力，密封性能较好，不易漏油而且摩擦也较小；另外，此形式吸收正面冲击的性能较好，这一点对滑跑速度较高的高速飞机特别有利。其缺点是构造复杂、质量增加，不适用于大飞机，现在多用于喷气式歼击机上。

(4) 小车式起落架。这是广泛应用于重型飞机上的起落架结构形式，如图 10.6 所示。这种起落架降低了机轮对跑道的压力。其轮架与支柱的连接必须采用铰接而不能采用固接，而且轮架后部也应能绕支柱转动。

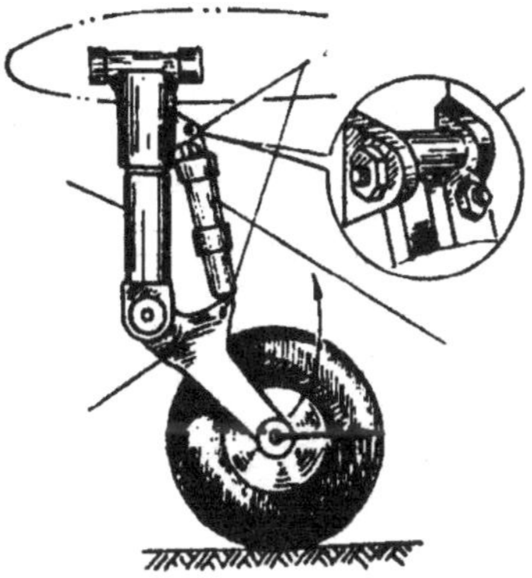

图 10.5　摇臂式起落架受正面撞击时减震器的作用

1— 摇臂　2— 减震器　3— 支柱　4— 万向接头

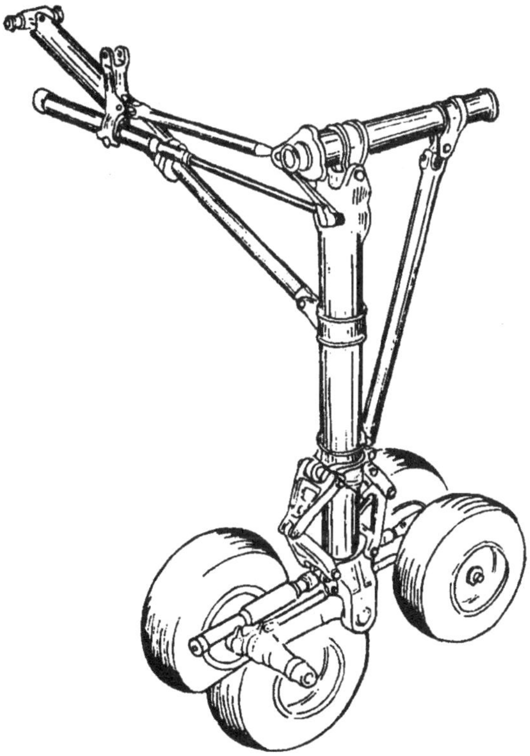

图 10.6　小车式起落架

10.3　起落架的收放形式

起落架的收放方向和收藏位置随着飞机型别不同而不同，大致可以分为两类。

1. 沿翼弦方向收放

这种方式多用在大型多发动机飞机上，因为这时可将起落架收藏在发动机舱内或专用轮舱内，如图 10.7 所示。这种类型的优点是不增加飞机正面的迎风面积，因而对减小飞机阻力有利。

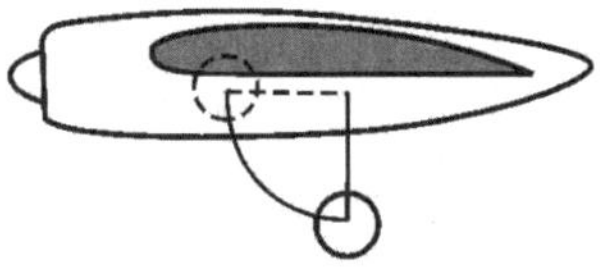

(a)

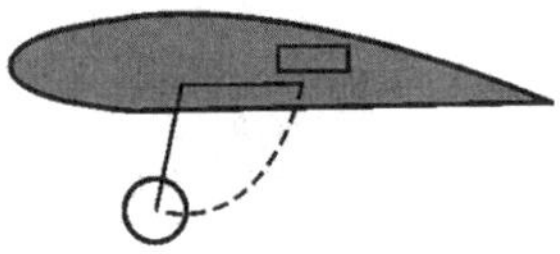

(b)

图 10.7　起落架沿翼弦方向的收放

(a) 沿翼弦向前收入发动机矩舱内；(b) 沿翼弦向后收入并旋转 90°

2. 沿翼展方向收放

一般都向内收，因为翼根部分空间较大，如图 10.8(a)，(c) 所示，也有向外收放的（见图 10.8(b)）。

起落架收放所用的动力有以下几种形式（见图 10.8）。

(1) 机械式：靠人力通过摇摆臂等机械机构来直接驱动。这种方法已很少采用，因为消耗人力太大且动作太慢。

(2) 液压式：用高压油通入液压收放作动筒内，推动起落架支柱绕转轴旋转达到收放的目的。这种方式用得很广泛。

(3) 气压式：和液压式相似，只是用压缩空气代替高压油。在小飞机上用得较多，大型飞机上也常用做起落架的应急收放系统。

(4) 电动式：用电机来驱动，使起落架绕一个轴转动而收上或放下。

起落架收放是否到位，应有信号显示。

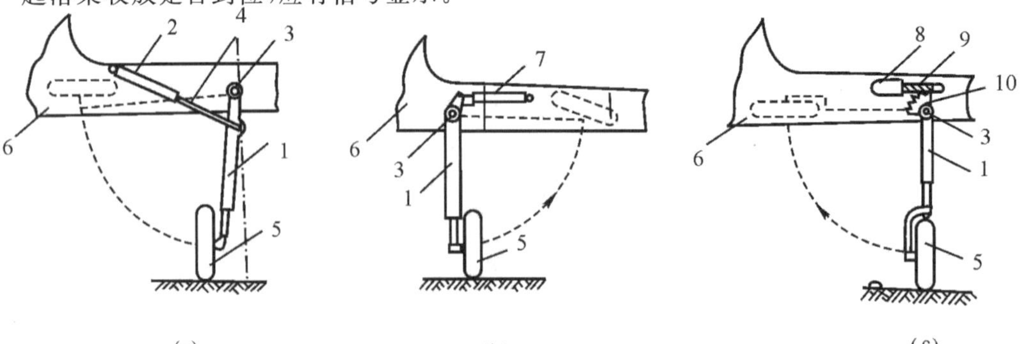

图 10.8　起落架沿翼展方向的收放

(a) 用液压系统向内收；(b) 用冷气系统向外收；(c) 用电动系统向内收

1— 减震支柱　2— 液压收放作动筒　3— 转轴　4— 液压作动筒活塞杆　5— 机轮

6— 翼根　7— 气动收放作动筒　8— 电动机　9— 螺杆　10— 扇形齿轮

10.4　起落架的减震机构

现代飞机上应用的减震机构是油气式减震器和全油液式减震器(液体减震器)。

10.4.1　油气式减震器

这种减震器主要依靠压缩空气(冷气)受压时的变形来吸收撞击动能,并利用油液高速流过小孔产生的摩擦发热来消耗动能,因此吸收能量大而反跳小。其工作原理如图 10.9 所示。

油气式减震器主要由外筒、活塞、活塞杆、限制活门、密封装置等部件组成。当飞机着陆与地面发生撞击时,飞机继续下沉而压缩减震器使活塞杆上移。这叫做正行程或压缩行程,如图 10.9(a) 所示。活塞上面,外筒中的油液被迫冲开制动活门向下以高速流过几个小孔。油液与小孔发生剧烈摩擦所产生的热量经过活塞杆和外筒而消散。同时,外筒中的油液被压缩而升高,使得冷气的体积缩小,气压增大,吸收了撞击动能。

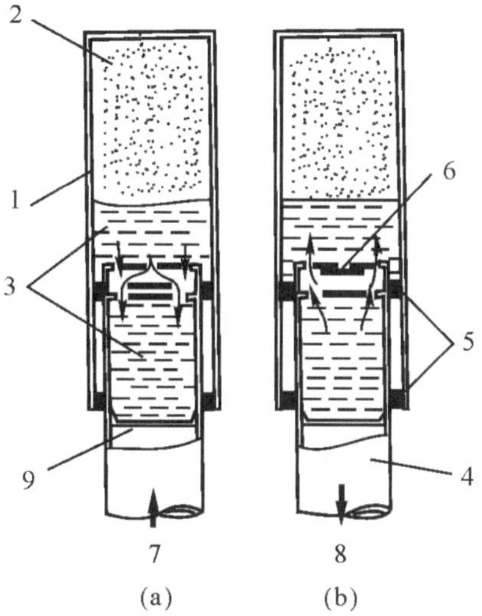

图 10.9　油气减震器的工作原理

(a) 正行程(减震器压缩);　(b) 反行程(减震器伸展)

1— 外筒(上接飞机骨架)　2— 冷气　3— 油液　4— 活塞杆(下接机轮)　5— 密封装置

6— 制动活门　7— 箭头表示活塞杆向上(正行程)　8— 箭头表示活塞杆向下(反行程)

当冷气被压缩到最小体积,活塞上升到顶点时,飞机便停止下沉而向上运动。冷气作为弹性体开始膨胀,活塞杆向下滑动,这叫做反行程或伸展行程。这时活塞中的油液将制动活门关闭,油液以更高速度通过小孔向上流动。油液与小孔发生更剧烈的摩擦,消散了更多的动能。这样一正一反两个行程,完成了一个循环。经过若干个循环就可将全部撞击动能逐步转化为热能而消散,使飞机平稳下来。

10.4.2　液体减震器

液体减震器减震效率高、尺寸小、行程短、质量轻,如图 10.10 所示。其工作原理是利用某些液体在高压下产生微小的压缩变形来吸收撞击能量,同时利用液体高速流过小孔产生剧烈摩擦发热来消耗能量。它的工作原理与油气式减震器相似，但其内部压力高(最大可达350 MPa)，对密封性能要求严格。

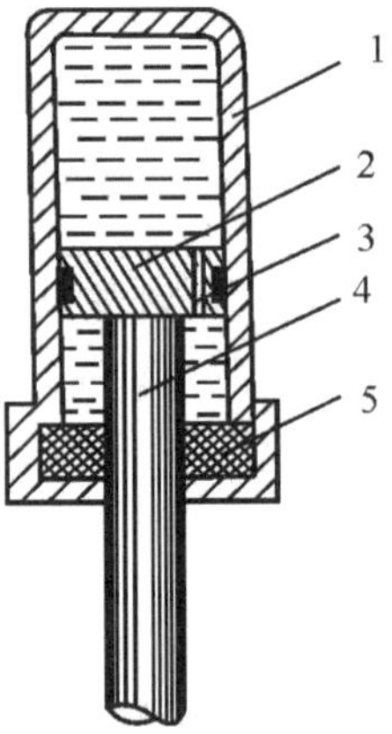

图 10.10　液体减震器工作原理

1— 外筒　2— 活塞　3— 通油小孔　4— 活塞杆　5— 密封装置

10.5　起落架的机轮和刹车

起落架机轮的功用是减小飞机在地面运动的阻力，并吸收部分撞击动能，还可安装刹车机构。

机轮构造如图 10.11 所示。为了便于装拆轮胎，轮毂上装有可拆卸的活动半轮缘，并有防转销以防止半轮缘转动。两个半轮缘在接耳处用螺栓固定，轮毂由铝合金或镁合金制造。机轮每边装有刹车盘。机轮内装有锥形滚柱轴承，轴承外侧装有挡油装置。机轮置于轮轴上，机轮各部分按一定顺序安装。

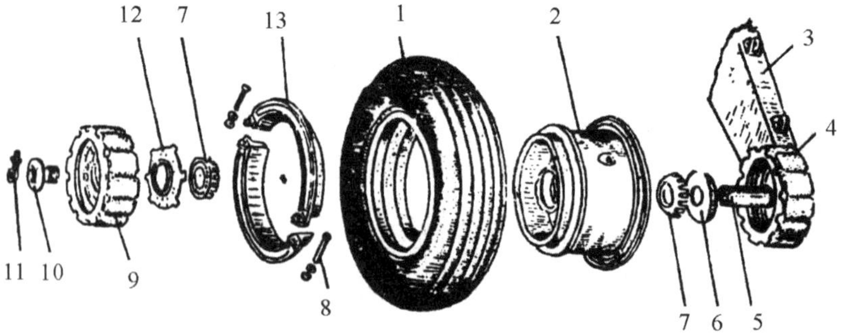

图 10.11　机轮构造的分解

1— 轮胎　2— 轮毂主体　3— 轮臂　4— 外侧刹车盘　5— 轮轴　6— 外侧挡油盘　7— 轴承
8— 螺栓　9— 内侧刹车盘　10— 机轮固定螺帽　11— 刹车短管　12— 内侧挡油盘　13— 活动半轮缘

1. 轮胎

轮胎包括内胎(也可以没有)和外胎。轮胎内部充气后可以压缩，具有减震作用。不同的轮胎在压缩过程中吸收能量的多少不同。低压轮胎吸收的能量占起落架减震装置吸收总能量的 30% ～ 40% 以上，而高压轮胎吸收的能量仅占 15% ～ 20%。

航空轮胎按其内部充气压力的高低，可分为低压轮胎(充气压力为 $(2\sim3)\times10^5$ Pa)、中压轮胎($(3\sim5)\times10^5$ Pa)、高压轮胎($(6\sim10)\times10^5$ Pa)和超高压轮胎(大于 1 MPa)。它们的直径和宽度的比值也不同。一般说来，当直径相等时，低压轮胎最宽，如图 10.12 所示。

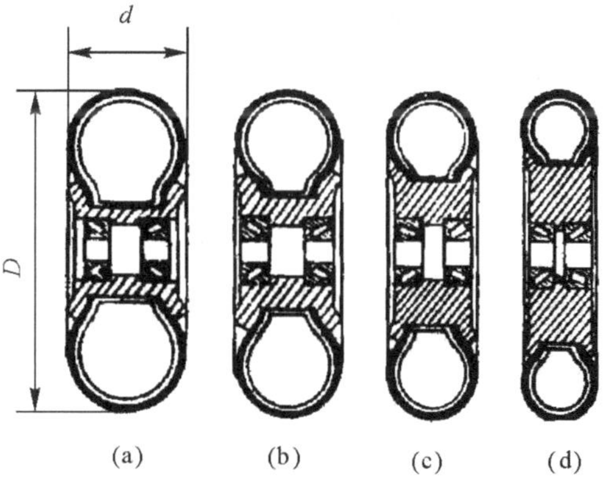

图 10.12　轮胎的不同类型

(a) 低压轮胎；(b) 中压轮胎；(c) 高压轮胎；(d) 超高压轮胎

低压轮胎受压时，压缩量较大，吸收能量多。它对地面的压强小，在较软的土跑道上滑跑时不易陷入地面。但它较宽，不便收入高速飞机的薄机翼，多用于高亚声速军用运输机和低速轻型飞机。高压轮胎与低压轮胎相反，大多用于高速飞机。中压轮胎的工作性能介于二者之间，它通常用在起落速度不太大的飞机上。超高压轮胎宽度很小，适用于机翼很薄的超声速飞机。它的压力很大，只能在很硬的跑道上(如航母甲板)使用。

2. 刹车装置

刹车装置的功用主要是缩短飞机着陆滑跑距离。有的飞机可缩短 50%。另一个功用是在地面上可以利用两个机轮不同的刹车力矩，使飞机在地面上转弯，提高地面机动性。

在正常工作时，两个机轮的刹车作用应相等。刹车的作用力应均匀，还不能卡住。刹车还应很快起作用，通常在 2 s 内应使刹车从最松到最紧，完全放松不超过 1 s。

刹车的基本工作原理如图 10.13 所示。平时刹车片同刹车套之间留有间隙(见图 10.13(a))。如驾驶员操纵使冷气或高压油液进入固定在轮轴上的刹车盘，推动其上的刹车片，使它紧压在轮毂内的刹车套上(见图 10.13(b))。由于接触面之间的摩擦作用，便可产生阻止机轮滚动的力矩，从而使机轮受到的地面摩擦力增大，飞机着陆滑跑速度便跟着降低，滑跑距离也因而缩短。

刹车时，地面摩擦力的增大有一定的限度。当刹车力增大，地面摩擦力跟着增大到某一最大值时，纵然再增大刹车力，它也不会继续增大。这时机轮在地面上出现“打滑”现象，即机轮阻滞不转，而与地面发生了相对滑动，这样不仅不能有效地缩短滑跑距离，而且会使轮胎磨损加快和不匀，甚至爆胎，所以驾驶员在操纵刹车时必须注意避免发生这种现象。

为了防止机轮“打滑”和提高刹车效能，现代飞机上常装有一种自动器，使机轮能自动进行刹车动作。在刹车时，对冷气或油液施加压力的大小，不由驾驶员凭感觉和体力来控制，而由自动器控制。一旦"打滑"时，刹车就放松，"打滑"消除后，刹车又起作用，这样就大大提高了刹车的效率。

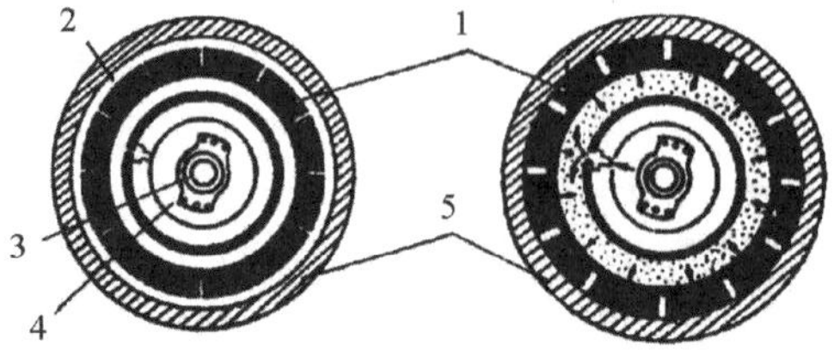

图 10.13　刹车的工作原理

(a) 未刹车；(b) 刹车

1— 刹车片　2— 间隙　3— 轮轴　4— 刹车盘　5— 刹车套

10.6　起飞降落的一些方法

由于飞行速度不断提高，起飞和降落成为一个极其重要的问题；又因为飞行速度的增加使起飞和降落滑跑距离显著增长，这样将使机场的修建很昂贵并且复杂。这不仅在经济上不利，更严重的是使空军部队作战机动性受到很大的影响；此外，还使飞机起落时发生危险的可能性增加。由于这些情况，飞机设计师在飞机的起飞和降落方面，展开了大规模的科学研究和实验工作，目的是设法降低飞机对跑道的要求和依赖。

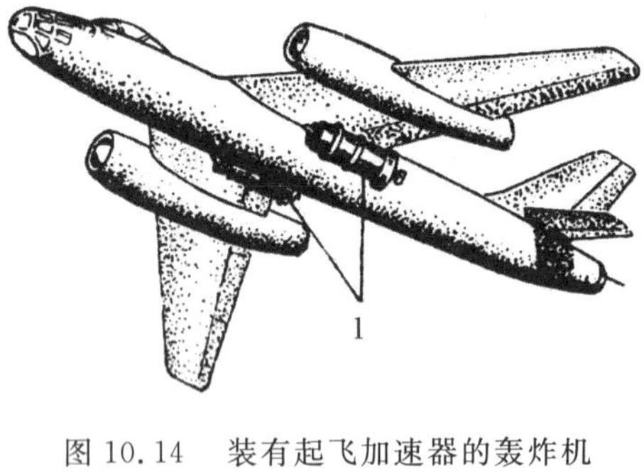

图 10.14　装有起飞加速器的轰炸机

1— 起飞加速器

(1) 缩短起飞滑跑距离的装置。某些飞机上装有火箭起飞加速器，可以缩短飞机起飞滑跑距离的 40% ～ 60%。图 10.14 所示为一装有起飞加速器的轰炸机。起飞弹射装置、起飞加速车和斜台发射装置都是常用的改善起飞性能的装置。

(2) 缩短飞机着陆滑跑距离的装置。这种装置的作用是，不断减小飞机的着陆速度，以缩短着陆滑跑距离。常用的有减速伞、阻力板、拦网装置和钢索减速装置，如图 10.15 ～ 图 10.20 所示。

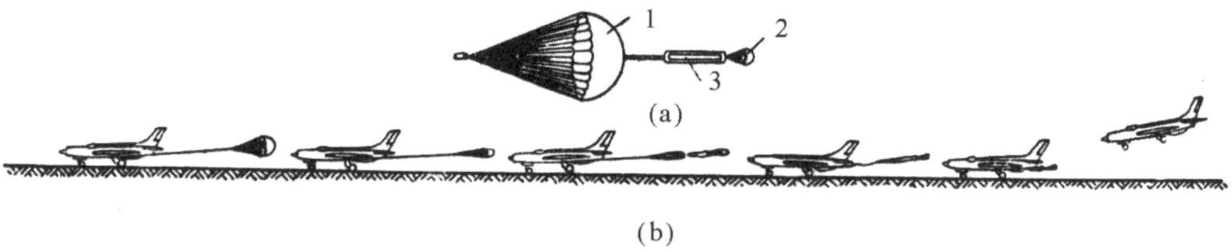

图 10.15　阻力伞着陆时的工作情况

(a) 主伞打开；(b) 着陆滑跑过程

1— 主伞　2— 引导伞　3— 伞袋

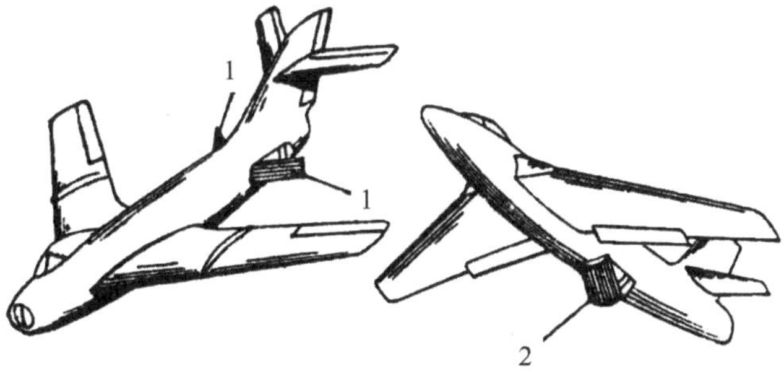

图 10.16　机身上的阻力板

1— 机身两侧的阻力板　2— 机身下部的阻力板

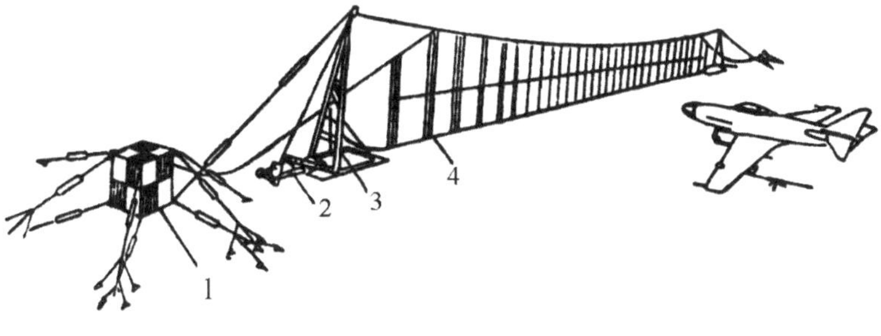

图 10.17　拦网减速装置

1— 重物　2— 液压作动筒　3— 金属支架　4— 拦网

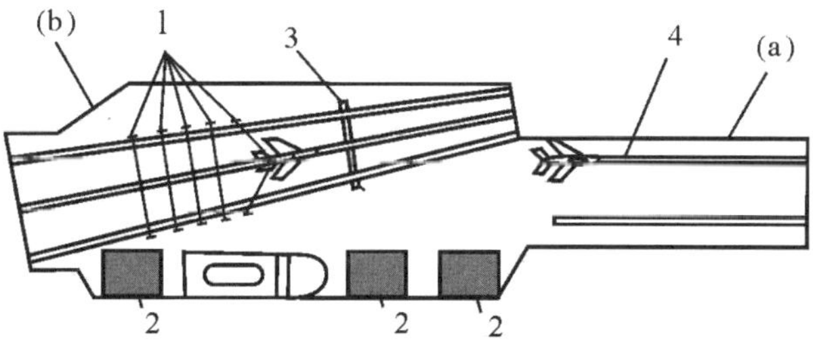

图 10.18　航空母舰的起飞和着陆甲板

(a) 起飞矩形甲板；(b) 着陆斜甲板

1— 着陆钢索　2— 升降机　3— 应急拦网　4— 弹射装置

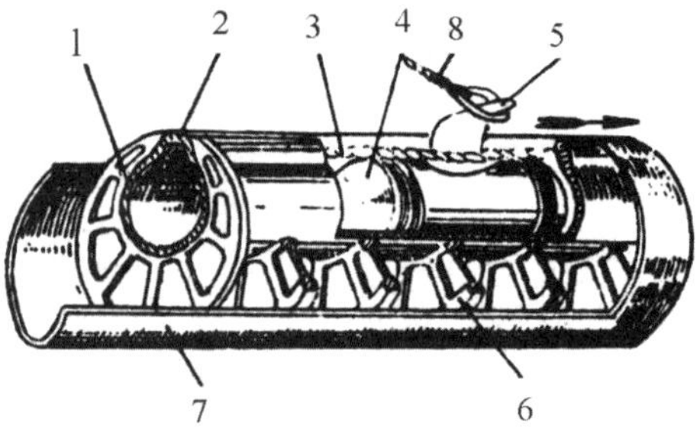

图 10.19　蒸汽式弹射装置

1— 作动筒　2— 窄槽　3— 钢索　4— 活塞　5— 牵引钩　6— 加强隔板　7— 外筒　8— 圆环和钢索

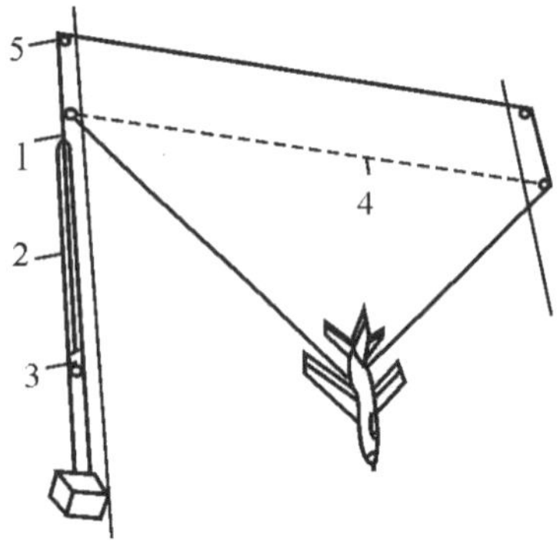

图 10.20　钢索减速装置

1— 钢索　2— 液压作动筒　3— 活塞　4— 钢索的原始位置　5— 滑轮

第 11 章　飞机操纵系统

在第 5 章曾经讨论了飞机的操纵问题，而要实现对飞机的操纵就要靠飞机操纵系统来完成。飞机操纵系统是飞机的重要部分之一，其工作性能的好坏将直接影响着飞机的飞行性能和安全性。

本章将对飞机操纵系统的分类，飞机主操纵系统，飞机辅助操纵系统和自动驾驶仪的组成、功用及工作原理作概要介绍。

11.1　飞机操纵系统的分类

飞机操纵系统按操纵信号的来源不同，可分为人工飞行操纵系统（其信号由驾驶员发出）和自动飞行操纵系统（其操纵信号由飞机自动飞行操纵系统产生）。在人工飞行操纵系统中，又分为主操纵系统和辅助操纵系统。自动飞行操纵系统由自动驾驶仪、自动增稳器等部件组成。

飞机操纵系统的分类如表 11.1 所示

表 11.1　飞机操纵系统的分类

- 飞机操纵系统
  - 人工飞行操纵系统
    - 主操纵系统
      - 升降舵
      - 副翼
      - 方向舵
    - 辅助操纵系统
      - 襟翼
      - 调整片
      - 减速板
  - 自动飞机操纵系统
    - 自动驾驶仪
    - 自动增稳器
    - 发动机油门自动控制等

11.2　飞机主操纵系统

飞机飞行状态的改变是靠驾驶员偏转升降舵（或全动平尾）、方向舵和副翼来实现的。驾驶员用来操纵上述舵面的一套机构，叫飞机主操纵系统。

主操纵系统包括手、脚操纵两部分。手操纵是操纵副翼和升降舵，脚操纵是操纵方向舵。手操纵和脚操纵由驾驶舱的操纵机构和到各舵面的传动机构组成，可以是硬式的或软式的，也可以是混合式的。图 11.1 所示为混合式的飞机主操纵系统，其传动机构包括驾驶杆或脚蹬、传递操纵力的拉杆、钢丝绳及一些摇臂支架。

硬式操纵的优点是操纵敏捷，生存力强；缺点是比软式操纵系统重，构造复杂和难于绕过内部结构。在高速飞机上，为了保证飞机具有灵敏的操纵性和较高的生存力，广泛采用硬式操纵。

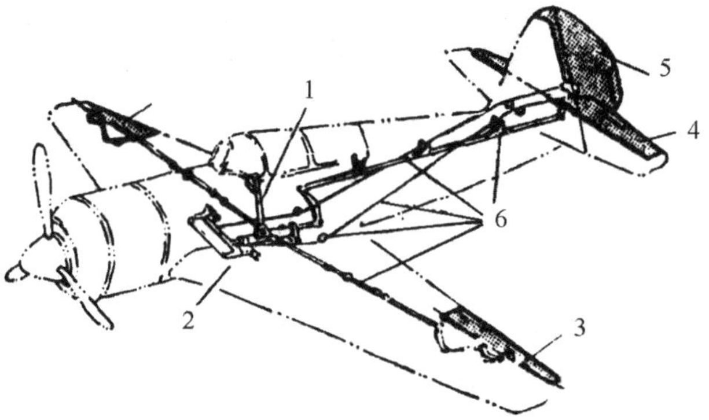

图 11.1　飞机主操纵系统示意图

1—驾驶杆　2—脚蹬　3—副翼　4—升降舵　5—方向舵　6—传动机构

软式操纵由驾驶杆或脚蹬、只承受张力的钢索及用以改变钢索方向的滑轮和其支架组成。它的优、缺点与硬式的相反。软式操纵多用在速度较低的飞机上，也广泛地用在脚操纵上。

混合式操纵系统是指在操纵系统中同时采用硬式和软式两种传动机构形式。

不论是软式或硬式操纵系统，在所有转动或滑动的地方都要求摩擦最小，以保证操纵的轻便灵活。另外，对接头间隙和系统的弹性变形也要加以限制。

随着飞机飞行速度的提高和飞机尺寸的增大，作用在操纵面上的气动力越来越大，使操纵飞机时，手和脚的作用力也在不断增加，而驾驶员的力量是有限的。为了使驾驶员能较轻松地操纵飞机，必须使其所用的操纵力保持在合适的范围内。为了达到这一目的，在高速飞机的操纵系统中使用了助力器，使作用在驾驶员手、脚上的操纵力大小适当。

图 11.2 所示为一有回力的助力器工作原理图。它是由液压作动筒 1 及分配活门 2 组成的。当驾驶员将力 P_1 作用在杠杆 3 的下端时，通过连杆拉动活门 2 的活塞，使其向左移动。于是进油管与作动筒 1 的管路 A 接通，高压油液迫使作动筒活塞 5 向左移动，这时活塞左边的油液经管路 B 回流至分配活门，并进入回油管。作动筒活塞 5 向左移动的同时，将油液作用在活塞上的力 P_2 加在杠杆 3 的上端，杠杆是在 O 点支持在舵面摇臂 4 上的，因此，舵面摇臂的 O 点作用着 P_1 和 P_2 的合力 P。此合力 P 就是克服舵面铰链力矩的操纵力。可以看出，来自驾驶员的力 P_1 只是总操纵力 P 的一部分；而且只要合理设计杠杆的尺寸 a 和 b，就可以得到 P_1 和 P_2 的合理比值，使驾驶员只用很小的力量就可以操纵舵面。

因为　$$P = P_1 + P_2$$

而　$$P_1 \times b = P_2 \times a$$

所以　$$P_2 = bP_1/a$$

因此得　$$P_2 = aP/(a+b)$$

这种形式之所以称为有回力助力器，就是因为驾驶杆力 F_e 与力 P_1 成正比，而 P_1 是克服舵面铰链力矩的力的一部分，也就是说舵面上的气动力可以按一定的比例回传给驾驶员。

如果让图 11.2 中的 a 等于零，也就是说，让驾驶员的作用力 P_1 直接作用在分配活门 2 上，

P_2 通过杠杆 3 的支点 O，这样，克服舵面铰链力矩的只有液压作动筒的力 P_2，而驾驶员施加的力 P_1 只不过用来带动分配活门中的活塞。同理可知，舵面上的气动力不能传给驾驶员，因此，这种形式的助力器称为无回力助力器。它广泛用于超声速飞机，因为舵面的压力中心位置由亚声速到超声速后移很大，相对于舵面转轴会造成操纵力的反向，使驾驶员产生错误的感觉。图 11.3 表明了一全动平尾气动力随飞行 Ma 数变化的情况。

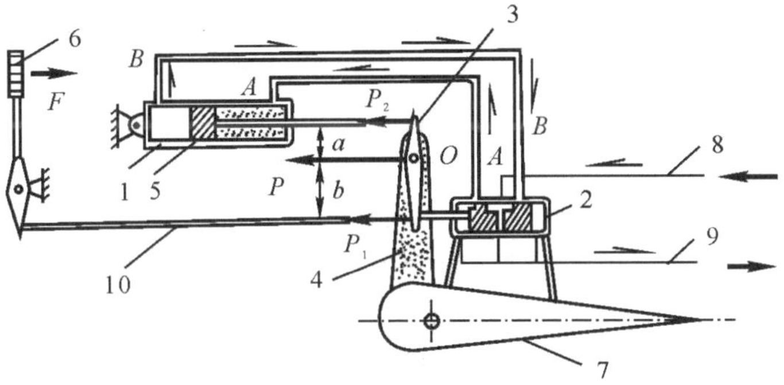

图 11.2　有回力的液压助力器工作原理

1— 液压作动筒　2— 分配活门　3— 杠杆　4— 舵面摇臂　5— 作动筒活塞　6— 驾驶杆　7— 舵面　8— 进油管　9— 回油管　10— 传动杆

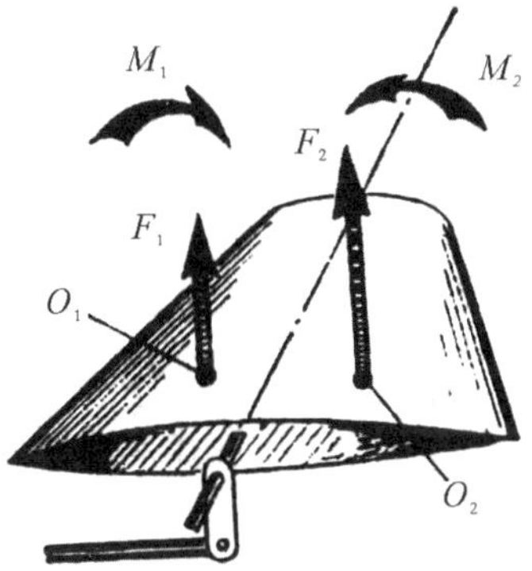

图 11.3　全动尾翼气动力和铰链力矩的变化

O_1，F_1，M_1 和 O_2，F_2，M_2 分别代表在亚声速及超声速情况下的压力中心、气动力和铰链力矩

为了使驾驶员在操纵驾驶杆时仍然有力的感觉，在无回力助力器中广泛采用了载荷感觉器。它和其他附件配合工作，能使驾驶杆力随舵面偏角、飞行速度、高度、飞行过载等的变化而变化，给驾驶员以应有的操纵力的感觉，不致由于错感而发生错误的操纵。

需要说明的是，以上属于机械操纵结构，在早期飞机上用得很多，其优点是可靠性高，但缺点是存在间隙、摩擦、延迟等非线性因素，且小信号的传递能力很差。现代飞机已经广泛使用电传操纵系统取代机械操纵机构（参看 15.2 节）。

11.3　飞机辅助操纵系统

飞机的襟翼、调整片、减速板等的操纵系统是飞机辅助操纵系统。飞机辅助操纵系统与主操纵系统不同，它不必给驾驶员以操纵力和位移的感觉，但必须让驾驶员知道辅助操纵面的位置，故需有位置指示器。主要的辅助操纵面有下述几种。

1. 襟翼

襟翼是用来改变飞机升力的装置，可分为增升襟翼、机动襟翼、前缘襟翼等。

增升襟翼是飞机增加升力的装置，也叫增升装置。其应用目的，一是为了降低起飞/着陆速度，二是为了缩短起飞和着陆滑跑距离。其操纵系统有机械式的，也有电气式的。在起飞着陆时，襟翼放下某一角度，既增大机翼面积，也使翼型弯度增大，从而起到增加升力的作用。

机动襟翼是为了改善飞机的机动飞行性能而采用的增升装置。它与增升襟翼的区别就在于它能按给定的控制规律，自动地随机翼迎角和飞行 *Ma* 数的变化连续地改变它的偏度。

前缘襟翼是为了改善小展弦比薄机翼大迎角时的前缘气流分离特性而采用的一种装置。现代歼击机多采用小展弦比的薄机翼，翼型前缘半径很小，极易造成气流在机翼前缘分离，发生抖振，这样不仅限制了飞机的过载能力，而且还会引起失速偏离现象，降低追逐目标的能力。因此，前缘襟翼也要像机动襟翼那样，按给定的控制规律自动地随机翼迎角和飞行 *Ma* 数的变化而偏转。为了保证飞机的力矩特性不被恶化，可以将机动襟翼和前缘襟翼的控制交联起来。

前缘缝翼也是增升装置，它利用机翼大迎角时的前缘吸力使其自动张开或伸出，以增大机翼的升力。

2. 调整片

调整片是用来减小舵面铰链力矩，减小操纵力的一种装置。飞机在作长时间等速平飞时，为了减轻驾驶员的疲劳，希望操纵力为零。因此，在升降舵、方向舵和副翼上均装有调整片。对于大型运输机，也可调整水平安定面的安装角，以使飞机在等速平飞中获得纵向平衡，同时使纵向操纵杆力为零。

3. 减速板

减速板是飞机的增阻装置。当它张开时，能在很短的时间内降低飞行速度。减速板由液压作动筒操纵。当减速板张开或收上时，不应使航迹发生变化，因此，通常有 2 ～ 4 块减速板对称地布置在机身或机翼上(见图 10.16)。

11.4 自动驾驶仪的组成、功用及工作原理

11.4.1 自动驾驶仪的组成

自动驾驶仪由敏感元件(传感器)、变换放大元件和执行元件三大部分组成，如图 11.4 所示。另外还有一些辅助装置，如能源(电源、气源或液压源)等。

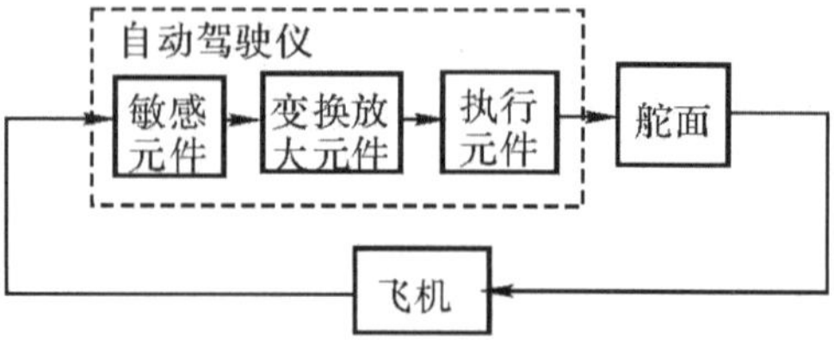

图 11.4　用自动驾驶仪替代驾驶员的示意图

若用自动驾驶仪驾驶飞机飞行，则必须满足以下两个条件：

(1) 应能判别出飞机偏离预定姿态的情况，并按偏离方向使舵面作相应方向的偏转；

(2) 使舵面偏转的大小与飞机偏离的大小成一定比例关系。

11.4.2　自动驾驶仪的功用

(1) 按照驾驶员的意图稳定飞机飞行状态。例如，在远程巡航平飞时，驾驶员借助驾驶仪来保持飞机的稳定状态，这样可以节省驾驶员的体力。

(2) 执行来自驾驶仪操纵台的各种指令信号。由于驾驶仪与机械杆系并联，所以当驾驶仪工作时，驾驶员不能扳动驾驶杆或脚蹬。此时驾驶员要想操纵飞机，就必须拨动驾驶仪中操纵台的旋钮，向驾驶仪发出指令信号(见图 11.5)。此信号与旋钮转角成比例，并与敏感元件的输出信号极性相反，以其差值加在放大元件的输入端，再经过放大元件和舵机操纵舵面偏转，使飞机做各种动作。例如，按选定的俯仰角爬升或下滑，按选定的航向角或倾斜角转弯等。

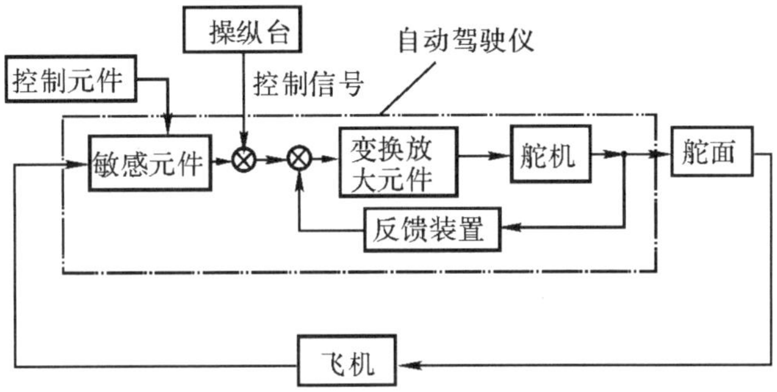

图 11.5　驾驶仪与控制信号的联系图

(3) 与其他装置配合后，可自动地执行一定的飞行任务。例如接收地面指挥台或机上雷达信号引导，可操纵飞机(必须有发动机油门杆自动控制装置配合)起飞、着陆、追踪敌机和返航等任务；又如与轰炸瞄准具配合进行轰炸等。

由于自动驾驶仪能稳定或改变飞机飞行状态，所以被广泛用于各类飞机上。

11.4.3　自动驾驶仪的工作原理

飞机有升降舵、方向舵和副翼三个主要操纵面，所以，自动驾驶仪也有与其相应的纵向、航向和横向三个通道，而且每个通道只控制一个操纵面。凡具有一个、两个或三个通道的驾驶仪，则分别称为单轴、双轴或三轴自动驾驶仪。现代飞机上通常安装三轴驾驶仪，而且航向和横向通道间常有信号交联。驾驶仪与飞机组成一个闭环系统，这种系统称为飞机-驾驶仪系统，是一种自动飞行控制系统。在每个通道中都要有一个姿态角反馈信号，也可以有其他反馈信号。例如，角速度、角加速度和高度等反馈信号，以改进系统的性能。下面着重介绍俯仰通道驾驶仪的工作原理。

1. 驾驶仪处于稳定姿态时的情况

只讨论稳定状态，故设操纵台来的指令信号为零或为常数，并设飞机以预定的零俯仰角或某个数值等速平飞。

当飞机对准航向平飞时，敏感元件地平仪无输出信号，故升降舵处于某起始平衡位置δ_{y0}（见图 11.6）。由于某种扰动，使飞机抬头偏离原姿态，这种变化被地平仪感受到，并输出一个预定的俯仰角γ_0与当时的俯仰角γ的差值（$\Delta\gamma=\gamma-\gamma_0$）对应的电信号。该信号经放大器和舵机使升降舵向下偏转一个角度$\Delta\delta_y$，由此产生一个低头力矩，使飞机逐渐返回原姿态。与此同时，反馈电位计中的电刷由舵机带动输出一个负反馈信号，经加法机构“⊗”与来自地平仪的偏差信号相加。因它俩的极性相反，故起到减小控制信号的作用，使舵面逐步收回，飞机平稳地返回原姿态。当飞机恢复到平飞时，地平仪无信号输出，舵机及与其相联的舵面也返回原位，此时飞机又保持预定的姿态平飞了。这就是驾驶仪稳定俯仰角的工作原理。

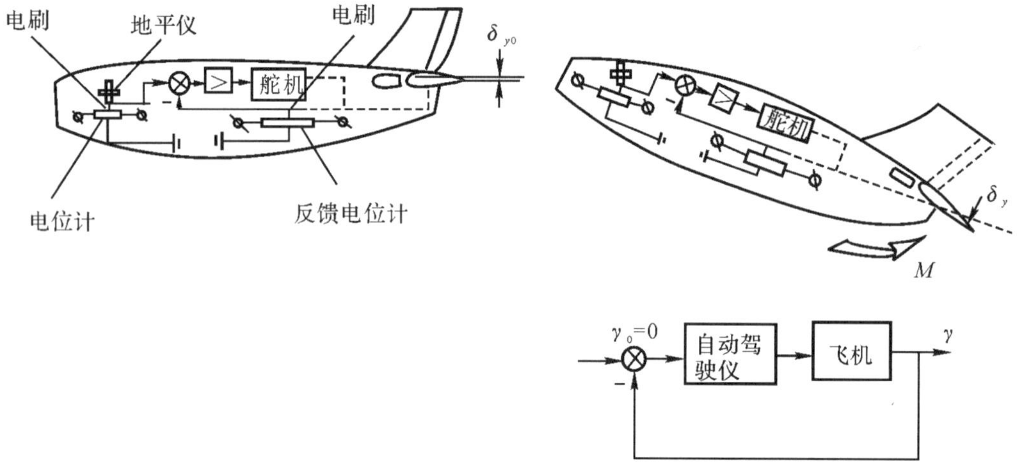

图 11.6　驾驶仪稳定俯仰角情况

另外，驾驶仪也能对预定的高度、速度进行稳定。例如，在驾驶仪中安装有能感受高度、速度变化的敏感元件，用它们来测量出飞机当时的高度、速度，并与预定值进行比较，按其差值去控制飞机的舵面和发动机油门杆，从而达到稳定高度和速度的目的。

同时，航向和横向通道自动驾驶仪也能对预定的航向和倾斜角（滚转角）保持稳定。

2. 驾驶仪处于执行控制指令的情况

设飞机在某高度等速平飞，且γ_0为某常数。若驾驶员想以某俯仰角爬升，此时他只要转动操纵台中的上仰旋钮，就会有一个指令信号输出（见图 11.5）。此信号与原信号综合，其差值输入放大器，经舵机使舵面向上偏转一个角度，由此产生抬头力矩，使俯仰角增加。在舵面转动同时，反馈装置有一个反馈信号输至放大器输入端，并减小控制指令信号，使飞机转动减慢。与此同时，敏感元件感受和测量出当时的俯仰角，并输出一个与控制指令极性相反的信号。由于它也是加在放大器的输入端，故总的输入信号是上述 3 个信号的代数和。当飞机转到要求的俯仰角时，敏感元件的输出信号正好与控制指令值大小相等、极性相反，此时舵面处于中立位置。这样飞机就以给定的俯仰角爬升了。

同理，当驾驶员要改变航向时，就要转动操纵台中的转弯旋钮，于是就有两个按一定比例的指令信号输入到航向、横向通道驾驶仪中，使方向舵和副翼同时偏转相应角度。这就使飞机无侧滑地改变航向，直到机头对准要求的航向时，驾驶员把转弯旋钮返零，此时飞机改平。然后，驾驶仪把飞机稳定在新的航向上。

3. 驾驶仪与其他装置配合时的情况

讨论飞机自动下滑着陆时的情况。为了保证安全着陆，必须使飞机在着陆前沿一条预定的下滑轨迹下滑到预定高度，然后拉平。这时飞机仍不断下降，最后以某个允许的下降速度着地。为保证飞机沿预定下滑轨迹飞行，在机场指挥台中有一套无线电装置，以便在跑道上空形成一条下滑航迹。在飞机上安装了相应的无线电接收机。当飞机处于预定下滑航迹上时，接收机输出信号为零；当飞机偏离下滑航迹时，接收机将输出相应极性和幅值的信号，如图 11.7 所示。如果飞机处于下滑航迹的上方，此时接收机输出相应极性信号，经驾驶仪使升降舵向下偏转，产生低头控制力矩，使飞机飞向下滑航迹。当飞回到下滑航迹上时，接收机输出为零，舵面回中，这样飞机保持在下滑航迹上，在发动机油门杆自动控制器配合下，飞机沿预定航迹安全着陆。

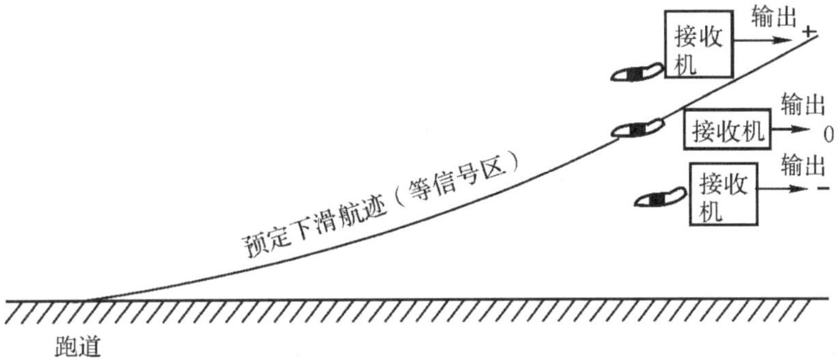

图 11.7　飞机自动下滑着陆时的情况

由此可知，驾驶仪是通过控制飞机角运动来控制飞机重心运动的。所以，通常是采用这种方式来控制飞机重心运动的。

图 11.8 是上述情况的原理方框图。它由稳定回路加上测量飞机重心位置信息元件（装在飞机上的无线电接收机）和运动学环节（表征飞机空间位置几何关系的环节）组成的一个大回路，此回路称为制导回路。

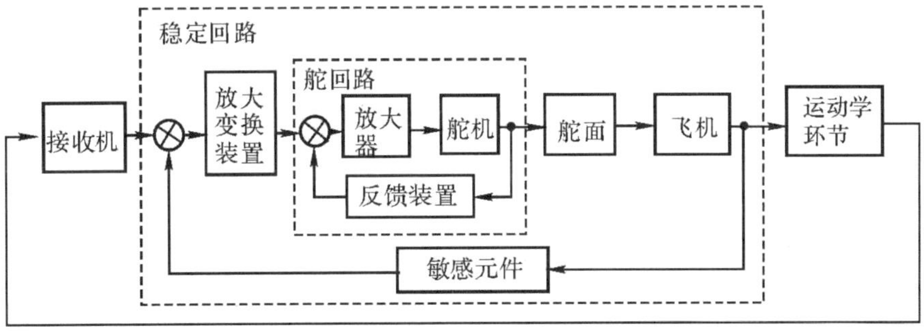

图 11.8　制导（或控制）回路方框图

第 12 章　飞机动力装置

为航空器提供动力，推动航空器前进的装置，称为航空动力装置，也称航空推进系统。它包括航空发动机以及为保证其正常工作所必需的系统和附件，如进排气系统、燃油系统、滑油系统、点火系统、起动系统和防火系统等。

发动机是动力装置的关键部件，是飞机动力源，它的性能对飞机性能有极重要的影响。人们常形象地称之为飞机的心脏。

12.1　航空发动机的分类

航空发动机可以分为3种类型：活塞式航空发动机、燃气涡轮发动机（喷气式发动机）以及冲压发动机。

(1) 活塞式航空发动机。它是早期在飞机或直升机上应用的航空发动机，用它带动螺旋桨或旋翼。大型活塞式航空发动机的功率可达 2 500 kW(3 400 马力)。后来逐渐为功率大、高速性能好的燃气涡轮发动机所取代。但是小功率的活塞式航空发动机还广泛地被用在轻型飞机、直升机以及超轻型飞机上。

(2) 燃气涡轮发动机／喷气式发动机。它是现代飞机和直升机上应用最广的发动机，包括涡轮喷气发动机、涡轮风扇发动机、涡轮螺旋桨发动机和涡轮轴发动机。它们都具有压气机、燃烧室和燃气涡轮。涡轮螺旋桨发动机主要用于速度小于700 km/h的飞机，涡轮轴发动机主要用做直升机的动力，速度更高的飞机则用涡轮风扇发动机。涡轮喷气发动机主要用于超声速飞机。

(3) 冲压发动机。它的特点是无压气机和燃气涡轮，进入燃烧室的空气是利用高速飞行时的冲压作用来增压的。冲压发动机构造简单，推力大，特别适用于高速高空飞行。由于不能自行起动和低速性能不好，限制了它在航空器上的应用，仅用在导弹和在空中发射的靶弹上。

12.2　活塞发动机

为航空器提供飞行动力的往复式内燃机称为活塞式发动机。活塞式发动机将燃料的热能转变为机械能，该机械能带动螺旋桨旋转而产生拉力(推力)，使飞机前进。活塞式发动机是热机，螺旋桨是推进器，两者合起来称为活塞式动力装置(见图 12.1)。

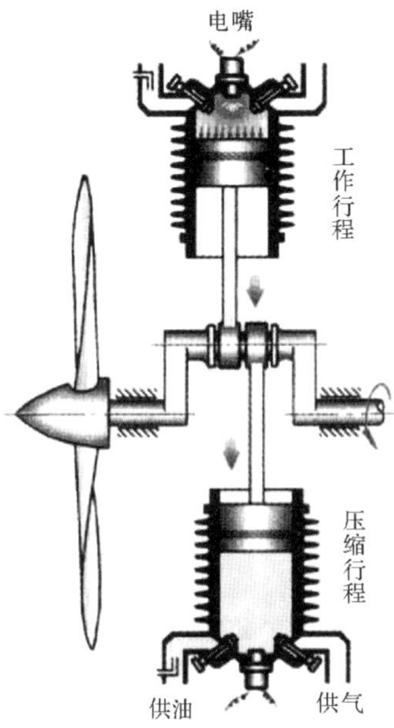

图 12.1　活塞式动力装置简图

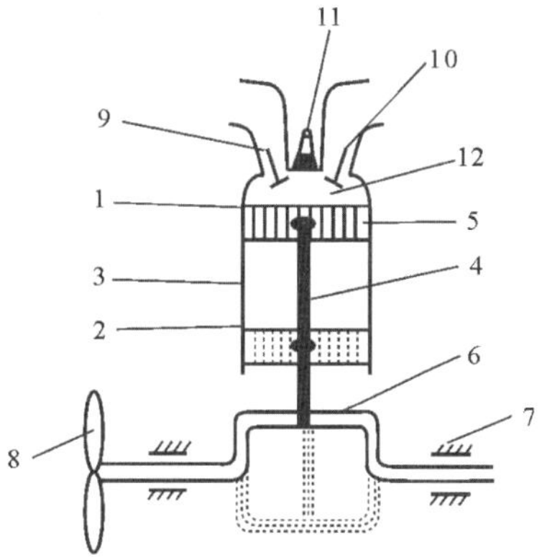

图 12.2　活塞式发动机原理

1— 上止点　2— 下止点　3— 汽缸　4— 联杆
5— 活塞　6— 曲轴　7— 轴承　8— 螺旋桨
9— 进气门　10— 排气门　11— 火花塞　12— 混合气

活塞式发动机的主要构件有汽缸、活塞、连杆、曲轴和气门机构等,如图 12.2 所示。活塞在汽缸中往复运动有两个极限位置:上止点和下止点。上、下止点的距离叫活塞行程,上、下止点间汽缸的容积叫做汽缸工作容积。

飞机上采用的一般都是四行程活塞式发动机,其基本工作过程如图 12.3 所示,分为进气行程、压缩行程、膨胀行程(作功行程) 和排气行程。

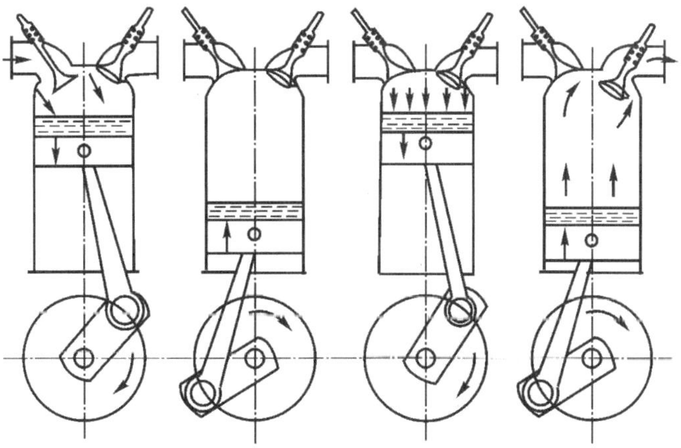

图 12.3　四行程活塞式发动机的工作原理

(a) 进气行程；(b) 压缩行程；(c) 膨胀行程；(d) 排气行程

1. 进气行程

活塞从上止点向下止点移动，进气门打开，排气门关闭，空气和燃油在化油器中形成的可燃混合气经进气门进入汽缸。直到活塞达下止点，进气门关闭，进气行程结束。

2. 压缩行程

活塞从下止点向上止点移动，进气门和排气门都关闭，汽缸内的混合气受压缩，压力和温度上升。

3. 膨胀行程(作功行程)

在压缩行程结束的瞬时，电嘴产生电火花点燃混合气，瞬时完成燃烧，压力和温度急剧上升。高温高压的燃气推动活塞下移对外做功，同时燃气的压力和温度不断下降，活塞达到下止点时膨胀行程结束。

4. 排气行程

活塞从下止点向上止点移动，排气门打开，进气门仍然关闭，排出废气，活塞到达上止点排气行程结束。

从进气行程开始到排气行程结束，活塞移动四个行程，完成 5 个过程 —— 进气、压缩、燃烧、膨胀和排气过程，曲轴旋转两圈，发动机完成一个工作循环。然后重复上述四个行程，发动机不断地工作对外做功。

以上讲述的是一个汽缸内的四个行程，实际上航空活塞式发动机一般都是多缸的，汽缸数目可多达十几个，个别的甚至更多，并呈辐射状星型布置(见图 12.4)。每个汽缸都是同样的四个行程，但按一定的顺序均匀地错开，此起彼伏地工作，如图 12.5 所示的五缸四行程星型活塞式发动机。

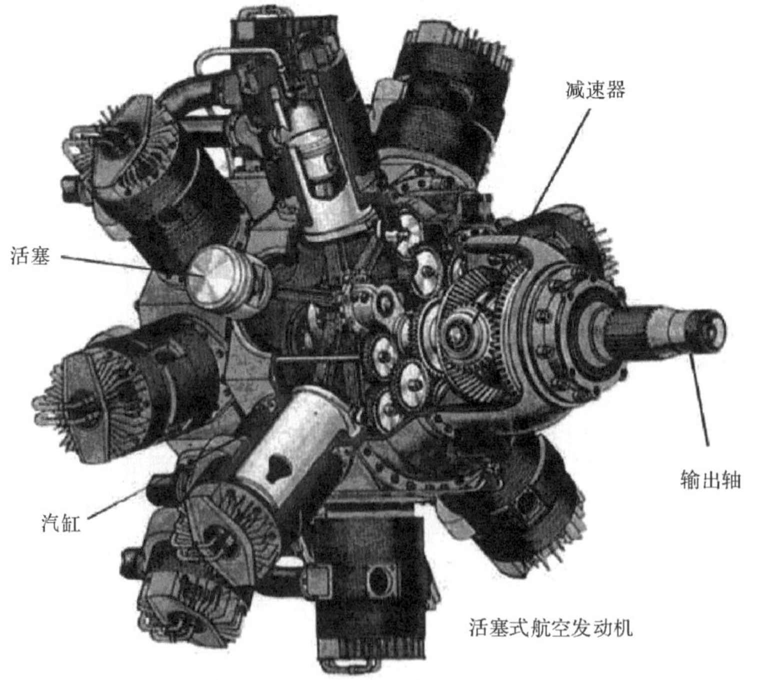

图 12.4　星型布置多缸活塞发动机

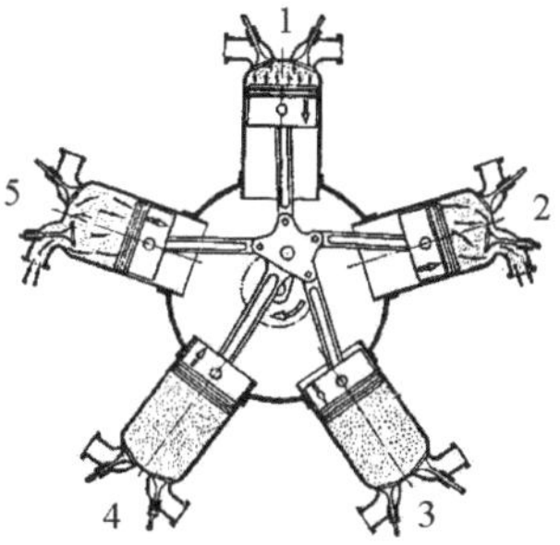

图 12.5　五缸四行程星型活塞式发动机的工作情况

活塞式发动机的功率主要决定于汽缸的总工作容积(即排量),或者说汽缸的直径和汽缸的数目。

活塞式发动机工作产生的功率通过曲轴传给螺旋桨,螺旋桨旋转产生拉力或推力,使飞机前进(见图 12.6)。

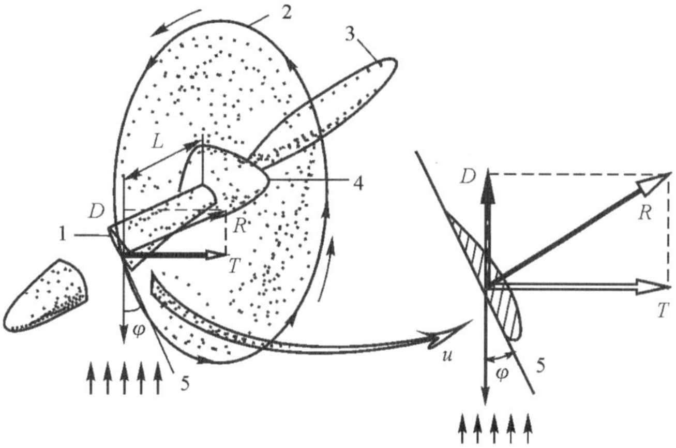

图 12.6　螺旋桨的拉力 / 推力原理

1— 桨叶剖面　2— 旋转面　3— 桨叶　4— 桨毂　5— 桨叶剖面弦线

活塞式动力装置的拉力随飞行速度的增加而减小,在飞机飞行速度达到 800 ～ 850 km/h 时,螺旋桨的效率开始明显下降,这正是活塞式动力装置无法使飞机突破声障的主要原因。但在飞行速度低于 700 km/h 时,螺旋桨效率高,活塞式动力装置的经济性好。

第二次世界大战前,所有的飞机都毫无例外地采用活塞式动力装置。20 世纪 40 年代末,活塞式发动机发展到其顶峰,但当飞机要求进一步增加速度突破声障时,活塞式动力装置就显得无能为力了。50 年代末以后,逐渐被喷气发动机所代替。

由于活塞式发动机耗油率低、结构简单、价格便宜等优点,特别是功率小时,具有一定的优势,目前在初级教练机、小型直升机、小型无人靶机以及农、林用小型飞机上仍广泛采用活塞式动力装置。

12.3 燃气涡轮发动机

由压气机、燃烧室和燃气涡轮组成的发动机称为燃气涡轮发动机，也称为空气喷气发动机或简称为喷气发动机。它的优点是重量轻、体积小和运行平稳，广泛用做飞机和直升机的动力装置。

核心机：在燃气涡轮发动机中，由压气机、燃烧室和驱动压气机的燃气涡轮组成发动机的核心机(见图 12.7)。空气在压气机中被压缩后，在燃烧室中与喷入的燃油混合燃烧，生成高温高压燃气驱动燃气涡轮作高速旋转，将燃气的部分能量转变为涡轮功。涡轮带动压气机不断吸进空气并进行压缩，使核心机连续工作。从燃气涡轮排出的燃气仍具有很高的压力和温度，经膨胀后释放出能量(称为可用能量)用于推进。核心机不断输出具有一定可用能量的燃气，因此又称燃气发生器。

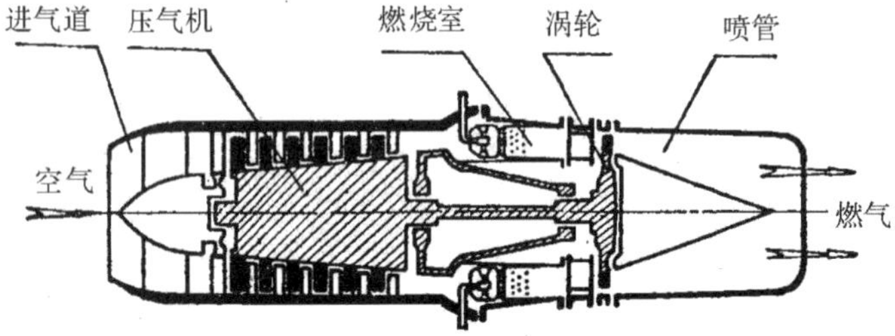

图 12.7　带有轴流压气机的单转子涡轮喷气发动机简图

现代燃气涡轮发动机压气机的增压比(压气机出口空气总压与进口总压之比)已可达 45～50，消耗功率可高达数十兆瓦(几万马力)。压气机分为离心式和轴流式两类：前者增压比低、直径大，仅用于小功率发动机；后者流量大、增压比高，应用广泛。轴流式压气机增压比较高时，为防止压气机喘振常将压气机分成 2 个转子(低压转子和高压转子)，分别由两组涡轮带动(见图 12.8、图 12.13)。有的分成 3 个转子(见图 12.15)。

按照核心机出口燃气的可用能量的利用方式不同，燃气涡轮发动机可分为 4 类：涡轮喷气发动机、涡轮风扇发动机、涡轮螺旋桨发动机和涡轮轴发动机。下面分别予以介绍。

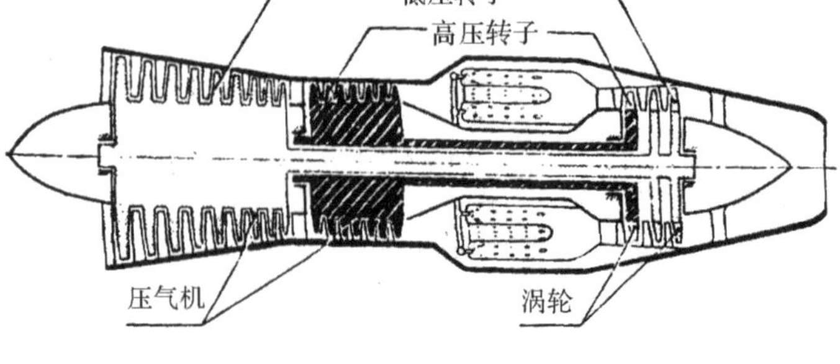

图 12.8　双转子涡轮喷气发动机简图

12.3.1　涡轮喷气发动机

靠喷管高速喷出的燃气产生反作用推力的燃气涡轮发动机称为涡轮喷气发动机(见图12.7)。

涡轮喷气发动机由核心机和进气道、喷管等部件组成。

核心机出口燃气直接在喷管中膨胀,使燃气可用能量转变为高速喷出气流的动能而产生反作用推力。在不增大核心机的条件下,为了短时间内增加发动机推力可采用发动机加力措施。歼击机上最常用的方法是在涡轮后安装加力燃烧室,成为加力涡轮喷气发动机(见图12.9)。涡轮喷气发动机喷射气流速度高,若飞行速度在亚声速和低超声速范围内,则发动机的推进效率比较低。

涡轮喷气发动机的性能指标主要有推力、耗油率和推重比。涡轮喷气发动机的大小通常用海平面静推力来表示,小的约 200 N(约 20 kgf),大的可达 100 000 N(约 10 000 kgf)。在海平面标准大气条件下的耗油率为 0.08 ~ 0.1 kg/(N·h)(0.8 ~ 1.0 kg/(kgf·h))。加力状态耗油率为 0.16 ~ 0.2 kg/(N·h)(1.6 ~ 2.0 kg/(kgf·h))。提高压气机增压比和各部件效率,可降低发动机耗油率。推重比是衡量发动机性能的综合指标。

从 20 世纪 60 年代开始,涡轮喷气发动机为性能更好的涡轮风扇发动机所取代。

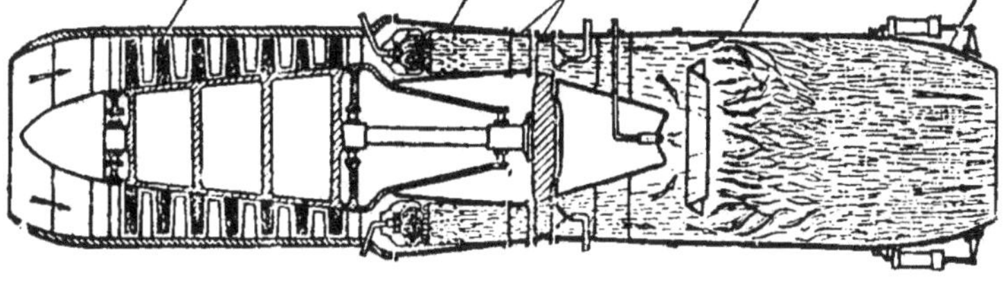

图 12.9　加力涡喷发动机简图

12.3.2　涡轮螺旋桨发动机

由螺旋桨提供拉力和喷气反作用提供推力的燃气涡轮发动机称为涡轮螺(旋)桨发动机(见图 12.10)。

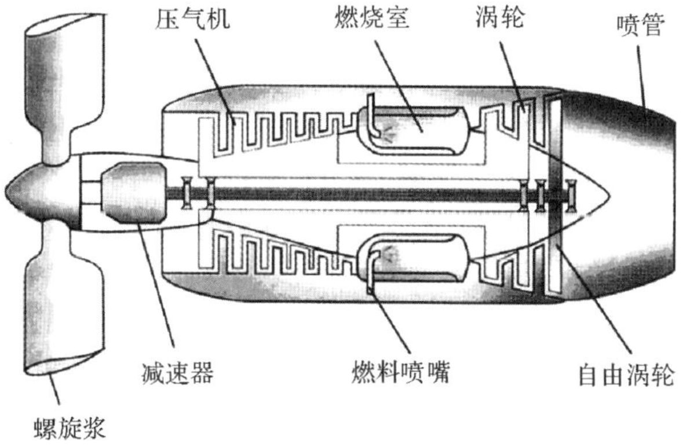

图 12.10　涡轮螺桨发动机原理

涡轮螺旋桨发动机由压气机、燃烧室、燃气涡轮、喷管、减速器和螺旋桨等组成。燃气涡轮由驱动压气机的涡轮和驱动螺旋桨的动力涡轮(也称为自由涡轮)组成。这种发动机靠动力涡轮把核心机出口燃气中大部分可用能量转变为轴功率用以驱动空气螺旋桨,燃气中其余的少部分可用能量(约10%)则在喷管中转化为气流动能,直接产生推力。

由于动力涡轮的巡航转速高(一般为10 000 ~ 15 000 r/min),而螺旋桨轴的转速较低(一般为1 000 ~ 2 000 r/min),因而在动力涡轮与螺旋桨之间需安装减速器,减速器的减速比一般在10 ~ 15范围内。

涡轮螺旋桨发动机与活塞式航空发动机相比,具有质量轻、振动小等优点。特别是随着飞行高度的增加,它的性能比活塞式航空发动机更为优越。涡轮螺旋桨发动机与涡轮喷气发动机和涡轮风扇发动机相比,具有耗油率低和起飞推力大的优点。飞机着陆时,可以使螺旋桨改变桨矩(反桨)产生反向拉力,以缩短着陆距离。因螺旋桨特性的限制,装涡轮螺旋桨发动机的飞机的飞行速度一般不超过800 km/h。

有的发动机的动力涡轮与驱动压气机的涡轮装在同一轴上,称为单轴涡轮螺旋桨发动机。它的结构简单,但在启动过程中和慢车转速下燃气的温度较高,小功率时耗油率较高。与驱动压气机的涡轮无机械联系的动力涡轮称为自由涡轮。自由涡轮螺旋桨发动机比单轴涡轮螺旋桨发动机的启动性能和工作性能好,小功率时耗油率低,但结构较复杂。

为了适应进一步提高飞行速度的需要,近年来对螺旋桨进行研究和改进,使其可以适应速度为800 km/h以上的飞机。这种新型的螺旋桨被称为螺旋桨风扇(也称为先进螺旋桨),简称为桨扇。由桨扇组成的发动机称为桨扇发动机(见图12.11)。

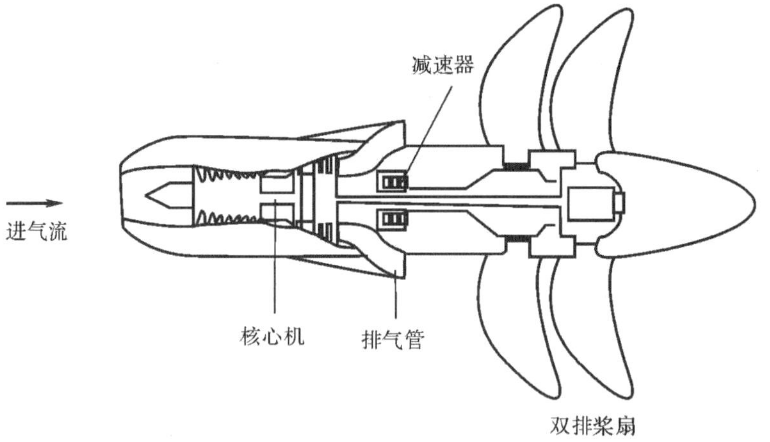

图12.11 桨扇发动机

与普通螺旋桨3 ~ 4叶直叶片组成相比,桨扇的叶片数目多(一般是8 ~ 10片)、叶片后掠、扭曲、叶型宽而薄、最大叶型厚度位置靠后等,总的看呈马刀形,如图12.12所示。这些特点使桨扇在较大的飞行速度下仍具有较高的效率。

桨扇发动机有的采用一排桨扇,有的采用双排桨扇。双排桨扇是对转的,这样可以将桨扇旋转时产生的反扭矩抵消,同时还可以提高桨扇效率。一般双排桨扇效率高,大致为0.877;单排桨扇效率大致为0.8。

桨扇发动机目前还未得到广泛使用。

(a)

(b)

图 12.12　普通螺旋桨与桨扇的比较

(a) 普通螺旋桨；（b）桨扇

12.3.3　涡轮风扇发动机

由喷管排出燃气和风扇排出空气共同产生反作用推力的燃气涡轮发动机称为涡轮风扇发动机(见图 12.13)。

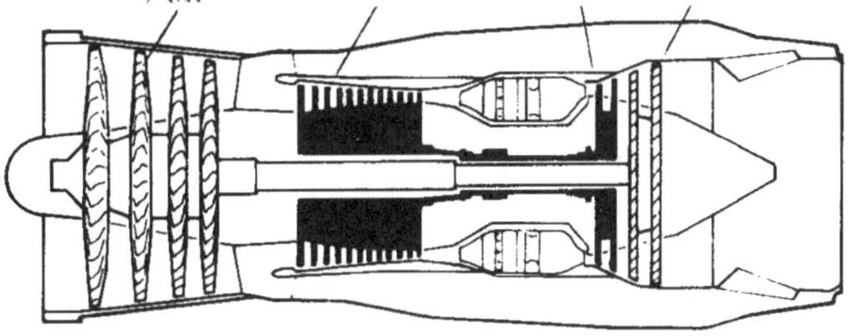

图 12.13　双转子涡轮风扇发动机原理

涡轮风扇发动机由风扇(风扇转子实际上是一级或几级叶片较长的压气机)、压气机、燃烧室、驱动压气机的高压涡轮、驱动风扇的低压涡轮和排气系统组成(见图 12.13)。其中，压气机、燃烧室和高压涡轮三部分就是核心机。

涡轮风扇发动机的气流通过两个通道流过发动机。由核心机组成的是内涵道，围绕核心机的是外涵道，所以又可称为内外涵发动机或双涵道发动机。

核心机出口燃气在核心机后的低压涡轮中进一步膨胀做功，用于带动外涵风扇，使外涵道气流的喷射速度增加，剩下的可用能量在喷管中转变为高速喷流的动能。这两股气流同时产生反作用推力。

核心机相同时，涡轮风扇发动机的工质(工作介质) 流量介于涡轮喷气发动机和涡轮螺旋桨发动机之间。涡轮风扇发动机比涡轮喷气发动机的工质流量大，喷射速度低，推进效率高，耗油率低，推力大。

流经外涵和内涵的空气流量之比称为涵道比或流量比。涡扇发动机可以分为低涵道比

(1.0 以下)、中等涵道比(1.0 ～ 3.0) 和高涵道比(3.0 以上) 三类。涵道比对涡轮风扇发动机性能有显著影响。涵道比大时,耗油率低,推力小,但发动机的迎风面积大;涵道比较小时,迎风面积小,但耗油率大,推力也大。

大涵道比涡轮风扇发动机可以视为涡桨发动机的变种,即把螺旋桨的尺寸缩小,桨叶的数目增加,采用先进的设计技术,并置于外涵道之中以提高其效率。

高涵道比(5 ～ 8) 涡轮风扇发动机的噪声低,排气污染小,多用做大型运输机的动力装置,这类飞机在 11 km 高度的巡航速度可达 950 km/h。但这种高涵道比的涡轮风扇发动机的排气喷射速度低,迎风面积大,不能用于超声速飞机上(见图 12.14、图 12.15、图 12.16)。

战斗机通常使用小涵道比、带加力燃烧室的涡轮风扇发动机(见图 12.17、图 12.18)。在亚声速飞行时不使用加力燃烧室,耗油率和排气温度都比涡轮喷气发动机低,因而红外辐射强度较弱,不易被红外制导的导弹击中。使用加力作 2 倍声速以上的速度飞行时,产生的推力可超过加力涡轮喷气发动机。

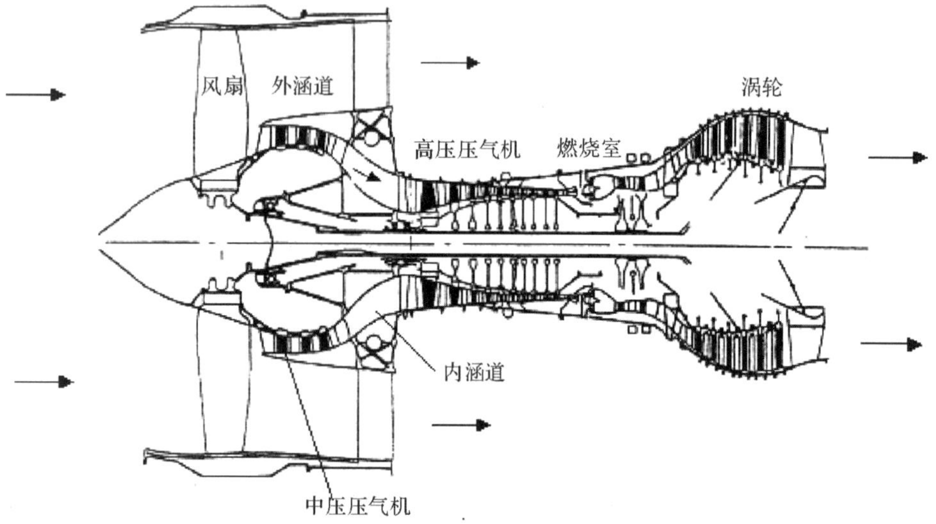

图 12.14　高涵道比涡轮风扇发动机简图

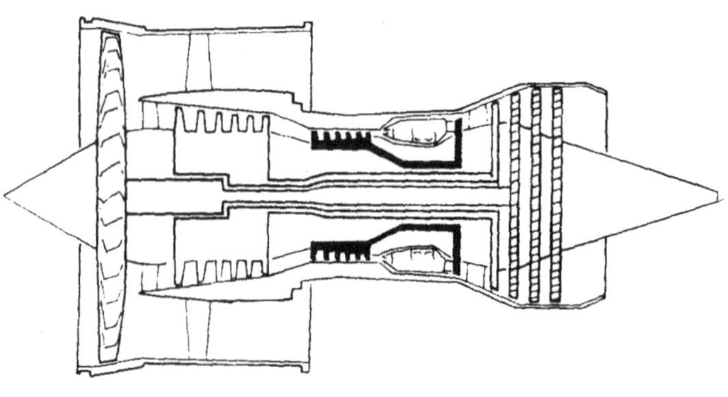

图 12.15　三转子高涵道比涡轮风扇发动机

图 12.16　高涵道比涡扇发动机方案

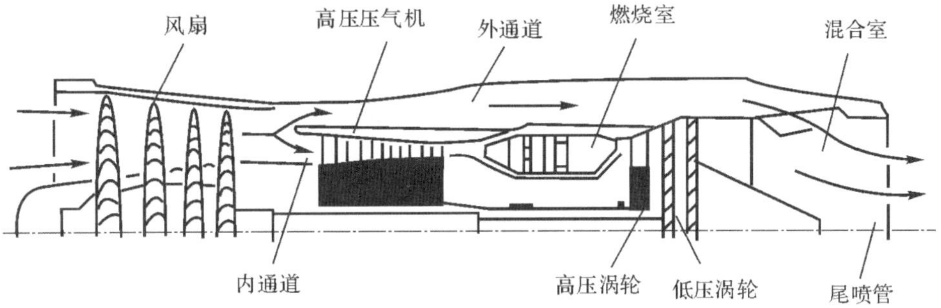

图 12.17　低涵道涡轮风扇发动机组成简图

图 12.18　低涵道比涡轮风扇发动机 F119 - PW - 100

12.3.4　涡轮轴发动机

燃气通过动力涡轮输出轴功率的燃气涡轮发动机称为涡轮轴发动机，是直升机的主要动力。

涡轮轴发动机的工作原理和结构（见图 12.19）与涡轮螺旋桨发动机基本相同，只是核心机出口燃气所含的可用能量几乎全部供给动力涡轮。

有些涡轮轴发动机的动力涡轮直接以高转速（12 000 ～ 25 000 r/min）输出，有些则通过减速器以大致为 6 000 r/min 的转速输出。直升机受旋翼转速的限制，在机上装有主减速器，发动机输出功率通过主减速器传给旋翼和尾桨。

对于涡轮轴发动机，除要求质量轻、耗油率低和维护方便外，工作可靠性尤为重要。直升机一般用于执行短途飞行任务，涡轮轴发动机经常处于起飞、爬高、悬停等大功率工作状态，而且工作状态不断变化，因此要求部件有良好的耐低频疲劳性能。直升机没有一定的机场，经常接近地面飞行，特别是在充满尘沙或盐雾的大气中频繁起落，发动机经常受到外来物的侵袭，因此零部件特别是压气机叶片要有良好的抗侵蚀能力，进气部分常装有防护装置。

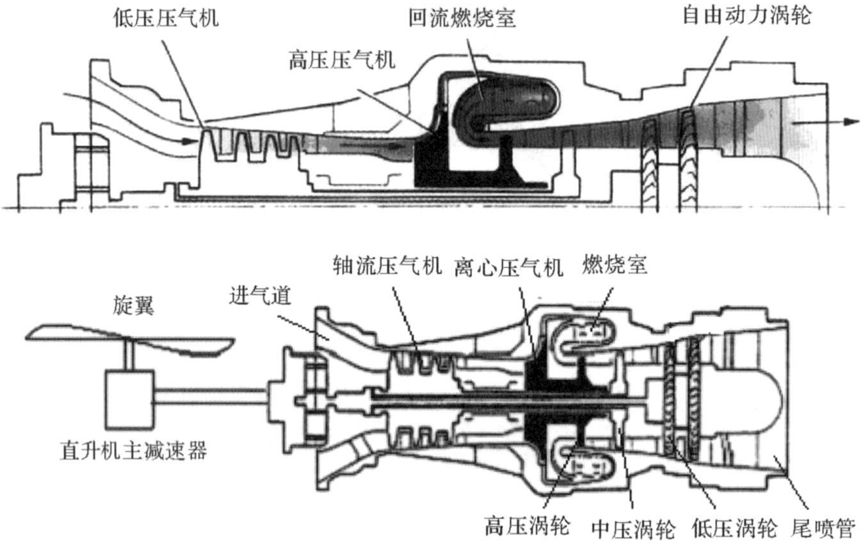

图 12.19　涡轮轴发动机

12.4　冲压发动机

涡喷和涡扇发动机的风扇 / 压气机对气流做功使气流增压，然后进入燃烧室燃烧，流经涡轮时对涡轮做功以驱动风扇或压气机，最后从尾喷管高速排出，产生反作用推力。在较高的飞行速度下，迎面气流在流向进气道和在进气道中速度减小，压力升高。飞行速度足够大时，进气道出口的压力就足够高，这时再采用风扇 / 压气机使气流增压反而对发动机的性能不利。没有风扇 / 压气机和涡轮的连续吸气式喷气发动机称为冲压发动机。

亚声速飞机用的冲压发动机如图 12.20 所示，它只有进气道、燃烧室和喷管 3 个部件，没有旋转件，结构简单。超声速飞机用的冲压发动机原理如图 12.21 所示。

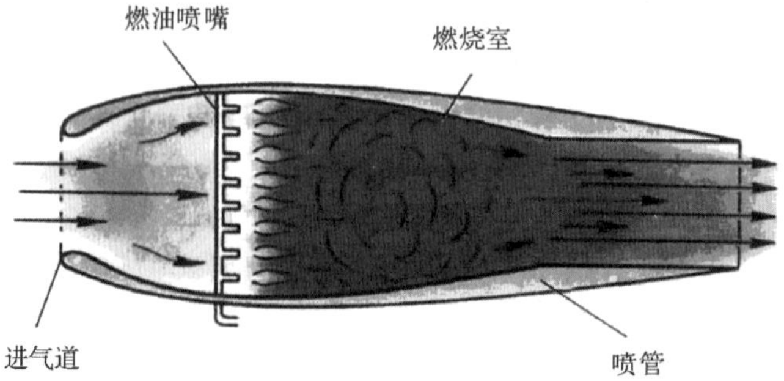

图 12.20　亚声速冲压发动机原理

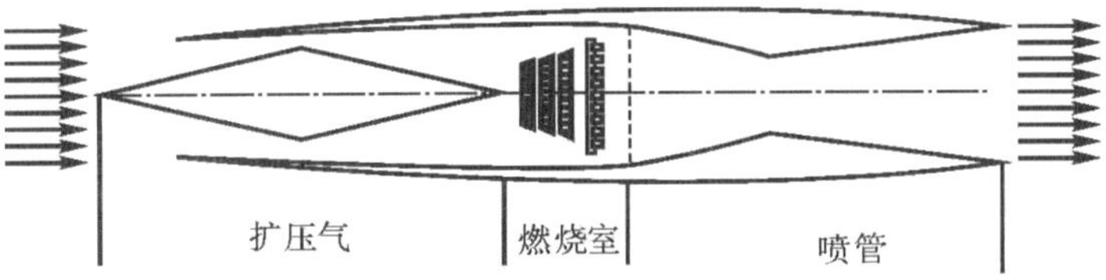

图 12.21　超声速冲压发动机原理

飞行速度越大，冲压作用越强烈，冲压发动机产生的推力也越大，所以冲压发动机适合于高速飞行。低速的冲压作用较小，推力小，经济性差(耗油率高)。在静止状态，由于空气的冲压作用为零，冲压发动机不会产生推力，所以必须依靠其他动力装置将其加速到一定速度后才能正常工作。因此，冲压发动机一般要和其他发动机组合使用。

12.5　发动机在飞机上的安装

发动机的安装与发动机的类型、数目以及它装在飞机上的位置有关。它可以用吊架装在机翼下，可装在机身两侧，也可装在机身或机翼内，或者装在机身后部与尾翼的交接处；涡轮螺桨发动机只能装在机身头部或机翼。不管装在什么部位，发动机推力必须传递到飞行器主要承力结构上。在飞行中发动机与飞机连接处要承受几倍于发动机自身重量的载荷，而且发动机机匣温度变化很大，所以连接点不仅要牢固可靠，而且要在纵向和径向提供自由膨胀的可能。

12.5.1　活塞式发动机和涡轮螺桨发动机的安装位置

活塞发动机在飞机上大多安装 1 台、2 台或 4 台，一般大多是拉进式(即螺旋桨在前)的。其安装位置和涡轮螺桨发动机的飞机很相似(见图 12.22)。拉进式的飞机，其发动机多装在机头或机翼前缘。这样可使机翼上所受的载荷降低，因发动机的重力与升力的方向相反，减少了由这些外力引起的弯矩。

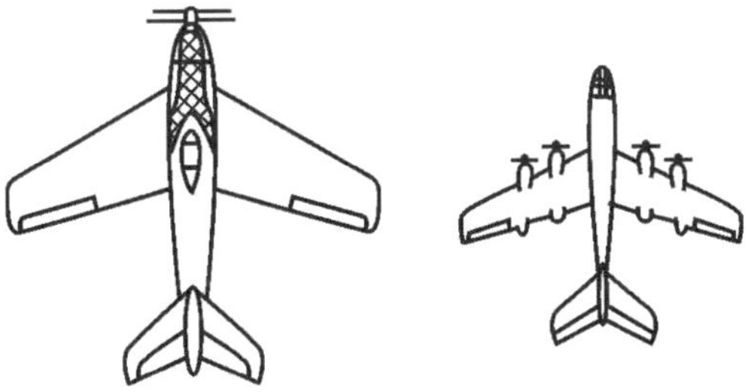

(a)　(b)

图 12.22　涡轮螺桨发动机在飞机上的安装位置(活塞发动机的飞机类似)

(a) 一台发动机，装在机头；(b) 两台发动机，装在机翼前缘短舱内

12.5.2　涡轮喷气发动机和涡轮风扇发动机的安装位置

这两类发动机在飞机上的安装位置和固定方法相似，可用涡轮喷气发动机作为代表。

1. 一台涡轮喷气发动机的安装位置

一台涡轮喷气发动机多装在机身后段或机身下部。这种方式有利于维护修理，只要将机身后段拆卸开就行了；同时还可让出机身短舱或前段的空间，以便容纳人员和武器装备。图 12.23 所示的是离心式涡轮喷气发动机的安排情况。

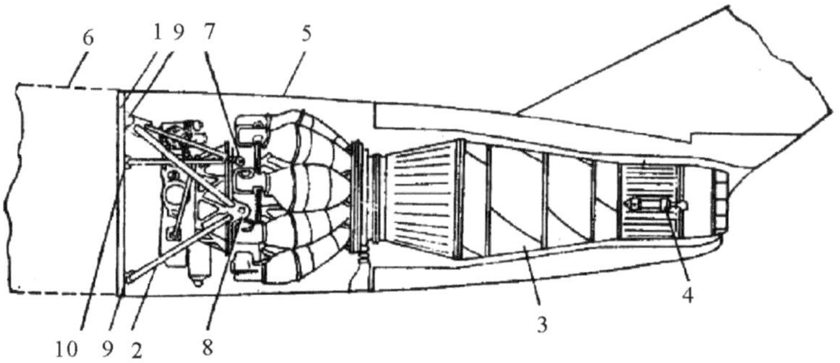

图 12.23　一台离心式涡轮喷气发动机的固定

1— 前机身加强框　2— 发动机架　3— 排气管　4— 排气管后部的连接　5— 后机身
6— 前机身　7— 连接点　8— 主连接点　9— 耳片接头　10— 叉形接头

2. 两台涡轮喷气发动机的安装位置

两台涡轮喷气发动机有以下几种安排方式。

第一种双发的安排方式，是把发动机装在机翼下的吊舱内（见图 12.24(a)、图 17.2(b)、图 17.14）。这种方式的好处是减少短舱和机翼的干扰，对提高升力系数有利，防火性能较好，可采用全翼展的襟翼。另外，由于短舱离地近，维护比较方便，但易于吸入尘土。

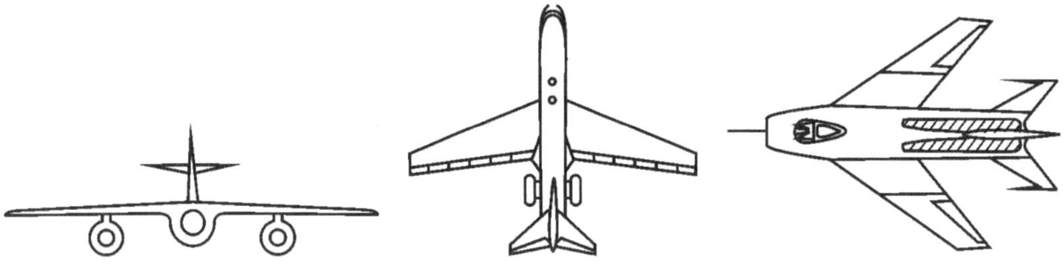

(a)　(b)　(c)

图 12.24　两台涡轮喷气发动机的安装位置

(a) 安装于机翼吊舱内；(b) 安装于后机身外部的两侧；(c) 并列安装于后机身的内部

第二种安排方式是把两台发动机并列在后机身外部的两侧（见图 12.24(b)），这种叫尾吊式。其优点是，机翼外形易于满足气动要求，进气和排气通道较短，能量损失较少。但这种安排的构造比较复杂，重量大，发动机噪声和振动对座舱影响较大。

以上两种安排方式多用于运输机或轰炸机。

第三种安排方式是，把发动机并列安装在后机身的内部（图 12.24(c)）。这种安排方式在单发飞行时，由于两边推力不平衡而引起的偏航力矩比较小，但发动机所占机身的容积很大，不利于装载其他的设备。这种安装形式常用于战斗机上。

3. 多台涡轮喷气发动机的安装位置

大型飞机需要装多台发动机，比较常用的有三台、四台、六台和八台。

三台喷气发动机多用于运输机。其安排方式有两种。第一种是两台发动机并列装在机身后段外部，另一台装在垂尾根部(见图 12.25(a))。三发的第二种安排方式是，把两台涡轮风扇发动机安装在机翼下的吊舱内，另一台安装在垂直尾翼根部(见图 12.25(b))。

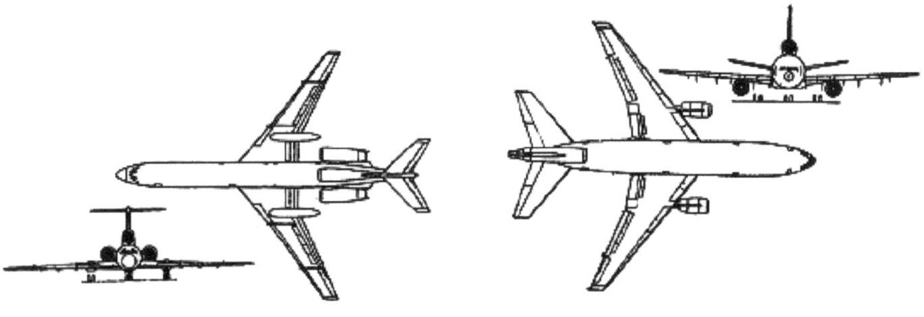

(a)　　(b)

图 12.25　三台涡轮喷气发动机的安装位置

(a) 两台发动机并列装在机身后段外部，另一台装在垂尾根部

(b) 两台涡轮风扇发动机安装在机翼下的吊舱内，另一台安装在垂尾根部

四台喷气发动机的安排方式比较常见的有三种。

第一种是翼吊式，即四台发动机都置于机翼下的吊舱内(见图 12.26(a))。这种方式多用于运输机，也有轰炸机采用这种型式的。

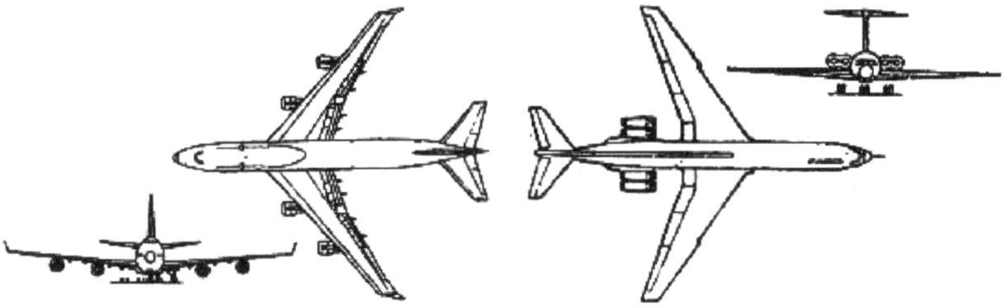

(a)　　(b)

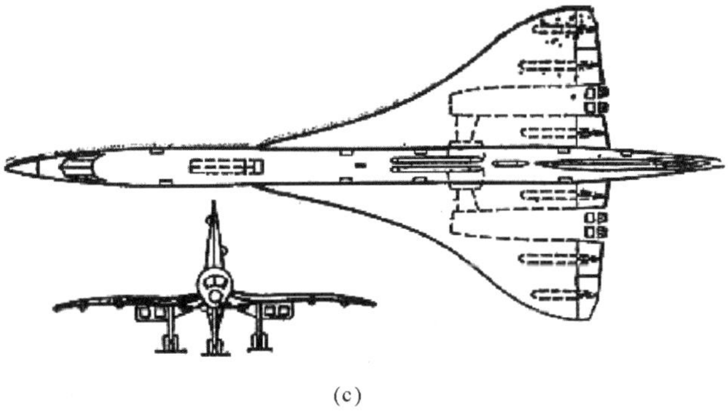

(c)

图 12.26　四台涡轮喷气发动机的安装位置

(a) 翼吊式；(b) 尾吊式；(c) 每两台成为一组，安装在机翼的底部

第二种是尾吊式，把四台发动机部并列在机身后段外部的两侧(见图 12.26(b))，其特点与双发第二种安装方式类似。

第三种是把四台喷气发动机每两台成为一组，安装在机翼的底部(见图 12.26(d))。“协和”号超声速旅客机就是这样安排的，其特点是发动机短舱的剖面呈长方形，其上、下表面形成飞机结构的一部分。

乌克兰的安－225 运输机，使用 6 台涡轮风扇发动机，吊挂在机翼下(见图 12.27)。美国的亚声速战略重型轰炸机 B—52 装有 8 台喷气发动机，每两台成一组，装在机翼下面的四只吊舱中，其安装位置和固定的特点与四个吊舱的飞机相似(见图 12.28)。

图 12.27　安—225 运输机，翼吊 6 台发动机

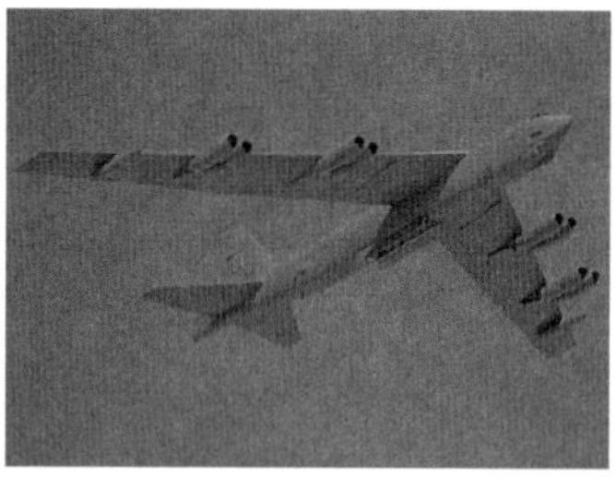

图 12.28　B—52 轰炸机，翼吊 8 台发动机

12.6　进气和排气系统

活塞发动机和喷气发动机都需要吸入空气助燃，燃烧后的气体必须排到飞机的外面去。因此，必须有进气和排气系统。发动机工作时以及排出的气体温度部很高，所以还需考虑散热问题。

涡轮喷气发动机进气系统的主要作用是：引入空气，尽量利用气流的冲压作用进行增压，并使动能损失最小。进气口位置的安排，应使速度分布均匀，附加的阻力小，同时还应使进气口的位置不易吸入杂物，以免损坏发动机内部的零件(如压气机叶片)等。

进气系统主要包括进气口和进气道。

进气口的位置与发动机的位置、数目和型式等有关。常见的有机头正面、短舱正面、机身两侧和机翼根部进气，此外还有翼下和翼上进气等型式。

机身内部安装一台或两台涡轮发动机，多采用机头进气型式(见图 12.29、图 17.15)。这种进气型式的优点是迎面气流冲压的利用效果好，但由于进气道长，进气道内部摩擦阻力大，所以动能的损失也较大，同时机身内部的空间不好利用，雷达和武器的安装不便，而且座舱的视界也不太好。

机身内部安装涡轮发动机时，也可采用机身两侧进气的型式(见图 12.30、图 17.2、图 17.15)或者腹部进气(见图 17.3)的型式。这种安排的进气道较短，内部动能损失较小，头部空间可以用来安装雷达和其他设备。

两台或多台涡轮发动机可装在发动机短舱内(见图 12.25 ～ 图 12.28)。这种安排方式不但对冲压利用的效果好，而且内部动能损失也小。

涡轮喷气发动机的排气系统应能保证排出的气体速度尽可能地大，使推力不受损失，还应使飞机内外部任何构件不致被燃气烧坏。

排气系统通常都是直的，以免喷气速度降低太多。但由于飞机设计和构造上的考虑，例如为了满足隐身要求、简化机翼构造等，有时不得不把排气管做成弯的。

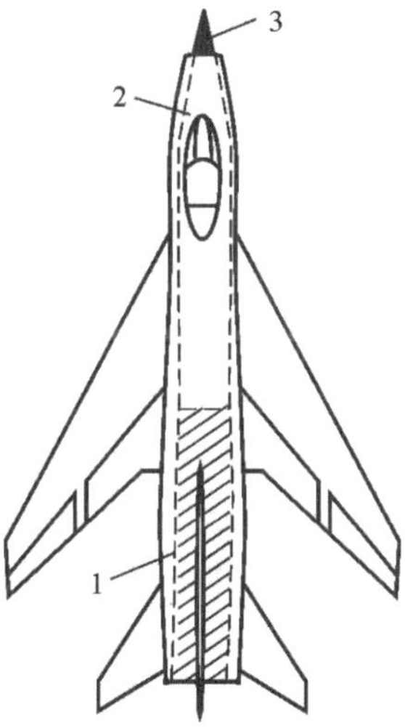

图 12.29　机头进气

1— 涡喷发动机　2— 进气道　3— 锥体

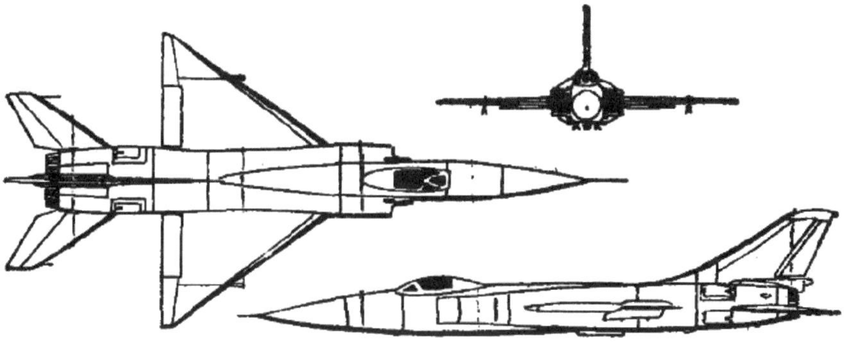

图 12.30　两侧进气

第 13 章　航空仪表的工作原理

飞行员需要不断地了解飞机的飞行状态、发动机的工作状态和其他分系统(如座舱环境系统、电源系统等)的工作状况,以便按飞行计划操纵飞机完成飞行任务;各类自动控制系统需要检测控制信息以便实现自动控制。这些信息都是由航空仪表以及相应的传感器和显示系统提供的。

飞机要测量的参数很多,归纳起来可以分为飞行参数、发动机参数和系统状态参数(如座舱环境参数、飞行员生理参数、飞行员生命保障系统参数等)。相应的,航空仪表按功用可分为飞行仪表、发动机仪表和系统状态仪表等。

同一个参数的测量原理和测量方法也很多,几乎涉及机械、电气、电子、无线电、光学等领域,这里主要介绍一些重要参数的测量原理。

13.1　飞行仪表

这类仪表反映飞机运动状态和飞行参数,使驾驶员能正确地驾驶飞机。飞行仪表主要可分为全静压系统仪表、指示飞行姿态和航向的仪表等。

13.1.1　全静压系统仪表

全静压系统仪表是利用大气压强随高度、速度的变化,使金属膜盒产生膨胀或压缩变形,通过相应的测量系统,指示出飞机的高度、速度等飞行参数,所以也称为膜盒仪表或气压仪表。

用来测量气流全压和静压的管子称为全静压管,因用它可以测量飞机相对于空气运动的速度(即空速),故又称空速管(见图 13.1)。全静压管是一根细长的管子,远远伸在飞机机头或翼尖之前受气流干扰最小的地方,以免所感受到的气压受到飞机的影响。全静压管正对气流的小孔叫全压孔,后面是全压室,这里感受的是迎面气流的全压(总压,即动压加静压)。离头部一定的距离处,沿管周开几个小孔叫静压孔,这里不是正对迎面气流,在静压室中感受的是大气的静压。静压孔并不是均匀地沿圆周分布,而是上面和下面各有几个,以减小迎角变化所造成的静压误差。与全压室相连的是一根小管,称为全压管,它通过接头与仪表(如空速表)相连。另一根小管叫静压管,与静压室相连,再通过接头通往仪表。全压管和静压管把感受到的大气压通往飞机内部,再加上应急全压管、应急静压孔、转换开关和导管,就组成全静压系统。

全静压系统利用感受的全压和静压,分别输入膜盒内外,压力差促使膜盒变形,通过相应的测量系统,即可测出飞机的速度、高度等飞行参数,从而构成各种仪表。这类仪表有空速表、气压式高度表、升降速度表和大气数据中心系统等。

1. 空速表

空速是指飞机在纵轴对称平面内相对于气流的运动速度。空速是重要的飞行参数之一。根据空速，飞行员可以判断作用在飞机上的空气动力的情况，从而正确地操纵飞机；根据空速，还可以进行领航计算。

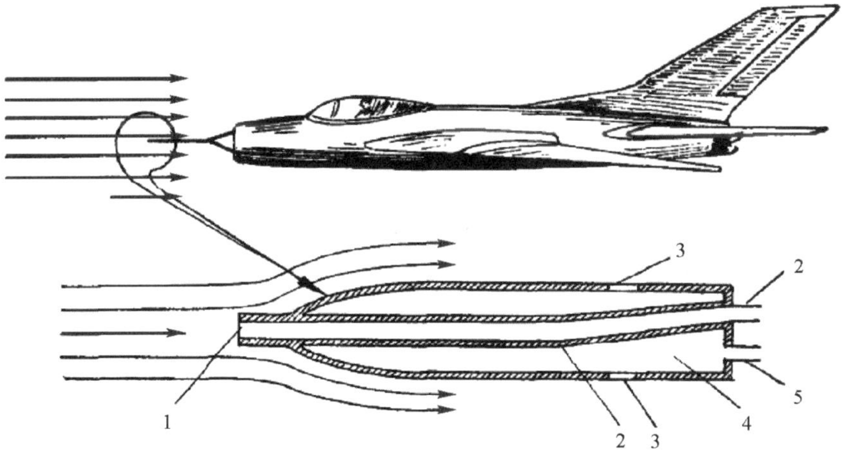

图 13.1　全静压管

1— 全压孔　2— 全压管　3— 静压孔　4— 静压室　5— 静压管

空速表就是用来测量飞机空速的仪表。

空速表是通过测量全静压管的动压(全压与静压之差)来指示飞机速度的，其测量原理如图 13.2 所示。全静压管受到的全压(动压与静压之和)和静压，分别用导管连到空速表的开口膜盒内外。这样，飞行中膜盒内外的压力差等于气流的动压。膜盒在动压作用下膨胀，通过传动机构，使指针指出相应的速度值。空气密度一定时，空速越大，动压也越大，膜盒膨胀得越厉害，指针指出的速度值就越大。这种根据相对气流的动压测出的速度叫做指示空速，或叫表速。

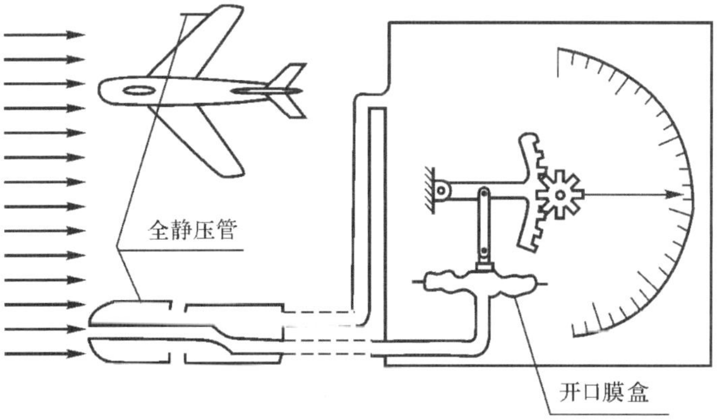

图 13.2　空速表原理

气流的动压不仅与飞机和空气的相对速度(称为真空速)有关，而且与空气密度有关。如果飞机和空气的相对速度不变而高度改变，则由于空气密度的变化，指示空速会随之改变。因此，上述空速表还不能确实地反映飞机的真实空速。为了使飞行员了解飞机的真空速，在空速表中装有空气密度补偿机构，以指示真空速值。

对高速飞机来说，为了防止激波失速，还需要测量马赫数。马赫数是真实空速与飞机所在高度上声速之比。由于声速与空气静温有关，因此马赫数是总、静压比值（或动、静压比值）的函数，所以气压式马赫数表在结构上与真实空速表（局部温度修正的）类似，这里不再介绍。

2. 高度表

飞行高度是指飞机重心在空中相对于某一基准平面的垂直距离。按照所选的基准平面的不同，飞行高度分为：绝对高度 —— 选实际海平面为基准面，飞机重心在空中距离实际海平面的垂直距离；相对高度 —— 选某一指定参考面（例如起飞或着陆机场的地平面）为基准面，飞机的重心在空中距离所选参考面的垂直距离；真实高度 —— 选飞机正下方的地面目标的最高点且与地平面平行的平面为基准平面，飞机的重心在空中距离此平面的垂直距离；标准气压高度 —— 选标准海平面为基准面（标准海平面的大气压力为 101.325 kPa），飞机的重心在空中距离标准海平面的垂直距离。

飞机在起飞、着陆飞行时需要相对高度；飞机在执行搜索、轰炸、照相和救援等任务时需要真实高度；空中交通管制分层飞行时需要标准气压高度。

飞机上最常用的测高方法是气压测高和无线电测高，此外还有激光测高、同位素测高和垂直加速度积分测高等测量方法。这里主要介绍气压测高方法。

大气压力随高度增高而减小，且有确定的函数关系。国际标准大气规定了标准大气压力与高度的函数关系，因此可通过测量大气压力来间接测量飞行高度。气压式高度表就是利用这一原理测量飞行高度的。图 13.3 所示为气压式高度表的工作原理图。

气压式高度表实质上是一个真空压力计。表壳内接大气静压，真空膜盒感受大气静压，真空膜盒组的位移经传动放大机构带动指针转动，指针在刻度盘上指示出相应的标准气压高度。

当实际大气参数与标准大气参数不符时，上述气压式高度表测得的就不是标准气压高度。为了补偿海平面气压变化所造成的高度测量误差，在气压式高度表中设有气压调整装置，可由刻度盘上的气压窗口中读出被调定的实际海平面的大气压。有了气压调整装置，气压式高度表还可以测出相对高度和绝对高度。

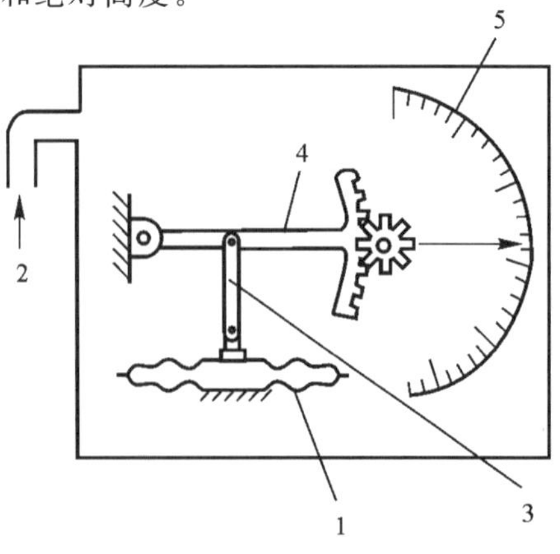

图 13.3　气压式高度表的工作原理

1— 真空膜盒　2— 大气静压　3— 连杆　4— 扇形齿轮　5— 指示器

3. 升降速度表

升降速度表用来测量飞机上升或下降的垂直速度。在升降速度表内有一开口膜盒，其内部与大气静压直接相连，外部通过毛细管（其内径很小，具有节流作用）也与静压相连（见图 13.4）。飞机上升或下降时，膜盒内部气压基本上随着高度的变化而改变，但膜盒外部的气压由于受毛细管的节流作用的影响，变化较慢，因此膜盒内外产生压差而产生位移，再通过传动元件使指针旋转，就可指出飞机升降的速度。

例如飞机由平飞转入爬升时，高度升高，气压降低。这时膜盒内部气压降低得快，外部降低得慢，外部压强大于内部。这一压力差使膜盒收缩，于是指针向上转动，指出上升的读数，使驾驶员了解飞机爬升的快慢。如果飞机由平飞转入下滑或俯冲，情况正好相反。

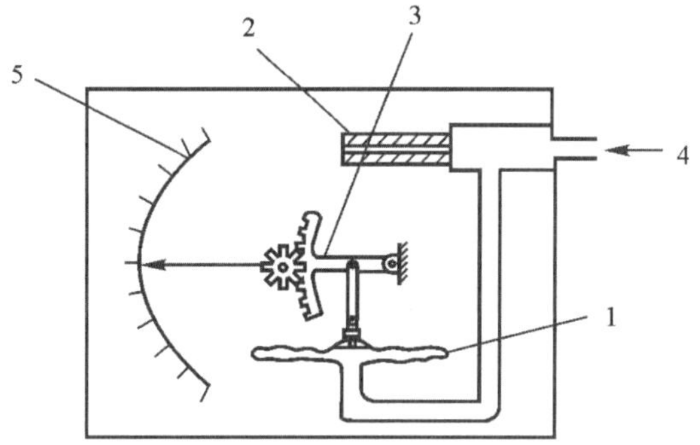

图 13.4　升降速度表的工作原理

1— 开口膜盒　2— 毛细管　3— 传动机构　4— 大气静压　5— 指示器

由以上原理直接做成的仪表属于机械模拟式仪表，其缺点是传感精度低，测量误差大，在早期飞机上用得多。现代飞机已经广泛采用以大气数据系统为基础的数字式仪表，其传感（例如采用新型压力传感器，参考 13.2.3 节）和测量精度都很高。

4. 大气数据系统

现代飞行器的飞行控制系统、发动机控制系统、导航系统、火控系统、空中交通管制系统和仪表显示系统等需要准确的静压、动压、温度、高度、高度变化率、高度偏差、指示空速、真实空速、马赫数、马赫数变化率、空气密度等信息，而上述这些参数只是空气总压、静压、总温的函数，如果靠独立的传感器和测量系统分别提供这些信息，不仅增加体积、质量、成本，而且不便维护，也不利于提高这些信息的测量精度。

由于上述大气数据信息可由静压、动压和总温 3 个参数计算出来，所以由静压、动压和总温传感器提供的原始信息，再加上一些修正用的传感器（如迎角、侧滑角）信息，经解算装置或计算机的运算而得到大量大气数据信息的系统就叫大气数据系统，也叫大气数据计算机系统。目前，高性能飞机上均采用数字式大气数据系统。

数字式大气数据系统的原理方框图如图 13.5 所示。它是由总温传感器、总压和静压传感器、迎角传感器、输入接口、数字计算机、输出接口和显示器几部分组成。

总压、静压传感器感受来自全静压管的总压、静压；总温由探头式总温传感器提供；迎角传感器（不一定每个飞机的大气数据系统都有）提供静压误差修正信息，有的大气数据系统还考虑侧滑角对静压误差的修正信息。这些传感器的输出信息均输入到输入接口。目前，在数字式大气数据系统中应用的总压、静压传感器是压阻式或谐振式压力传感器（参见图 13.15、图

13.16)。前者输出与总压、静压成一定函数关系的电压信号,后者输出与总压、静压成一定函数关系的频率(或周期)信号。测温电路将总温传感器输出的总温信号转换为电压信号。

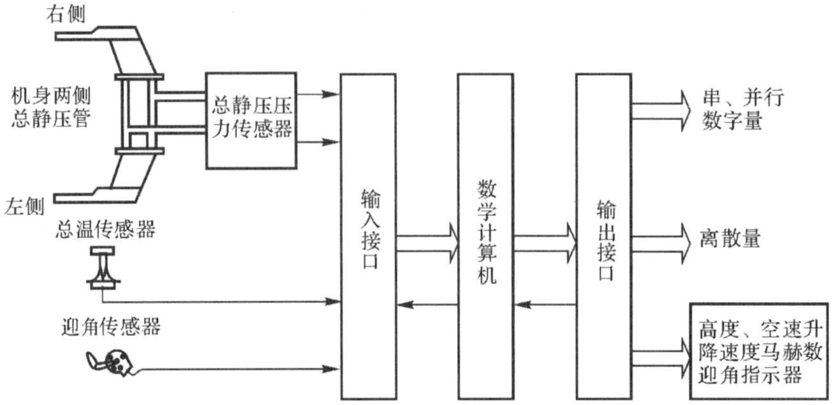

图 13.5　数字式大气数据系统原理

输入接口由多路转换器、模/数转换器和(或)频率/数字转换器组成,它将各类传感器输出的电压和(或)频率信息转换成数字计算机所需的数字信息号。

数字计算机在程序存储器编排好的程序指令指引下,完成大气数据的计算,并协调控制整个大气数据系统的工作。

输出接口将数字计算机计算出的结果转换成各机载系统所需大气数据信息要求格式的串、并行数字信号、离散信号和模拟信号。

由高度、真实空速、马赫数等专用显示器或电子综合显示器显示大气数据信息。

为了提高大气数据系统的可靠性,在飞机、航天飞机上均装有多套大气数据系统,而气压式高度表、空速表、马赫数表作应急仪表用。

13.1.2　指示飞行姿态和航向的仪表

1. 陀螺仪特性

陀螺仪由转子和内、外环及基座组成,如图 13.6 所示。高速旋转的转子通过轴承安装在内环上,内环通过轴承与外环相连,外环又通过轴承与基座相连。转子相对于基座具有三个角运动自由度,因此称为三自由度陀螺仪;但转子实际上只能绕内环轴和外环轴转动,因而近代又称之为双自由度陀螺仪;又因转子可以自由转向任意方向,故被称为自由转子陀螺仪。

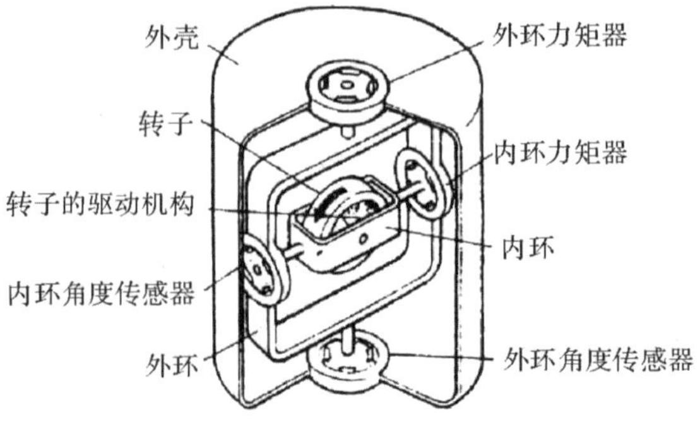

图 13.6　陀螺仪构造原理

陀螺仪有定轴性和进动性两个重要特性。定轴性是指高速旋转的转子具有力图保持其转子轴在惯性空间内的方向稳定不变的特性，因此利用陀螺仪的定轴性就可以测量姿态角。进动性是指陀螺仪在外力矩作用下，高速旋转的转子力图使其转子轴沿最短的路径趋向外力矩的作用方向。图 13.7 所示陀螺仪转子在重力 W 产生的外力矩 M 的作用下，不从支点掉下，而以角速度 ω 绕垂线不断转动，这就是进动；角速度 ω 称为进动角速度。干扰力矩引起转子的进动角速度称为陀螺的漂移率，是衡量陀螺仪性能的主要指标。

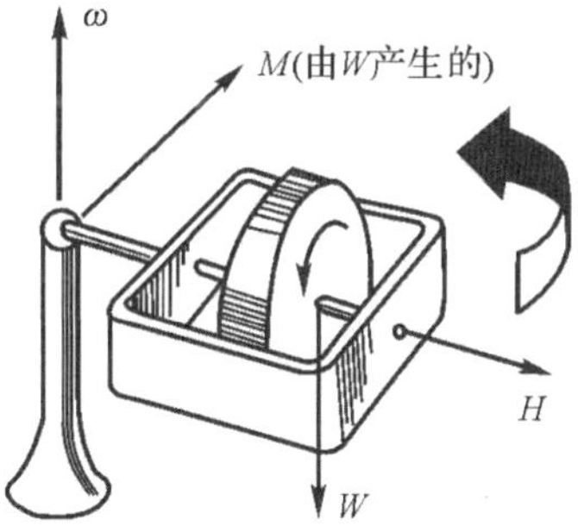

图 13.7　陀螺仪的进动

由于陀螺仪的进动性，当内、外环轴上有摩擦力矩作用时，就会破坏陀螺仪的定轴性，使转子轴稳定在惯性空间内的方向改变；同样利用陀螺仪的进动性，可以在内、外环轴上加外力矩以约束或修正陀螺仪，使陀螺仪的转子轴稳定在惯性空间内的方向不变。图 13.6 中内、外环轴上的力矩器就起加外力矩的作用。

航空陀螺仪表就是利用陀螺的定轴性和进动性来工作的。

2. 陀螺地平仪

陀螺地平仪是利用陀螺仪特性测量飞机俯仰和倾侧姿态角的飞行仪表。

为了在飞机上测量飞行姿态，必须在飞机上建立一个地垂线或地平面基准。利用陀螺仪的定轴性，使转子轴稳定在地垂线上就可以得到这一基准。但是陀螺仪不能自动找到地垂线使转子轴稳定在地垂线上，而且由于内、外环轴上的摩擦力矩使陀螺仪转子轴产生漂移，因此必须解决陀螺仪转子轴能自动找到地垂线而且始终稳定在地垂线上的方法。

摆具有敏感地垂线的特性，但受到加速度干扰时会产生很大的误差。如果将陀螺仪与摆式敏感元件结合在一起，就可以解决上面的问题。陀螺地平仪就是陀螺仪与摆结合在一起的仪表。它以陀螺仪为基础，用摆式敏感元件和力矩器组成的修正装置对陀螺仪进行修正，使陀螺仪的转子轴精确而稳定地重现地垂线。

图 13.8 是陀螺地平仪的结构原理图。它由双自由度陀螺仪、摆式敏感元件、力矩器和指针刻度盘等组成。

装在陀螺仪内环轴上的液体开关是一种摆式敏感元件，是具有摆特性和电路开关特性的气泡水准仪。密封容器内装有特殊导电液体并留有气泡，还装有相互绝缘的电极。液体开关感受陀螺仪转子轴相对地垂线的偏差，并将它变成电信号，经放大器放大后分别送给装在内、外环轴上的力矩器（力矩电机），产生修正力矩，使陀螺仪转子轴始终沿地垂线方向。修正速度一般为几度每分钟。由于缓慢修正，当飞机加速度干扰引起液体开关液面倾斜时，在短时间内错误修正仅引起陀螺仪转子轴偏离地垂线一个很小角度；而且当飞机线加速度或盘旋角速度超过一定值时，会自动切断相应的修正电路，以消除错误修正，提高抗干扰能力。

陀螺地平仪启动前转子轴处于随意位置，为了使转子轴快速重现地垂线，启动时可以加大修正力矩或靠锁定装置把转子轴锁定在地垂线方向上。

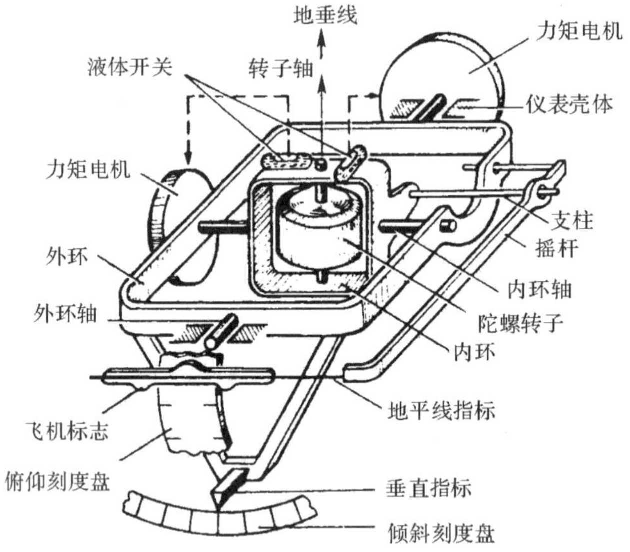

图 13.8　陀螺地平仪结构原理

陀螺地平仪外环轴平行于飞机纵轴安装。当飞机俯仰时，外环轴与俯仰刻度环由仪表壳体带着转动相同的角度，而内环不动，因此固定在内环上的支柱、摇杆与飞机标志均不动，飞机标志和俯仰刻度环相对转过的角度，便是飞机的俯仰角。同理，飞机倾侧时，垂直指标和倾斜刻度盘相对转过的角度就是倾侧角。为了防止俯仰角为 90° 时，外环轴与转子轴重合而使陀螺仪失去正常的工作条件，歼击机地平仪中增设了随动环，将陀螺仪转子和内、外环都安装在随动环上，而随动环轴平行于飞机的纵轴。飞机作任何姿态的机动飞行，随动环都能保证转子轴、内环轴和外环轴三者正交，从而使俯仰角、倾侧角的显示范围均可达到 360°。如果在内、外环轴上再装有如图 13.6 所示的内、外环角度传感器，便可向机载系统提供飞机俯仰角和倾侧角信号。

以上介绍的陀螺仪由高速旋转的刚体转子组成，属于经典陀螺仪。现代陀螺仪这一名称已推广到没有刚体转子而功能与经典陀螺等同的仪表，如激光陀螺仪、光导纤维陀螺仪、核子共振陀螺仪等。

3. *磁罗盘*

地球是一个大磁场，但地磁南北极与地理南北极不重合，有一个偏差角，叫磁偏角，又称为磁差。在专用的导航地图中注有各地的磁差值。

磁罗盘用地磁场水平分量作为航向基准来测量飞机的航向角，所测得的航向角称为磁航向角。真航向角是磁航向角和磁偏角的代数和，如图 13.9 所示。

磁罗盘的工作原理与指南针完全一样，利用磁棒在地球磁场内总是指向磁北极的特性来指示飞机飞行的方向(又叫航向)。

磁罗盘的感受元件是磁棒，它容易受到各种带磁性的物体的干扰，从而产生指示误差。为了避免这个缺点，可把它做成传感器装在座舱外离磁性构件很远的地方，如翼尖或机尾，再通过电线等传送部分把它与装在座舱中的指示器连接起来。这就是“远读磁罗盘”。这种罗盘在飞机平飞时，指示飞行方向比较准确。但在转弯时，就会发生较大的误差。这时可利用航向陀螺仪来弥补它的不足。

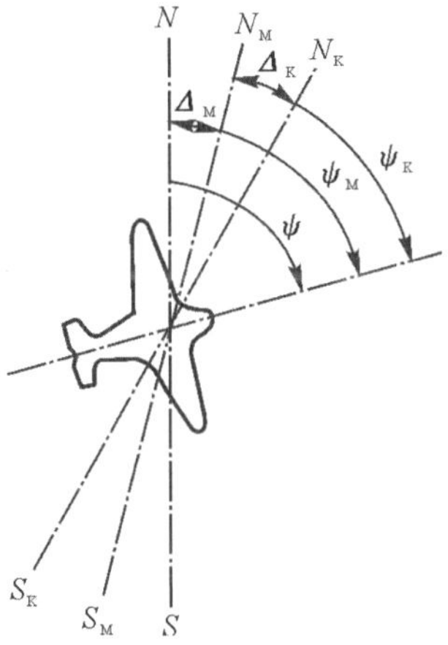

图 13.9　真航向、磁航向与磁偏角

N,S— 地理北方、南方　NS— 地理子午线　N_M,S_M— 地磁北极、南极　N_MS_M— 地磁子午线　ψ_M— 磁航向　N_K,S_K— 罗盘北极、南极　N_KS_K— 罗盘子午线　ψ_K— 罗航向　Δ_M— 磁差　Δ_K— 罗差

4. 航向陀螺仪和陀螺磁罗盘

航向陀螺仪也是一种陀螺仪表，利用陀螺的定轴性来工作的。它可以准确而迅速地指示飞机转弯的角度，经过校准还可以指示飞行方向。但它不能主动地指示南北，在飞行中还可以逐渐产生误差，所以必须定时调整。

如果把远读磁罗盘和航向陀螺仪结合起来，就成为“陀螺磁罗盘”。它兼有二者的优点，既能准确地指出飞行方向(利用磁棒来校正陀螺在飞行中产生的误差)，又能在转弯时迅速地指出飞机的转弯角度(利用陀螺的定轴性)，所以获得广泛的应用。此外，还有无线电磁罗盘、天文罗盘等，在飞机上也各有其特点和用途。

5. 转弯侧滑仪

这一仪表包括转弯仪和侧滑仪两部分。前者也是一种陀螺仪表。由指针偏转的方向和角度的大小来表示飞机转弯的方向和快慢。有些转弯仪还可指示在某一飞行速度下，飞机做无侧滑转弯动作时的倾斜角度。飞机转弯时都要倾侧，这时可能出现侧滑，所以转弯仪往往和侧滑仪配合使用，并把它们合装在一起。

侧滑仪的功用是指示飞机有没有侧滑以及侧滑的方向。它的感受元件是一个小球。球可在弧形玻璃管内滚动。管内装有起阻滞作用的液体。玻璃管一端有一个很小的膨胀室，以便液体受热时膨胀有地方可去，如图 13.10 所示。

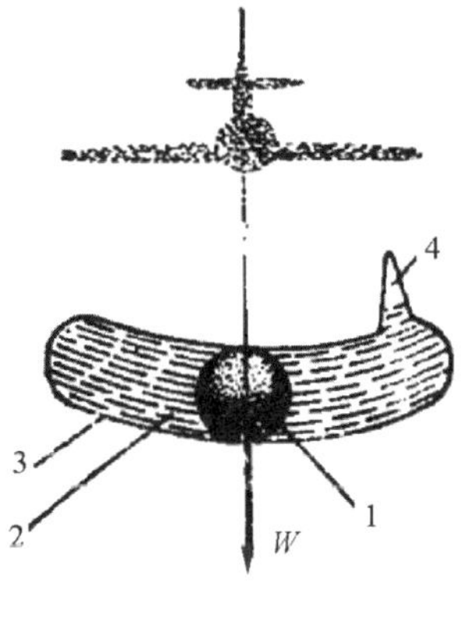

图 13.10　侧滑仪原理

1— 小球　2— 液体　3— 弧形玻璃管　4— 膨胀室

从工作原理来说，侧滑仪相当于“单摆”。小球相当于摆锤，弧形玻璃管的曲率半径则相当于摆长。当飞机平飞时，

小球受重力 W 的作用，停在管子的中央。飞机转弯若无侧滑，由于没有侧向力作用，小球仍保持在管子的中央。若转弯动作做得不正确，发生侧滑，就产生侧向力，使小球滚向玻璃管的一端。所以由小球偏离玻璃管中央位置的距离和方向，可以看出飞机侧滑的程度和方向。

6. 航向系统

在陀螺磁罗盘的基础上，再加上天文罗盘等就可组成航向系统。它以航向陀螺仪为航向角基本测量元件，用地磁或天文航向传感器校正航向陀螺仪的输出信息，以获得磁航向或真航向。合理选择三种航向传感器的组合方式，可使各传感器输出的航向信息相互修正，以得到最准确的航向信息。当飞机进入长时间盘旋或作机动飞行时，可不用磁修正或天文修正，单独使用航向陀螺仪测量航向。当飞机进入南北极地区飞行时，可采用天文修正或单独使用航向陀螺仪的工作状态。

航向系统采用能指示各种航向与方位角的综合指示器，便于统一指示和判读，并可向自动驾驶仪、自动领航仪与电子综合显示器等输送航向信息。

7. 航向姿态系统

它是一种测量、显示飞机航向角、俯仰角和滚转角的飞行仪表。它由全姿态陀螺仪、磁航向传感器或天文罗盘和全姿态指示器组成。

全姿态陀螺仪主要由航向陀螺和垂直陀螺(一种陀螺地平仪)组成。这两个陀螺仪均装在随动环内，所以在飞机机动飞行时既能使航向陀螺的外环轴始终保持在地垂线方向上，又能使垂直陀螺的转子轴和外环轴始终保持正交，以保证全姿态陀螺仪提供正确的航向、俯仰、倾侧姿态信息。

全姿态指示器是航向姿态系统的显示器，综合显示飞机的航向角、俯仰角和倾侧角。显示部分主要由球形刻度盘、小飞机标志和刻度指标等组成，如图 13.11 所示。球形刻度盘上有经线和纬线。经线上有航向刻度，纬线上有俯仰刻度。刻度盘上半球涂成浅色，以示天空；下半球涂成深色，以示地面。上、下半球之间的分界线是人工地平线。小飞机标志固定在表壳上。全姿态陀螺仪输出的航向角、俯仰角和倾侧角信号通过全姿态指示器内的三套伺服系统使球形刻度盘和倾侧指标转动。飞机全姿态以小飞机标志的中点作为判读点，由相对于刻度盘经线的位置读取航向角；由相对于刻度盘纬线的位置读取俯仰角；根据倾侧指标相对于壳体面板上倾侧刻度的位置读取倾侧角。此外，指示器还接收速率陀螺输出的飞机转弯速率信号，根据转弯指标相对于转弯刻度的位置判读飞机有无转弯、转弯方向和速率大小；并根据侧滑仪判读飞机有无侧滑。用面板上的俯仰调整旋钮可以适当调整球形刻度盘相对小飞机标志的俯仰角度。航向姿态系统的航向角信号由全姿态陀螺仪中航向陀螺仪测量轴上的同步器提供；俯仰角信号由全姿态陀螺仪中垂直陀螺仪与倾侧随动环间的同步器提供；倾侧角信号由倾侧随动环与壳体之间的同步器提供。

20 世纪 70 年代后期出现的航向姿态系统，采用惯性导航技术中的捷联惯性测量装置来给出飞机的航向角和姿态角信息，具有质量轻、精度高、工作可靠性高等优点。在与其他导航系统组合时，还可输出多种精确的导航信息。

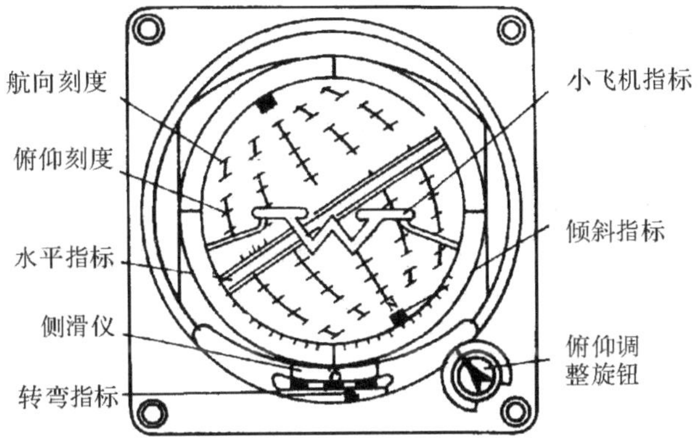

图 13.11　全姿态指示器

13.2　发动机仪表

发动机仪表是用来测量和检查发动机工作状态的仪表，包括转速表、温度表、压力表、油量表等。

13.2.1　转速表

转速表用来指示发动机的涡轮轴或曲轴的每分钟转数。

一种电动转速表(磁转速表）如图 13.12 所示。转速表的传感器是一个三相发电机，其转子由发动机的涡轮轴或曲轴经传动机构带动；指示器中装有同步电动机、磁铁、涡流片和指针等，磁铁由同步电动机带动，指针则由涡流片带动。

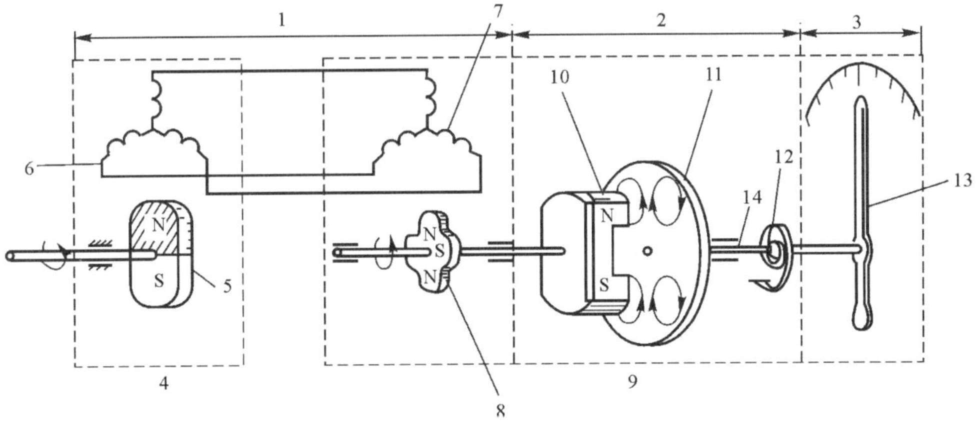

图 13.12　磁转速表工作原理

1— 传送环节　2— 感受转换环节　3— 指示环节　4— 传感器　5,6— 交流发电机　7,8— 同步电机
9— 指示器　10— 磁铁　11— 涡流片　12— 游丝　13— 指针　14— 转轴

发动机工作时，带动传感器的转子转动，传感器发出三相交流电输入指示器，使同步电动机带着磁铁旋转。于是，涡流片切割磁力线，产生涡流。在涡流磁场与磁铁磁场的相互作用

下，涡流片受到旋转力矩，带着指针指示发动机转速。发动机的转速越大，传感器发出的三相交流电的频率就越高，同步电动机和磁铁的转速也就越大；这时，涡流片受到的转矩也越大，因而指针指示的转速越大。

13.2.2 温度表

温度表包括排气温度表、汽缸头温度表、冷却液温度表和滑油温度表等。根据工作原理的不同，温度表可分为热电偶式和电阻式两种。

1. 热电偶式温度传感器

由电工学可知，用两种不同金属的导线焊接而成的环路，当两焊接端的温度不同时，会产生热电动势。这样的一对金属导线叫做热电偶(见图 13.13)。排气温度表和汽缸头温度表的工作原理，就是利用精密电压表测量热电偶中热电动势的大小，来指示所感受的温度的。

图 13.14 表示一种测量发动机排气温度的热电偶探头。热电偶的一端插在发动机排气装置内，另一端则连接一个精密电压表(即指示器)。发动机工作时，热电偶两端出现温度差，产生热电动势，使精密电压表中的线圈有电流通过。于是，线圈在磁场作用下旋转，带着指针指出相应的温度值。

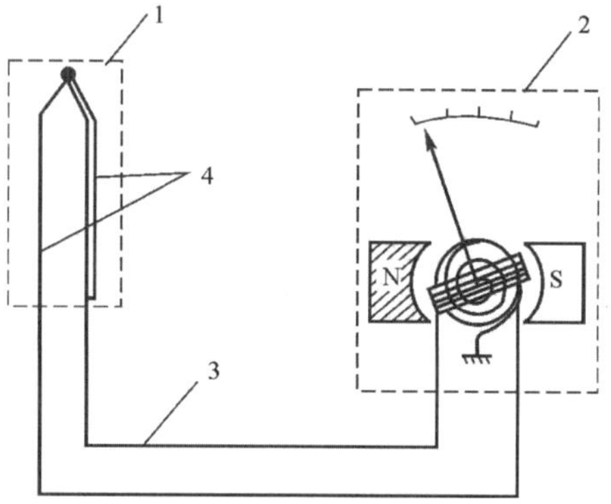

图 13.13 热电偶温度计的工作原理

1— 热电偶 2— 电压表 3— 导线 4— 两种不同的金属导线

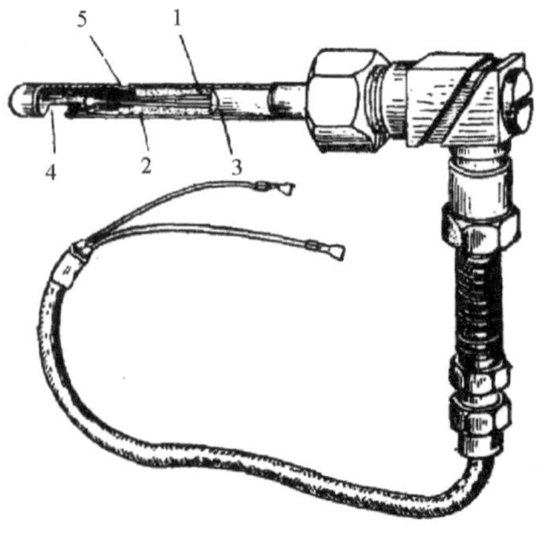

图 13.14 喷气温度表的热电偶

1— 热电偶 2— 瓷管 3— 钢管 4— 进气口 5— 出气口

2. 电阻式温度传感器

金属导体的电阻随温度升高而增大；半导体的电阻有的随温度升高而增大，有的随温度升高而减小；而且电阻值与温度有确定的函数关系，因此测量其电阻值就可以测量温度。前者称为热电阻，后者称为热敏电阻。

电阻式温度表的工作原理是，利用传感器中金属电阻丝的电阻随温度变化而改变的特性，通过测量电阻值来确定温度。

电阻式温度传感器的热电阻常由铂、铜、镍等电阻丝绕制而成。铂热电阻物理化学性能稳定，测温精度高，所以载人飞行器上常用铂热电阻测温，测温范围为 $-200 \sim +600$℃。

13.2.3　压力表

流体介质垂直作用在单位面积上的力称为压强，在工程上称为压力。压力表用来测量滑油或燃料的压力。

1. 电位计式压力传感器

电位计式压力传感器用真空膜盒组感受被测流体介质的绝对压力。由于真空膜盒这类弹性敏感元件感受压力后产生的变形(位移) 很小，所以用传动放大机构将弹性敏感元件的位移放大，才能通过测量电位计测得结果。

这种压力传感器构造简单，成本低廉，但测量精度低、寿命短，目前已很少使用。

2. 压阻式压力传感器

图 13.15 是一种压阻式压力传感器。它是用单晶硅制成整体膜片，再用微电子工艺在平膜片上制 4 个电阻。当硅膜片感受被测压力时产生变形，4 个电阻的阻值发生变化，将 4 个电阻接成电桥电路，并在电桥对角线端加直流电压，便可得到与被测压力呈一定函数关系的输出电压。由于电桥电路输出的电压较小，一般都要用放大器放大后才能符合需要。如将放大器和四个电阻都集成在一块硅片上，便成为集成式压力传感器。

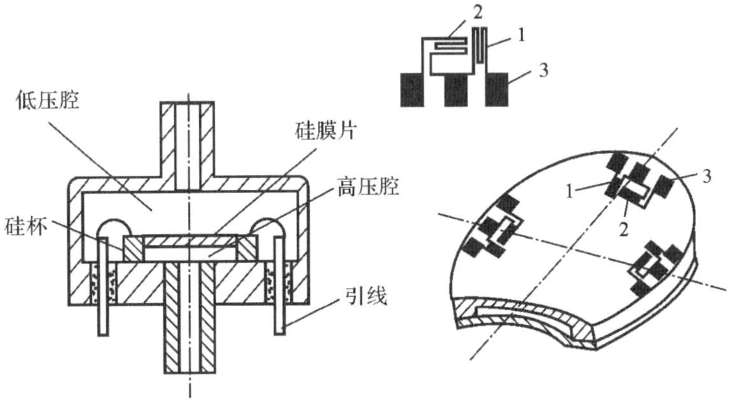

图 13.15　压阻式压力传感器

1— 电阻(径向)　2— 电阻(切向)　3— 引片

压阻式压力传感器又称为固态压力传感器。其优点是没有摩擦，测量精度高；缺点是易受环境温度影响，所以使用时要采取温度误差补偿措施。

3. 谐振式压力传感器

谐振式压力传感器常用振膜、振动筒、振动弦和振动梁作压力敏感元件。图 13.16 用振膜作压力敏感元件。当不同被测压力作用在敏感元件上时，由于其应力状态的不同，就具有不同的固有频率，这时若用外力激励，振膜就按其固有频率振动，若用拾振器检测其固有频率，则可测出压力。图中的压电拾振器的输出经放大器放大后正反馈到压电激振器，以维持振膜在固有频率下振动。

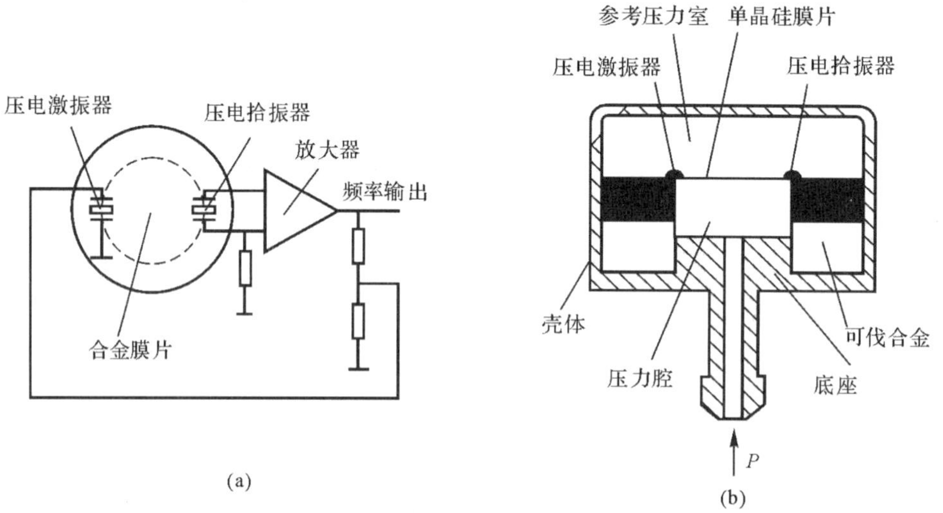

图 13.16 谐振式压力传感器

谐振式压力传感器输出频率(或周期)与被测压力成一定函数关系。这种压力传感器由于输出是频率量(或周期量)，所以抗干扰能力强，易于与计算机通信，且测压精度高、重复性好，是目前应用较多的一种压力传感器。

13.2.4 油量表

油量表用来指示油箱的储油量。电位计式油量表的基本工作原理与电位计式压力表相似，只是传感器由油浮子取代膜盒。先进飞机已经广泛采用数字式油量表。

13.2.5 燃油消耗量表

1. 燃油总消耗量表

燃油总消耗量表直接测出的是燃料的总消耗量。但为了便于飞行人员了解系统的总剩油量，这种表的指示方法是，在全系统实际加注的油量中减去总消耗量，从而指示出总剩油量。这种通过测量燃料的消耗量而指示现存油量的燃料总消耗量表。

2. 瞬间燃料消耗量表

瞬间燃料消耗量表用来指示单位时间内的燃料消耗量。它的传感器也装在向发动机供油的总管路上。

以上介绍了一些重要参数的测量原理。这些参数测量出来后，需要在座舱中以一定的形式显示出来，这是座舱显示系统的任务。关于座舱显示系统将在 16.4 节讨论。

第 14 章　航空电子系统概述

14.1　航空电子系统的概念

航空电子系统是电子技术在飞机中的应用，是在航空技术和电子技术发展过程中逐步形成的。

由于数字式技术、微电子技术和卫星计算机技术的迅速发展，航空电子系统已成为现代军用飞机提高作战效能的重要手段。没有先进的航空电子系统，就没有先进的飞机，就无法完成现代战争所赋予的使命。战争中，要发挥作战飞机的综合作战效能，航空电子系统更是起着决定性作用。

航空电子系统通常可分为通用电子系统和任务电子系统两大类。

1. 通用电子系统

通用电子系统是飞机为完成正常飞行任务所必需装备的电子系统，一般有 3 种：① 无线电通信系统，用于进行空－空和空－地联系和大型飞机成员之间的通信联系；② 导航系统，用于确定飞机位置，并导引飞机沿一定航线到达预定地点；③ 飞行控制系统，用来全部或部分地代替驾驶员控制和稳定飞机的运动，并能改善飞行品质，同时还能实现航迹控制、自动导航、地形跟随、自动瞄准、武器投放、自动着陆和编队飞行。

2. 任务电子系统

任务电子系统是飞机为完成某种特定任务而装备的电子系统。通常包含：① 目标探测系统。执行不同任务的飞机装备不同功能的探测系统，战斗机和轰炸机装备目标探测雷达和 / 或红外光学探测系统，预警飞机装载大型远程雷达，反潜飞机装载适于探测水面小尺寸目标的搜索雷达以及声纳和 / 或磁异常探测系统，军事侦察和资源探测飞机装载具有极高分辨能力的合成孔径雷达。② 电子战系统。现代作战飞机为提高作战效能和自身的生存能力都需装备电子战系统。它能对敌方电子设备辐射的电磁波进行搜索、截获、定位、记录、分析，并能确定有效的对付方案。③ 敌我识别系统。辨别敌我是实施对空或对地(海)目标攻击时的首要问题，现在作战飞机都需装载敌我识别系统。

20 世纪 70 年代以来，航空电子系统迅速向数字化、综合化和模块化方向发展。某些专用的任务系统已逐渐演变为通用系统(如综合显示系统及任务计算机)。在通用体系结构的基础上扩展相应的任务功能，就能适应执行不同的任务飞机的需要。

14.2　通信系统

通信系统是航空电子系统的重要组成部分，它为完成飞行任务和保证飞行安全起着重要的作用。

无线通信和飞机差不多是同年代出现的。驾驶员了解空中航线上的交通情况和气象条件，机场对飞机起飞、进场和着陆的控制等，都是通过通信系统完成的。此外，对作战飞机的指挥和控制，驾驶员将空中和地（海）面战区情况及时向指挥所报告，都需依赖高效、可靠、安全、保密的通信系统来实现。

以民航飞机为例，除了某些导航设备（如微波着陆系统和空中交通管理雷达应答器）也担负范围有限的通信任务外，还装备有一套或多套的高频无线电通信电台和甚高频无线电通信电台。前者工作在 2 ～ 30 MHz 的短波波段，其无线电波可利用电离层的反射而传播到很远距离；而后者工作在 118 ～ 136 MHz 范围内，可在视线距离内与其他飞行器或地面进行通信联络。机上的每部电台配备一副天线，由发射机和接收机共同使用，以减少机上天线的数量，因此通常发射和接收不能同时进行。

短波无线电通信虽然通信距离远，但频带窄，电台多，通信拥挤，电离层的电离程度又受季节、昼夜及太阳活动等影响，因此信号的强弱、通信距离在不同时间有很大变化。而且电离层对电波的反射与电波入射角有关，入射角不同，反射电波的电离层高度也不同，当入射角很小时就可能不发生反射，所以依靠电离层反射的天波只有在较远距离上才能收到。在地波及直达波所能到达的最大距离与天波传播的最小距离之间存在一个收不到信号的寂静区（盲区）。为了消除寂静区的影响，可以考虑在不同地点设置几个短波发射台，使其覆盖区域相互补偿，但这种方法在空 － 地通信中较少采用。

当地面通信电台在其服务区域内有多架飞机时，为减少机组人员连续监听的工作负担，可采用类似电话号码的选择呼叫系统。以民航飞机为例，每架飞机在起飞前即规定一个四个字符组成的代码，并在相应的设备上设定。当地面电台需要与某一架飞机通话时，首先发射与该飞机代码一致的代码信号。机上通信电台收到呼叫信号后与事先设定的代码比较（译码），两者一致时，就会用声、光信号提醒机组人员及时与地面进行通信联络。

与短波、电缆或光缆及微波中继等通信方式相比，卫星通信具有通信距离远、覆盖范围广、通信容量大、可靠、灵活（不论距离远近，陆海空各种固定和移动用户均可使用）、总成本低、见效快等优点。

目前使用的通信卫星为地球静止轨道卫星。卫星固定在某一经度的赤道上空，装有多个转发器。转发器接收用户发来的通信信息，并经频率变换后转发给另一个用户。由于卫星能转发的讯道数目有限，也由于静止卫星的轨道高度达 3 万多千米，信号传输过程的衰减大，用户设备（如卫星地面站）对天线馈电设备、发射机及接收机的要求高，因此一套设备常由多个通信线路复用。复用的方式可采用频分多址（路）（FDMA），即用不同的副载波频率共同对载波进行调制，每一个副载波频率对应一路信号；时分多址（路）（TDMA），即把一个信号周期分成若干个时间区段，每一区段传送一路信号；码分多址（路）（CDMA），即用多种编码对同一载波进行调制，每种编码对应一路信号。

地球同步静止轨道只有一条，目前轨道上的卫星数目不断增加，已近饱和状态，而采用轨道高度为几百千米的低轨卫星可以大大减小电波传播距离，从而降低对用户设备的要求，以适应建立全球移动通信网络的需要。但低轨卫星的覆盖区域较小，为实现全球覆盖需要较大数量的卫星，目前的方案从数十颗到数百颗不等。

14.3　导航系统

导航是指把飞机、导弹、宇宙飞行器、舰船等运动体从一个地方(如出发点)引导到另一个地方(如目的地)的过程。导航系统的主要用途就是引导飞机沿着预定航线飞到预定地点,并能随时给出飞机准确的即时位置。在军事上,导航系统还要配合其他系统完成武器投放、侦察、巡逻、反潜、预警和救援等任务。

早期的飞机主要依靠目视导航。从 20 世纪 20 年代开始发展仪表导航,依靠磁罗盘、时钟、空速表和人工推算,确定飞机即时位置。30 年代出现了利用中波无线电台导航的无线电罗盘。40 年代开始研制甚高频全向无线电信标(VOR)导航系统和仪表着陆系统(ILS)。50 年代惯性系统和多普勒雷达系统相继用于飞机导航。作用距离达 2 000 km 的罗兰 C 无线导航系统于 60 年代初投入使用。为满足军事上的需要,以后又相继研制出作用距离达 10 000 km 的奥米伽超远程导航系统和近程战术空中导航系统“塔康”(TACAN)。70 年代以后卫星导航系统问世,其中最著名的有美国的 GPS 和苏联的 GLONASS。

按照工作原理的不同,目前实际应用的飞机导航方法有下列几种:仪表导航、无线电导航、卫星导航、惯性导航、天文导航以及组合导航等。其中的仪表导航是利用飞机上的仪表(如空速表、磁罗盘、航向陀螺仪和时钟等)所提供的数据,通过人工计算或自动计算得出各种导航参数。下面介绍除了仪表导航外的其他导航方式。

14.3.1　无线电导航系统

通信、广播、电视等利用无线电波传递信息的技术已在人们的日常生活中得到广泛的应用。不同频率的无线电波在空间传播的方式也各不相同。频率低于 2 MHz(2×10^6 Hz)的中长无线电波可以贴着地球表面传播到较远距离(称地波或表面波)。频率在 2 ~ 30 MHz 的短波无线电波(尤其在夜间),常利用高空大气层中电离层的反射传播到很远的距离(称为天波)。频率高于 30 MHz 的超短波无线电波则只能在视线范围内以直线方式传播,称为空间波或直达波。

借助于无线电波的发射和接收,利用地面上设置的无线电导航台和飞机上的相应设备对飞机进行定位,测定飞机相对于导航台的方位、距离等参数,以确定飞行器的位置、速度、航迹等导航参数,这就是无线电导航系统所要完成的任务。

无线电导航很少受气候条件的限制,作用距离远、精度高、设备简单可靠,所以是飞机导航的主要技术手段之一。尤其在夜间或复杂气象条件下,要保证飞行器的安全着陆,无线电导航设备更是必不可少的导航工具。

无线电导航系统按所测定的导航参数可分为:测向系统,如无线电罗盘和甚高频全向无线电信标系统;测距系统,如无线电高度表和测距设备(DME);测距差系统,即双曲线无线电导航系统,如罗兰 C 和奥米加导航系统;测角距系统,如战术空中导航(TACAN)和 VOR/DME 系统;测速系统,如多普勒雷达。通常作用距离在 400 km 以内为近距导航系统,达到数千千米的为远程导航系统,10 000 km 以上为超远程导航系统;卫星导航和仪表着陆系统亦属无线电导航系统。

1. 测向无线电导航系统

许多天线在发射或接收无线电波时，在不同方向上发射的电波强度或感应电动势各不相同，基于这一原理构成了各种测向无线电导航系统，其中在飞机上目前广泛应用的有自动测向器(ADF)和甚高频全向信标系统。

(1) 自动测向器。自动测向器俗称无线电罗盘，是飞机最基本的导航设备。其原理是在飞机上用方向性天线接收来自地面导航台发射的无方向无线电波，并确定电波来向相对于飞行器纵轴线的夹角的导航设备。自动测向器既可以利用专门为导航设置的地面全方向性无线电发射台，也可以利用普通的广播电台作为定向的信号源。自动测向器的作用距离通常在300 km左右。

自动测向器能够在190～1 750 kHz的频率范围内接收并处理来自无方向性导航发射台的信号。这种导航方法在有天电干扰或工业干扰情况下，精度较低；此外，它只能测定无线电导航台相对于飞行器纵轴线的相对方位，要确定出飞机的位置，必须有两个导航台，并且要知道导航台相对于飞机所在点北向子午线的绝对方位，即电台方位角 α(见图 14.1)。因此，在现代飞机上，ADF已成为次要的导航设备。

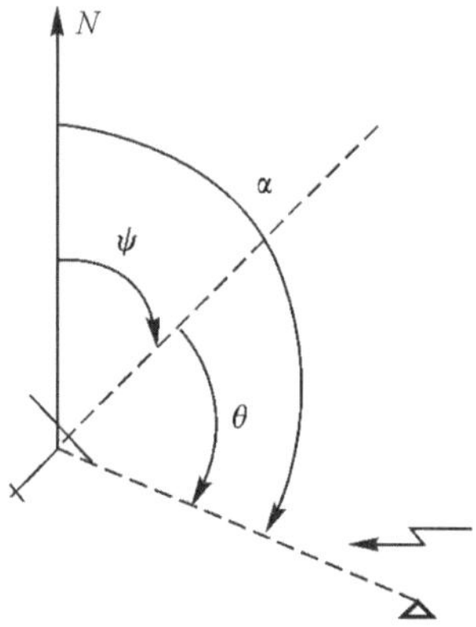

图 14.1　电台方位角 α 与飞机航向角 ψ 和电台航向角 θ 之间的关系

(2) 甚高频全向无线电信标。VOR是一种近程甚高频测向导航系统。它由地面导航台向飞机提供以导航台所在点北向子午线为基准的飞机方位信息，以便航路上的飞行器可以确定相对于导航台的方位；或者在空中给飞机提供一条“空中道路”，以引导飞机沿着预定航道飞行。

VOR地面台发射的甚高频信号(112～118 MHz)带有两个低频调制信号：一是基准相位信号，二是可变相位信号。基准相位天线的方向图呈圆形，可变相位天线的方向图呈“8”字形。基准相位天线和可变相位天线的方向图合成后得到心脏形方向图。不同类型的VOR台发射功率有所不同，机场终端台约为50 W，航路导航台约为200 W。

目前，VOR是世界上应用最广的近程导航设备，其工作频段在108～118 MHz之间，各个导航台可使用其中某些指定的频率。工作在这一频段的电波以空间波方式传播，其传播方向不受气候、季节等影响，但其作用距离受视线距离限制，因此与飞机的飞行高度有关。通常VOR导航台的作用距离在64～480 km之间，它取决于飞机的飞行的高度。

2. 测距无线电导航系统

无线电波以光速(约 3×10^8 m/s) 直线传播，因此只要测量出飞机发射的无线电波往返于地面导航台所需要的时间，就可以确定出飞机到地面导航台的斜距。下面以测距设备和无线电高度表为例，介绍这类导航设备的工作原理。

(1) 测距设备。测距设备是利用飞机上询问脉冲与地面台应答脉冲的时间差来确定飞机相对地面台之间斜距的机载近程无线电导航设备。DME 工作在 962 ～ 1 213 MHz 频段。DME 广泛用于民用和军用飞机，发射功率一般为 500 ～ 2 000 W，作用距离为 300 ～ 500 km。

如果把 VOR 台和 DME 应答器设置在同一机场，则飞行员可以根据机上设备的指示，以极坐标方式确定出飞行器相对于机场的位置。

如果使地面导航台在完成 DME 应答器任务的同时，使应答脉冲的幅度随时间作余弦调制，其相位在各方位上各不相同，则该系统就可同时完成测距和测向两种导航参数的测量。这种导航系统称为塔康(TACAN) 系统。TACAN 全称为战术空中导航，开发于 20 世纪 60 年代。其测距原理与 DME 相同，测向原理与 VOR 相似，但精度高于上述系统。作用距离达 400 ～500 km，工作频率为 962 ～ 213 MHz。

(2) 无线电高度表。飞行器向下发射无线电波，到达地面后会产生反射，反射的电波被飞行器上相应的接收机接收，测量出电波往返于飞行器与地面之间所需要的时间，就可以确定出飞行高度。其原理与普通雷达相同，因此亦称雷达高度表。

与气压式高度表不同，无线电高度表能直接给出飞行器与地面之间真实高度的精确数值，而不需要知道当地地面的气压，因此在低空飞行和着陆阶段对保障飞行安全具有重要作用。

常用无线电高度表的工作原理可分为两类。其一，采用与测距机类似的脉冲测时原理，飞机上发射宽度很窄的脉冲，经地面反射后被接收机接收，测量出从发射到接收之间的时间间隔 τ，然后换算成高度：$h = 0.5c\tau$，它称为脉冲式高度表。另一类称为调频式无线电高度表。它发射连续、等幅的无线电波，但其频率则随时间按某种规律变化。电波经地面反射后，由于时间上的延迟，接收到的信号的频率与发射的信号的频率是不同的。根据两者之间的频率差和频率随时间的变化规律，即可确定电波的往返时间，然后可以确定出飞行高度。其精度可达 ± 0.3 m 或 1%。

3. 测距差无线电导航系统

上述无线电导航系统都是近程导航系统，而当飞机作远距离飞行，例如越洋飞行时，不可能通过不断更换近距离的导航台完成导航定位任务，而需要远程导航设备提供导航定位服务。远程导航系统采用测距差方式工作，如图 14.2 所示。A，B 两地面导航台发射脉冲信号的时间间隔始终保持不变(脉冲时间同步)，或者在发射电波的相位上保持一致(相位同步)。飞机 C 上接收 A，B 两导航台的信号，比较两导航台信号到达的时间差或者相位差，就可以换算出飞行器到 A，B 的距离差，则飞行器必定位于以 A，B 为焦点的一条双曲线上(该双曲线称为位置线)。如果再测定飞行器到另外两个台的距离差(如 A 和第三个导航台 D)，就可以通过两条双曲线的交点，确定飞行器的所在位置。因此，测距差无线电导航系统又称为双曲线导航系统。

双曲线导航系统，用户数量没有限制，机上设备简单、费用低，因此，在中、远程导航中得到了广泛应用。

奥米加导航系统(ONS) 是远程测距差系统中得到广泛应用的一个例子。该系统工作在 10 ～ 14 kHz 的甚低频波段，各导航台发射的电波在时间和相位上保持同步，飞机上的奥米加系统接收机通过测量相位差确定飞机的位置。由于系统工作在很低的频率，在此频率上地球可看成为良导体，地波可传播到很远距离，通过在全球设置的 8 个导航台即可完成对全球范围内的导航。奥米加系统不仅用于飞机的导航，亦用于舰船和其他运载工具的导航定位，其定位精度一般在 1 ～ 2 n mile①。它还是目前唯一可在水下 20 ～ 30 m 处为潜艇导航定位的技术手段。

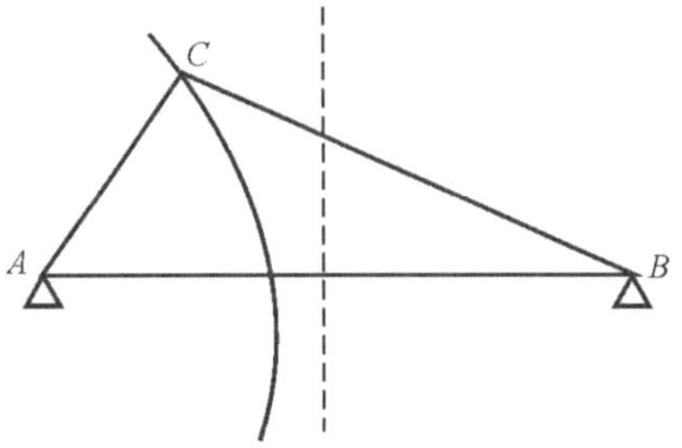

图 14.2　测距差导航原理

4. 测速无线电导航系统

在声学中我们知道，当发出声波的声源与声波的接收者之间存在相对运动时，接收到的声波频率与发射的声波频率之间存在着差异，这一频率差称为多普勒(Doppler) 频率。多普勒频率与发射频率的比值取决于相对运动的速度和波的传播速度。例如迎面开来的火车鸣笛时，听到的汽笛声调变尖，也就是频率变高；火车开走时，汽笛的声调变粗，也就是频率变低，这就是多普勒效应。

多普勒效应不仅存在于声波，也存在于其他波动，包括无线电波中。利用这一效应制成了称为多普勒雷达(doppler radar) 的测速无线电导航设备。

飞行器安装的多普勒雷达在 3 ～ 4 个方向的很窄范围内向下发射无线电波(称为 3 或 4 个波束)，并接收地面反射回来的电波。接收机测量出不同方向的多普勒频率，通过计算机计算，可以给出飞机器相对于地面的运动速度 —— 地速的数值 —— 及地速方向与飞行器纵轴线的夹角偏流角。通过其他导航设备如磁罗盘或惯性导航系统提供的航向基准，经过对时间的积分就可以不断推算出飞行器经过的航迹。

多普勒导航为自备式导航系统，不需要地面设备配合；适用于近程、中程、远程，甚至极区上空导航；无需网际协调；所测定的地速精确，可为火控系统和惯性导航系统提供速度基准；重量轻，体积小，维护容易，成本低；具有全天候导航能力；对运行姿态有一定的限制，剧烈机动飞行时，雷达天线可能收不到地面或海面回波；海上飞行时，由于镜面效应和海流影响，性能有所下降。

14.3.2　卫星导航系统

前述的远程无线电导航系统(如奥米加系统) 由于其导航台设置在地面，为了保证其工作区域能覆盖全球，采用甚低频的地波传播。但相位的变化及测量受种种因素影响，波长很长时定位精度不够高。人造卫星的出现，使导航台可设置在远离地面的高空，采用甚高频的空间波即可覆盖很大的空间区域，因此从 20 世纪 60 年代开始即出现了以子午仪系统和全球定位系

① 1 n mile = 1 852 m

统(GPS) 为代表的卫星导航系统。所谓卫星导航,就是借助机载无线电设备来测出飞机相对卫星的位置参数,计算出飞机的相对位置。下面以广泛使用的 GPS 系统为例,介绍卫星导航系统的组成和导航定位的工作原理。

GPS 是新一代无线电卫星导航系统。从 20 世纪 70 年代开始研制,至 1993 年底正式投入使用。它具有全天候、全球覆盖、精度高和用户容量不受限制等特点,使军用及民用导航手段和设备达到简单、高效。美国联邦航空局(FAA) 计划以 GPS 作为单一的无线电导航系统,逐步淘汰已作为国际标准的近程导航系统 VOR/DME。美国国防部计划用 GPS 取代罗兰 C 和 TACAN。

GPS 主要分为空间部分、控制部分和用户设备 3 个部分。

空间部分在 6 个轨道平面上有 18 颗卫星,每个平面上有 3 颗卫星,离地面 20 198 n mile,轨道周期为 12 h。每颗卫星在 L_1 和 L_2 两个频率上连续广播,L_1 含有两个编码信号,C/A 码和 P 码,P 码是保密码,C/A 码是公开码。L_2 只含有两个编码信号中的一种。重叠信号用于确定时间、卫星位置和状态,以及用户位置的数据。

每相隔一个轨道平面有 1 颗备用卫星,共 3 颗,用于替换寿命将到期而失效的卫星。

GPS 的控制部分由一些地面设施组成,用于卫星监测、跟踪、指挥和控制以及向卫星存储信息、导航等。主控站称为综合空间作业中心(CSOS),设在美国科罗拉多州,另有 5 个监视站和 3 个地面天线。

5 个监视站分设在 CSOC、大西洋南部的阿森松岛、夏威夷、太平洋西部的夸贾林礁岛及印度洋的迪戈加西亚岛,分别配有跟踪卫星的接收机、原子钟和计算机等,把接收到的信息组合成适合于本系统的形式转发给主控站,然后由主控站对 GPS 实施全面的指挥控制,并对信息进行处理。

3 个地面天线相隔距离很远,分别设在迪戈加西亚岛、阿森松岛和夸贾林礁岛,它们向卫星发送指令和数据,也接收卫星状态数据,然后转发给主控站。

用户设备根据用户的需要分为低动态、中等动态和高动态接收机,可同时或按顺序接收并处理 4 个卫星的信号。用户接收机中的处理器可把信号转换成时间、速度、位置三维信息,然后在读出器上显示。接收机被动式接收卫星信号,因而有利于隐蔽。

军用接收机可接收 GPS 系统的各种编码信号并进行解码,定位精度在 16 m 之内。据称单通道接收机在地面测试时水平精度可达 4 ~ 5 m,垂直为 5 m;民用接收机只能解出短的 C/A 码,精度也可达到 25 m 左右。

目前,美国的柯林斯公司是生产军用 GPS 接收机的主要厂商,它生产的一种导弹用 GPS 接收机,其精度垂直为 15 m,水平为 10 m,速度为 0.2 m/s。

14.3.3 惯性导航系统

惯性导航是通过测量飞机的加速度来推算飞机的位置的自主式导航方法。

如果测量出飞机的加速度 a,并对时间进行一次积分,即可得到其速度

$$v = v_0 + \int_0^t a\mathrm{d}t$$

其中,v_0 为初速度。

再进行二次积分,就可得到飞机所飞过的路程,即

$$s = s_0 + \int_0^t v\mathrm{d}t$$

其中，s_0 为相对于某参考点的起始路程。

上述是指飞机沿某一方向运动的情况。实际上飞机是在空间运动，就需要测出 3 个方向的加速度 a_x，a_y，a_z，此时飞机沿 x，y，z 方向的速度分量分别为

$$v_x = v_x + \int_0^t a_x \mathrm{d}t, \quad v_y = v_y + \int_0^t a_y \mathrm{d}t, \quad v_z = v_{z0} + \int_0^t a_z \mathrm{d}t$$

运动的相对位置分别是

$$s_x = s_x + \int_0^t v_x \mathrm{d}t, \quad s_y = s_y + \int_0^t v_y \mathrm{d}t, \quad s_z = s_z + \int_0^t v_z \mathrm{d}t$$

不难看出，为获得飞机飞行的时间 t 终了的速度和位移，先要测量出飞机的加速度。

惯性导航系统通常由惯性测量装置、计算机和控制显示器组成。惯性测量装置包括加速度计和陀螺仪，两者可装在惯性平台上（平台式）或直接安装在飞行器上（捷联式）。计算机根据加速度信息计算飞行器的速度和位置。在平台式惯性导航系统中可输出载体平台的 3 个角位置信息，计算机还输出指令角速度信息，给陀螺仪施加进动电流，使平台跟踪选定的坐标系。在捷联式惯性导航系统中，计算机根据陀螺仪信息，计算飞行器的姿态角。控制显示器用来显示各种导航参数（如到达各设定航路点的距离，到达时间及飞机的地速、姿态和航向等），同时还可将上述有关数据输往飞机的其他子系统（如火控系统和飞行控制系统）。由于陀螺装置从启动到稳定需要几分钟的时间，所以在飞机起飞前必须进行对准。正常情况下对准需 5 ～ 10 min，快速对准则需 2 ～ 3 min，但精度低于前者。

惯性导航已成为现代导航工具，它广泛用于各类飞机、远程导弹、卫星运载火箭、舰艇上。

组成惯性导航的设备都安装在飞机上，工作时不依赖外界信息，也不向外辐射能量，是一种自主性导航技术。组成系统中的部件（主要是陀螺仪和加速度计）存在测量误差时，会使定位误差随时间而积累。正因为这个缘故，对惯性导航的研制水平、制造精度都提出很高的要求。近年来，激光技术发展迅速，并得到越来越广泛的应用。激光陀螺诞生后，由于它的无惯性和高可靠性，迅速进入惯性导航领域。20 世纪 80 年代以后的新型军用、民用飞机，都已普遍采用激光惯性导航系统。激光惯性导航系统与 GPS 的结合，以组合导航的方法来校正惯性导航系统误差、提高飞机定位精度，更是当代导航技术发展的方向。

14.3.4 天文导航系统

天文导航是通过观测天体来确定飞行器的位置和航向的一种导航技术。航空和航天的天文导航都是在航海天文导航的基础上发展起来的。航空天文导航跟踪的天体主要是亮度较强的恒星，航天中则要用到亮度较弱的恒星或其他天体。

如图 14.3 中所示，某一恒星与地心的连线与地球表面交于 O' 点，此点称为星下点。地球上任一点的水平面与星光方向间的夹角称为星球高度角 θ。在 O' 处星光方向与水平面垂直，故星球高度角为 90°。当地球不动时，离星下交点一定距离的 O'' 点处星球高度角小于 90°，且距离越大，θ 角越小。地球上等星球高度角的点构成等高圈，如图 14.3(b) 所示。该圈上各点距星下点的距离相同。当知道某瞬间地球上星下点的位置后，只要用测量星球高度角的办法就可以确定飞机当时离星下点的距离。但只测定一个恒星的高度角不能唯一地确定飞机当时在地球上的坐标位置，如果按图 14.4 所示的，测定飞机相对两个恒星的星球高度角和大致测

定一个方位角后，才能简单地定出该瞬间飞机在地球上的位置。

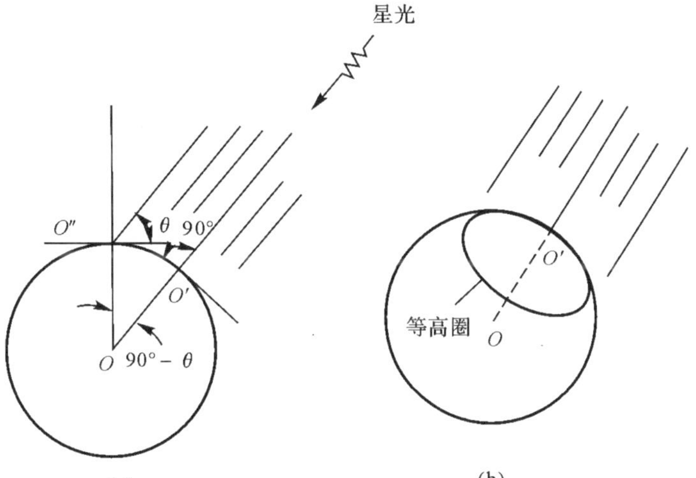

图 14.3　等高圈示意图

(a) 星球的高度和顶距示意图； (b) 等高圈

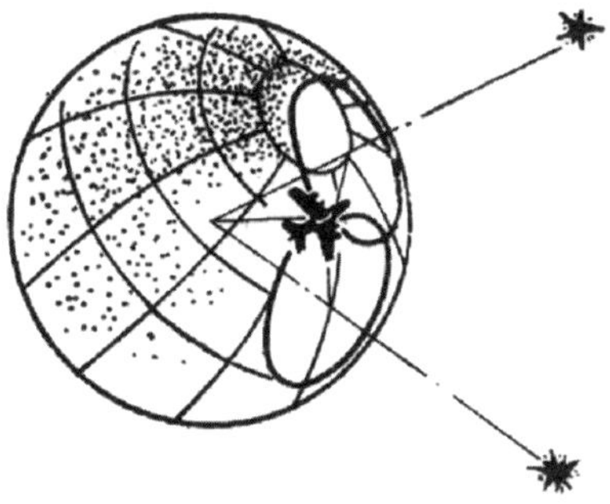

图 14.4　双星球确定飞机位置

我们知道，恒星在宇宙空间是固定的，而地球是转动的，因此星下点在地球上的位置是随时间而改变的。在考虑了地球自转条件下，如何确定飞机在空中的位置呢？这是天文导航所要解决的问题。目前有两种天文导航的方法：单星球导航法和双星球导航法。

1. 单星球导航法

这种方法只根据一个星球的坐标位置来实现导航，故也可以称为自动追踪星光导航法。当地球转动时，每一个星球的星下点也就从东向西移动，形成一定的轨迹，我们可以很准确地测出这个轨迹，并定出每一时刻的位置。如果所选定的星球在飞行方向的前面，并且恰好通过目标，如在一定时刻飞机起飞，这时天文望远镜对准天体而飞机在天体垂直面中飞行。由于星下点的移动，因而飞行器的飞行方向也在随之而改变，这样就形成了曲线轨迹，如图 14.5 所示。曲线是飞机的飞行轨迹。它是这样形成的：第一时刻飞机纵轴对准星球的星下点 O，则飞机纵轴在 AO 平面内。第二时刻（飞机移到 B 点）也要保持飞机纵轴对准该星球的第二时刻星下点的位置，故此时飞机在 $B1$ 垂直平面内。依此类推，不难作出这样若干条线。这些直线的包络线就是飞机的飞行轨迹。飞机起飞时间不同，则飞行轨迹亦不同。当确定了起飞时间，并知道飞行速度时，便可以计算出每一时刻飞机的位置与到达目的地的时间。

由于这种飞行方案是选取星球在飞机飞行方向的前面，即天文望远镜对着前方，因此称前向跟踪。与此相反的则称后向跟踪，即星球在起飞点之后，天文望远镜对着飞行方向的后面，如图 14.6 所示。

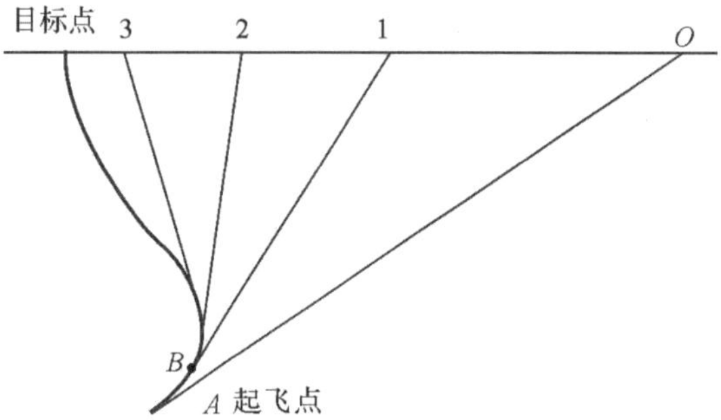

图 14.5　单星球导航法的前向跟踪轨迹

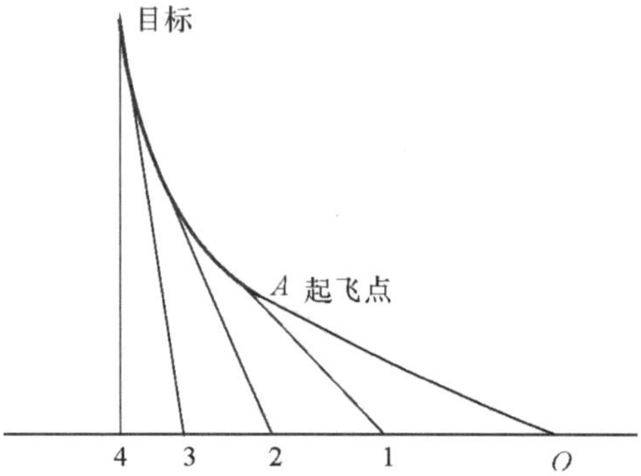

图 14.6　单星球导航法的后向跟踪轨迹

2. 双星球导航法

双星球导航法就是按图 14.4 所示的方法来确定飞机的位置。由于每个星球的星历(即星下点随时间的变化规律)是预先测定的，只要知道了准确的时间，就可以利用星历表经过计算而定位。这种方法除跟踪天体外，还得随时测定重力方向，所以应该叫作惯性天文导航更为正确。

单星球导航航向基准误差大，而且定位精度低；而双星球导航的航向误差小、定位精度高。在选择星对时，两颗星球的方位角差越接近 90°，定位精度越高。

14.3.5　组合导航系统

随着航空技术的发展，人们对飞机的导航精度要求越来越高。现有的惯性导航、无线电导航、天文导航和卫星导航等不同导航技术，都各有自己的优点，但在使用上也都有弱点。

惯性导航是一种自主性强、隐蔽性好、短时间精度高的导航技术，可提供位置、速度和姿态等多种导航信息；波音 757，波音 777 旅客机上的捷联式惯性导航，可提供多达 35 个参数，成为飞机上一个中心信息源。但是它的定位误差随时间而积累，导航精度随时间增加而降低。

利用无线电波引导飞行器并提供其导航参数的各类无线电导航方案，虽然定位误差不随时间而积累,但易受外界干扰和易被发现,且需要飞行器外地面导航台支持。

天文导航也是一种自主式导航技术,但它受气象条件和昼夜因素影响,当有大片云层时甚至于会影响正常工作。

卫星导航,尤其是采用差分技术后,定位精度高,可做到全球、全天候导航;但它需要一套复杂的定位设备,而且卫星导航系统目前还不能连续提供导航信息,两次定位之间的时间间隔较长。

当希望利用上述的单独导航系统提高飞行器导航精度时,技术上和经济上都要付出很大的代价,有时甚至于难以做到。因此,出现了把两种或两种以上独立的导航技术通过一定方式组合起来的组合导航技术。它充分发挥各分系统的优点,互相取长补短,使得组合后的系统能提供高精度的导航信息。由于两种以上导航技术方案的组合,还增加了飞行器导航系统的可靠性。

组合导航结构,目前多见于以惯性导航为主,辅之以其他导航手段,形成以下组合结构:

惯性/多普勒导航系统;

惯性/测向测距导航系统;

惯性/奥米加导航系统;

惯性/天文导航系统;

惯性/卫星导航系统;

惯性/天文导航多普勒导航系统。

14.4　探测系统

第二次世界大战期间,雷达首次装在夜间活动的战斗机上,使驾驶员成功地攻击了目视无法看到的目标。从那时起,雷达这种真正的穿云破雾和洞察暗夜的能力使它逐渐进入到航空的各个领域。

雷达是无线电检测与定位的简称。自 20 世纪 30 年代以来,雷达技术从初始单一的防空设备迅速扩展到防空、侦察、火控、空管、遥感、天文、地质、交通运输等军用和民用的各个领域。

雷达对目标的定位是通过测距和测角来完成的。其基本作用原理是通过天线在空间的一定方向上发射无线电波,无线电波在不同介质表面会向各个方向散射一部分电波能量,电波遇到目标后散射的电波能量中有一部分向雷达天线传播回来成为目标回波,雷达从接收的回波信号中提取目标的位置、速度等参数。

雷达接收目标回波后检测出目标的空间位置,称为无源回答雷达,或称一次雷达。如果目标在接收电波后,主动向雷达发射电波以供检测,则称有源回答雷达,或二次雷达。

机载雷达可以具有下述功能:对空中目标的搜索与跟踪、地图测绘、地形跟随和回避、导弹制导、敌我识别、气象导航、空中预警、战术侦察、海上搜潜、资源探测、鱼群跟踪等。

机载雷达由于工作在运动的载体上,而且由于严格限制的空间尺寸,恶劣的环境条件(温度、压力、振动和电磁干扰),所以,它的设计和制造都面临着很多特殊的问题。它已成为众多航空电子设备中可靠性最低的设备。20 世纪 50 年代机载火控雷达的平均无故障间隔时间只有几个小时,60 年代增长到十几个小时,经过数十年的努力,至今也只有百小时左右。而其他电子设备多在数百至数千小时之间。机载雷达已经成为提高航空电子系统乃至整架飞机出勤率的瓶颈。

14.4.1 火控雷达

火控雷达是作战飞机火力控制系统中的重要组成部分。它的作用是探测和定位所要攻击的空中和地(海)面目标,向火控计算机输出有关目标的空间位置及其变化率的数据。

火控雷达中,目前广泛应用和正在开发的新技术,主要有以下几方面。

(1) 脉冲多普勒技术。这种雷达利用空中运动目标与地(海)背景杂波在回波多普勒频移的差异来提取目标信号,滤除地(海)背景杂波的影响,从而发现一般雷达无法探测到的低空突防目标。

(2) 相控阵技术。相控阵技术是雷达发展过程中的重大革新,它的发展是建立在天线阵列技术、信号和数据处理技术及微电子技术等多学科综合成果之上的。相控阵雷达较传统的机械驱功扫描天线雷达有很多优点,如扫描速度快(无惯性的电扫描),可靠性好,良好的多目标跟踪能力,可以同时获得多种探测能力(如同时进行对空搜索和地形跟随),抗干扰性能好。

14.4.2 预警雷达

第二次世界大战后期,机载预警系统(AEW) 开始发展,用于加强舰队防空的有效性。随着现代飞机速度提高和航程的加大以及低空突防战术的使用,AEW 在陆地防空中起着愈来愈重要的作用。它能比地面探测系统更早发现敌方的空中活动,对空中入侵的意图和规模作出估计,并能通过通信网络迅速指挥和控制已方空中和地面(水面) 防御力量做出反应。

战斗机装备的雷达受体积、重量和能源的限制,其探测距离有限。因此,需要预警飞机将战斗机引导到它们的火控雷达的作用范围,并保证有利的占位。为达到有效的预警距离,预警机必须携带大型天线和高功率发射机。海上应用时,由于预警机需要在舰上起降,天线尺寸受到一定限制;陆上使用,载机则可以选用大型运输机。

14.4.3 合成孔径雷达

利用雷达与目标之间的相对运动,把尺寸较小的天线孔径用数据处理的方法在空间合成一个较大的等效天线孔径的雷达,称为合成孔径雷达(SAR)。SAR 主要用于航空遥感、资源探测、航空测绘及军事侦察。SAR 技术用于火控雷达,可以极大地提高地图测绘分辨力。雷达的波束分辨力太低(相对光学和红外),难以满足对地进行精确瞄准攻击的要求。但雷达的全天候能力又是光学和红外等其他手段所无法比拟的。SAR 技术则使雷达作到了两全其美。目前,先进的多功能战斗机雷达采用 SAR 技术,使地图测绘的分辨力成百倍提高。

14.4.4 地形跟随和地物回避雷达

地形跟随雷达把探测到飞机前方的地形起伏信息(距离、方位和高度) 提供给飞机控制系统或驾驶员,以便操纵飞机保持与地面有一定高度的飞行。地物回避雷达给出航线前方高出规定高度的障碍物显示,驾驶员通过在水平面上机动飞行绕过它,即进行回避飞行。现代有低空突防能力的飞机,如攻击机和轰炸机大多装有这种雷达,或在其配装的火控雷达上具有地形跟随和地物回避功能(关于地形跟随和地物回避的概念见第 15 章)。

14.4.5　气象航行雷达

现代运输机、民航机、行政机甚至私人飞机，都装有气象航行雷达，以确保飞机在航线上的飞行安全。可以对有危险的气象状况做出及时的预报，为驾驶员选择安全的飞行路线提供依据。

早期的气象雷达是通过 CRT 显示器上的一片片亮区向机组人员指示降雨区域的。现代气象雷达都用彩色 CRT 显示，不同的降雨密度用不同的颜色表示，直观清晰。

14.4.6　红外探测

红外探测以目标在红外波段的能量辐射作为探测的基础，实现对目标的定位。根据对目标的探测方式不同，机载红外探测装置可分为两大类：一类是热像跟踪方式的前视红外装置，另一类是热点跟踪方式的红外搜索和跟踪装置。前者主要用于夜间导航和空对地攻击，后者广泛用于战斗机空对空目标搜索和跟踪的传感器。

14.5　电子战系统

电子战是利用、干扰和破坏敌方对电磁波的使用而保持己方电子系统正常飞行的一种作战方式。这一定义意味着它能尽量降低敌方作战效能，提高己方飞机的作战能力。因此，它是军事力量的“倍增器”，是增强己方生存能力的关键。

目前，电子战频谱从甚低频一直跨越到红外和可见光。无论通信、导航、雷达和导弹制导系统工作在哪一个频段，电子战系统都必须能够截获，并对其进行分析和对抗。图 14.7 所示为一战场电子战示意图。

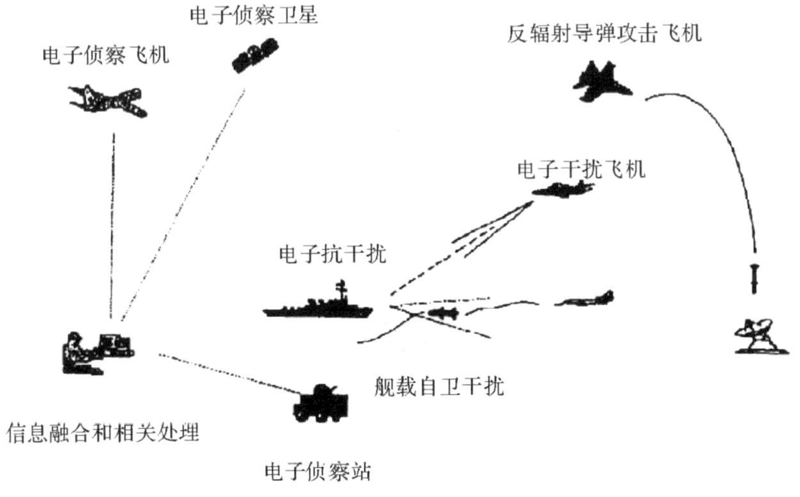

图 14.7　战场电子战示意图

1. 电子支援措施

搜索、截获、定位、记录和分析敌方电子设备所辐射的电磁信息，为己方实施威胁告警、回避、导弹寻的和电子干扰提供依据的技术措施，称为电子支援措施(ESM)，通常又称为电子侦察。

2. 电子对抗措施

电子对抗措施(ECM)通常被定义为对敌方电子装备进行干扰、欺骗、破坏或降低其性能,使之不能有效利用电磁频谱的各种措施。对雷达进行对抗的方法,是把足够强度的干扰信号馈入敌方雷达接收机中,使其丧失工作能力,或使导弹的制导系统失效。装备机载干扰机的目的,是使飞机在敌方半主动或主动雷达制导导弹及航炮的射程范围内得到充分的保护。干扰机参数的选择(如干扰功率、频率和天线方向图覆盖范围及干扰式样)和飞机的类型及威胁环境有关。

机载ECM系统可分为两大类:用于各类飞机进行自卫的干扰系统和用于专门进行电子战飞机的干扰系统。

3. 光电和红外对抗

利用光电和红外技术的机载探测系统和导弹制导系统,在现代战争中正在发挥着越来越里要的作用。

激光在军事上的应用已相当广泛,而且还处于快速增长中。激光可用于高精度测距、角度跟踪、目标识别和为激光制导武器提供末制导,还可用于迷惑、欺骗和摧毁敌方的光学传感器。此外,大功率激光器也可直接作为杀伤武器摧毁目标。激光辐射的重要特征是,它为单一频率光源,在时间和空间上都是同步的,因而它是高能定向光源,和武器系统结合是很自然的。为了对付这种新的电子战威胁,很多国家都在致力于激光威胁告警和对抗措施的研究。

4. 导弹逼近告警

开发导弹逼近告警系统,对于提高作战飞机的生存能力是至关重要的。红外技术已经广泛用于机载无源探测系统和空空导弹制导系统。它不需要像雷达那样依靠发射强大的电波来探测目标,而是根据目标本身的热特征来确定目标的存在,所以它极具隐蔽性,很难发现这种威胁的存在。最常用的红外对抗措施是一次性使用的曳光弹假目标。这种迅速点火的曳光弹从飞机上发射出去,用来吸引导弹跟踪,使其偏离目标。但是,红外导弹的发射和向目标飞行的过程中,被攻击的目标是很难觉察的,所以难以确定曳光弹的发射时间。目前,正在研究用多普勒雷达来探测导弹的接近或用热传感器(如紫外或红外)来探测导弹的高温尾气等方法,实现导弹来袭的报警。

在各种新飞机发展需求的牵引(更多的功能、更高的性能和可靠性、更好的后勤保障能力及更低的全寿命费用)和不断涌现的新技术的推动(超高速集成电路 VHSIC、专用集成电路 A-SIC、微波固态集成电路 MIMIC、人工智能及各种先进的高级程序语言)下,未来的航空电子将向更加综合化、模块化、通用化和智能化的方向发展。

第15章 飞机飞行控制系统概述

飞行控制系统(简称飞控系统)的作用是保证飞机的稳定性和操纵性,提高飞机飞行性能和完成任务的能力,增强飞行的安全性和减轻驾驶员的工作负担。

15.1 飞行控制系统分类、构成和工作原理

15.1.1 飞控系统分类

飞控系统分为人工飞行控制系统和自动飞控制系统两大类。

由驾驶员通过对驾驶杆和脚蹬的操纵实现控制任务的系统,称为人工飞行控制系统。最简单的人工飞行控制系统,就是机械操纵系统(见11.2节)。人工阻尼器、增稳系统、控制增稳系统、电传飞行控制系统和光传飞行控制系统,都属于这一类。

不依赖于驾驶员操纵驾驶杆和脚蹬而自动完成控制任务的飞控系统,称为自动飞行控制系统。自动驾驶仪是最基本的自动飞行控制系统。

15.1.2 飞控系统构成

飞控系统由控制与显示装置、传感器、飞控计算机、作动器、自测试装置、信息传输链及接口装置组成。

控制及显示装置是驾驶员输入飞行控制指令和获取飞控系统状态信息的设备,包括驾驶杆、脚蹬、油门杆、控制面板、专用指示灯盘和电子显示器(多功能显示器、平视显示器等)。

传感器为飞控系统提供飞机运动参数(航向角、姿态角、角速度、位置、速度、加速度等)、大气数据以及相关机载分系统(如起落架、机轮、液压源、电源、燃油系统等)状态的信息,用于控制、导引和模态转换。

飞控计算机是飞控系统的“大脑”,用来完成控制逻辑判断、控制和导引计算、系统管理并输出控制指令和系统状态显示信息。

作动器是飞控系统的执行机构,用来按飞控计算机指令驱动飞机的各种舵面、油门杆、喷管、机轮等,以产生控制飞机运动的力和力矩。

自测试装置用于飞行前、飞行中、飞行后和地面维护时对系统进行自动监测,以确定系统工作是否正常并判断出现故障的位置。

信息传输链用于系统各部件之间传输信息。常用的传输链有电缆、光缆和数据总线。

接口装置用于飞控系统和其他机载系统之间的连接,不同的连接情况可以有多种不同的接口形式。

15.1.3 飞控系统基本工作原理

除个别的开环操纵系统(如机械操纵系统)外,所有的飞控系统都采用了闭环反馈控制的工作原理。

图15.1是通用的飞控系统基本工作原理框图。在人工操作飞机飞行时,驾驶员通过驾驶杆、脚蹬、油门杆的位移(或力)给出控制信号U_0,经过飞控计算机控制律计算后给出控制指令U_1。作动器依据此指令驱动相对应的舵面(或油门、喷口)产生位移,形成使飞机运动的力和力矩。传感器测得飞机运动变量后转换为电信号U_2,一路反传给飞控计算机,另一路输入显示装置,形成目视信息,供驾驶员读取。送给飞控计算机的反馈信号与驾驶员给出的控制信号相比较,当飞机的运动变量与驾驶员的控制目标值相等时,两种信号的代数和(ΔU)为零,飞控系统不再输出驱动指令,飞机按照驾驶员要求的状态飞行。在自动飞行控制的情况下,驾驶员通过控制面板上的模式选择按钮(或开关、旋钮、键盘等),给出控制模式要求,飞控系统就会自动控制飞机按照给定的模式飞行,基本控制过程和原理与人工控制飞行时相同。这时,驾驶员只需监视显示信息,不需要对驾驶杆等装置进行操作。

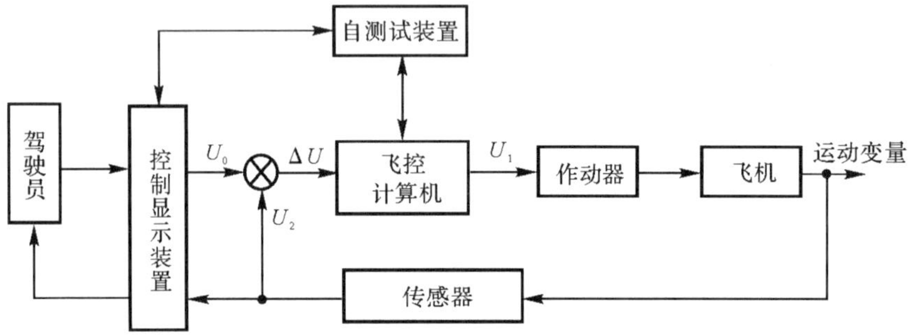

图15.1 飞行控制系统基本原理

15.2 自动飞行控制系统

自动飞行控制系统由自动驾驶仪、自动油门杆系统、自动导航系统、自动进场系统和自动着陆系统、自动地形跟随/回避系统构成。

15.2.1 自动驾驶仪

自动驾驶仪是用来代替驾驶员操纵飞机的自动控制系统。它由控制显示面板、传感器、自动驾驶仪计算机和舵面作动器组成。自动驾驶仪的传感器信息主要来自航空电子系统的航向/姿态参考基准、高度和高度差信号。它的主要功能是航向角、姿态角的给定和保持以及飞行高度(包括气压高度和相对高度)的给定和保持。在长时间的稳定飞行(如巡航)中使用自动驾驶仪控制飞机,可以大大减轻驾驶员的工作负担。自动驾驶仪的工作原理已经在11.4节作过介绍。

15.2.2 自动油门杆系统

自动油门杆系统是一种经常与自动驾驶仪配合使用的系统。它通过驱动油门杆改变发动机推力而对飞机的飞行速度(或马赫数)进行自动控制。系统使用的传感器信息是大气数据计算机的飞行速度(或马赫数)信号。一般不具备独立的计算机而由自动驾驶仪计算机完成控制律计算。执行机构是油门杆作动器。自动油门杆与自动驾驶仪配合工作,可以精确控制飞机的航迹、姿态及飞行速度。这对于飞机的自动进场/着陆、自动地形跟随/回避以及制导飞行等,都起着非常重要的作用。

15.2.3　自动导航系统

自动驾驶仪与导航系统交联,即构成自动导航系统。导航系统通过总线或其他装置(如飞行管理计算机)将飞机当前的位置和航向偏差信号送入自动驾驶仪计算机,由自动驾驶仪计算机形成并输出控制指令,将飞机的位置和航向调整到并保持在预先给定的航线上飞行。

15.2.4　自动着陆系统

着陆是飞机完成飞行任务的一个重要阶段。着陆时,飞行员必须在很短的时间内完成许多要求很高的操作。若仅靠目视着陆,为保证安全,飞行员需要在很远的距离上就能清晰地看到跑道。以民航飞机为例,要求在飞行高度不低于 300 m 时,水平能见度不小于 4.8 km。为了保证飞机能在夜间或不良气候条件下安全着陆,必须由无线电导航系统向飞行员提供飞机与正确的下滑航道之间偏离程度的高精度指示。

自动驾驶仪、自动油门杆与进场着陆导引信息交联,即构成自动进场系统和自动着陆系统。常用的进场和着陆导引系统,有仪表着陆系统、微波着陆系统和精密进场雷达/数据链导引系统等。20 世纪 90 年代以来,基于全球定位系统的进场着陆导引技术发展迅速,将成为 21 世纪进场着陆导引系统的主流。自动着陆系统利用导引信号将飞机控制到预定航道,并沿着航道下滑和着陆。

着陆包括进近和着陆两个阶段。飞机从距机场 30～50 km 处接收着陆系统的无线电信号开始下降高度到跑道延长线上空几十米的决断高度的过程称为进近。在决断高度上,飞行员主要依据能否清晰看到跑道对着陆或复飞作出决断。若飞行员能清晰看到跑道,且飞行器在正确的下滑航道上,则可继续下滑、拉平、平飞、飘落触地并沿跑道表面滑行直到停止,这一阶段称为着陆,如图 15.2 所示。

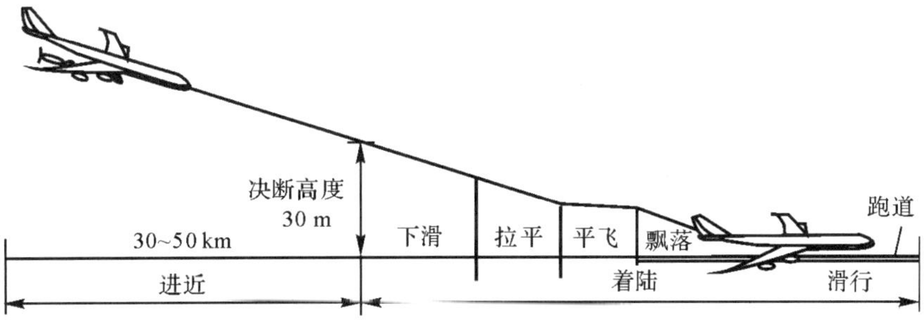

图 15.2　进近和着陆示意图

目前民航机场主要使用的着陆无线电导航系统为仪表着陆系统(Instrument Landing System,ILS)和微波着陆系统(Microwave Landing System,MLS)。前者可引导飞机在 I 类气象条件(水平能见度 800 m,决断高度 60 m)或 II 类气象条件(水平能见度 400 m,决断高度 30 m)下着陆(称为仪表着陆或盲目着陆);后者可引导飞机在 III 类气象条件(水平能见度低于 200 m 及其以下，决断高度 0 m）下着陆（称为自动着陆）。

对飞机自动着陆来说，仪表着陆和微波着陆系统都是使用非目视着陆引导设备，其基本原理都由机场上的仪表着陆和微波着陆系统在跑道上空形成下滑道，如图 15.3 所示。飞机上安装了相应的无线电接收机，当飞机处于预定下滑道上时，接收机输出信号为零；若飞机偏离下滑道，则接收机输出相应极性和幅值的信号。接收机输出的电信号通过自动驾驶仪操纵舵面（一般为方向舵和升降舵），使飞机进入下滑道。例如，若飞机处于下滑道上方，接收机将输出反映上方极性的信号，通过自动驾驶仪使升降舵面后缘向下，产生低头力矩，使飞机飞向下滑道，接收机输出逐渐减小，直至飞机进入下滑道输出为零，升降舵面恢复原来位置，飞机保持在下滑道上逐渐降低高度，实现自动着陆。

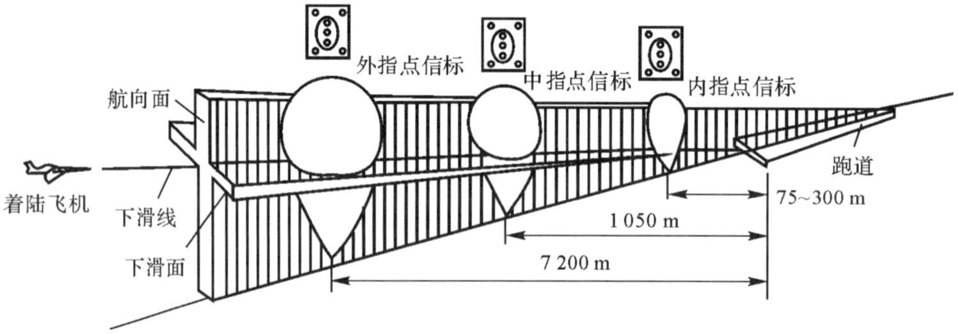

图 15.3　仪表着陆系统功能原理

1. 仪表着陆系统

仪表着陆系统的地面设备由航向信标、下滑信标和指点信标 3 部分组成，如图 15.3 所示。

航向信标安装在跑道中心线的延长线上，其作用是提供与跑道中心线相垂直的无线电航道信号。航向信标发射频率在 108.10 ～ 111.95 MHz 范围内的信号。当飞机飞行高度在 600 m 以上时，要求在航向道左右 10° 扇形范围内有效导航距离应达 25 n mile，最低不得少于 18 n mile；在航向道左右 35° 扇形范围内，有效导航距离应达 17 n mile，最少不得小于10 n mile。

航向信标沿跑道中心线两侧发射两束水平交叉的辐射波瓣。跑道左边的辐射波瓣被 90 Hz 低频信号调幅，跑道右边的辐射波瓣被 150 Hz 低频信号调幅，如图 15.4 所示。

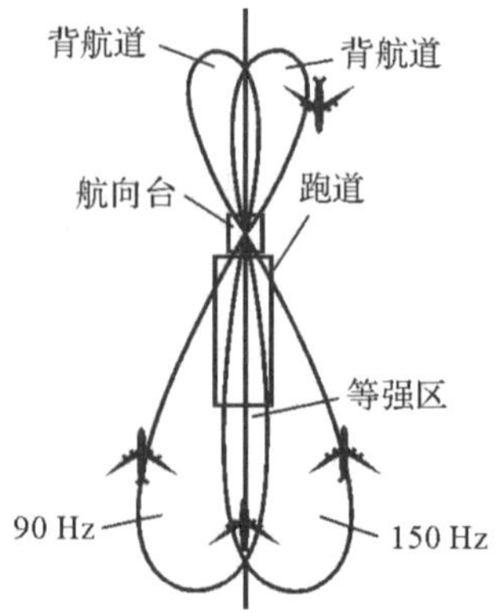

图 15.4　航向信标的辐射波束

当飞机飞行在跑道中心线所在的垂直平面内时，两种低频信号的调制系数相同，仪表指示中心位置。当飞机飞行在跑道中心线左边时，90 Hz 信号的调制系数将大于 150 Hz 信号的调制系数，仪表指针偏向右边，表示飞行员应该向右操纵飞机才能使飞机沿跑道延长线飞行。

下滑信标辐射上、下两个交叉波瓣，载频为 329.15～335.00 MHz，上波瓣的载波被90 Hz 低频信号调幅，下波瓣的载波被 150 Hz 低频信号调幅。两者调制系数相等的方向与地面成 2°～3° 的仰角，与地面成该仰角的平面即为规定的下滑道平面。当飞机的下滑角低于或高于下滑道时，机上接收到的信号的 150 Hz 的调制系数将大于或小于 90 Hz 的调制系数，并给出相应指示(参见图 11.7)。

在跑道中心线两侧 ±8° 的扇形区内，当规定的下滑角为 θ 时，下滑信标应在下限为 0.3θ、上限为 1.75θ 的范围内提供最小为 10 n mile 的有效导航距离。

指点信标架设在进近方向的跑道中心线的延长线上，它向上辐射一个锥形波束，发射功率为 12 W。因功率小，只有当飞机飞越其上空时，机上才能收到信号，并发出相应的声响和灯光信号，向飞机提供地标位置信息。大、中型机场设置 3 个指点信标，其位置如图 15.5 所示。3 个指点标的发射频率均为 75 MHz。外指点标的载波受到频率为 400 Hz 电码为 2 划 /s 的信号调幅；中指点标的调幅频率为 1 300 Hz，电码为 1 点 1 划 /s；内指点标的调幅频率为3 000 Hz，电码为 6 点 /s。机上除能收到这些频率的电码信号外，还有灯光显示，依次分别为蓝色、橙色和白色。

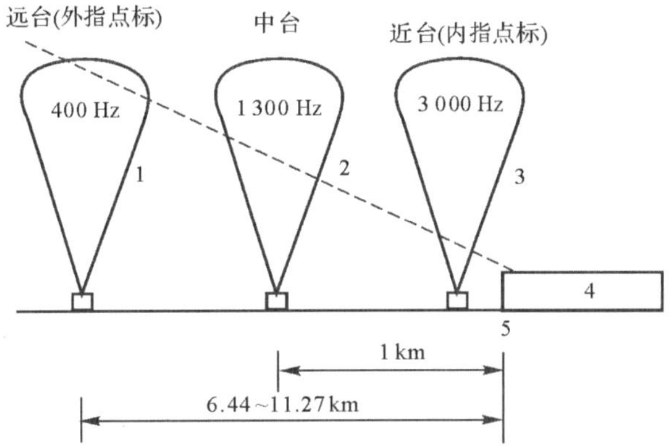

图 15.5　指点信标的分布

2. 微波着陆系统

几十年来，ILS 系统在发展航空运输、保障飞行安全方面起了很大作用。但是由于系统的工作频率较低，波束固定且较宽，工作频道少，波束方向易受地形影响，精度不够高，只能给出一条下滑道。这些缺点使 ILS 系统日益不适应现代航空港的要求。为了克服这些缺点，20 世纪 70 年代前后，一些国家相继研制了各种微波着陆系统。1978 年国际民航组织确定了时基扫描微波着陆系统作为国际标准体制，并确定了它的信号格式。它将日益成为未来主要的着陆系统。

相应于 ILS 的航向信标和下滑信标，微波着陆系统设置了方位台、反方位台、仰角台。这些导航台都在同一频率上工作，频率范围在 5 031～5 090.7 MHz，共可设 200 个频道，为 ILS 的 5 倍。为了区分在同一频率上发射的不同信息，MLS 采用时分多路体制，即每个导航台在规定的不同时间发射信号。用精密测距机(PDME)代替 ILS 中的指点标提供连续的精确距离信息。为保证飞机拉平阶段的飞行和实现软着陆，MLS 还可设置拉平台，提供飞机在跑道上空的高度信息。MLS 还可装备数据分析系统，以进行地-空数据传输，传送当地气象条件、跑道长度等信息。

下面以方位台为例说明微波着陆系统的测角原理。

方位台天线辐射的是在水平面内很窄(约 1°)而在垂直面内较宽(约 30°)的扇形波束。该波束在水平面内从一个极端位置(例如跑道一侧 60°)开始以恒定速度(例如 2×10^4(°)/s)沿规定方向扫描到另一极端位置(如跑道另一侧 60°)。在该位置作短暂停歇后(停止时间为已知的固定值),再沿相反方向,以同样速度扫描回到起始位置。如此周而复始。

若在波束扫描所及的空间区域内,有飞机进入,将能接收到方位台发射的信号脉冲。当扇形波束自初始位置开始,沿一个方向扫过飞机时,飞机收到的信号脉冲称为“去”脉冲。当波束由另一极端位置扫回初始位置的过程中扫过飞机时,飞机上又一次收到的信号脉冲称为“来”脉冲。显然,飞机接收到“去”、“来”两个脉冲之间的时间间隔取决于飞机在扫描空间中的角度位置,确定出这一时间间隔后,就可以单值地确定飞机相对于跑道中心线的方位角,如图 15.6 所示。

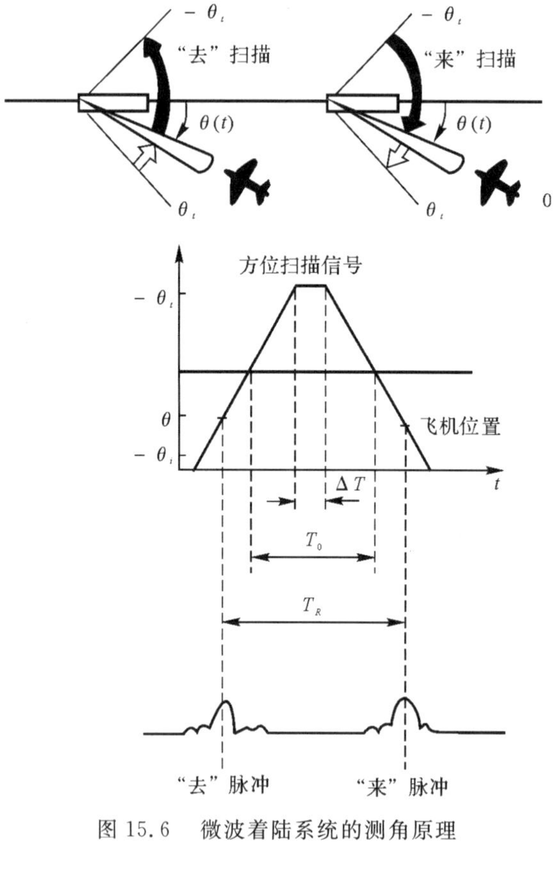

图 15.6　微波着陆系统的测角原理

仰角台采用水平面很宽而在垂直面内很窄的波束由下往上再由上往下扫描,用同样的方法即可测量出飞机相对于着陆点的仰角。飞行员可根据需要,自行选择航向和下滑角完成进场和下滑。微波着陆系统测角的精度很高,航向在 0.2° 左右,仰角在 0.12° 左右。

拉平台用在飞机拉平阶段为飞机提供距离地面的高度信息,这可以用两种不同方式来实现。一种方式是利用精密测距机测出飞机的距离,拉平台测出飞机相对于机场跑道平面的仰角,然后换算成高度;另一种方式是由拉平台单独提供飞机在拉平阶段距离地面的高度信息,此时，拉平台必须设置在飞机着陆点与跑道中心线相垂直的直线上，与着陆点的距离为已知值(一般为 100 ～ 200 m)。拉平台向跑道方向发射扇形波束，扇形的中心线垂直于跑道中心线，水平面内宽度为 ± 80°，垂直面内宽约 0.5°，波束作上下扫描。由于拉平台天线的离地高度及与着陆点的距离已知，因此通过仰角测量即可确定飞机在着陆点上空的高度。

15.2.5　自动地形跟随 / 回避系统

自动地形跟随 / 回避系统用丁控制军用飞机在超低空(·般指相对高度 100 m 以下的空域)突破敌人防线的飞行，利用地形、地物造成的雷达盲区和杂波反射进行隐蔽，使敌人防空雷达很难发现。使用自动驾驶仪和自动油门杆系统基本部件与地形探测和定位系统相交联，可用于实现自动地形跟随 / 回避功能。常用的地形探测和定位系统是地形跟随和地物回避雷达。目前，一些先进的军用飞机已经采用惯性导航 / 全球定位系统的组合导航系统(INS/GPS) 与三维数字地图相配合的自主定位系统作为自动地形跟随 / 回避系统的主信息源，以低可探测性的激光测距器等为辅助手段实现超低空突防飞行，进一步提高了低空突防的隐蔽性。

自动控制飞机沿地形垂直剖面上空飞行的系统，称为自动地形跟随系统(见图 15.7)。自动地形跟随 / 回避系统则可以控制飞机按预定航线绕过山峰在"山沟" 里飞行，飞行轨迹是三维的(见图 15.8)，具有更好的隐蔽性。

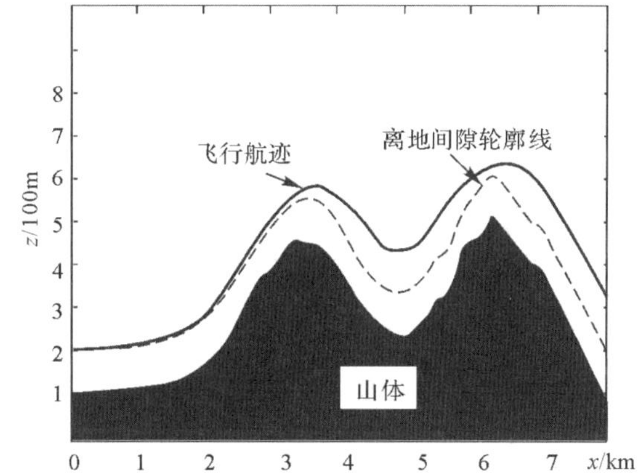

图 15.7　自动地形跟随飞行航迹

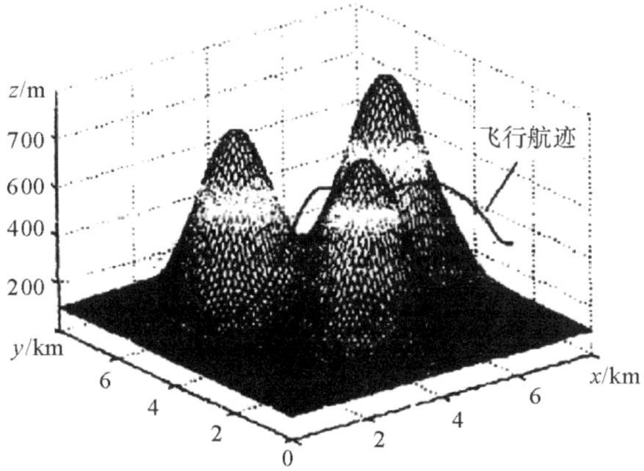

图 15.8　自动地性跟随 / 回避飞行航迹

15.2.6　电传飞行控制系统(FBW)

1. 电传飞行控制系统基本工作原理

电传飞行控制系统(也称为电传操纵系统)定义为:驾驶员的操纵指令信号,只通过导线/总线传给计算机,经计算按预定的规律产生输出指令,操纵舵面偏转,以实现对飞机的操纵(见图15.9)。形象地说,电传操纵系统就是用导线操纵飞机的飞行控制系统。

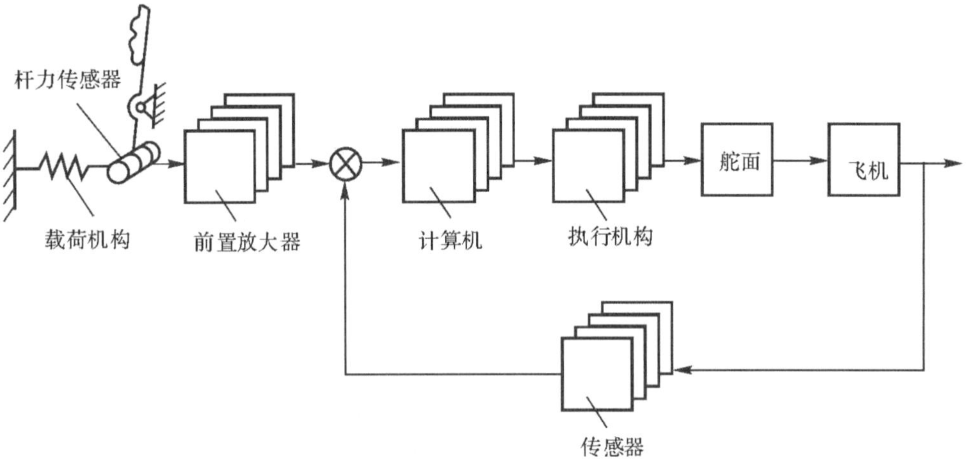

图15.9　四余度电传操纵系统原理

2. 电传飞行控制系统的可靠性

作为飞机的主操纵系统,电传操纵系统是全时间、全权限的操纵系统,所以对其可靠性要求至少要和机械操纵系统一样,甚至更高。也就是说,实现电传操纵的关键在于安全、可靠。

目前,世界各国均以 1.0×10^{-7}/飞行小时(操纵系统故障率,即每1 000万飞行小时中允许出现1次失去控制能力的故障状态)作为电传操纵系统的可靠性指标。

单通道电传操纵系统的故障率为 1.0×10^{-3}/飞行小时。为保证电传操纵系统的可靠性至少不低于机械操纵系统,需要采用余度技术来实现所需的安全可靠性,所以余度技术极为重要。所谓余度技术,即引入多重(套)系统执行同一指令,完成同一项工作任务。多重系统也称余度系统。

多重系统(余度系统)应满足下列3个条件:① 对组成系统的各个部分具有故障监控、信号表决的能力;② 一旦系统或组成系统的某部分出现故障,应有故障隔离能力;③ 出现故障后,系统能重新组织余下的完好部分,具有故障安全或双故障安全的能力,并在少量降低性能指标的情况下继续承担任务。

若电传飞行控制系统具有四余度,则故障率可满足要求,即不低于机械操纵系统可靠性。目前,多采用四余度或自监控的三余度电传操纵系统。军用飞机电传飞行控制系统常采用3套或4套相同系统并行工作的余度结构,民航机电传飞行控制系统则要采用不同类别的硬件和软件构成多余度通道的系统结构(称作非相似余度结构),才能满足更高的可靠性要求。

图15.10所示为四余度模拟式电传操纵系统原理图。

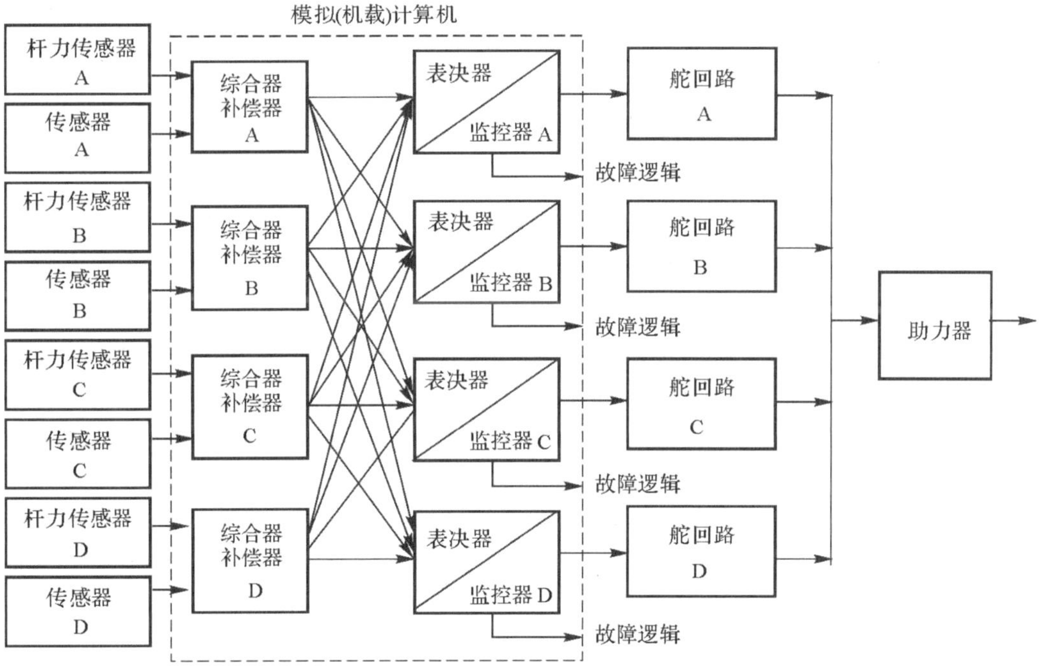

图 15.10　四余度模拟式电传操纵系统原理图

3. 电传飞行控制系统的特点

(1) 飞机操稳特性不仅得到根本改善，而且可以发生质的变化。由于指令回路和增稳回路都是电子式的，操纵功能可以设计得比较完善，能提供全权限、全时间操纵，在整个飞行阶段内提供满意的稳定性和操纵性，而且能改善机动性，尤其是为实现多舵面协调控制提供较好的灵活性。

(2) 减轻操纵系统的质量和体积。使用 FBW 可显著减轻质量。按操纵系统的质量百分比，使用FBW可减轻的质量(与机械操纵系统比)是相当显著的：战斗机可减轻58%(如F—16可减轻 181 kg)；大型、高性能战略轰炸机上可减轻 84%；直升机上可减轻 86%。同时，体积也大为减少，通常可减少原机械操纵系统所占有空间的 1/2。例如，战术战斗机上可减小 2.4 m^3，战略轰炸机体积可减小 4.39 m^3。

(3) 提高战场生存能力。由于采用余度技术，其总线(导线) 可在机翼和机身内部分散布置，所以在战场生存可能性、安全可靠性方面，FBW 系统胜过机械操纵系统。

(4) 消除机械操纵系统中非线性因素的影响。使用 FBW 消除了诸如摩擦、间隙、迟滞等机械系统的非线性因素，因此容易调整飞机的响应与杆力的函数关系，使其在所有飞行状态下满足要求，也可改善精确微小信号的操纵。

(5) 简化控制系统与自动驾驶仪的综合。因为电气组合简单，所以 FBW 系统与自动着陆系统、武器投放系统等自动控制系统的综合比较方便，易于实现。

(6) 节省设计和安装时间，便于调试。对于大型高性能战略轰炸机来说，每架飞机可节约 5 000 工时左右，使每架飞机生产总成本降低 8 万美元。

(7) 成本较高。由于单通道 FBW 系统可靠性不高，一般采用三余度或四余度系统提高可靠性，故技术复杂、成本较高。

(8) 系统易受雷击和电磁脉冲的干扰。由于大量电子线路、数字装置的采用以及复合材料在飞机结构中所占比重越来越大,这些材料与金属材料相比,电磁屏蔽能力弱,导致对电磁干扰和雷击防护性能的降低,成为电传操纵系统的突出问题。在FBW系统研制过程中,必须重视解决对雷击损害的防护和系统之间电磁干扰等问题。

15.2.7 主动控制技术

对飞机性能和任务能力要求的不断增长,使飞机气动布局和结构设计面临严重的挑战。仅靠气动布局和结构设计解决这些问题非常困难,甚至是现有技术能力根本无法实现的,这就要借助于先进的飞行控制技术。主动控制技术,可以理解为积极的、能动的或有效的飞机自动控制技术。它与空气动力学、结构及推力装置一起确定先进飞机的构型设计。电传飞控系统则为主动控制技术的工程实现提供了物质和技术基础。经典的主动控制技术主要有以下几种。

1. 放宽静稳定性

飞机稳定性的概念在第5章中已经说明。传统飞机布局设计最重要的准则就是必须把飞机设计成纵向静稳定的,即把飞机重心配置在焦点之前。为此要在结构和气动力特性上付出很高的代价,使机身和尾翼的尺寸和重量增加,阻力增大,导致飞机的主要性能(如运输机的巡航性能和战斗机的机动能力)受到严重影响。

放宽静稳定性,就是利用电传飞行控制系统的增稳能力放宽对静稳定性的要求,可以把飞机设计成静不稳定(重心在焦点之后)的布局。对相同的飞行任务和性能要求,采用放宽静稳定性控制技术的飞机要比普通飞机尺寸小,重量轻,性能显著提高。

2. 机动载荷控制

这是一种在飞机机动飞行过程中对机翼上产生的升力进行合理分布的控制技术。它通过机翼前缘和后缘的操纵面(如前缘襟翼、缝翼、后缘襟翼等)按过载信号对称地偏转,改变机翼的剖面形状,从而达到使机翼升力沿翼展方向重新分布的效果。对于轰炸机和运输机,升力重新分布的目标是使得升力合力的作用点(即压力中心)向机翼的内侧移动,以降低翼根所受的弯矩,减轻机翼结构所承受的应力,直接的效益是减轻机翼的结构重量。对于战斗机,目标是提高升阻比和可用升力系数及剩余功率,以改善飞机的机动能力。

3. 飞行参数边界限制

这是一种自动限制飞机状态变量(如迎角、过载、滚转角速度、空速等)及舵偏量(主要是方向舵)超过允许极限值的控制技术,用来防止飞机飞行时超过运动极限值引起的结构损伤或进入危险状态(如失速、尾旋等)。采用了这项控制技术,使飞机在整个飞行包线内既可以充分发挥其性能和机动能力,又不必担心进入危险状态。驾驶员可以全力关注作战态势而放心地操纵飞机,所以很受驾驶员欢迎。现代军用飞机和民航机都广泛地采用了这项技术。

4. 直接力控制

常规情况下,飞机要改变航迹时,靠相应的舵面偏转先改变姿态角,改变气动力,再改变航迹(如爬升、下滑和转弯)。直接力控制则可以通过多个舵面协调偏转,使作用在飞机上的气动力只产生力用于改变航迹或只产生力矩用于改变姿态角。常用的直接力控制模态有(见图15.11):

(1) 直接升力 —— 在不改变迎角的情况下控制飞机的上升或下滑航迹;

(2) 机身俯仰瞄准 —— 在航迹不变的情况下控制飞机的俯仰角；
(3) 垂直平移 —— 在不改变俯仰角的情况下控制飞机作垂直位移；
(4) 阵风减缓 —— 利用直接升力抵消阵风引起的载荷，减小颠簸；
(5) 直接侧力 —— 不改变滚转角的水平航迹控制；
(6) 机身偏航指向 —— 航迹角不变的航向角控制；
(7) 横向平移 —— 航向角不变，控制电机作横向位移。

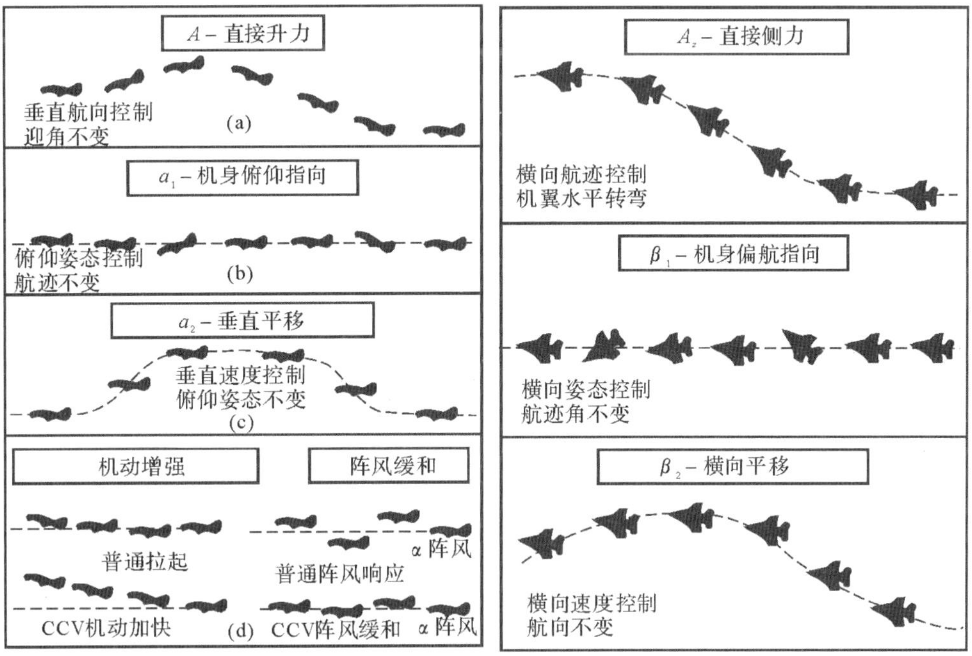

图 15.11　直接力控制产生的 7 种非常规机动飞行

飞行验证表明，飞机仅靠常规操纵面来实现这些非常规机动是困难的，必须要附加操纵面（如鸭翼面和腹鳍）配合工作，才能达到所希望的效果（见图 15.12）。

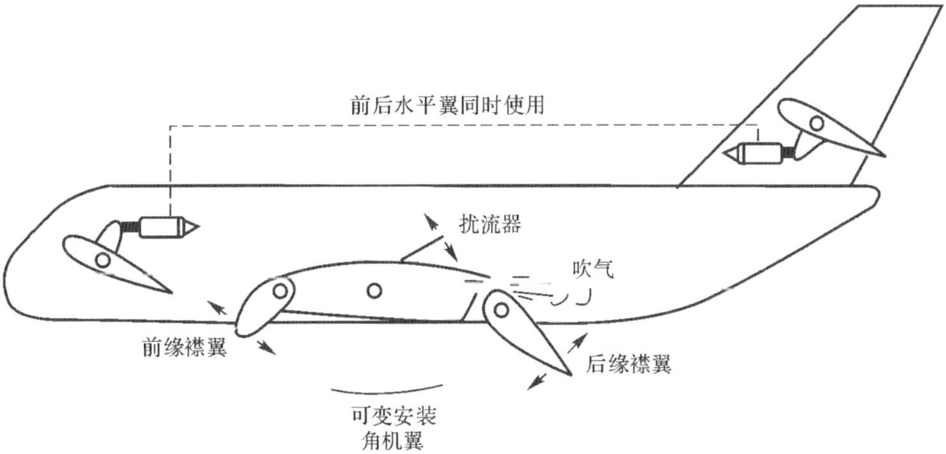

图 15.12　直接升力控制的气动操纵面的方案

5. 载荷减轻与结构模态控制

主要有 4 种主动控制功能：

(1) 突风缓和，减轻机体因突风扰动所产生的峰值瞬态载荷控制技术；

(2) 乘坐品质控制，减弱有害的震动以改善机组成员或旅客乘坐舒适性的控制技术；

(3) 疲劳减轻，降低飞机结构在扰动气流中所承受的瞬态弯曲循环变形的幅值和次数，从而降低飞机结构疲劳损坏率的控制技术；

(4) 颤振模态抑制，利用气动操纵面主动阻尼颤振模态来减轻结构重量或提高颤振边界速度的控制技术。

15.2.8　综合控制技术

传统的飞机主要控制系统——飞控系统、火力控制系统和发动机控制系统，都是根据各自的功能要求分别独立设计的。为改善飞机的任务效能和自动化程度，可以采用控制系统间信息耦合的方式实现局部功能的交联控制能力。现代高性能飞机的综合控制技术就是从飞机功能系统的顶层设计开始，把各主要控制系统的功能、结构、信息流和接口进行统一的合理分配和优化设计，以最大限度地发挥飞机的性能潜力，满足总体性能和任务能力的要求。目前，飞机综合控制技术的发展水平是火力控制系统和推力控制系统分别与飞控系统相综合，形成综合飞行／火力控制系统和综合飞行／推力控制系统，以飞控系统为纽带实现综合飞行／火力／推力控制功能。

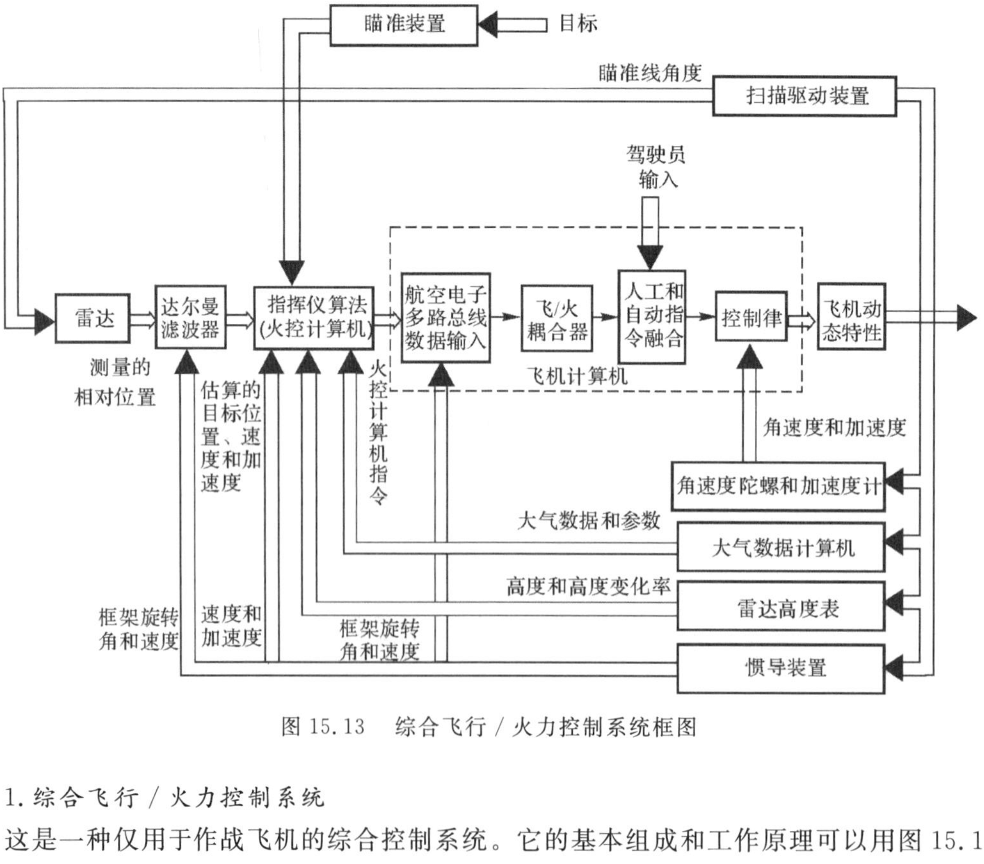

图 15.13　综合飞行／火力控制系统框图

1. 综合飞行／火力控制系统

这是一种仅用于作战飞机的综合控制系统。它的基本组成和工作原理可以用图 15.13 所示的框图说明。根据驾驶员所选择的模态，通过各种传感器测出飞机的运动状态（姿态、角速度、加速度、飞行速度、高度等）以及被攻击目标的运动状态（方位、距离、速度、加速度等），由火控计算机计算出攻击指令。在飞控计算机中，将火控计算机指令与驾驶员输入指令以及飞机运动状态信息相综合，形成对飞机舵面的控制指令，使飞机按要求的姿态和航迹跟踪并接近目标，达到发射条件时可由人工或自动启动武器发射系统对目标实施攻击。

2. 综合飞行／推力控制系统

综合飞行／推力控制系统，是一种对各类先进军用和民用飞机都十分有用的综合控制系统。该项综合控制技术的核心，是对飞控计算机和全权限数字式发动机控制计算机的任务及目标进行合理分工，并使它们协调一致地工作。图 15.14 是综合飞行／推力控制系统的基本工作原理。

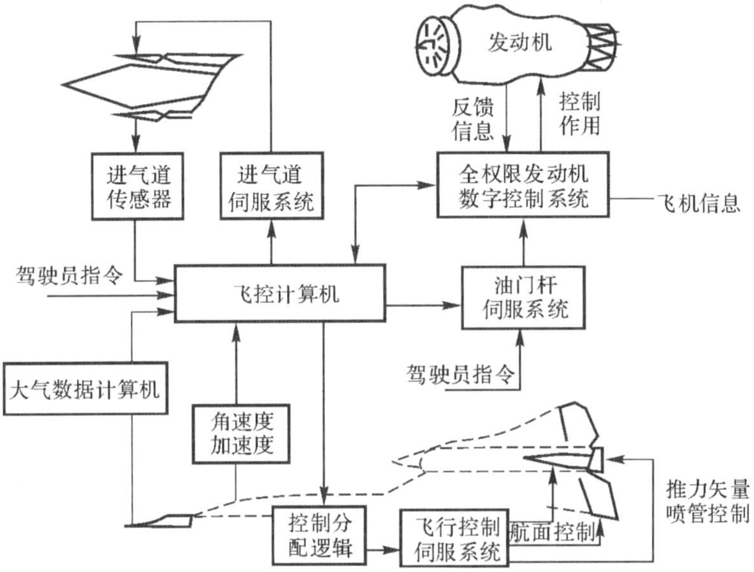

图 15.14　综合飞行／推力控制系统

15.2.9　光传控制技术

对飞机性能及任务能力要求的不断增长和系统的综合化发展，导致机载电子系统的复杂性急剧增加。雷达、微波等高频电源和能量束武器的应用，使飞机的电磁环境恶化，加上复合材料的大量使用，导致飞机壳体对雷击和电磁干扰的屏蔽作用降低，这些都对电传飞控系统正常工作十分不利。系统的综合化又导致各种功能系统之间的信息流通量加大，现有的电子数据总线传输速率已经不能满足要求。

光纤信号传输具有强的抗电磁干扰能力和较高的数据传输速率，而且光纤相对于金属导线而言，还具有重量轻、可靠性高和维护性好等优点，因此光传飞控系统被提了出来。

光传飞控系统的发展并不顺利，最初人们设想用光缆替代电缆，把电子式和机电式传感器及作动器通过电／光和光／电转换接口，用光缆连接到飞控计算机，实现系统闭环信息传输，就可构成光传飞行控制系统。然而随后的研究表明，仅靠光缆和光／电转换接口传输信息这种方法效果非常有限，必须从信号的产生、处理和传输上，也就是从整个系统体系上进行改造，才能真正发挥光传飞行控制系统的优势。这意味着必须开发光学传感器、光子计算机、光传作动器以及与它们相适配的电光系统结构。

20世纪80年代中期以来，光学传感器、光传系统结构、光缆设备和光传作动器等方面的研究取得了重要进展。但是当前的技术尚不能提供光子飞控计算机，能够直接驱动电动机的大功率、微型光能源技术尚不成熟。

总地来看，该项技术目前仍处于开发验证阶段。

第16章 飞机通用系统概述

飞机通用系统是指提供飞机正常及应急能力的基本功能系统。按其功能,可分为机电系统、环境控制与生命保障系统、座舱显示系统及其控制和记录设备、武器系统等。飞行控制系统也可归入飞机通用系统的范畴,但由于其对飞行性能和品质的重要影响,通常单列。

16.1 飞机机电系统

飞机机电系统,又称为公共设备系统,是一些在飞机上执行飞行保障功能的飞机系统的总称。典型的飞机机电系统应包括飞机燃油、第二动力(独立于主发动机,为飞机提供辅助和应急功率并启动主发动机的整套装置)、电气、液压、冷气和机轮刹车等系统。

随着科学技术的发展,飞机机电系统已开始从自成一体的常规系统向综合系统的方向发展,诸如公共设备管理系统、燃油热管理系统等从控制、功能或能量方面实现飞机机电系统综合化的新技术已开始在军用飞机上使用。综合飞机机电系统将使飞机的性能和经济承受性同时得到改善。

16.1.1 飞机燃油系统

飞机燃油系统又称外燃油系统或低压燃油系统。在现代飞机上,装满油的飞机燃油系统占飞机起飞重量的30%~60%。

飞机燃油系统的作用,首先是在飞机上储存燃油,保证在规定的飞行条件(如飞行高度、飞行姿态)下,按照要求的压力和流量连续可靠地向发动机供给燃油;其次是调整飞机重心,使飞机重心保持在允许范围之内;第三就是热管理,用燃油来冷却诸如液压、环境控制和发动机滑油等系统。

现代飞机燃油系统由油箱、地面加油、输油、供油、放油、通气增压、防爆、油量测量和指示、空中加油等分系统组成(见图16.1)。

油箱是储存燃油的容器,一般都设置在机身和机翼内部。另外,还有机外油箱,又称副油箱,一般悬挂在机身或机翼下。

地面加油系统的作用是在地面给飞机油箱加注燃油。加油的方法可分压力加油和重力加油两种,压力加油方式在现代飞机得到广泛应用。

输油系统的作用是把其他油箱中的燃油断续地输送给消耗油箱(直接给发动机供油),以始终保持消耗油箱中具有给定的油量,并自动控制飞机重心。

供油系统的作用是在各种飞行条件下确保燃油以给定的压力和流量连续地从消耗油箱向发动机供油。

油量测量和指示系统的作用是测量飞机油箱的储油量,并向空勤人员显示。

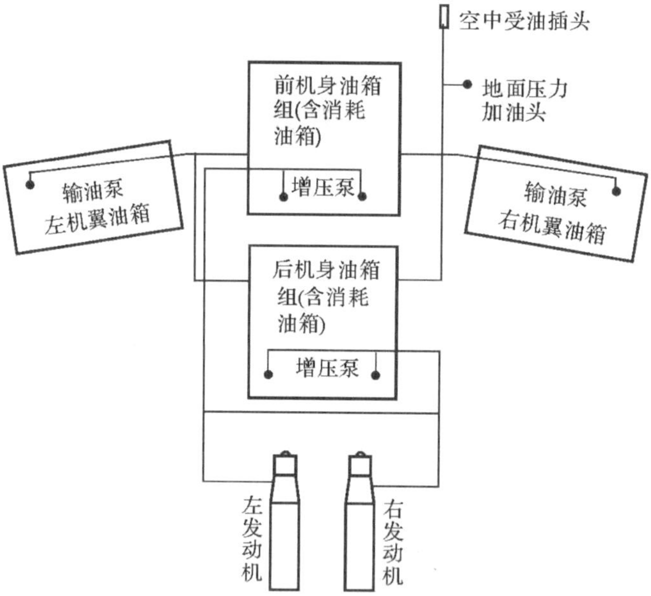

图 16.1　典型战斗机的燃油系统

空中加油系统的作用是使加油机能在空中向受油机加油，从而使受油机的航程和作战半径增大，有效载荷增加，留空时间延长。目前使用的空中加油系统有如下两种：① 插头-锥管式（又称软管式）空中加油系统（见图 16.2），这是目前得到广泛采用的一种空中加油系统。该系统不需要专门的加油操作员；加油机通用性强，可以给直升机加油；悬挂多个加油吊舱可同时给多架飞机加油；但其燃油流量较低。② 伸缩管式（又称硬管式）空中加油系统（见图 16.3），目前仅美国的 KC－135 和 KC－10A 加油机采用。这种系统燃油流量高，加油时间短，稳定性好，适于给机动性差的大型飞机加油；但一般只用来对一架飞机加油。

图 16.2　插头-锥管式空中加油

图 16.3　伸缩管式空中加油

燃油热管理方面，F—22 战斗机上已采用综合控制布局的燃油系统，它不但把机体燃油热管理系统与发动机燃油热管理系统综合在一起，而且把环境控制系统的热载荷也纳入燃油冷却系统。这样，燃油已成为冷却飞机系统和发动机附件的主要介质，并促成了飞机机电系统的综合化。

16.1.2　飞机液压系统

飞机液压系统在现代军用和民用飞机上都起着重要的作用。它以油液作为工作介质，利用油液的压力能，通过控制元件操纵液压执行元件工作，以达到作动负载的目的。

按功用，可将液压系统分为公用液压系统（主液压系统）和助力液压系统两种。前者通常用于起落架和减速板的收放、前轮转弯操纵、机轮刹车、空中加油管操纵、进气口压缩面操纵和随机装卸货物跳板操纵，后者主要用于操纵舵面。为了保证液压系统工作可靠，特别是为了提高飞行操纵系统液压动力源的可靠性，现代飞机上大多数装有两套（或多套）相互独立的液压系统。

液压系统由液压泵、蓄能泵、液压控制元件、液压执行元件，以及液压油箱、液压管路、油滤、热交换器等设备组成。

液压泵的作用是把驱动机构的机械能变换为油液的压力能，以向液压系统提供一定压力和流量的油液。

蓄能器的作用是储存液压能量，吸收液压系统中的压力脉动和冲击压力。

液压执行元件的作用，是将输入的液压能变换为机械能，以驱动被操纵对象运动。

目前的飞机一般都采用 20.7 MPa 或 27.6 MPa 工作压力的恒压液压系统。法国的“阵风”战斗机和美国的 V—22 飞机则采用 34.5 MPa 的液压系统。

由于对飞机要求的不断提高，人们一直在研制工作压力更高的液压系统，以减轻液压系统功率增加后所带来的重量负担，并减小装在机翼内的作动器的尺寸和重量。但是高工作压力的作动器尺寸缩小后刚度随之降低，而且随着工作压力提高带来压力脉动、疲劳寿命、超精细油滤、高温泄漏等问题。

目前装机使用的液压系统几乎都是恒压系统，在低载荷时相当多的功率因旁路而浪费掉。为了避免这种浪费，人们又在研究按需使用功率的液压系统，即变压力液压系统。

16.1.3　飞机冷气系统

飞机冷气系统又称飞机气压系统，其作用是以压缩空气为工作介质，通过气压驱动执行机构完成一定的操作任务。

冷气系统可分为主冷气系统和应急冷气系统两种。前者完成飞机上经常性的一些操作，如座舱盖操纵和密封、航炮驱动和装弹、炸弹舱开启和投弹、机轮刹车、螺旋桨制动、客舱门开闭、减速伞抛放等；后者完成一些应急安全措施，如冲压空气涡轮收放、座舱应急抛放、机轮应急刹车、襟翼和起落架应急放下等。

飞机冷气系统由气压能源元件、气压控制元件、气压执行元件、管路、气滤、水分离器等组成。

在一些飞机上，气压能源装置就是冷气瓶，它的作用是储存一定体积的压缩空气以供气压执行元件使用。在某些冷气消耗量较大的飞机上，该装置将包括冷气瓶和气压泵。

气压执行元件又称作动元件，用来驱动被操纵对象运动。

冷气系统稳定性较差，低温使用时容易结冰，使用和检查、维护都不如液压系统方便。目前，仅有为数不多的飞机采用主冷气系统。在大多数飞机上，冷气系统现在只是作为一种应急备份装置使用。

由于冷气系统的工作性能受环境影响较小，目前还在研究用于高温场合的气压作动系统。

16.1.4 飞机电气系统

飞机电气系统由飞机供电系统(见图16.4)和用电设备组成。其中,供电系统的作用是向机上所有用电设备提供电能,通常可分为发电系统和配电系统两部分;用电设备则利用电能工作,以达到操纵舵面、照明、加温、通信等特定的目的。

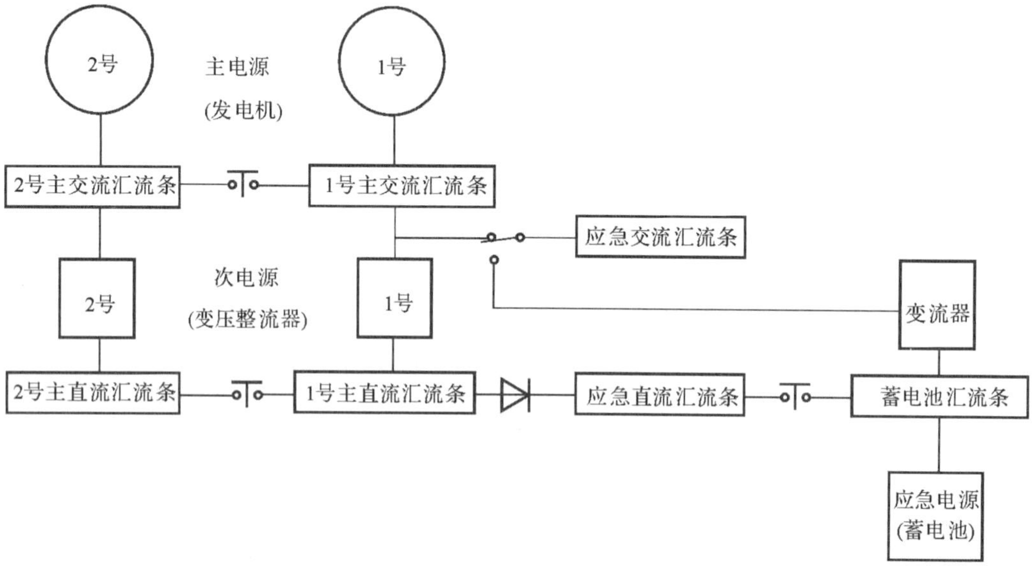

图16.4 飞机交流供电系统

1.发电系统

发电系统又称电源系统,其作用是在飞机上产生和变换电能。发电系统至少应包括主电源、二次电源和应急电源3部分,有时还包括辅助电源和/或备份电源。

主电源是飞机上所有用电设备的能源,由发动机驱动的发电机及其控制和保护装置(如发电机控制装置)组成,提供飞机上所有用电设备所需的电能。发电系统和供电系统都是根据主电源产生电能的类型和方式来分类的,一般可分为直流系统、交流系统和混合系统3大类。

二次电源是为了满足不同用电设备需要,将主电源电能变换成另一种形式或规格的电能。在直流发电系统中二次电源有变流器、直流－直流变换器等,在交流发电系统中有变压器和变压整流器等。例如在低压直流电源系统中,将27 V电压变换为115 V单相或115 V/200 V或36 V三相、频率400 Hz的交流电源形式。

应急电源是一个独立电源系统。当飞机主电源在飞行过程中发生故障时,由应急电源向飞机上的重要设备供电,以保证飞机安全返航。飞机应急电源由蓄电池或应急发电机组成。蓄电池是一种化学电源,它是一种既能将化学能转为电能,又能反过来将电能转化为化学能的电源。目前飞机上使用的蓄电池有3种:酸性铅蓄电池、碱性锌银蓄电池和碱性镉镍蓄电池。现代飞机多用锌银蓄电池。应急发电机由飞机上的应急冲压空气涡轮驱动。

飞机的辅助电源一般配备于中大型飞机,当主电源发生故障不能正常工作时,由它向机上的主要用电设备供电。辅助电源中的发电机由飞机上的辅助动力装置驱动。

飞机电源系统的上述配置是为了保证在各种情况下向用电设备连续和可靠地供电。

2. 配电系统

配电系统的作用是把发电系统所产生的电能传输和分配到分布在飞机各处的用电设备上，并进行电力 / 负载管理。它由电网、配电装置和电网保护装置等组成。

配电系统也可分为主配电、二次配电和应急配电 3 部分。主配电部分用来分配主电源和地面电源的电能，二次配电部分用来分配二次电源的电能，应急配电部分则分配应急电源的电能。

应急配电部分与主配电和二次配电部分互连，当系统正常工作时应急负载有主配电和二次配电部分配电；但在主电源或主配电部分、二次电源或二次配电部分失效时，就把应急负载转换到应急电源上。

3. 用电设备

用电设备又称负载，是一些使用电能进行工作的设备。用电设备一般可归纳为以下几种：① 照明设备，包括着陆灯、航行灯等外部照明系统和仪表板、机舱等的内部照明系统两部分；② 电加温设备，包括电防冰和除冰系统、民用机的厨房加热用具和客舱加热设备等；③ 电动机和电力作动设备，包括启动电动机、各种驱动电动机、陀螺电机和操纵舵面的电力作动器等；④ 控制设备和航空电子系统，包括各种飞机系统的控制器和各种航空电子设备。

目前，大多数军用飞机和大型民用飞机主要采用 115/200 V，400 Hz 的恒速恒频交流发电系统，大多数小型飞机广泛采用 28 V 低压直流发电系统。另外，还有一些飞机采用 115/200 V，400 Hz 变速恒频交流发电系统。

在 F—22 战斗机上采用了新颖的 270 V 高压直流供电系统，在系统中不但采用了高压直流发电系统和直流－直流变换器等新型电源装置，而且在配电系统中采用了由微处理机和软件控制的配电中心和固态功率控制器等新技术。270 V 高压直流系统的装机使用，标志着飞机供电系统达到了一个新水平。

随着功率电传作动器等电力作动系统的成功发展，已出现用电力作动系统取代液压、气压和机械作动系统的趋势。然而，在飞机上用电力作动器取代液压作动器后，飞机用电量将剧增，人们把这种大量用电的飞机称为多电飞机。多电飞机需要新的大容量的发电系统，为了能向未来的机载定向能武器提供数兆瓦的电力，超导发电机也在积极发展中。

多电飞机上的用电设备十分多，为了提高系统的运行效率和保证各用电设备协调运转，在配电系统中各种用电设备都由智能化的远置终端控制。系统中有一个电力管理中心来确定每个负载工作循环的时间定位，以减小峰值用电量。同时，它还具有电源管理、负载管理、变换器管理以及确保供电系统具有高度完整性的能力。

16.1.5　飞机机电系统的综合化

对未来的飞机机电系统来讲，它不但应该有助于飞机性能的提高，而且必须使飞机具有很好的经济承受能力。要想同时实现上述两项目标，保留现有的飞机机电系统总体格局是不行的，必须发展综合的飞机机电系统。下面从控制、功能、能量等方介绍飞机机电系统综合化技术的发展动向。

1. 公共设备管理系统

20 世纪的大多数飞机机电系统都是单独控制和自成一体的，每个系统都配有各自的专用控制器，以对系统进行独立的控制和管理。

在数字电子技术迅速发展的前提下，人们摒弃了单独控制方案，而把飞机机电系统的控制视为一个统一的控制问题来处理，最终研制成公共设备管理系统。该系统由计算机和数据总线组成，如图 16.5 所示。

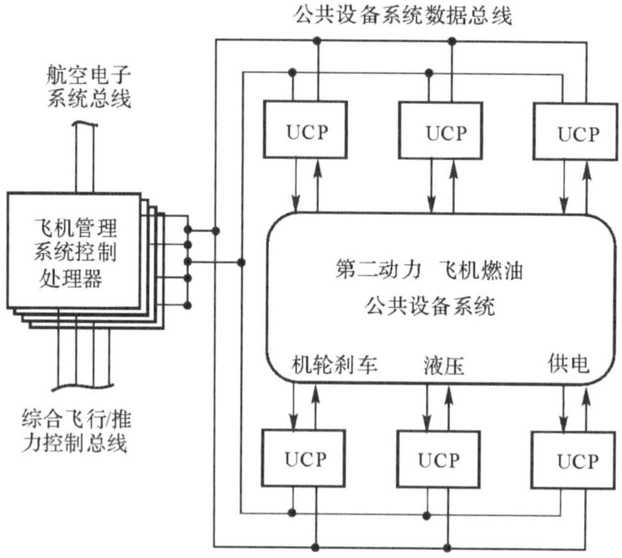

图 16.5 公共设备管理系统

公共设备管理系统在战斗机上的使用，不但解决了飞机机电系统原先采用的单功能控制器与连接多功能显示器的数据总线之间的不协调问题，而且使飞机机电系统首先在控制方面实现了综合化。

2. 多电飞机和电力作动系统

多电飞机上将尽可能用电力作动系统来取代液压、气压和机械作动系统，同时通过采用双重用途的部件(启动 / 发电机) 把发电系统和发动机启动系统综合在一起。

多电飞机方案的实现，首先，要有一个大容量、能自动控制和容错配电的飞机供电系统；其次，要有能用于不同场合的电力作动系统。

3. 热和能量管理组件系统

未来的军用飞机不但要求飞机机电系统费用低、质量轻、可靠性高和易于保障，还要求第二动力系统和热管理系统具有更强的能力，以满足战斗机在地面和空中运行时的要求以及对应急功率的要求。为满足这些要求，热和能量管理组件系统应运而生。这是目前研制的综合飞机机电系统中最全面的一个方案。它把目前飞机上由辅助动力装置 / 应急动力装置、附件驱动装置和环境控制系统所执行的功能都合并到热和能量管理组件系统中，从而可用一个综合组件为飞机提供辅助电源和应急电能，在地面和空中启动发动机，实现热管理。另外，该综合系统还把各分系统的控制功能组合到了飞机管理系统中去，以便使综合性能更优。

16.2 飞机环境控制与生命保障系统

高空气象条件和飞机的飞行条件超出了人的生理耐受极限，并影响到机载电子设备的正常工作。比如，高空稀薄大气对人体的危害，高过载机动飞行造成的驾驶员意识丧失，电子设备舱的高温环境使电子设备可靠性降低等。为此，在飞机设计过程中采用了许多保障措施，以保证飞行中乘员的舒适、安全和电子设备的正常工作，并在飞机失事时挽救乘员的生命，这就是通常所说的环境控制与生命保障系统。

16.2.1　飞机环境控制系统

飞机环境控制系统简称环控系统，用于在各种飞行条件下，使飞机座舱内空气压力、温度、洁净度及气流速度等参数适合人体生理卫生要求，保证乘员的舒适及生命安全，同时用于设备的冷却、增压以及保证设备正常工作。

环控系统通常由气源、冷却、温度调节、压力调节、温度调节和空气分配等分系统构成。

气源系统又称供气系统。它是为使座舱（或设备舱）产生余压，进行通风换气和调节温度，向座舱提供一定压力、温度和流量的空气的系统。气源系统除气源外，由引气活门、压力调节／关断活门、流量调节器、预冷器等组成。

冷却系统用于给座舱和电子设备舱提供冷空气。空气循环冷却系统主要由换热器、涡轮冷却器和水分离器等组成。

温度调节系统又称温度控制系统，是保持座舱（或设备舱）空气温度在规定范围的装置。它由温度传感器、温度选择器、温度控制器和调温活门等组成。

压力调节系统又称压力控制系统，是使座舱（或设备舱）内的空气压力、压力变化速度等参数按给定要求变化的装置。

空气分配系统是将调节空气按规定的比例分配给驾驶舱、旅客舱和设备舱，以保证舱内温度均匀、风速适宜的输气系统。

供气量、温度、压力、压力变化速度等环控系统的参数调节（控制）经历了从最初的机械控制到模拟／数字总和电子控制、纯数字控制几个发展阶段，使环控系统在整个飞行范围内的动态响应能力以及控制精度等性能指标有了很大提高。今后，控制系统将向综合数字式控制方向发展。

16.2.2　航空救生装备

航空救生是指乘员从失事飞行器中应急安全逃生、着陆或着水后生存及被搜索营救的全过程或某一过程。空中应急离机有跳伞、弹射、火箭牵引、座舱分离等方式。飞机飞行速度较低(400 km/h)时，乘员还能解脱约束，携带救生伞爬出座舱实行跳伞。但随着飞机飞行速度的提高，自行跳伞已不可能，出现了以弹射方式应急离机的火箭弹射座椅救生系统、火箭牵引方式离机的火箭牵引救生系统、座舱与飞行器分离的分离座舱救生系统。

航空救生装备主要有以下 6 种：

1. 弹射座椅救生系统

弹射座椅是正常飞行时供乘员乘坐、应急时依靠火药弹射装置连同乘员及其装备一起弹离飞机，使乘员安全、顺利着地而获救的座椅。弹射座椅利用火箭动力将飞行员连同座椅从飞机里弹射出来，然后打开降落伞，降至地面（见图 16.6）。弹射座椅基本满足现代各种战斗飞机乘员的安全救生要求，是各种战斗机上普遍采用的救生装备。

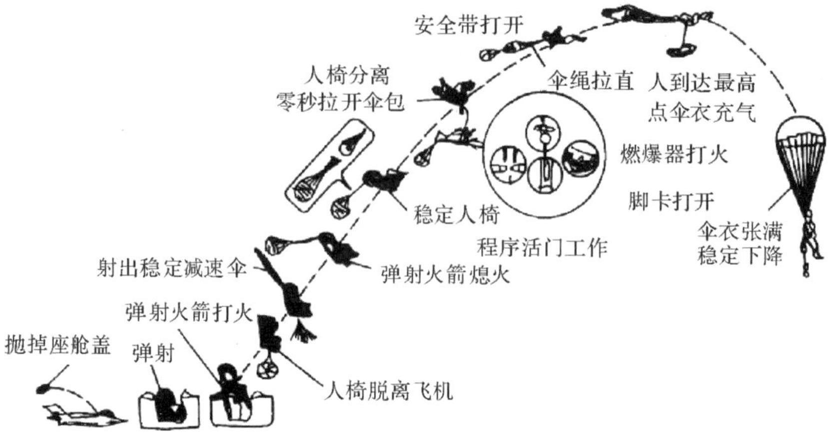

图 16.6 飞机弹射救生过程

2. 火箭牵引救生系统

这是利用牵引火箭将乘员拖曳出失事飞机而获救的救生系统，适用于难以弹射救生或速度较低的各种轻型飞机、水上飞机和直升机等。

3. 分离座舱救生系统

分离座舱是指应急时能与飞行器机体分离，将乘员及座舱设备仪器安全回收的座舱段。分离座舱的结构复杂，成本高，重量较大。

4. 直升机乘员救生

直升机上方有旋翼，乘员空中应急离机有困难，尚未广泛采用空中应急离机救生系统。直升机乘员救生有被动式和主动式两种。被动式主要靠直升机自旋下滑，使下沉速度减到允许的安全下降速度时着陆，依靠机身和抗坠毁座椅吸收部分冲击能量，乘员离机后等待救援。主动式有火箭牵引救生系统，这是目前唯一能用于直升机乘员空中应急离机的救生系统，已在个别直升机上采用。

5. 旅客机乘员救生

旅客机事故大部分发生在起飞、着陆阶段，空中失事救生希望很小，故目前主要配备陆上或水上使用的救生设备。空中应急时，应寻找最近机场迫降，组织乘员应急撤离。救生设备主要有抗坠毁座椅、应急撤离设备、救生衣、应急氧气设备、灭火及防烟防毒设备、救生物品等。

6. 抗坠毁座椅

抗坠毁座椅能吸收飞机着陆时的撞击能量，它装有吸能机构和支撑结构。吸能机构吸收撞击能量，使冲击能量减小到人体耐受限度内，保证乘员生命安全。目前较先进的是采用反拉管式吸能器及金属结构件变形的方法吸收撞击能量。支撑结构用于连接座椅和座舱地板，支撑座椅，且可水平调节座椅和吸能机构工作。抗坠毁座椅主要用于直升机和旅客机。

16.2.3 个体防护装备

个体防护装备是防止飞行和救生过程中有害因素作用，保证乘员生存、安全、操纵和作战的装备。

现在航空个体防护装备的防护功能已从单纯供氧扩展到对高速气流吹袭、高低温环境、头部碰撞、加速度过载、辐射、强闪光、噪声的防护，以及落水时提供浮力及体温保持等。它主要包括供氧系统、抗荷系统、防护头盔、海上救生设备及其他防护装备，如防闪光致盲护目镜、调温服、沙漠及丛林防护装备。

供氧系统是以一定的供氧方式向乘员供给呼吸用氧并符合一定配套关系的供氧成品及附件的组合。在 4 000 m 以上高空，由于缺氧会使人出现头晕、恶心、意识丧失，严重缺氧可导致死亡，因此，在 4 000 m 以上高空飞行时，就要考虑使用供氧系统。它的主要功能是，保持人体吸入空气的氧分压，防止高空缺氧；在 10 km 以上高度，随高度增加而增大吸入空气的含氧浓度；在 12 km 以上高度实施加压供氧，在 15 km 以上高度对加压服充压，保持体表压力与面具内压力大致平衡；气密座舱迅速减压时实施应急加压供氧；保证乘员在弹射救生及跳伞过程中供氧。

抗荷系统指抗荷服和抗荷调压器及附件组成的系统。抗荷服是对人体腹部和下肢体表加压，抵御正过载（加速度）作用对人体影响的防护服装。所谓正过载，就是沿头到足方向作用在乘员身上的过载。在它作用下，人体血液向下肢聚积，使眼水平缺血，乃至无血，因而相应地发生“灰视”（视觉模糊，周转视觉消失）和“黑视”（完全丧失视觉）的生理障碍。正过载作用时，抗荷服张紧装置自动充气，对人体腹部和下肢体表加压，抵御（防止或减小）正过载作用对人体的影响。抗荷调压器指能按正过载大小变化自动控制供给抗荷服气体压力及流量的装置。

防护头盔是保护头部免受伤害的头具。它的主要功能是最大限度地防止或减轻起飞、着陆、机动飞行、应急离机、伞降着陆等过程中头部受到碰撞或高速气流吹袭的伤害。

随着战斗机作战环境的日趋恶劣，乘员的个体防护的范围更广，主要包括抗荷、高空缺氧及减压、通风、抗浸、水上漂浮、防生物、防化学、防核辐射等的要求将不断增加。过去的解决办法是需要哪种防护就研制哪种相应的装备，这样，一个个分系统机械地组合，使驾驶员的负担不断加重，同时也产生了一系列的使用问题。解决的办法是在设计飞机及系统时，将人-机-环境－任务有机地结合起来，用系统工程的观点设计有效的防护装备，即把功能不同的各分系统在结构上组合为一个整体，形成一体化个体防护装备。这样既简化了设计，又兼顾了功能上的需要。个体防护装备一体化是当前个体防护装备发展的总趋势。

16.3　航空武器系统

16.3.1　航空武器系统的概念

航空武器系统是军用航空器（载机）的各种武器及其相关装置（包括硬、软件）所构成的综合系统。航空武器系统的效能，既取决于武器系统自身的完善程度，又取决于载机性能的高低。航空武器系统的发展同载机的发展密切相关、相辅相成，以期最大限度地发挥各类载机／武器系统的综合作战效能。

各类载机的作战任务不同，其武器系统各有差异。就功能而言，每一类航空武器系统均由下列 3 部分组成：① 用于武器瞄准、控制和管理的航空火力控制系统；② 用于武器安装、悬挂、发射和投放的悬挂发射装置；③ 用于直接杀伤摧毁目标和完成特定攻击任务的航空武器。

16.3.2 航空火力控制系统

航空火力控制系统简称火控系统，旧称瞄准系统。现代火控系统一般由目标参数测量装置、载机参数测量装置、火控计算机、瞄准显示控制装置、悬挂物管理系统等组成，是集光学、电子、精密机械、激光、红外、电视和微型计算机等技术于一体的硬、软件设备综合系统。

航空火力控制系统工作原理(见图 16.7)：由目标参数测量装置探测、跟踪目标，测量目标的几何运动参数；由火控计算机根据目标和载机的参数以及武器的弹道参数，不断解算出武器的瞄准信息，并将其输送给瞄准显示控制装置，从而使武器准确地处于瞄准目标状态。当目标进入武器的有效射程并达到预定的发射投放点时，由悬挂物管理系统自动或由驾驶员人工地向悬挂发射装置给出发射投放信号，使武器命中该目标。对于采用中段指令修正制导和半主动制导的导弹，发射后火控系统还要向其提供制导所需的信息。

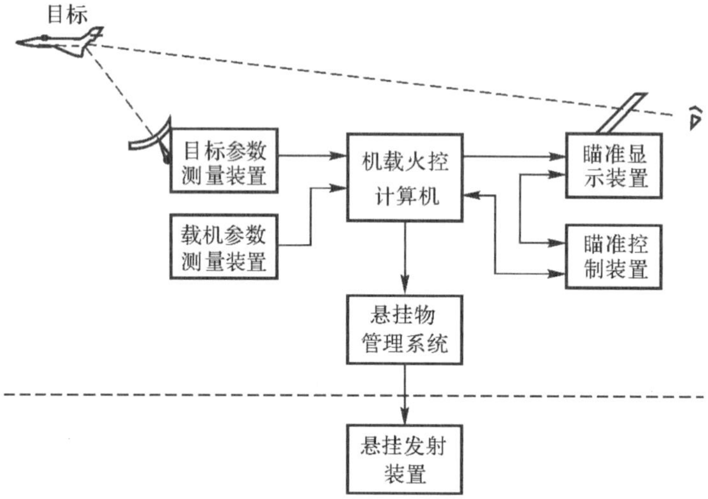

图 16.7 航空火力控制系统工作原理

16.3.3 悬挂发射装置

悬挂发射装置用于武器安装、运载、发射和投放，包括悬挂装置、射击装置和发射装置。

悬挂装置用于悬挂各类航空武器以及其他悬挂物，包括同武器连接的各种挂架和同挂架或飞机相连的各种挂梁。

射击装置用于航空机炮(枪)的安装、射击，包括炮(枪)架、炮(枪)塔和武器吊舱。

发射装置用于机载导弹和火箭弹的安装发射，分为导弹发射架和火箭发射器。

悬挂发射装置正沿着以下方向发展：采用保形挂架，减小外挂阻力；研究多点弹射挂架，消除气动流场干扰；发展舱内挂架，减小雷达反射面积；发射架趋于模式化；武器吊舱趋于组合化。

16.3.4 航空武器

现代航空武器种类繁多、用途各异，其分类方法多种多样。按装药不同，分为常规与非常规航空武器；按有无制导，分为制导与非制导武器；按飞行弹道，分为弹道式和巡航式武器；按杀伤效应，分为硬杀伤和软杀伤武器；按使用方式，分为射击武器和轰炸武器；按发展进程，分为传统武器和新概念武器。通常，按结构特点分为以下几类。

1. 航空机炮（枪）

航空机炮（枪）的分类，以 20 mm 口径为界，小于 20 mm 称为航空机枪，20 mm 及其以上称为航空机炮，简称航炮。航空机枪在现代武装直升机上得到了广泛应用，其口径系列为 5.56，7.62，12.7 mm。航空机炮广泛装备在战斗机、强击机、战斗轰炸机以及重型武装直升机上，其口径系列为 20，23，25，27，30，37 mm。

2. 航空炸弹

航空炸弹是历次战争中弹药消耗量最大的武器。各国现役和库存的航空炸弹型号数百种，以美国和俄罗斯最多，除少量核炸弹外，大量装备常规炸弹，广泛使用的是制导炸弹、低阻炸弹和减速炸弹。

3. 航空火箭弹

航空火箭弹作为机载非制导射击武器，口径、射程、速度和威力均优于航空机炮，曾经是喷气式战斗机的标准空战武器，作战使用时以齐射和连射方式摧毁目标。现有航空火箭弹口径系列为 37，50，50.8，57，68，70，80，81，90，100，120，122，127，130，135，180，210，240 mm。

4. 空空导弹

它是机载武器中出现比较晚、发展最快的一类武器。现已形成完整的能全天候、全方向、全高度作战，单目标或多目标攻击结合，近、中、远距配套的武器系列，成为现代战斗机对战略轰炸机、战斗轰炸机、巡航导弹、低轨道卫星等实施拦截和与战斗机空中格斗的主要进攻武器，同时也是现代战斗轰炸机、强击机、武装直升机的主要防御武器。近距空空导弹的重量、尺寸较小，一般采用杆式战斗部，机动过载超过 50 g，最小 / 最大发射距离为 0.3 km/20 km；中距空空导弹的重量、尺寸较大，一般采用爆破战斗部，机动过载达到 40 g，最小 / 最大发射距离为 0.5 km/ 超过 100 km，超远距空空导弹最大发射距离达到 400 km。

5. 空地导弹

空地导弹是现代战略轰炸机、战斗轰炸机、强击机、战斗机，以及武装直升机和反潜飞机的主要进攻武器。其主要结构和空空导弹相同或类似。

6. 航空鱼雷

航空鱼雷是反潜飞机和直升机实施反潜作战的主攻武器。鱼雷主要用来攻击下潜深、潜航久、航速快、噪声小、双壳层的新型常规 / 核动力潜艇，是反潜武器的主力。

7. 航空水雷

在现代航空水雷系列中，既有保持传统水雷结构的单一式水雷，又有与其他水中兵器合为一体的复合式水雷。单一式水雷保留了传统水雷造价低、威力大、投布方便等特点，同时由于采用独特形状和巧妙结构，具有很强的伪装隐蔽能力。复合式水雷兼有传统水雷和与之结合的兵器的优点，具有很强的机动攻击能力。

16.3.5　航空武器配备方案和特点

航空武器配备方案，系指各种不同种类和数量的武器及其他机载悬挂物在作战飞机和直升机上的配置方式。作战飞机和直升机的任务不同，攻击的目标不同，所用的武器和攻击方式也不同。因此，各类作战飞机和直升机的武器装备方案各不相同，同一载机执行不同任务时的武器装备方案各不相同。

武器配备方案多，战术使用的灵活性就大，可根据具体作战任务、目标特性、防空火力、气象和地理条件等因素，选定最佳的武器配备方案和攻击方式，以获得预期的攻击效果。增多武器配备方案的主要途径有二：一是充分利用载弹量，增加挂点数目；二是充分利用载弹容量，通过复式挂架和通用武器吊舱，在单一挂点同时挂装多个武器或多类武器。

武器配备方案的实现，需要有高效能的综合管理全部机载武器的悬挂管理系统。武器配备方案的舍取，除受载机、武器自身性能、目标、威胁环境制约外，还受到战略思想制约。

1. 战斗机的武器配备特点

战斗机的主要作战对象是敌突防战略轰炸机、战斗轰炸机和为之护航的战斗机，以及来袭的巡航导弹。按作战任务不同，战斗机可分为截击机和制空战斗机。其武器配备特点如下：① 截击机的武器配备以中远距空空导弹为主，航炮为辅；② 制空战斗机的武器配备以近距格斗导弹为主，航炮为辅。

2. 攻击机的武器配备特点

强击机的主要任务是向己方地面部队提供近距空中支援，航程较大的强击机可执行空中阻滞作战任务。其武器配备特点如下：① 攻击武器为主，自卫武器为辅；② 攻击武器以常规武器为主，核武器为辅。

3. 战斗轰炸机的武器配备特点

战斗轰炸机的主要作战任务是反航空兵作战和空中阻滞，必须具有昼夜、全天候、高速、低空和高空突防能力以及多种攻击方式、多目标攻击能力。其武器配备特点如下：① 装备的武器，从常规炸弹、航炮、火箭弹、导弹、制导炸弹、空投地雷、水雷、鱼雷，直到战术核炸弹、核导弹等。各类武器还可构成不同的配备方案，为战斗轰炸机提供战术使用的灵活性。② 其载弹量已经大大超过传统的轻型轰炸机，采用复式外挂架，以此出航可携带多种武器，实施多目标攻击。

4. 战略轰炸机的武器配备特点

战略轰炸机是当代战略攻击的三大支柱之一。其主要任务是对敌国政治经济中心、军事基地、交通枢纽和重要工业设施等重要目标，实施远程战略核攻击和常规攻击。此外，还与海军协同，执行海上巡逻、反舰、布雷任务；与陆军协同，执行战役、战术攻击任务。战略轰炸机的武器配备特点如下：① 攻击武器以导弹核武器为主，常规炸弹为辅；② 采用先进的防御性航空电子／火力控制系统，实施全向防御。下一代战略轰炸机的防御武器将是自卫导弹和新概念航空机炮。

16.3.6 机载精确制导武器

机载精确制导武器是精确制导武器（PGW）或精确制导弹药（PGM）范畴中专用于军用作战飞机的一类武器，同时也是机载武器范畴中带制导控制装置且命中精度很高或具有直接命中目标能力的一类武器。机载精确制导武器分为空空导弹、空地导弹和制导炸弹3类。

1. 近距全向格斗红外型空空导弹

采用红外成像导引头、小气动力面低阻外形、大推力无（少）烟固体火箭发动机和推力矢量控制技术，以及各种抗干扰技术，其射程、速度、精度、离轴发射、全向攻击能力显著提高。

2. 超视距多目标攻击雷达型空空导弹

超视距多目标攻击雷达型空空导弹使载机能够同时跟踪和攻击多个空中目标，并在发射导弹一定时间之后无须对其控制，成为各国战斗机为夺取和保持空中优势而普遍采用的空战武器。

3. 战略空射巡航导弹

战略空射巡航导弹目前仅有美国和俄罗斯拥有，其最大射程可达 3 000 km。它的主要特点如下：① 采用的制导技术主要有捷联惯性导航 / 全球定位系统（SINS/GPS）组合制导、毫米波雷达 / 激光制导、红外成像末制导、地形匹配 / 景象匹配制导等；② 采用的先进推进技术主要有小型高效涡轮风扇 / 涡轮喷气发动机、组合式火箭冲压发动机和涵道式火箭发动机等。

4. 防区外通用 / 专用战术空地导弹

防区外通用 / 专用战术空地导弹是在 20 世纪 50 年代初的近距战术空地导弹的基础上发展起来的一类近 / 中距防区外导弹。其主要特点是：采用具有一定隐身能力的气动外形和模块化结构，单一式高效能 / 子母式多功能战斗部，近 / 中 / 远距防区外（最大射程不超过美俄限制战略武器条约规定的 600 km）发射和昼夜全天候精确攻击。

5. 防区外投放的各类制导炸弹

防区外投放的各类制导炸弹，是在 20 世纪 60 年代越南战争中使用的、由普通炸弹改装成命中精度较高的各种制导炸弹（亦称“灵巧”炸弹）的基础上发展起来的一类近距防区外武器。如美国采用卫星定位 / 惯性导航（GPS/INS）制导的 GBU－29/30/31/32/JDAM 制导炸弹系列。

16.3.7　新概念航空武器

新概念航空武器是采用崭新机理而突破传统航空武器概念的一类航空武器。按作用机理，可分为束能（定向能）、动能、失能（非致命）和计算机病毒等类。

1. 新概念航炮

以固体和液体发射药为动力的传统航空机炮，炮弹飞离炮管的初速度理论计算极限值分别为 2 969 m/s 和 2 090 m/s，而以气体发射药为动力的气体炮虽然速度可达到 11 000 m/s，但炮管寿命太低。为了克服传统机炮的这些缺点，以电磁力为能源发射弹丸的电磁炮和基于束能技术的各种束能炮（如激光炮等）得到广泛研究，但目前还没有投入实用。

2. 新概念航空炸弹和导弹

正在研制的新概念航空炸弹是采用非核电磁脉冲发射技术的“微波炸弹”。其单体内部中央有一个含电磁线圈的圆柱体形波管，形成一个强电磁共振腔，周围为常规固体定向爆破炸药，引爆后压缩共振腔使其一端缩小，产生强电磁脉冲，可破环敌方电子设备、导弹导引头、计算机网络、数据传输线路等。

3. 发展中的其他新概念武器

（1）智能武器。智能武器是指采用人工智能技术或智能化的武器，如智能导弹、智能炸弹和智能地雷等。其主要特点是：依靠弹载传感器和智能计算机，将人工智能技术应用于武器制导全过程，投射后能自主探测、搜索、识别、跟踪目标，并对其易损部位实施攻击，命中精度和毁伤效能较传统武器有显著提高。

（2）失能武器。失能武器又称非致命武器，是指不使人员伤亡、设备破坏和生态环境毁灭的武器。它是在1991年海湾战争中出现多次非军事人员伤亡后，为未来进行“非致死作战”而倡导的一类新武器。其功能是通过“软杀伤”，使敌方有生力量和武器装备丧失作战能力，实现预定军事目的。从作战使用上，有下列失能武器：使人眼失明的激光枪、激光榴弹，伤害人体器官和神经的次声枪弹，可击倒人员的冲击波涡轮枪，使人员和光学仪器致盲的强闪光炸弹，巡航导弹的碳纤维干扰弹，战斗部内装金属脆化剂、超强腐蚀剂、黏性／水性泡沫剂的炮弹、炸弹等。

(3) 纳米武器。纳米武器是利用0.1～100 nm($1\ nm=10^{-9}\ m$)空间内运动的电子、原子和分子特性的新武器，大致可分为两类：纳米信息武器和微型智能攻击武器。前者有微型间谍飞行器和遥控飞机、纳米卫星等，后者有机械蚂蚁、机械虫等。纳米武器的超微型化、高度智能化、高度信息化、大规模生产的特点，使其能在极短时间内大规模部署，成为未来战场上的“微型军”。

(4) 基因武器。基因武器是利用遗传工程学针对特定遗传型人种通过脱氧核糖核酸(DNA)重组产生致病基因的新武器，亦称遗传武器，简称DNA武器。基因武器的制造成本低，使用简单多样，遗传密码不易破译，比核、生化武器对人类更具杀伤力，被称为“世纪末日武器”。

(5) 计算机病毒武器。计算机病毒武器是利用计算机病毒对敌方军事计算机系统实施攻击，使之不能正常工作的新武器，是未来信息战的一种基本武器，亦称为“计算机病毒对抗”(CVCM)。在1991年海湾战争中，美军把AF/91的计算机病毒注入到伊拉克军方的计算机网络，使其作战指挥系统失灵。

16.4 座舱显示系统、控制和记录设备

16.4.1 概述

座舱是驾驶员等机组成员在飞机上容身护体和操纵飞机及其系统之处。在可以离开座椅走动的大飞机上，座舱则称为驾驶舱。

座舱内主要有显示器、控制器和记录器，即人机界面，此外还有环境控制和生命保障等设备。驾驶员借助显示器获取信息，通过控制器发出指令，并用记录器记录与飞行安全和任务有关的数据。

飞机出现100多年来，座舱人机界面经历了由机电到电子、由专用到多功能、由分立到系统的漫长发展过程。显示器是人的信息输入界面，历经简单机电仪表、机电伺服仪表、综合指引仪表、阴极射线管电子显示器、综合电子显示系统等发展阶段，目前进入液晶(平板显示器)综合电子显示系统时代。控制器是人的信息输出界面，历经机电控制器、组合控制器、多功能键盘控制器、触敏控制器等发展阶段，正向话音指令控制系统发展。而记录器是人的信息存储界面，则历经钢丝带记录器、磁带记录器等发展阶段，现已进入固态记录器时代。

座舱是个驾驶员伸手可及的小天地，却挤满了大量显示器和控制器。第二次世界大战前，飞机上的每个仪表只能给出单一的信息(如高度表只能给出飞行高度信息，转速表只能给出发动机转速信息)。第二次世界大战后，随着飞机性能的提高，仪表数量的大量增加，飞机驾驶员

的负担加重。20世纪40年代开始出现一些简单的综合仪表，大多是将功用相近的几个仪表合装在一个表壳内。20世纪60年代，单座战斗机的仪表超过50，控制器近300；大型客机的仪表过百(见图16.8，由于座舱中布满大大小小的仪表，所以称为仪表座舱)，再加上指示灯和控制器，总数近千。这不仅使座舱仪表板拥挤不堪，也使驾驶员工作过重，影响飞行安全和完成任务。因此，简化仪表的数量、又不减少必要的信息显示成为飞机座舱设计人员努力的目标。

从20世纪50年代起，战斗机飞行员对仪表显示提出了新的要求，希望在武器瞄准状态下，能同时瞄准目标(即观察外景)和看到有关仪表的指示。为此开始研制平视显示仪(HUD)，简称平显。早期的平显是机电模拟式的，后发展成为电子化、数字化的综合电子显示仪。目前，综合电子显示仪种类较多，主要有飞行参数综合显示仪(VSD)、导航参数综合显示仪(HSD)、多功能显示仪(MFD)、地图显示仪(HSD)等。这些显示仪以数字、符号、线段和图形等形式，按照预定的排列规律，将驾驶员当时所需要的一组信息，在显示屏幕上同时显示出来。飞行状态改变时，可以自动或驾驶员手调更换显示画面，具有一表多用的特点。

20世纪80年代以来，计算机和电子显示技术推动显示仪表和控制器电子化，实现了“玻璃座舱”，使仪表数量大大减少。例如F—18和“台风”等战斗机的仪表已减至20左右(见图16.9)。

图 16.8　图—154 飞机的仪表座舱

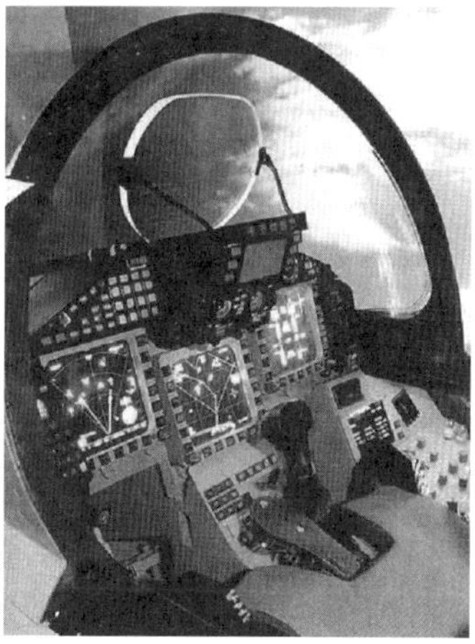

图 16.9　EF2000“台风”战斗机的座舱显示系统

16.4.2　座舱显示器

现代飞机的座舱显示器，是指采用阴极射线管和液晶显示器等平板显示器的电子显示器。它们在输入信号控制下能单独寻址并发光或调制光，以光学字符、图形和图像形式显示信息。

早期的座舱显示器多以模仿和取代显示信息少而格式固定的空分制(不同空间显示不同信息)机电仪表为目的，例如，电子指引地平仪和电子航道罗盘模仿、取代机电指引地平仪和航道罗盘。随后，这类显示器增加作战任务信息，形成垂直情况、水平情况和战术情况显示器。最终，它们发展成显示信息量大、显示格式多样、工作状态可变的时分制(不同时间显示不同信息)多功能显示器，而上述显示器的功能则成为其基本显示格式和工作状态。

座舱显示器按其组件功能一般由显示组件、显示处理机和控制器组成。显示处理机由输入输出接口、处理机和字符(图形)发生器组成,通过数据传输总线接受飞机各系统的输入数据,经过变换、处理、字符发生,最终驱动显示组件例如阴极射线管按预定格式显示。控制器例如周边按键供选择工作状态和输入数据。

按安装位置和观察方式,座舱显示器可分为下视显示器(在座舱内,需低头看)、平视显示器(安装在仪表板上檐,可抬头平视)以及头盔显示器(安装在头盔上,可随意观察)。

现代飞机座舱采用多个多功能显示器,并构成一个综合电子显示系统。其中任一显示处理机都能驱动几个显示组件,各显示组件可互换显示格式,达到资源共享、互为余度。

1. 平视显示器

平视显示仪简称平显,是通过准直光学系统把要显示的主要操纵和武器瞄准信号,以字符和图形的方式投射到驾驶员正前方的视域内,成像在无穷远处,与外景叠合在一起(见图16.10)。这样就使驾驶员在观察外景实况的同时,能清晰地看到仪表显示的信息,避免频繁地交替观察外景与判读仪表所产生的视觉困难。平显与微光电视系统结合,便可以全天候使用。除外景显示外,平显显示的内容还包括飞行姿态参数、大气数据、导航与指引信息、武器瞄准信息(如光环、接近目标速度、目标距离等)、临界值与警告信息(如发动机超温警告、临界攻角警告)等。

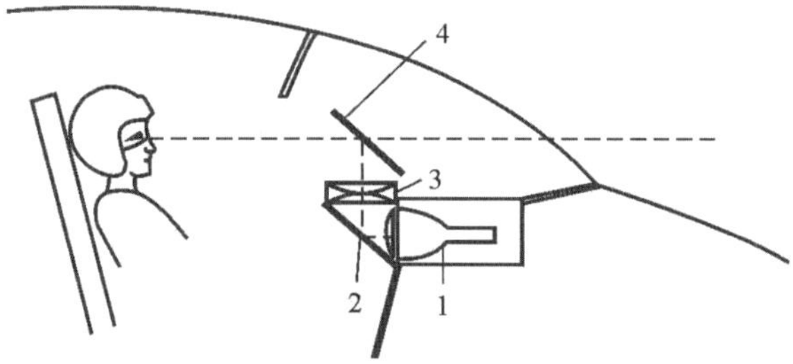

图 16.10　平视显示器的工作原理

1— 阴极射线管　2— 反光镜　3— 透镜系统　4— 半透射半反射显示屏

平视显示器的信息主要来自大气数据计算机、惯性导航系统、火力控制计算机、雷达、前视红外等探测器和信息源。它主要用笔划法(类似于示波器显示方式)显示飞行操纵和武器瞄准字符,在目视飞行条件下使用;或用光栅扫描法(类似电视显示方式)显示前视红外等图像并叠加字符,在低能见度条件下使用。平视显示器显示的字符信息多达 30 种,具有多种功能,分成起飞、导航、进场、空战、对地攻击、地形跟随 / 回避等不同工作状态,以及不同武器和攻击方式派生的分工作状态,构成相应显示格式,只显示所需的少量字符信息。

2. 下视显示仪

下视显示仪简称下显。它实际是飞行参数综合显示仪(VSD,又叫电子指引地平仪)和导航参数显示仪(HSD)的统称。

飞行参数综合显示仪可以提供一条精确的人工地平线,显示飞机姿态、飞行高度、速度参数,起飞着陆信息,地形跟踪 / 回避、武器投放及雷达信息等。

导航参数显示仪向驾驶员提供各种导航参数,包括飞机即时位置、航迹、风速、风向、导航台频率、站名、飞机与导航台距离、地速、真空速、下一个航路检查点、飞机至该检查点距离、到达该点时间、通讯电台频率、下滑角偏差等,还可显示飞机所在区域地图、进场着陆等工作状态画面等。

3. 头盔显示器

头盔显示器是以准直光学字符和图像形式，通过准直光学系统，把飞行操纵和武器瞄准信息投影到头盔上的透射显示屏(例如半反光镜或护目镜)，供空勤人员单眼或双眼观察的显示器(见图 16.11)。

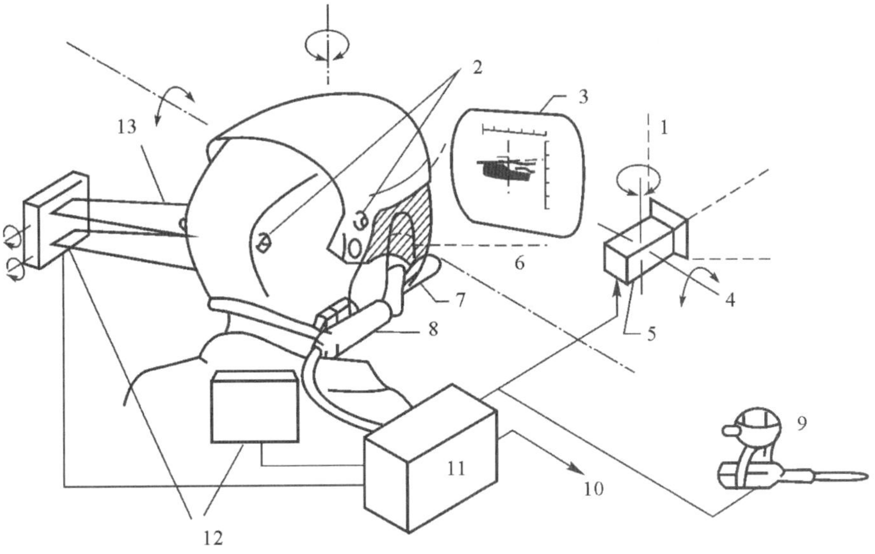

图 16.11　头盔显示器的工作原理

1— 方位轴　2— 头位跟踪红外探测器　3— 显示字符和图像　4— 俯仰轴　5— 夜视系统　6— 瞄准视线　7— 像增强器　8— 显示组件　9— 武器系统　10— 机载数据总线　11— 电子组件　12— 座舱内头位跟踪红外发射器　13— 转动红外光束

4. 多功能显示器

多功能显示器又称多用途显示仪或多工作状态显示仪。它除了具有下显的功能外，还具有能量管理、发动机管理、遥控飞行、电磁对抗等工作状态。通过工作状态选择，显示空勤人员需要的画面。它可以代替几种专用显示仪的工作。如在美国 F/A—18 和 F—20 战斗机上除平显外，就采用了两台多功能显示仪，一台为主，另一台备份。

从狭义上讲，多功能显示器只是下视显示器的一种；从广义上讲，它泛指除雷达显示器等专用显示器以外的所有多用途显示器，包括平视显示器。

多功能显示器是 20 世纪 70 年代发展起来的。由于它功能多，可以代替很多仪表和显示器，大大缓和仪表繁多使仪表板拥挤、使驾驶员难以承受的矛盾，适应了座舱仪表板窄小的战斗机和攻击机需要，并且在其他军用、民用飞机包括航天飞机上迅速推广应用(见图 16.12)。

5. 综合显示系统

随着信息处理技术的发展，可以把 1 台显示处理机设计成能够同时驱动几个多功能显示器。这样，就可以由 2 或 3 台显示处理机并配备 4 或 6 个多功能显示器，构成综合显示系统。

F—18E/F 战斗机综合显示系统由平视显示器和 3 个下视显示器组成(见图 16.13)。左、右多功能显示器自身有显示处理机，在任务计算机控制下驱动自身，同时也分别驱动平视显示器和水平情况显示器，而且互为备份。这种资源共享、互为余度的综合显示系统结构，已为后来的多种飞机效仿。

图 16.12　空客 A320 飞机的座舱显示系统

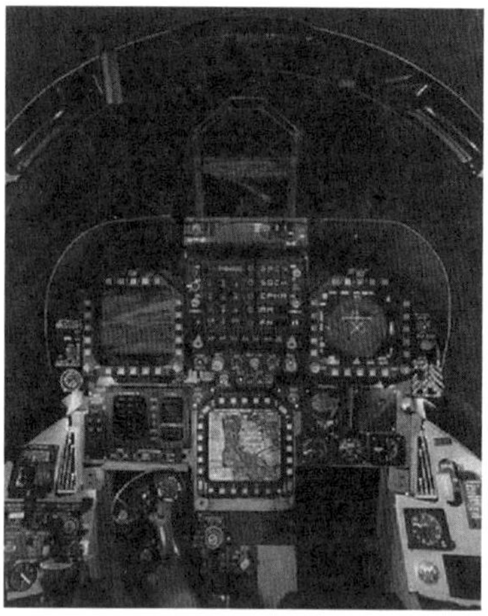

图 16.13　F/A—18 战斗机的座舱显示系统

F—22 战斗机座舱显示系统由平视显示器和 6 个下视显示器组成。其信息处理和图形发生分两级。平视显示器和 6 个下视显示器自身都有信息处理和图形发生模块，通过 MIL-STD-1553B 总线接收信息，产生系统状态显示格式(例如燃油、液压等)。大型多功能主显示器和 2 个辅助多功能显示器，还能通过高速光纤数据总线接收来自通用综合处理机中图形处理器视频接口的数字视频信息。这种图形处理器接口模块自身有信息处理、图形发生和视频混合能力，把产生的图形与活动地图或探测器图像叠加，产生支持 F—22 战斗机主作战任务的战术显示格式。

16.4.3　座舱控制器

座舱控制器从狭义讲仅限于空勤人员向航空电子系统和设备输出信息的装置，例如握杆操纵控制器、正前方控制板和显示器周边按键。它们是本节讨论的主题。

座舱控制器从广义讲包括空勤人员向飞机及其系统输出信息的所有装置，例如驾驶杆和油门杆这些基本控制器，但是它们传统上隶属飞机操纵系统和动力装置，不在此处论述。

现代飞机座舱控制器主要包括握杆操纵控制器、正前方控制板、显示器周边按键、触敏控制屏和话音控制系统。这些控制器的一个最大共同特点是离不开计算机辅助，即软件控制。

1. 握杆操纵控制器

握杆操纵控制器，是装在驾驶杆和油门杆上、由计算机辅助的一组按钮、多位开关和旋钮(见图 16.14)。其最大优点是，在大过载机动飞行执行从目标探测到武器投射的关键时刻，驾驶员既能手不离驾驶杆和油门杆保持飞行操纵，又能操作握杆操纵控制器集中统一控制管理武器、探测器和显示器，瞄准、锁定和攻击目标，简化了驾驶员操纵，实现了平视飞行握杆操纵。

握杆操纵控制器作为主控制器，已在现代战斗机、攻击机和武装直升机上广泛应用。F—22 战斗机的握杆操纵控制器多达 20 个，功能多达 63 种。

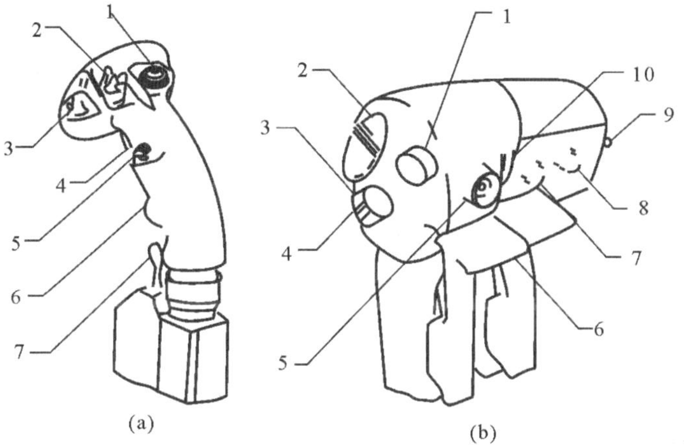

图 16.14　F-18 战斗机的握杆操纵控制器布局

(a) 驾驶杆

1— 俯仰和滚转配平　2— 探测器控制开关　3— 空对地武器投放按钮

4— 航炮 / 导弹发射按钮　5— 空对空武器选择开关　6— 指点标断开 / 前起落架转向操纵开关

7— 自动驾驶仪 / 前起落架转向操纵切断开关

(b) 油门杆

1— 干扰丝 / 红外曳光弹投放器开关　2— 无线电通信开关　3— 瞄准锁定 / 开锁按钮　4— 减速板开关

5— 指点标控制器　6— 发动机启动加力升降臂　7— 自动油门控制开关

8— 非合作目标识别 / 前视红外视场控制开关　9— 外照明开关　10— 雷达俯仰角选择开关

2. 正前方控制板

正前方控制板是安装在平视显示器壳体正面，位于其视场正下方，由计算机辅助的键盘控制 / 显示装置。它用于集中统一管理通信、导航、识别系统，选择系统工作状态和输入数据。驾驶员按下选定的系统工作状态按键，随后操作键盘并在高速暂存显示器上显示，经确认再按下输入键，最终输进选定的系统。

正前方控制板于 20 世纪 70 年代首先在 F－18 战斗机上应用，并在现代战斗机和攻击机上获得广泛应用。

3. 显示器周边按键

显示器周边按键，是环绕显示器屏幕安装在显示器前盖边框的一组可编程按键开关。这些按键开关受预先编程软件控制，在显示器不同工作状态和显示格式时具有不同控制功能，即具有多功能，因此也常称为可编程"软"键。每个按键的实时功能由软件控制并以助记符的形式显示在显示屏幕周边的 6 mm 宽条带区对应按键的位置，当按压时助记符闪烁，作为反馈信号供确认。

20 世纪 70 年代，显示器周边按键首先用于 F－18 战斗机的多功能显示器上，并在战斗机、攻击机等军用飞机上推广应用。主要用于在非紧要时刻选择探测器和武器的工作状态及显示格式，并控制其相应功能。美国空军用的正方形多功能显示器共有 20 个周边按键，每边 5 个。

4. 触敏控制屏

触敏控制屏，是借助感受触摸从而输入信息的控制装置。触敏装置附加在阴极射线管或液晶显示器的表面，其控制器以图形和助记符形式显示在显示屏上。当手指触摸时，触摸位置经检测、寻址、译码并输出，实现控制功能。

触敏控制屏是一种有形无实的可编程控制器。其控制开关不是硬件，只是图形和助记符，因此它具有很大灵活性，能实现时分制控制器和显示器综合化，节约了占用空间。

5. 话音控制系统

话音控制系统又称直接话音输入系统，是直接接受话音输入信息的控制装置。它主要由话音识别装置和受话器组成。其工作原理是，分析提取待识别话音信号的声学特征参数并与库存已知话音样本模块进行比较匹配，从而判定其信息特征并向航空电子系统输送控制信号。

话音控制系统开辟了真正人机对话，打破了长期单纯依赖手动触模向机器输入信息的局面。目前它达到的实用水平是：仅能识别孤立单词，话音样本模块依赖说话人"训练"，词库约200 单词，飞机噪声环境下识别率达到 95%。它在"台风"、"阵风" 和 JSF 等战斗机上应用，主要用于非关键性控制功能，例如选择无线电频率等。

16.4.4　飞行记录器

提起记录器，人们立即想到飞机失事后千方百计寻找的"黑匣子"。飞行参数记录器之所以俗称黑匣子，是因为最初它的壳体涂成黑色，现在已经改为更醒目的橙色了。

现代飞机的飞行记录器不只是飞行参数记录器，还包括座舱录音机和录像机。它们的功用也远不止飞机失事后原因分析，还包括试飞后评定和修改设计，训练后讲评和改进驾驶技术，例行飞行后视情维修。飞行记录器的发展经历了由机械到电子，由模拟到数字的过程。

1. 飞行参数记录器

飞行参数记录器(FDR) 即飞行数据记录器，是记录飞行参数的机载设备。它由数据采集装置、数据记录装置和数据记录载体组成，密封于抗冲击、耐高温和耐腐蚀的特制金属壳体内。

飞行参数记录器是首先用于飞机上的最基本飞行记录器。它用于记录飞机的基本信息(时间、机号、航班等)、飞行参数(速度、高度、俯仰角等)、操纵机构和舵面位置(驾驶杆位移、油门位置、舵面偏角、副翼和襟翼偏角等)、动力装置数据(发动机转数、温度、燃油流量等)、飞机系统和设备数据(液压压力、电压、无线电通信设备状态等)。它记录的参数少则数十个，多则数百甚至上千，其中有模拟量，也有开关量；记录的时间是抹旧录新，有的可保留最后 25 小时。

飞行参数记录器是现代飞机必备的机载设备，是失事原因分析的重要依据，一般都安装在坠地后碰撞较轻之处，例如飞机尾部。

2. 座舱录音机和录像机

在胶卷照相记录景物的年代，只有战斗机才装备照相枪或平视显示器照相机。以磁带作为记录载体的电磁记录和重放技术的发展，使录音机和录像机相继进入了现代高性能军用、民用飞机座舱。这些音频和视频记录器的工作原理、盒带规格与大众熟悉的民用产品相同，但是为了满足军用、民用航空苛刻的环境条件要求，进行了专门结构设计。

2000 年 5 月，美国国家运输安全委员会鉴于以往民用飞机失事分析缺乏座舱信息以及座舱环境录像技术和经济上的可行性，建议联邦航空局要求装数字式飞行参数记录器和座舱录音机的 10 座以上民用机在 2005 年之前改装防撞毁型座舱录像机，2003 年开始生产的这类飞机要加装两套录像机。

第 17 章　飞机总体设计概述

飞机总体设计一般是指从飞机设计要求论证开始到总体方案设计、技术设计及评审等的过程。一般说来，飞机总体设计阶段所用时间和费用相对较小，但新机研制中一些影响全局的技术决策要在这个阶段确定。一种飞机总体方案确定之后，这种飞机的寿命周期费用(或称全寿命费用)的 70% ~ 80% 往往就已确定。因此，飞机总体设计是飞机设计的重要组成部分，是飞机研制工程理论的核心环节。

飞机总体设计的任务是：

(1) 确定飞机的设计要求；

(2) 确定飞机的布局形式；

(3) 确定飞机的动力装置；

(4) 确定飞机的主要参数；

(5) 部件外形参数设计；

(6) 进行飞机的总体布置 / 部位安排，画出飞机的三面图和总体布置图；

(7) 提出分系统的设计要求；

(8) 进行总体方案进行分析，以检验是否满足设计要求。

下面对飞机总体设计的主要问题做一概述。

17.1　飞机设计要求

无论是设计新的飞机或是对现有飞机进行改型，均需要有具体的(细化)、明确的(量化)、完整的设计要求。飞机设计要求，对于军用飞机而言称为战术技术要求，对民用飞机则称为使用技术要求。

对于军用飞机，战术技术要求可由使用部门(军方)提出，或使用部门提出初步意见再与工业部门协商确定；对于民用飞机，则经常由工业部门根据市场发展需要提出。

飞机设计要求是重要技术文件，它不仅是飞机总体方案设计工作的出发点和直接依据，也是评审研制方案最直接的衡量尺度。

飞机设计要求没有固定的格式，通常要包括以下几个方面的内容。

17.1.1　飞机的类型和基本任务

这是对所设计飞机最基本的总要求。

对于民用飞机，除了要指明飞机的类型(旅客机、货机、客货两用机或其他类型的专业飞机等)外，还应指明是干线飞机还是支线飞机，准备在什么航线上使用以及所需适应的地理条件、机场条件等。

如果是军用飞机，除需指明飞机的类型(战斗 / 歼击机、攻击 / 强击机、轰炸机或其他专用飞机等）外，还应明确基本的战斗使用要求和作战对象。例如，对于歼击机，应明确其主要任务是空中格斗还是拦截；对于轰炸机和对地攻击机，应指明武器配备方案、突防攻击方式及主要的攻击目标；对于预警机、反潜机、巡逻机、垂直／短距起落飞机、舰载机等特殊用途的飞机，则更应该有明确、具体的任务要求。

不可能要求一架飞机是万能的。实践证明，要求一架飞机有多种用途并不太现实，但"一机多型"的做法却不乏成功的先例。所以可以在设计要求中提出"一机多型"的设计思想，让飞机的总体设计方案考虑留有改型的余地。

17.1.2 飞机的有效载荷

设计飞机的直接目的是要能够装载所给定的各种有效载荷。有效载荷是根据对飞机的任务要求而确定的。

民用飞机是一种运输工具，其任务就是运送旅客和货物、邮件等，这就是民用飞机的有效载荷；军用飞机的设计目的是携带足够的武器或其他载荷完成作战或其他任务，其有效载荷是指人员、装备和弹药等。

进行飞机设计时，首先必须保证满足有效载荷的装载要求。通常在设计要求中，应具体给定以下的有效载荷要求：

(1) 空勤组人员。军用飞机乘员的重量，包括降落伞在内按每人 100 kg 计算，民用飞机按每人 80 kg 计算。

(2) 军用飞机的武器装备，包括炮弹、火箭弹、导弹、炸弹等的数量。如果对具体的武器布置方案不做具体规定，也需要对所必须携带的武器和总的载弹量做出明确的规定。

(3) 对于旅客机，要给定旅客的人数及所要求的客舱等级和舒适程度；对于运输机，需给定总的载货量及所运送的主要货物的类型和几何尺寸。

(4) 对于其他各类专业飞机，需给定其特殊的装置及专用设备的型号、尺寸和质量。例如，农业飞机的播种、喷药装置，航测飞机的测量和照像设备，预警机的雷达和天线装置，等等。

17.1.3 飞机的飞行性能指标

不同的飞机对各种飞行性能指标的要求也是不同的，在拟定飞机设计要求时，要对飞机的基本任务进行认真的分析研究，合理具体地提出各项飞行性能指标。

飞机的飞行性能很多，在设计要求中只能提出其中一些主要指标，通常有以下指标：

(1) 飞行速度和高度指标：包括在给定高度上的最大平飞速度或最大飞行马赫数、巡航速度、巡航高度、静升限及某些军用飞机（如高空拦截歼击机）的动升限等等。

不同用途的飞机对飞行速度和高度特性的重点要求有很大差别，有的要求最大速度，有的则要求巡航速度。

(2) 耐航性能指标：包括最大航程、最大续航时间、军用飞机的作战半径等等。对于旅客机、运输机和轰炸机等重点是航程；巡逻机和预警机是续航时间，战斗机则是突防距离和在战区留空作战的时间。

(3) 起飞着陆性能指标：主要是起飞离地速度和起飞滑跑距离、着陆接地速度和着陆滑跑距离、对机场跑道等级的要求等等。

(4) 机动性能指标：对于普通的旅客机和运输机，这方面的要求不很高，只要能满足常规的机动要求和能够抗拒突风载荷就可以了。但它对于军用飞机，尤其是歼击机则，十分重要，对其作战的效能影响很大。

17.1.4　其他要求

除了上述基本的要求之外，还可能会提出一些关于电子对抗、隐身、使用维护性、使用周期、研制进度 / 经费、使用经济性等要求。有时，这些要求会起到决定性的作用。例如，在越南战争期间，美国的一些参战飞机是在短时间内投入使用的，其研制周期是关键的因素；F—117A 隐身飞机的研制就着重强调隐身特性，所以我们看到其外形很独特；F—22 战斗机的设计要求中就特别强调隐身特性、使用维护特性以及综合作战能力要求(见图 17.1)。

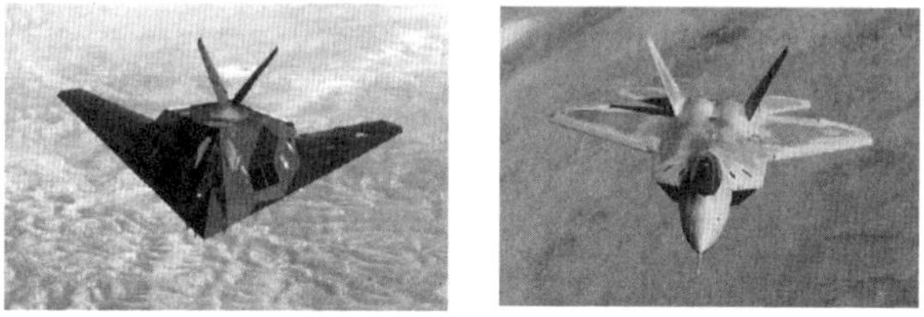

(a)　　(b)

图 17.1　F—117A 和 F—22

(a)F—117A；(b)F—22

对不同的飞机，其设计要求的内容，可能差别很大，项目的多少、内容的繁简程度都可能不一样，有时对某一方面的指标详细提出，但有的项目则不做规定，而是留给工业部门自行决定。

17.2　飞机的布局型式

有了飞机设计要求，就应该首先研究和确定飞机的布局型式。

17.2.1　飞机布局形式的概念

所谓飞机布局型式，也可称为飞机形式或飞机构型，是指飞机几何外形的主要特征及各种装载布置方案的统称。而飞机外形主要特征大致是指飞机各部件(机翼、机身、尾翼、动力装置、起落架等)的数目、外形和相对位置的统称。

飞机布局型式，大体包括下列内容：

(1) 机翼外形和机翼与机身的相对位置；

(2) 尾翼外形及其与机翼、机身的相对位置；

(3) 机身形状；

(4) 发动机及进气道的数目及安装形式；

(5) 起落架及其收放型式及位置等。

经过 100 多年的发展，飞机的布局型式已经有多种构型，主要可以归纳出以下几种。

(1) 正常式：水平尾翼位于机翼之后(见图 17.2)；

(2) 鸭式：水平前翼 / 鸭翼位于机翼之前(见图 17.3)；

(3) 无(平) 尾式：没有水平尾翼(包含飞翼式)(见图 17.4)；

(4) 三翼面式：机翼之前有水平前翼，机翼之后有水平尾翼(见图 17.5)。

不同的布局型式有不同的优缺点，没有好与不好之分。飞机型式的优劣，不能以简单的解析式或数字来表达。因此，飞机总体设计的结果不具有唯一性，而是具有多解性的特点，即同样的设计要求，不同的设计者会给出不同的布局方案，而这些方案都是可以满足设计要求的。

(a) (b)

图 17.2 正常式布局飞机

(a)F—35； (b)波音 777

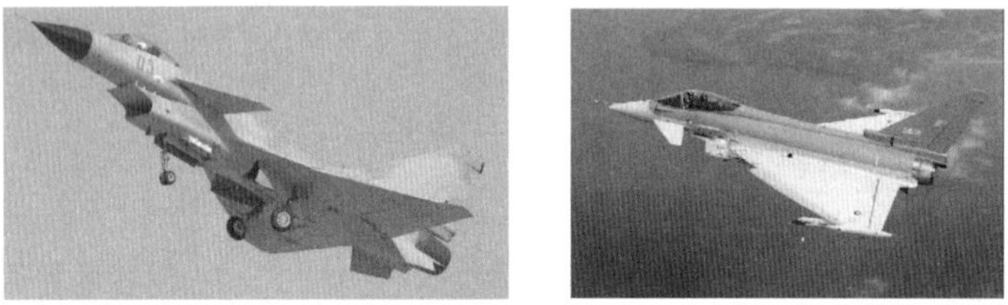

(a) (b)

图 17.3 鸭式布局飞机

(a)歼 10； (b)EF2000

(a) (b)

图 17.4 无尾式布局飞机

(a)幻影 2000； (b)B—2

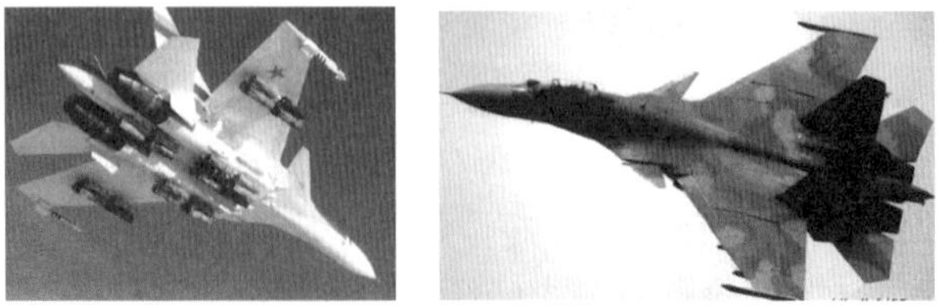

(a) (b)

图 17.5 三翼面布局飞机

(a)苏—30； (b)苏—33

17.2.2　不同飞机的布局形式

不同用途的飞机，其布局形式是不同的。

超声速战斗机一般采用中等后掠角(50°左右)、小展弦比(2～4)薄机翼(相对厚度3%～5%)的正常式、鸭式或三翼面布局型式；为了减小超声速波阻，提高亚声速机动和隐身能力，现在大都采用翼身融合的型式(见图 17.6)。

图 17.6　战斗机的布局型式

中、远程轰炸机要有一定的超声速突防能力，多采用变后掠机翼(见图 17.7)。对于强调隐身突防能力的轰炸机，外形基本按照隐身要求设计，但不能超声速飞行，如 F—117A，B—2 等(见图 17.8)。

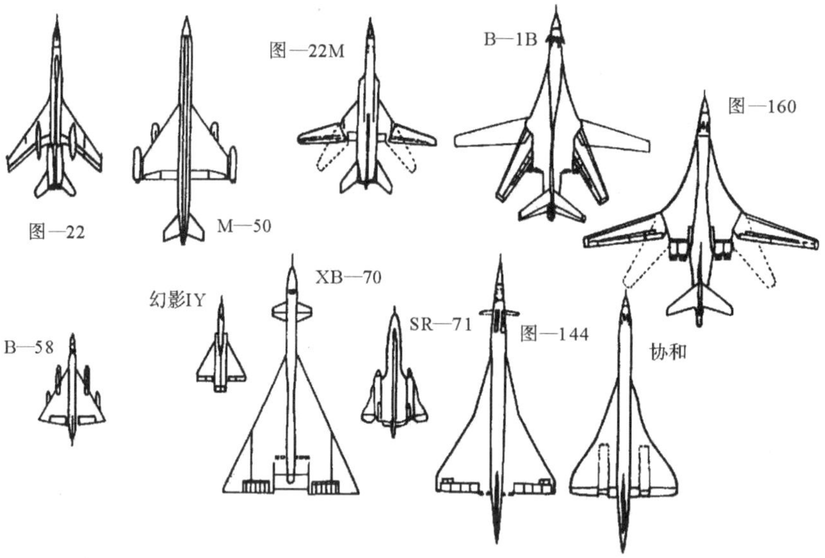

图 17.7　中、远程轰炸机的布局型式

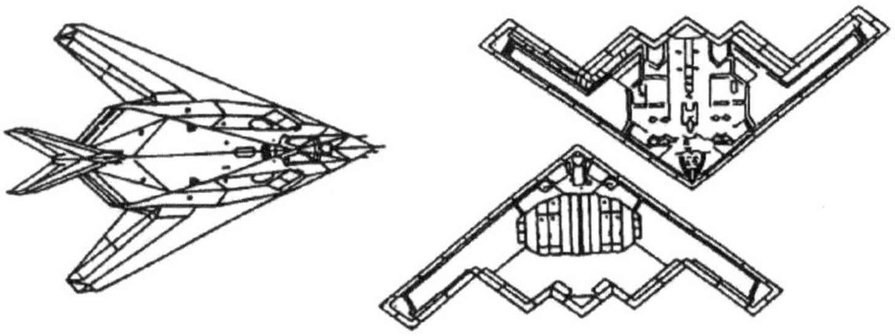

(a)　(b)

图 17.8　隐身攻击/轰炸机布局形式

(a)F—117；(b)B—2

亚声速运输机和旅客机，一般采用大展弦比(8～10)、小后掠角(35°左右)，用超临界翼型的机翼，以获得在大巡航马赫数时的高升阻比(见图 17.9)。

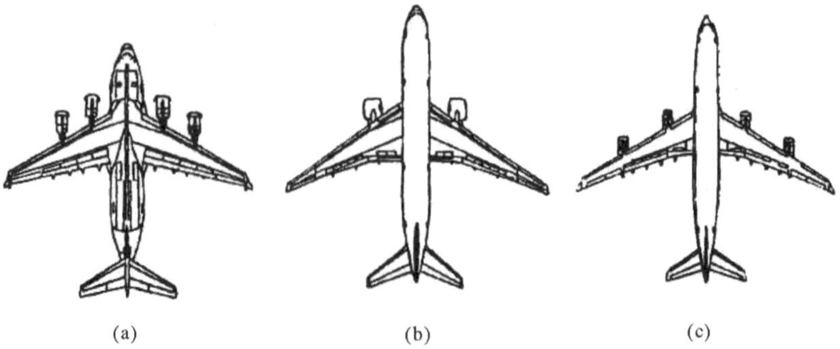

(a)　(b)　(c)

图 17.9　亚声速运输机的布局型式

(a)C—17A；(b)波音 777-200；(c)A-340-300

通用航空飞机——乘员在 10 人以下的亚声速小飞机，力求便宜好用，通常采用无尖削比的平直机翼，展弦比在 6 以上，正常式布局型式(见图 17.10)。

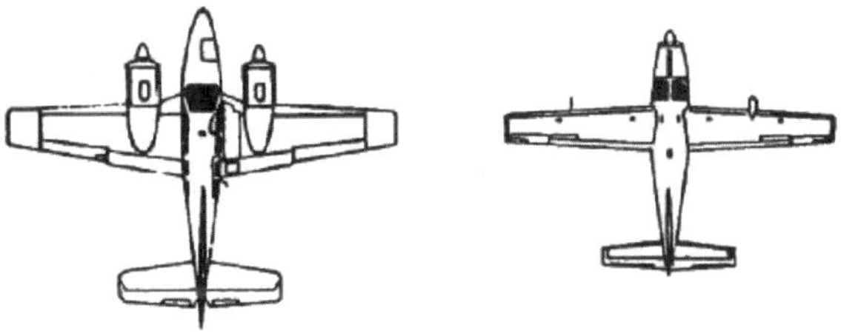

图 17.10　通用航空飞机的布局型式

17.2.3　机翼的平面形状

机翼基本的平面形状主要有直机翼、后掠翼和三角翼等。

1. 直机翼

低速飞机一般采用大展弦比的矩形翼和梯形翼。这种机翼的特点是：低速性能良好，诱导阻力小，升阻比大。此外，低速翼型一般相对厚度大，对结构布置、刚度、强度、重量等特性有利。

2. 后掠翼

对亚声速飞机而言，后掠翼能有效提高临界马赫数，延缓局部激波的产生，避免过早出现波阻。

对超声速飞机而言，后掠翼可改善其跨声速气动性能：后掠翼的 $C_{D0} \sim Ma$ 变化较缓，升力线斜率虽然小于直机翼，但比三角翼大。

与后掠翼相比，前掠翼(见图 17.11)从根本上克服了翼尖先失速的缺点，但前掠翼(以及斜机翼)存在气动弹性发散(弯扭耦合)问题，需要通过各向异性材料来解决。

图 17.11　前掠翼飞机——X—29

3. 三角翼

三角翼具有小展弦比和大后掠角两方面的特点，其跨声速和超声速气动特性良好，焦点变化平稳；由于根弦较长，在翼型相对厚度相同的情况下，可以得到较大的结构高度，故其气动、刚度、强度、重量等特性均较好，因而被超声速飞机广泛采用。

三角翼的缺点是升力线斜率较小，低速时需要大迎角才能产生足够的升力。

17.2.4 机翼在机身上的安装

对于目前广泛使用的张臂式单翼机，机翼在机身上的上下位置，通常有 3 种(单翼) 型式：上单翼(见图 17.12)、中单翼(见图 17.13) 和下单翼(见图 17.14)。

(a) (b)

图 17.12 上单翼飞机

(a) 安—225； (b)C—5

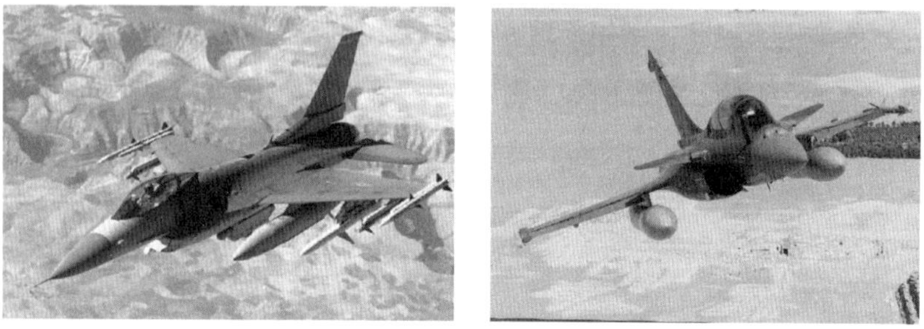

(a) (b)

图 17.13 中单翼飞机

(a)F—16； (b) 阵风

(a) (b)

图 17.14 下单翼飞机

(a) 空客 A—330； (b) 波音 747

3 种型式中，中单翼的气动干扰阻力最小；下单翼的气动干扰阻力最大，但在机翼-机身结合部位进行整流后，可使其干扰阻力明显下降；超声速时情况较复杂，但中单翼有利于翼-身融合，并有利于采用能降低波阻的面积律。

在结构布置难易、结构重量、机身容积利用率、翼吊发动机寿命 / 维修性等方面，不同的型式具有不同的优缺点。

概括地讲，大型旅客机以下单翼型式居多；重型军用运输机一般多采用上单翼型式；战斗机一般情况下采用中单翼型式的较多。

17.2.5　进气道布局

隐埋式发动机的进气道布局型式有机头进气、机身两侧进气、腹部进气、“腋窝”进气、背部进气、后机身上方进气和机翼前缘进气等(见图 17.15)。

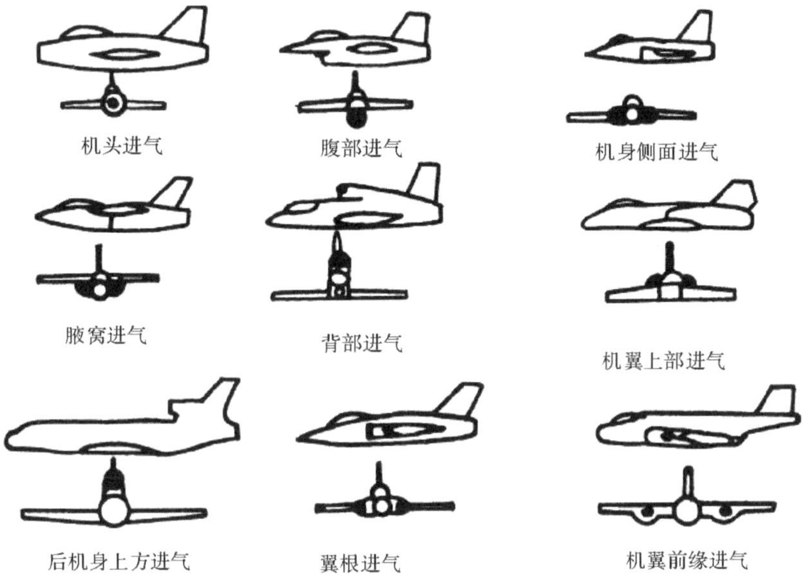

图 17.15　隐埋式发动机的进气道布局

吊挂式(短舱式)发动机的进气道布局型式有机翼吊挂式短舱进气和后机身吊挂式短舱进气等(见图 17.16)。

一般要将前起落架布置在进气口之后，以防止异物被吸入进气道。

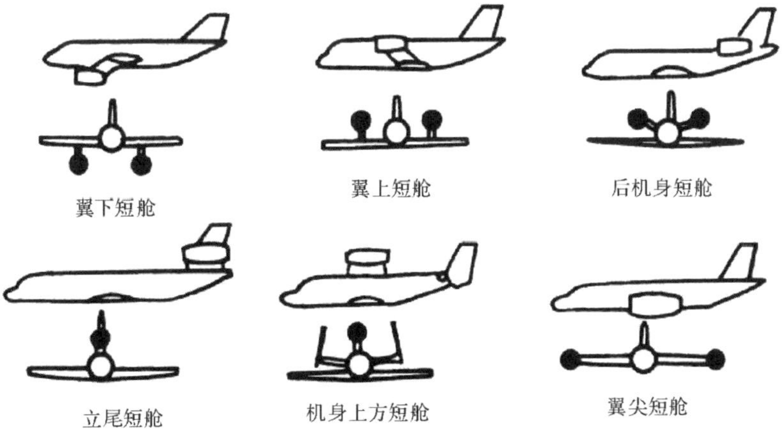

图 17.16　吊挂式(短舱式)发动机的进气道布局

17.3 飞机主要参数和部件外形参数设计

选定飞机的设计参数，是飞机总体设计中最主要的工作。飞机的总体设计其实就是根据飞机设计要求，求解设计参数，确定飞机总体方案的过程。

飞机设计参数是确定飞机方案的设计变量。要确定一个总体方案，需要定出一组设计参数，包括飞机及其各组成部分的重量，机翼和尾翼的面积、展弦比、后掠角，机身的最大直径和长度等几何参数，发动机的推力等。

17.3.1 飞机主要参数

在众多的飞机设计参数中，最主要的有 3 个：

(1) 飞机的正常起飞重量 W_0 或 W_{T0}；

(2) 动力装置的海平面净推力 T_0；

(3) 机翼面积 S。

这 3 个参数对飞机的总体方案具有决定性、全局性的影响。这 3 个参数一改变，飞机的总体方案就要大变，所以称之为飞机的主要参数。

由这 3 个参数可以引出两个相对参数：

(1) 起飞翼载荷 W/S

$$W/S=\frac{W_0}{S}$$

(2) 起飞推重比 T/W

$$T/W=\frac{T_0}{W_0}$$

所以，说到飞机主要设计参数，可以说飞机主要设计参数是飞机的正常起飞重量、动力装置的海平面净推力和机翼面积；也可以说飞机主要设计参数是飞机的正常起飞重量、起飞翼载荷和起飞推重比。这两种说法是一样的。

1. 飞机重量的分类

通常在飞机设计过程中经常遇到的全机重量有以下几种。

(1) 空机重量。飞机的空机重量是指除去有效载荷、消耗性载荷及在飞行前后需进行拆装的各种装备和设施以后的飞机重量。它等于结构重量、设备重量与推进系统重量三者之和。

(2) 起飞重量。

1) 正常起飞重量：根据飞机的战术技术要求，能够达到最大技术航程的飞机重量；通常不计外挂的副油箱及其中的燃油重量。

2) 最大起飞重量：由飞机设计部门根据飞机的结构强度和起飞安全条件所规定的最大飞机重量；通常包括副油箱等外挂物的重量。

(3) 飞行重量。

1) 正常飞行重量：指飞机有一定数量(通常是 50%) 余油的重量。在计算飞行性能时，常用此重量。

2) 最大飞行重量：指结构强度和飞行安全所能允许的最大飞机重量。飞机在空中加油时，要受此重量的限制。

(4) 着陆重量。

1) 正常着陆重量：通常是指飞机在有 20% 的余油、50% 的弹药时的重量。

2) 最大着陆重量：受结构强度限制，能保证安全着陆的最大飞机重量。

在飞机总体设计阶段，首先要确定的是飞机的正常起飞重量，在进行分析计算时也要用到正常飞行重量和正常着陆重量。

2. 起飞重量的确定

总体设计的初始阶段，可将起飞重量分为 3 部分：有效载荷重量、燃油重量和空机重量。有效载荷重量由飞机设计要求给定；燃油重量包括任务燃油(可用燃油)、备份燃油(安全余油)及死油三部分；空机重量主要包括结构(机体、起落架、操纵系统等)重量、动力装置重量及设备重量三部分。有效载荷重量基本与起飞重量无关，而燃油重量和空机重量与 W_0 有关。

空机重量通常采用统计方法求解。空机重量占起飞重量的比例大致为 0.3 ～ 0.7，其中战斗机为 0.50 ～ 0.65，喷气运输机为 0.45 ～ 0.55。

飞机所需要的燃油量，取决于飞行任务(航程 / 活动半径)、飞机外形(气动特性)、发动机特性(耗油率、推力)及飞行状态(速度、迎角)等。燃油重量通常用飞行剖面分析法来确定，不同飞行剖面的耗油量是不同的。

所谓飞行剖面，就是表示飞机为完成某种典型的飞行任务而绘制的飞行航迹图(见图 17.17)。当然，完成同一项飞行任务，往往可以有多种不同的途径，因而也就存在多种飞行剖面图。而且就一种飞机而言，也不可能总是机械地重复完成某一项完全相同的飞行任务，这里所要给出的飞行剖面图只是其中一种最典型的或是最能代表飞机特征的飞行剖面，作为飞机设计的依据。

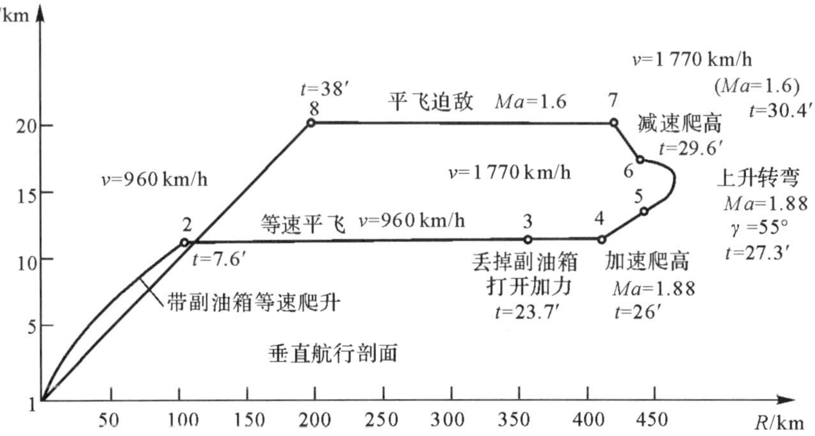

图 17.17　飞行剖面

3. 起飞翼载荷和起飞推重比的确定

起飞推重比决定了动力装置的净推力，直接影响飞机的性能。一架飞机的 T/W 越高，加速就越快，爬升也就越迅速，能够达到的最大速度也越高，转弯角速度也越大。另一方面，发动机越大，执行全部任务中的油耗也越多，从而使完成设计任务的飞机的起飞总重增加。

影响起飞推重比的主要性能指标有起飞性能、最大平飞速度、加速性、巡航性能、爬升性能、盘旋性能、最小平飞速度等。

按照每一个性能指标，都可以确定一个需要的推重比。为满足各个性能指标的要求，需根据各个性能指标所确定的推重比的最大值来确定全机的推重比。

起飞推重比的数值，对于目前战斗机而言，大体上是 0.8 ～ 1.0，对于运输机则为 0.2 ～ 0.25。

起飞翼载荷决定了机翼面积，其大小也与飞机的性能直接相关。

影响起飞翼载荷的主要性能指标有失速速度、起飞性能、着陆性能、最优巡航性能、机动性能(瞬时机动和持续机动)、爬升和下滑性能、最大升限等。

为满足所有性能指标的要求，需选择各个性能指标所确定的翼载荷的最小值作为飞机的起飞翼载荷。

需要强调的是，有些性能指标既与起飞推重比有关，也与起飞翼载荷有关，因此起飞推重比和起飞翼载荷不是两个相互独立的参数，一般不能独立求解，需要一起进行优化。

翼载荷的量级，战斗机大体是 3 000 ～ 3 500 N/m^2，运输机大体为 6 000 ～ 7 000 N/m^2。

17.3.2　部件外形参数

部件外形参数包括翼面(机翼 / 尾翼 / 鸭翼) 几何参数、机身几何参数、起落架参数、进气道几何参数等。

翼面参数主要包括相对厚度、相对弯度、翼面积、展弦比、尖削比 / 根梢比、后掠角等，以及机翼增升装置的几何参数。这些参数主要按照其对气动特性、操纵性和稳定性的影响来确定。

机身几何参数主要包括机身最大直径、机身长度以及由此而确定的机身长细比(机身长度和机身最大当量直径的比值) 等。这些参数需要综合考虑其对气动特性的影响、机身的装载要求等进行确定。

起落架参数包括主轮距 B、前主轮距 b、停机角 ψ、着地角 φ、防后倒立角 γ、起落架高度 h 以及减震器参数等(见图 17.18)。这些参数主要按照飞机地面运行的稳定性和操纵性以及载荷的分配等确定。

进气道的功用是将流入进气道的空气减速增压。进气道出口总压与进气道进口总压之比，称为进气道总压恢复系数。进气道总压恢复系数是衡量进气道效率的参数。

亚声速进气道的几何参数主要包括进口面积、进气道长度和进气道前缘唇口半径等；超声速进气道还包括其波系结构、进口形状、压缩方式、激波角、调节板转折角等。

进气道的几何参数主要按照保证发动机所需的空气流量，使进气道的总压恢复系数最大，使进气道的外部阻力尽可能得小，进气道的出口流场均匀、畸变小，气流品质好等要求来确定。

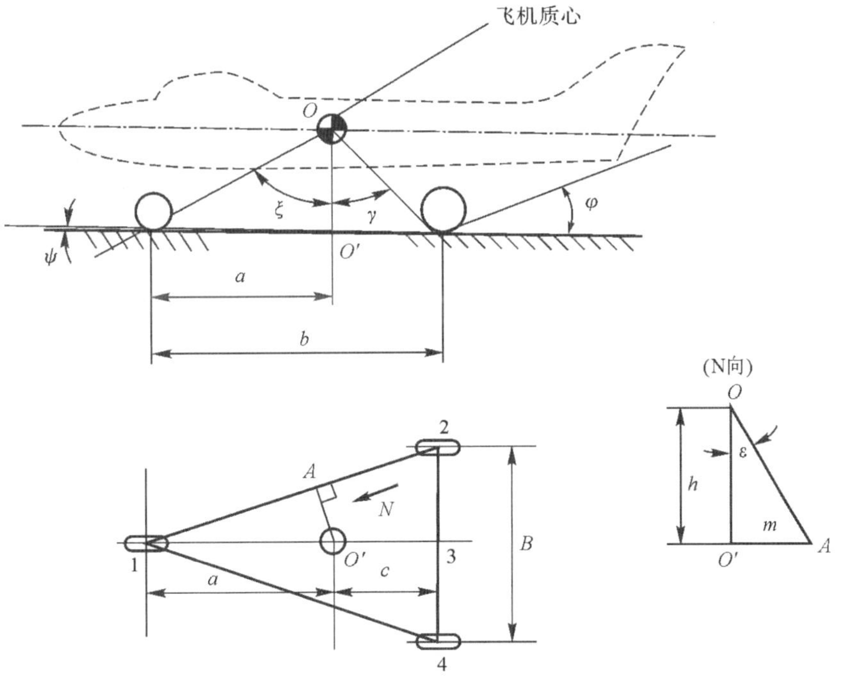

图 17.18　前三点式起落架主要几何参数

17.4　飞机总体布置

当飞机的基本型式，所采用的具体发动机，飞机的基本参数，飞机的机翼、机身、尾翼和起落架等主要部件的主要几何参数均已初步确定，并进行了优化之后，即可以着手进行飞机总体布局的工作。这阶段的工作完成后，即绘出了设计方案的飞机三面图、飞机的总体布置图和足以说明和确定飞机初步设计方案的各种技术文件。

飞机总体布局工作的具体任务包括 4 方面：① 对全机的几何外形进行协调和修正；② 具体安排飞机内部的各种装载和设备；③ 合理布置飞机各部件的结构承力系统；④ 对飞机的重心进行定位。这 4 个方面并不是孤立的，而是互相影响，具有内在的联系，因此，就需要设计者综合考虑，协调解决多方面的问题。

几何外形的协调和修正，就是按照几何外形对气动特性的影响，对飞机的几何外形进行细致的研究分析，并进行必要的补充、协调和修正，以满足巡航升阻比尽可能大、阻力最小，起飞着陆状态具有最大的可用升力系数，应尽量减小飞机的零升阻力系数，保证飞机具有合乎规定的稳定性和操纵性，保证动力装置具有最佳的工作环境和条件等基本要求，并通过三面图（见图 17.19）的形式具体化，给出设计方案完整、协调的几何外形。

飞机内部装载布置包括座舱（驾驶舱、客舱等）、动力装置布置、燃油系统布置、作战飞机武器布置、起落架布置、设备布置以及各种系统（操纵、电气、液压、冷气等）的管路和电缆等的布置等。这些布置工作要满足相应的技术要求和使用维护要求、重量重心要求等。

主承力结构布置就是确定飞机各部件的受力型式和布置主要的受力构件。布置的原则是保证飞机结构具有足够的强度和刚度，有利于减轻结构重量，便于使用和维护，加工制造容易，保证内部装载以及主承力构件的综合利用。

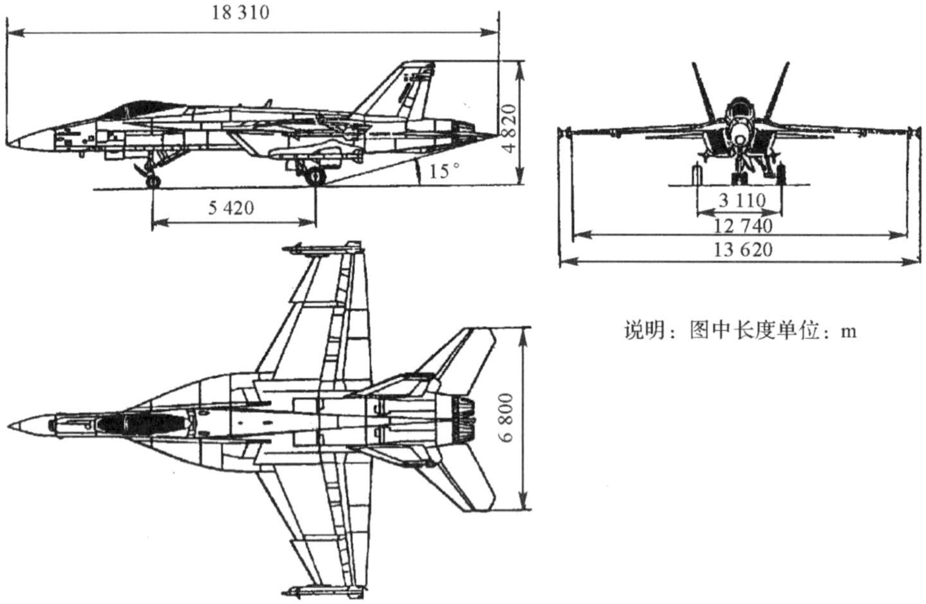

图 17.19　飞机三面图

飞机内部装载布置和主承力结构布置完成后，就可以绘制出飞机总体布置图，也称为部位安排图（见图 17.20）。

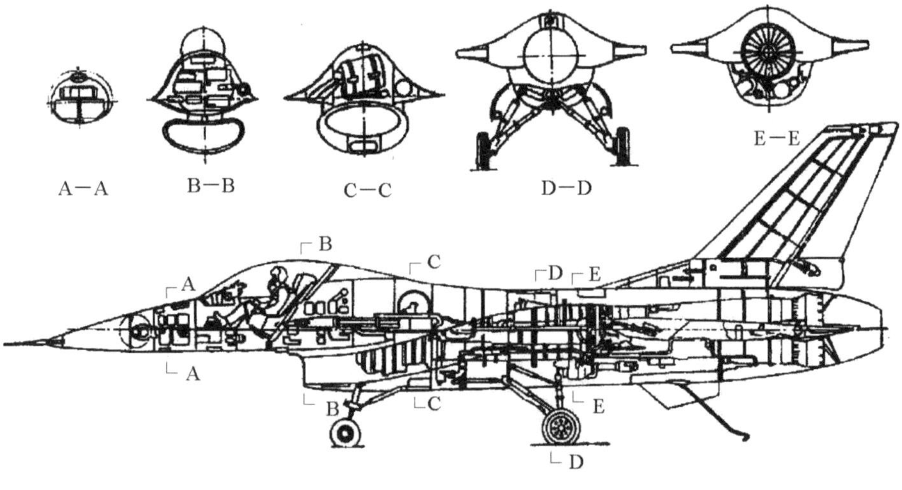

图 17.20　飞机总体布置图

我们知道，为了保证飞机的稳定性和操纵性，飞机的重心位置必须处在合适的范围之内。重心定位的目的就是根据飞机三面图和总体布置图，确定全机的重心的变化范围是否合理。如果不合理，则需要对重心位置进行调整。调整的方法有两种 —— 移动机翼和移动装载。

17.5　总体方案的分析

在完成飞机的布局形式确定、动力装置选择、主要参数确定、部件外形参数设计、总体布置/部位安排、提出分系统的设计要求等工作，完成初步总体设计方案之后，需要对该方案进行分析，看其是否满足飞机的设计要求。

总体方案的分析大体包括以下内容：

(1) 重量分析。对总体方案进行详细的重量计算，检查其与初始分析的飞机起飞重量的差值是否在合理的范围之内；

(2) 推进装置特性分析。主要分析发动机安装到飞机上之后，由于进气、排气、功率提取和引气等引起的推力损失，以及进气道阻力、喷管阻力和配平阻力等推进装置的阻力，最后修正出飞行性能/品质分析用的动力装置净推力；

(3) 气动特性分析。分析整机的气动特性，得出升力系数曲线、阻力系数曲线、极曲线等，为飞行性能/品质分析提供数据；

(4) 飞行性能/品质分析。分析飞机方案的飞行性能和飞行品质，验证方案设计与设计要求的符合程度；

(5) 成本分析。分析飞机的寿命周期费用，即在预期的寿命周期内，为飞机的论证、研制、生产、使用、维修与保障、退役所付出的一切费用之和，为决策提供依据。

方案分析完成后，如果满足设计要求，则可以初步认为总体方案可行，可以提交决策；如果不能完全满足设计要求，则需要重新进行新一轮的工作，直到满足设计要求(见图 17.21)。这也体现了飞机总体设计的特点之一 —— 反复迭代，逐次(多轮)逼近。

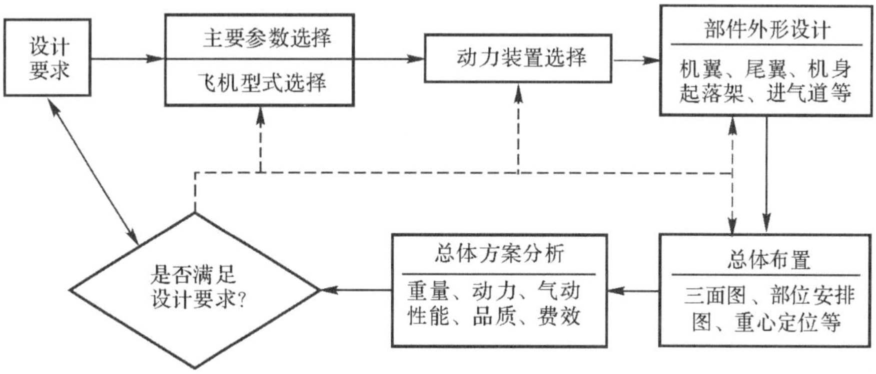

图 17.21　飞机总体设计框架

参考文献

[1] 全国科学技术名词审定委员会.航空科学技术名词.北京:科学出版社,2004

[2] 《国防科技名词大典》总编辑委员会.国防科技名词大典·航空.北京:航空工业出版社,2002

[3] 中国大百科全书编辑委员会《航空航天》编辑委员会.中国大百科全书·航空航天.北京:中国大百科全书出版社,1985

[4] 陶梅贞.现代飞机结构综合设计.西安:西北工业大学出版社,2001

[5] 王志瑾,姚卫星.飞机结构设计.北京:国防工业出版社,2007

[6] 牛春匀.实用飞机结构工程设计.北京:航空工业出版社,2008

[7] 顾诵芬.蓝天雄鹰探秘.济南:山东教育出版社,2001

[8] 钱翼稷.空气动力学.北京:北京航空航天大学出版社,2004

[9] 陈再新,刘福长,鲍国华.空气动力学.北京:航空工业出版社,1993

[10] 方振平,陈万春,张曙光.航空飞行器飞行动力学.北京:北京航空航天大学出版社,2005

[11] 胡兆丰.人机系统和飞行品质.北京:北京航空航天大学出版社,1994

[12] 金长江,范立钦.飞行动力学——飞机飞行性能计算(修订本).北京:国防工业出版社,1990

[13] 王生楠.飞行器结构力学.西安:西北工业大学出版社,1998

[14] 宋笔锋.航空航天技术概论.北京:国防工业出版社,2006

[15] 何庆芝.航空航天概论.北京:北京航空航天大学出版社,1997

[16] 李为吉.飞机总体设计.西安:西北工业大学出版社,2005

[17] 顾诵芬.飞机总体设计.北京:北京航空航天大学出版社,2001

[18] 余雄庆,徐惠民,昂海松.飞机总体设计.北京:航空工业出版社,2000

[19] Daniel P Raymer. Aircraft Design: A Conceptual Approach. 4th ed. AIAA Education Series, American Institute of Aeronautics and Astronautics, 2006

[20] Wilkinson R. Aircraft Structures & Systems. Addison Wesley Longman Limited, 1996